千秋水脉
秦淮新河

中国人民政治协商会议南京市江宁区委员会

编

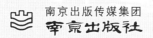

南京出版传媒集团
南京出版社

图书在版编目（CIP）数据

千秋水脉：秦淮新河 / 中国人民政治协商会议南京
市江宁区委员会编 . -- 南京：南京出版社，2023.12
　　ISBN 978-7-5533-4425-6

　　Ⅰ . ①千… Ⅱ . ①中… Ⅲ . ①秦淮河—水利史 Ⅳ .
① TV-092

　　中国版本图书馆 CIP 数据核字（2023）第 213720 号

书 名	千秋水脉：秦淮新河
编 者	中国人民政治协商会议南京市江宁区委员会
主 编	吴德厚　王志高
出版发行	南京出版传媒集团
	南 京 出 版 社

社址：南京市太平门街53号　　　　邮编：210016
网址：http://www.njcbs.cn　　　　电子信箱：njcbs1988@163.com
联系电话：025-83283893、83283864（营销）　　025-83112257（编务）

出 版 人	项晓宁
出 品 人	卢海鸣
责任编辑	刘　娟
责任印制	杨福彬

印 刷	南京爱德印刷有限公司
开 本	889毫米×1194毫米　1/16
印 张	25.5
字 数	523千字
版 次	2023年12月第1版
印 次	2023年12月第1次印刷
书 号	ISBN 978-7-5533-4425-6
定 价	158.00元

用微信或京东
APP扫码购书

用淘宝APP
扫码购书

序

◎ 刘 玲

　　江宁位于长江下游南岸，从东、南、西三面环绕着南京主城，与南京城区有着特殊的唇齿相依的关系。秦淮河为江宁境内最大的河流，横贯东西，其支流密布，灌溉面积广，孕育了灿烂的古代文明，是江宁也是南京的母亲河，故江宁乃至南京之水利，当推秦淮为首。

　　新中国成立后，党和政府十分重视兴修水利，秦淮河流域的水环境治理，一直是南京市及江宁县（区）的工作重点之一。1974 年，江苏省通过的《秦淮河流域水利规划报告》提出开辟新河分洪的方案。后经反复讨论和研究，最终决定采用从江宁县东山镇，经雨花台区铁心桥，穿沙洲圩入江的秦淮新河方案。

　　秦淮新河工程自 1975 年 12 月 20 日开工，到 1980 年 6 月 5 日建成通水，前后经历近5 年时间。这个新中国成立以来南京地区最大的水利工程，这段与红旗渠遥相呼应的江南水脉，经过几代人的努力，如今在 16.8 公里的河流两岸，高楼林立，车水马龙，灯火璀璨，已成为自然与人文景观交相辉映的绿色走廊。然而随着时光的流逝，关于那段艰辛而光荣的开河历史的珍贵记忆，却已经渐渐模糊。如果我们这代人不去讲，不去做，那将是历史的残缺、文化的损失、江宁的遗憾。于是，编纂一部图文并茂的图书，以全面记录秦淮新河的开凿历史，就被提到我们江宁区政协的议事日程上。

　　文史工作是政协的看家本领，江宁政协文史工作有 40 多年的好传统、好做法。在政协文史资料征集逐步向系列化、专题化转变的当下，我们广泛征求各方意见、建议，与江宁区党史、档案、文旅、水利等多部门协商，集思广益，凝聚智慧，从众多选题中敏锐把握秦淮新河工程历史档案资料的重要文史价值和精神价值，下决心把这段尘封的历史挖掘出来、保护起来，向当下向后人展示出来。区政协会同档案馆一道开展了大范围细致入微的档案资料征集、整理、筛选等方方面面工作，为下一步编纂提供了翔实丰富的基础材料；南京师范大学王志高教授团队作为编纂者，配备了专业且精干的力量，全面参与相关资料整理、田野采访、实地考察，努力探寻历史真实和蕴藏其中的时代伟力。

功夫不负有心人，在中共江宁区委、区政府的大力支持下，一部承载历史印记的《千秋水脉：秦淮新河》即将付梓出版，它不仅是江宁政协，更是江宁人民奉献给当年秦淮新河工程建设者的一份厚礼。

全书分上、下两篇，上篇集中反映秦淮新河从开挖到竣工的历史面貌，一篇篇满怀深情的文章，一幅幅感人至深的画面，历历在目，令人难以忘怀；下篇辑录了与秦淮新河有关的尘封已久的重要档案资料。在这些资料中，凝聚着一股强大的精神力量，始终贯穿于秦淮新河工程之中，确保了工程的顺利实施。

功在当代，利在千秋。秦淮新河通水已经40余年，其经济效益和社会效益有目共睹。特别是秦淮新河水利枢纽工程建成后，经受住了1991年、1998年大洪水的严峻考验。尤其是1991年，南京遭遇百年未遇的特大洪涝，梅雨期长达56天，雨量高达1084毫米，为常年平均梅雨量的4.6倍。在抗洪排涝中，秦淮新河和武定门两座水利枢纽工程发挥了巨大作用，确保了流域内人民群众的生命财产安全。

历史不会忘记曾经奋战在秦淮新河工程一线的所有建设者。作为参加秦淮新河工程数十万大军中平凡且普通的一员，他们中的大多数人祖祖辈辈生活在秦淮河流域，既受秦淮河水滋养，也饱受秦淮河洪水威胁。为了建设美好家园，他们积极响应党和政府的号召，全身心地投入到秦淮新河工程之中。他们没有怨言，他们以工地为家，他们以参与挖河而感到自豪，他们日夜奋战在工地，成为秦淮新河工程的中坚力量。他们是那个时代最可爱的人，他们永远值得我们敬重。

回顾历史，我们深有体会。开挖秦淮新河，是历史赋予的光荣使命。秦淮新河工程体现了党和政府坚持人民至上、增进人民福祉的初心。秦淮新河工程充分体现了社会主义制度集中力量办大事的优越性。秦淮新河工程浩大，组织管理复杂，在凝聚民心之外，还锻炼了设计和施工队伍，为改革开放后的城市建设，积累了宝贵的经验。因而，我们有责任讲好秦淮新河故事，不断弘扬和传承秦淮新河精神。

《千秋水脉：秦淮新河》一书的编纂，首先是为了存史。众所周知，秦淮新河工程是新中国成立以来，由江苏省统筹规划的南京地区规模最大的水利工程。秦淮新河的通水，造福了秦淮河上游、中游和秦淮新河两岸民众。通过潜心挖掘、系统梳理，大量馆藏的与秦淮新河相关的档案资料鲜活起来，呈现在世人面前，秦淮新河的历史价值和精神价值将被重新认识，并凝聚成新时代江宁再发展再腾飞的共识。

开挖秦淮新河，是在物资相对匮乏的困难时期。在技术和工具相对落后、条件十分艰苦的情况下，秦淮新河工程的建设者发扬吃苦耐劳的大无畏精神、不惜牺牲的奋斗精神和舍身忘我的奉献精神，形成强大的组织力和动员力，取得了惠及后代的伟大成就。我们采访健在的参与工程的老干部李英俊、万槐衡、盛义福，老民工陈才平、马大成等建设者，他们深情回忆那一段段往事、那一件件可歌可泣的故事，感人肺腑，让人难以忘怀。回顾总结这些，对当下对后世无疑具有广泛的教育意义。

秦淮新河两岸历史人文遗产十分丰富，其中有久负盛名的河定桥、名士游宴的新亭、兵家必争的大胜关，以及静明寺、龙泉寺等，现代人文胜迹则有江宁开发区、梅山钢铁基地、南京软件谷、高铁南京南站。一条秦淮新河，就这样将古代历史文化与现代文明有机地串联起来。秦淮新河两岸山水秀美，将军山、韩府山、新林浦、南河、板桥河等风景如画，又有宁芜铁路桥、西善桥、梅山桥、红庙桥等造型各异的跨河桥梁，1984年以"十虹竞秀"之名入选"金陵新四十景"，成为南京主城南部独具魅力的文化景观带。文化景观是人与自然共同作用的产物。随着社会的进步，经济的发展，城市的扩容，秦淮新河已经发生了重要的功能转变，其灌溉、供水等功能逐步消退，俨然成为一条城市内河，一条碧水微澜的景观河。

目前，南京市及江宁区以秦淮新河的滨水景观为重点，打造了"明外郭—秦淮新河百里风光带"，秦淮新河已成为南京城市形象的都市历史展示带、市民休闲的好去处和城市生态屏障，成为环绕主城的人文走廊、生态绿廊和休闲长廊，成为深入了解南京改革开放以来城市建设的典范。因此，挖掘秦淮新河的历史和文化价值，是新时代的召唤，也是区政协责无旁贷的责任。

　　我是在江宁成长的，从小听长辈说起秦淮新河工程的宏大、艰苦以及建设者们一往无前的奋斗精神。作为一名政协人，当历史的接力棒传到手中，我们深感有责任把这段光辉历史再现出来，在新时代新发展理念的指引下，为江宁赓续光荣历史传统和时代精神贡献政协智慧和力量。

　　是为序。

本文作者为中国人民政治协商会议南京市江宁区委员会第十二届、十三届主席、党组书记

第三单元 口述调研

下 篇

重要档案资料辑录

上篇

第一单元 深度解读

半个世纪的守护 千年水脉的焕新
——秦淮新河的科学价值和工程效益

◎ 陈　菁　朱立琴

　　秦淮新河，东起今秣陵街道与东山街道交界处的河定桥，沿秣陵地界向西面铁心桥而去，最终在大胜关入长江，全长共 16.8 公里。自 1975 年开掘至今，近半个世纪的时间里，秦淮新河发挥着航运、防洪、灌溉、景观等多重功能，尤其在秦淮河流域防洪体系中起到了不可替代的关键性作用，是保障南京人民群众生命财产安全的重要屏障。在新时期水利高质量发展的背景下，秦淮新河在持续保障水安全基础上，水环境和水生态进一步优化，秦淮河千年文化底蕴也得到了有效彰显，成为"河安湖晏、水清岸绿、鱼翔浅底、文昌人和"幸福河湖建设的典范，焕发出新的时代风采。秦淮新河不仅是持续改善民生、增进人民福祉的重大水利工程，守护着秦淮流域河湖安澜，见证着南京人民幸福生活的蝶变，更是南京水利发展史上的一座不朽丰碑，标志着南京水利文化的深厚底蕴，彰显着水利人的智慧和担当，激励着水利人不畏艰险奋勇前行。

一、建设缘起：南京水旱灾害频发

　　特殊的气候条件和地理环境使得南京市成为洪涝和干旱灾害的易发地区。首先，南京位于我国东部季风地带，降水充沛，但时空分布不匀，雨水集中在汛期，易发生长历时、高强度的暴雨而引起洪涝灾害，而在非汛期甚至特殊年份的汛期降雨稀少，易发生季节性或连年干旱灾害。其次，南京地处长江下游地区，长江中上游 176 万平方公里面积范围内降雨产生

《彻底整治秦淮河工程开工》，《新华日报》1959 年 12 月 6 日报道

的洪水都要通过长江干流南京段，而南京市的平原多分布在江河湖塘旁侧，地面高程低于长江洪水位，因此经常受到洪水威胁。同时，南京本地水资源受过境水影响大，尤其当长江上游来水减少时，沿江引水、提水困难，水库、塘坝得不到补充水，即形成或加重旱灾。第三，南京市属丘陵区域，上游山丘区河流源短流急，区域性暴雨可以在较短的时间内造成河流高水位，难以预报和及时调度防治，造成洪灾；丘陵区湖库塘坝蓄水能力有限，补水困难，遇特殊干旱季节和年份，不能充分发挥抗旱功能，加重旱情。

据史料不完全统计，自公元前 190 年西汉惠帝五年至 1948 年的 2000 多年间，南京市境内共发生水灾 219 次，旱灾 163 次，水旱交错 27 次。新中国成立 70 多年来，共发生水灾 21 次，水旱交错 13 次，旱灾 10 次，其中严重旱灾 4 次。1954 年，秦淮河发生洪涝灾害，漫决圩堤 400 多处，江宁县倒塌房屋近 4 万间，灾民达 25 万多；1966 年大旱，由于水利条件不

1960 年整治秦淮河第一期工程奖状

足，造成 30 万亩土地干旱。1977
年的资料数据显示，每年汛期投入
防汛和汛后修堤的劳力达 10 余万
人，仅江宁县常年用于排涝的经费
就在百万元以上，给沿河两岸人
民精神上和经济上带来了沉重的
负担。

为了有效解决水旱洪涝灾害的
影响，历史上先后不断有增挖秦淮
河新河道的举动。早在五代十国期
间，杨吴、南唐就开凿了"杨吴城
壕"这一宽阔的绕城护城河，作为
秦淮河下游航运、行洪的功能通
道，称为最早的"秦淮新河"。可
即便如此，秦淮河两岸洪涝灾害仍
然严重，文献中经常出现"御道可
行舟"的记载。

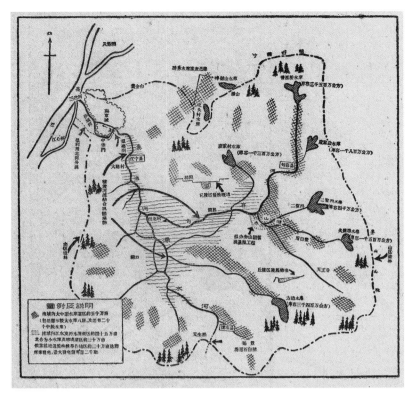

整治秦淮河规划示意图

六朝以来，南京的治理者为防洪水涌入城区，在秦淮河上游修建赤山湖蓄水
调节水位，在下游沿河岸筑"缘淮塘"。特别是新中国成立后，在秦淮河流域兴建大小水库
171 座，扩大改建阻水桥梁，建造节制闸、套闸、翻水站等水利设施，还不断疏浚河道，加
宽河堤，拓宽河床，以提高引水和泄洪能力，然而南京水旱灾害仍然没有彻底解决。

在屡次遭遇水旱洪灾后，南京下定决心根治秦淮河。秦淮河流域面积 2631 平方公里，
丘陵山区占流域面积的 80%，地势周高中低，为一完整的山间盆地。上游支流多，成树枝状，
每逢暴雨，汇流快，腹部低洼圩区滞洪能力弱，汛期河网水位高出圩区农田 3—4 米。下游
外秦淮河河床浅窄，沿途众多桥梁等建筑物阻水严重，仅能安全泄洪 350—370 立方米 / 秒，
不足洪水量的三分之一，扩大秦淮河洪水的出路势在必行。于是 1975 年经中共江苏省委决
定，在遵循"上游以蓄为主，下游以泄为主，中游蓄泄兼顾"的科学治水规律的基础上，在
秦淮河方山段对老河流"裁弯取直"畅通河道，在牛首山与雨花台之间开凿一条秦淮新河入
江，能较好地解决秦淮河洪水入江通道的问题，大大减轻南京主城区乃至秦淮河中游一带的
洪涝压力。

二、功在当代：攻坚克难玉汝于成

1. 规划比选

建设秦淮新河最初的设计构想来源于 1974 年编制的《秦淮河流域水利规划报告》，报告提出秦淮河洪涝灾害的主要矛盾是排泄量与产水量之间的巨大差距，提出扩大老河排水量至 900 立方米 / 秒，并开辟新河分洪 800 立方米 / 秒的方案，以基本解决秦淮河洪涝灾害问题，同时促进沿河地区发展航运事业。这一构想很快得到领导和专家的一致认可，随后江苏省水利局组织镇江和南京市对秦淮新河的线路、新河出口处等进行详细踏勘和分析研究。

经过几年时间的实地查勘，省水利局先后提出东线、西线、北河线及老河拓宽等 7 个方案，进行初步分析后发现北河线及老河拓宽方案都要经过南京市区，两岸工厂、企业和居民房屋密集，拆迁任务太大，施工出土困难，对城市干扰较大，难以实现，因此后续主要围绕东、西两线方案进行对比。东线由上坊门桥经麒麟门、西沟村至长江，全长 28.7 公里。西线由河定桥经铁心桥、西善桥至金胜村入长江，全长 16.8 公里。西线比东线短十几公里，且切岭长度只有东线的四分之一，土石方量少一半，还可避免拆迁麒麟镇和对西岗果牧场及两处煤矿的影响，以及穿越宁沪铁路高路基和入江口粉砂段等问题。综合考虑工期、技术、财力等多因素，最终决定采用西线方案。

新河出口处也曾研究过 3 个方案，分别是分龙村（龙王庙）入夹江、金胜村（二里半）入长江和在大胜关（板桥河口）入长江，经反复研究，结合线路要求，最终确定了第二方案，于金胜村入长江。

2. 科学设计

在初步规划的基础上，省水利局继续组织进一步细化建设方案。根据设计，秦淮新河河道位于南京城南丘陵地区，地形起伏大，地质情况甚为复杂，施工难度超乎想象。因此设计将工程分为河定桥至铁心桥段、铁心桥至红庙段、红庙至长江口段三大部分，简称上、中、下三段，分别为 5.8 公里、2.9 公里、8.1 公里。其中上段表层土质为黄色夹灰白色粉质黏土或重粉质壤土，下层为灰色重粉质壤土含泥质结核和褐黄色粉质黏土或重粉质壤土。中段为切岭段，土质表层为棕黄色夹灰白色粉质黏土或重粉质壤土，下层夹

《秦淮新河枢纽工程初步设计图》封面

有雨花台砾石层分布，接近岩层处有一层强风化层，土质坚硬，施工难度较大。下段西善桥以下为沙洲圩地区，一般为淤泥或粉沙，易塌方，开挖较为困难。此外，秦淮新河工程共征用农田 1.3 万余亩，拆迁 1507 户农、居民房屋 5200 多间，拆迁煤气、自来水管道 10 条、1.5 万多米，各种电线电缆 111 条、100 多公里，拆迁量十分巨大。

3. 施工建成

秦淮新河是当代南京投入人力最多、施工时间最久、开挖河段最长、对秦淮河水系影响最为深远的人工河道。尽管施工和拆迁均困难重重，秦淮新河工程在工程指挥部的协调安排下，还是按照既定计划顺利完工。

首先，人员安排上充分体现专业优先、万众一心。参加设计和施工的单位多达十几个，选拔专业施工单位承担相应专项，河道土石方工程任务则涉及南京市和镇江地区的 13 个县区，民工人数更是高达 20 万名。其中江宁县不仅承担了最为艰难的切岭段土石方工程，而

秦淮新河施工现场

秦淮新河开挖大会战场景

秦淮新河"十虹竞秀"之铁心桥（1983年）

且发动了10万民工，分成六大兵团会战主河道工程。正是在各地大力支持和相关单位的共同协作下，最终才建成了这条瑰丽壮观的人工长河。

其次，技术上，秦淮新河工程克服了蒙脱石质切岭、沙洲圩区护坡等众多技术难题和施工难点，在土坡稳定性分析中还选用了当时最先进的计算机技术，充分体现了技术人员勇于创新的精神。在施工过程中，最困难的部分就是切岭，切岭既有开山的难度，还要另外将碎石往上运，坡高路陡，难度极大。秦淮新河工程切岭段坐落在韩府山北麓铁心桥旁，海拔30米左右，需在此处开挖秦淮新河的中段。由于山丘地区大部分是树竹密布、杂草丛生的坚硬土质，土层10米以下是岩石，属蒙脱石石质，具有强烈的膨胀性和崩解性，遇水就崩解成粉末，处理难度之大，在新中国成立后江苏省治水工程中首屈一指。最终经过地质部门的研究，决定采用扩大边坡和黏土重压再加浆砌块石护面的工程方法。施工中需先挖掉膨胀土，将黄土从30多米的高岗上运到河底、河坡，层层铺填夯实，再外运块石护砌，护面高

15米，长3公里。据悉，切岭工程体量相当于一个年产230多万吨矿山的开采量。至1979年11月，切岭段工程历时4年正式竣工，工程完成土方约437.3万立方米，占新河总土方量的22.6%；石方约231.5万立方米，占新河总石方量的96.4%；块石护坡8.038万立方米，总投资1445万元，占全河道总投资的43%。

在秦淮新河河道工程竣工的同时，南京还先后兴建了秦淮新河节制闸、抽水站、船闸和沿线的11座跨河桥梁等配套工程。在11座桥中，除1座是铁路桥外，河定桥、麻田桥、铁心桥、红庙桥、梅山桥、西善桥、秦淮新河大桥、格子桥等10座桥梁，分别采用不同设计方案，也于1982年前陆续建成，被称为"十姐妹桥"，于1984年列入"金陵新四十景"，名为"十虹竞秀"。

三、利在千秋：综合功能效益显著

1. 防洪排涝，保障流域安澜

秦淮新河于 1980 年 6 月正式通水，工程规模浩大，具体包括泄量为 800 立方米 / 秒的大型河道 1 条，全长 16.8 公里，河宽 130—200 米不等，12 孔节制闸 1 座，40 立方米 / 秒抽水站 1 座，船闸 1 座，铁路及公路桥 11 座，沿河涵、闸、泵站等农水配套工程 50 多处，工程投资为 8300 余万元。

秦淮新河的兴建，使秦淮河增加了一条新的排水出路，洪水时可以分洪，干旱时可以抽引江水，为保障南京城区、机场、工矿的防洪安全，加快秦淮河流域农业生产的发展奠定了基础，同时还实现了秦淮河全流域通航，为恢复和发展秦淮河沟通长江与水阳江及太湖流域的历史作用创造了重要条件，更为今天秦淮河流域幸福河湖的建设，以及南京城市向南部拓展创造了良好基础。

秦淮新河是秦淮河综合防洪体系的关键骨干工程，发挥了巨大的防洪效益。正是有了秦淮新河工程，秦淮河流域才真正从"水患时代"进入了"安澜时代"。秦淮新河可承泄 800 立方米 / 秒的秦淮河下游洪水流量，从而极大地缓解南京主城区的防洪压力。秦淮新河水利枢纽工程建成后，历经 1991 年、1998 年大洪水而屡创奇功。尤其是 1991 年，南京遭遇百年未遇的特大洪涝，梅雨期长达 56 天，而梅雨量达 1084 毫米，为常年平均梅雨量的 4.6 倍。在抗洪排涝中，秦淮新河和武定门两座水利枢纽工程发挥的减灾效益超过 50 多亿元，成为化解"洪魔"的最大功臣。

2. 生态补水，助力环境改善

秦淮新河沟通了秦淮河流域与江宁地区的诸多水系，为跨流域水资源调度提供了基本条件，极大增加了水体联合调度的灵活性，不仅有利于保障秦淮河的水生态环境，而且为极端气候条件下的应急补水创造了条件。据统计，从 2005 年至今，秦淮河生态补水工作已经实施了 18 个年头，近 5 年抽引江水达 25 亿立方米，超过了 400 个玄武湖的蓄水量，秦淮新河、七桥瓮等水生态考核断面 pH 值、溶解氧、氨氮、高锰酸盐、总磷等指标稳定控制在正常范围，有效推动秦淮河流域水生态环境进入良性状态。通过三汊河河口闸、秦淮新河闸、莲花闸、武定门节制闸、南河闸和天生桥闸等六闸进行联控调度，不仅可以依靠长江水，还可以依靠石臼湖的水，使得秦淮河的水更清更活。调水方式主要有三种：其一，开启秦淮新河水利枢纽，抽引长江水经秦淮新河、秦淮河至武定门闸，通过武定门闸调控，水体由外秦淮河经三汊河河口闸流入长江；其二，在石臼湖具备调水条件时，开启天生桥闸，引石臼湖水经一干河、溧水河、秦淮河至武定门闸，通过武定门闸调控，水体由外秦淮河经三汊河河口闸流入长江；其三，开启秦淮新河水利枢纽，抽引长江水经秦淮新河，通过莲花闸引水入南河，通过南河闸的调控，水体由外秦淮河经三汊河河口闸流入长江。在实施生态补水后，铁心桥、七桥瓮等断面水质可达Ⅲ类水质。又如，2022 年 7 月以来，受持续高温天气、上游来水较常年同期偏少约 5 成等因素影响，秦淮河流域干流水位不断下降。为有效增加水资源供给，秦淮新河泵站连续抗旱运行 38 天，累计引水量达 1.2 亿立方米，全力保障南京城区河道水生态环境，也为上游地区工农业生产提供有效水源，较好发挥了流域控制性水利工程的抗旱减灾效益。

3. 景观营造，增进居民福祉

随着秦淮新河生态环境的不断改善、"幸福河湖"工作的不断推进，南京市以秦淮新河的滨水景观为重点，打造了"明外郭—秦淮新河百里风光带"，目前已经成为南京城市形象的都市历史展示带、市民休闲的好去处和城市生态屏障，成为环绕主城的人文走廊、生态绿廊和休闲长廊。"明外郭—秦淮新河百里风光带"由明外郭与秦淮新河（包含秦淮河局部段

秦淮新河沿岸风光

落）及其沿线开放空间共同构成，明外郭段北起观音门，南至上方门，全长约 20 公里，总面积约 7 平方公里；秦淮新河段东起上方门，西至秦淮新河入江口，全长约 20 公里，总面积约 10 平方公里。2021 年，南京市建委与市规划资源局组织编制《南京明外郭—秦淮新河百里风光带规划整合方案》，提出加强城市蓝绿空间与百里风光带的融合，并衔接城市绿道，沿途打造 16 处重点地段。如上方门 + 高桥门段，绿化主题为影蘸清流，在保留长势较好的植被基础上，增加耐水湿的乔木层，形成郁郁葱葱的生态林地。风光带沿线的配套升级，驿站服务设施分三级体系，实现步行 10—15 分钟即有服务设施。2023 年，南京将持续构建"滨江岸线—明外郭—秦淮新河"的环城绿廊格局，形成一个自观音门经尧化门、高桥门、南京南站、鱼嘴、绿博园、上元门、幕燕回到观音门的一个百公里环城闭环风光带廊道，让一江、一河、一城铺展人与自然和谐共生的生态宜居画卷。

秦淮新河兼具防洪、航运、补水、生态、景观等多种功能，影响广泛，且效益显著。建成几十年来，发挥了巨大的社会、经济、生态效益。秦淮新河克服自然条件制约，其勘测、规划、设计、建设与管理各项工作都可圈可点，是一代又一代水利人用科学、智慧和汗水创造的兴利除害、人水和谐的水利工程的典范和杰作。

本文作者陈菁为河海大学农业科学与工程学院原院长、教授，朱立琴为河海大学农业科学与工程学院副教授

秦淮新河的开挖及其多重功能

◎ 王 凯

南京的山山水水，蕴含着丰厚的历史文化，作为南京母亲河的秦淮河最负盛名。"秦淮"二字，早已成为南京古城的代称。人们耳熟能详的是明城墙内的一段"十里秦淮"，但她远不是秦淮河"家族"的全部。秦淮河"家族"成员众多，其中最年轻的新成员就是1975年开挖的秦淮新河。秦淮新河的开挖有什么样的历史背景？今日又发挥了什么样的功能？

一、秦淮新河的规划与开挖工程

1. 秦淮新河的规划

为何要开一条秦淮新河？百里秦淮，自北向南，蜿蜒曲折，是一天然的"扇形"流域。其北面是宁镇丘陵山脉，东南为茅山山脉，南面是苏皖接壤的横山山脉，西面有云台山、祖堂山、吉山等，西北面为浩瀚奔腾的大江；流域四周为丘陵山区，腹部是低洼圩区。由于干流周边汇水面积大，汇流时间短，下游只有南京城西北角一条通江水道，且下游河段遭码头、仓库等挤占又河道狭窄，导致泄洪量减少。汛期暴雨时，万流归总，水位猛涨，河流出口又受江水顶托，洪水排泄不畅。历史上，中游的江宁一带经常决堤破圩，给两岸人民带来深重灾难。

新中国成立后，虽然对秦淮河流域进行了初步治理，防洪、灌溉局面有所改善，但由于秦淮河下游河道断面太小，洪水出路问题没有得到解决，仍不能摆脱大洪大旱带来的灾害。

1969年夏天，秦淮河流域三日降雨量达241毫米，江宁县大骆村最高水位10.48米（1969年7月1日），受外秦淮河断面狭窄的影响，武定门闸最大泄洪流量仅376立方米/秒，只占洪水来量的40%，流域内受灾面积达37.5万亩，倒塌房屋20040间，减产粮食1.0亿斤。南京市郊区工厂、民房、仓库进水，汛情十分紧张。

1974年夏天，秦淮河流域三日降雨量236毫米，东山大桥站（大骆村站1969年撤销，1970年设东山大桥站）最高水位10.28米。暴雨中心在江宁县汤水河（最大一日点雨量达377毫米）。句容县石狮乡，江宁县汤山镇、土桥乡一片汪洋，部队派水陆两用坦克到现场抢救群众。

每年汛期，秦淮河流域都要组织大批干群上堤防汛，仅江宁县常年用于排涝的经费就在百万元以上，沿河两岸人民精神上和经济上负担沉重，党和政府下决心彻底解决秦淮河流域洪涝和干旱问题。通过对秦淮河流域河流现状及历年洪涝灾害的分析，将大部分洪水在进入下游南京城之前就分流入江——在秦淮河中游开挖一条分洪道的问题，摆上了省、市水利部门的议事日程。

根据调研，秦淮河上游丘陵山区将以蓄为主，扩建水库，洪水年滞洪，干旱年蓄水灌溉；中游可疏浚河网，整修圩堤，增加河网行洪能力；下游则扩大排水出路，结合引江。因为秦淮河干流下游穿过南京城区，沿线房屋、厂矿密集，拓浚不易实行，故必须开辟新河。

江苏省水电局最终在秦淮新河线路规划的 7 个方案中选择了东线、西线两个方案，然后从分洪道长度、

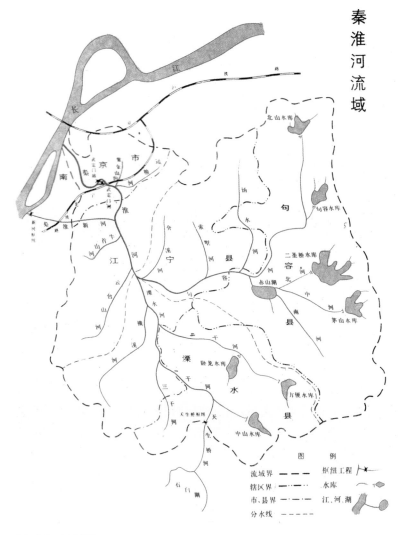

秦淮河流域

《秦淮河流域图》

工程量、地质条件、水源污染、水位及与矿区的关系等方面进行比较，确定采用西线方案（16.8 公里）：在秦淮河干流东山镇小龙弯河段裁弯 1.04 公里，从河定桥向西，切韩府山分水岭 2.9 公里，经西善桥穿沙洲圩于金胜村入江，即今日之秦淮新河。东线方案（长 32 公里，未采用）：工程在秦淮河干流上坊桥附近，利用原有河流向东扩挖，在麒麟街道开凿秦淮河与长江的分水岭，在七乡河入江。

历史上的秦淮河、外秦淮河，自东吴以来其部分河段一直起着护城河的作用，河流始终是城市发展的边界。金陵城一直在南部的雨花台丘陵与北部的九华山—清凉山一线山岭之间的平原地区发展，没有变化。而开挖秦淮新河则跳出了这片平原，南移至雨花台丘陵与牛首山之间的平原地区，秦淮新河这条东西向的河流成为未来金陵向南发展的新边界，预示着跨过秦淮新河向南侧的雨花台与牛首山之间、向西侧的沙洲圩（今河西地区）平原将成为南京

城新的发展空间。事实上，历史正是朝着这个方向行进。

2. 秦淮新河的开挖工程

开凿秦淮新河的土石方工程分为两个战役。

一是切岭工程。在西线工程中，秦淮新河要横贯韩府山四个海拔 30 米左右的山头，穿越长度 2.9 公里，即难度最大的切岭段工程。根据秦淮新河工程指挥部的统一部署，由江宁县组织 3 万人于 1975 年 12 月 20 日破土动工，用 4 个月的时间挖掉山头表面 10 米左右厚的表层土，共 295 万立方米。接着，组织 6000 人的专业队进行切岭施工。切岭坡高路陡，运石难度极大，斜坡长达 200 余米，落差 20 余米，拖车的民工每人每天要跑五六十里路程。

完成切岭土方花了两年多时间，相当于一个年产 230 多万吨的矿山开采量。由于河道断面两侧以蒙脱石为主，具有强烈的膨胀性，遇水就解体成粉末。如何有效防止蒙脱石影响行洪泄水，是江苏治水史上第一次遇到的课题。经与地质部门共同试验研究，决定采用扩大边坡、增加浆砌块石护面的办法。民工们要从 30 多米高的山岗上把黄土运到河底回填河坡，层层铺垫、夯实，再运来石块护砌。护坡高 15 米，长 3 公里。在西善桥附近的梅山铁矿区，为防止河道漏水，影响地下采矿，由冶金部增加投入 700 万元，用钢筋混凝土护砌河床，再加浆砌石护面。1979 年 11 月，切岭段工程竣工，总投资 1445 万元，占全河道总投资的 43%。

二是土方开挖工程。1978 年冬，指挥部组织秦淮新河土方工程大会战，由受益的镇江地区和南京市郊县共同完成切岭段上、下的土方工程，具体分工为：南京市郊区江浦县、六合县，镇江地区句容、溧水、武进、扬中、丹徒、宜兴、溧阳、金坛、高淳等县，负责切岭段以上的土方工程；江宁县负责切岭段以下的土方工程；雨花台区负责秦淮新河水利设施的配套建设。

1978 年 11 月 8 日，秦淮新河土方开挖工程全面动工。宁镇两市郊县共发动 12 万民工、江宁县 10 万民工，共 22 万水利大军分布在一条 16.8 公里长的土方施工战线上，机器轰鸣，人声鼎沸，挖土、送土的人摩肩接踵，一片人的海洋。镇江地区民工用了 40 天的时间，挖运土 570 万立方米，完成了 7 公里的挖河筑堤工程。江宁县 10 万人用 58 天挖运土 555 万立方米，完成了 8 公里的挖河筑堤工程。

配套水利工程主要有水利枢纽工程和跨河桥梁两部分。

其一，水利枢纽工程。枢纽位于秦淮新河入江口处，下游距长江 1.85 公里，枢纽主要由节制闸、泵站和船闸组成，采用闸、站结合的布局形式，抽水站和节制闸连成一体，泵站、节制闸、船闸由南向北，依次布置。

《热火朝天的秦淮新河工程》(陆宏盛绘)

中共江宁县委文件

江宁发（1977）第 38 号
★

关于成立江宁县秦淮新河
工程民工指挥部的通知

各公社、镇党委，县级机关各单位，县各直属单位：
　　经县委讨论决定，江宁县秦淮新河工程民兵师改为江宁县秦淮新河工程民工指挥部，各公社设民工营。指挥部成立临时党委。临时党委成员、正副指挥名单如下：
　　临时党委书记、指挥　顾治平
　　副书记、副指挥　王德富
　　副书记、副指挥　谢家泰
　　委　员、副指挥　王　霄
　　委　员、副指挥　王述高
　　委　员、副指挥　王　超
　　委　员、副指挥　张星原

中共江宁县委员会
一九七七年七月十四日

抄报：江苏省秦淮新河工程指挥部，市农办。

《关于成立江宁县秦淮新河工程民工指挥部的通知》

中共江宁县委员会组织部（批复）

（1977）宁组字第 25 号
★

关于建立共青团江宁县秦淮新
河工程民兵师委员会（临时）的批复

中共江宁县秦淮新河工程民兵师委员会（临时）：
　　你师四月十七日报来关于建立共青团江宁县秦淮新河工程民兵师委员会（临时）报告收悉。经研究同意由吴敬贤、王孝玉、郭庆法等十一位同志组成共青团江宁县秦淮新河工程民兵师委员会（临时）并由吴敬贤、王孝玉、郭庆法等三同志任付书记。

　　此　复。

中共江宁县委组织部
一九七五年四月二十九日

抄送：共青团县委。

《关于建立共青团江宁县秦淮新河工程民兵师委员会
（临时）的批复》

节制闸有 12 孔，每孔净宽 6 米，左岸为空箱式岸墙，鱼道从岸墙内通过，设计排洪流量 800 立方米／秒，1980 年建成。泵站安装轴流泵 5 台套，设计流量 40 立方米／秒，1982 年建成。船闸闸室长 160 米，宽 12 米，一次可通航千吨船队，设计最大年吞吐能力 600 万吨，1985 年建成。

其二，跨河桥梁。秦淮新河工程规划桥梁 11 座，其中铁路桥 1 座、公路桥 4 座、矿山用桥 1 座、农用桥 5 座，各桥采用了不同设计方案，被称为"十姊妹桥"。在 1984 年"金陵新四十景"评选中，南京人民誉之为"十虹竞秀"，登上景榜，反映了市民对秦淮新河及新颖结构桥梁的珍爱。有人赋诗："一线新河两岸香，十虹竞秀映朝阳。夜深桥上灯和月，串串明珠接大江。"

《秦淮新河建成通水》，《人民日报》1980 年 6 月 12 日头版报道

二、秦淮新河的多重功能

秦淮新河的建成，既是秦淮河流域水利发展的需要，也是南京扩展城市能级的产物。它承载着防洪、排涝、供水、生态、景观、航运、文化等多重功能，是南京城乡可持续发展的一项重要的基础设施。

1. 解决旱涝问题的水利功能

秦淮新河建成后，在老河行洪 400 立方米／秒的基础上，增加了 800 立方米／秒，使流域行洪能力提高两倍，达到 1200 立方米／秒；在 1969 年建成的老河武定门泵站 46 立方米／秒的基础上，增加了秦淮新河泵站 40 立方米／秒，在灌溉季节可保证秦淮河新闸上水位不低于 7.0 米，解决了流域灌溉水源补给的问题，大大减轻了下游主城区老河的泄洪压力，增强了流域汛期的泄洪能力。

1991 年梅雨期，秦淮河流域遭遇特大暴雨，7 月 1 日，东山、前埠村两水文站 24 小时降雨分别为 122.9 毫米、142.5 毫米；梅雨期长达 56 天（平均天数是 20 天），梅雨量达 1195.8 毫米（平均梅雨量是 230 毫米）。特大洪水时期，秦淮新河发挥了至关重要的作用，成为分泄洪水的"主力"，确保了流域内万亩以上大圩和下游南京城的安全，将洪水灾害降到最低。秦淮新河与河口水利枢纽的建成，为 20 世纪 90 年代江宁新区大规模开发奠定了水利保障的基础。

2. 开展水上运输的航运功能

开辟秦淮新河与兴建船闸，不仅恢复了秦淮河流域与长江的水上交通，而且改善了秦淮河干流及主要支流的通航条件，也为秦淮河连通水阳江、太湖两个流域提供了机会。随着江宁开发区的建设以及秦淮河两岸城乡经济的快速发展，秦淮河船闸已由"重要通道"变成南京水运亟待解决的"肠梗阻"。

2013 年 12 月，投资 1.31 亿元的秦淮新河船闸改造工程完成。新船闸建设规模为四级船闸，不仅年单向货运通过能力提升到 1080 万吨，而且适应船舶标准化、大型化的发展需求，大幅缩短船舶过闸时间，降低船舶运输成本，提高了航运企业和船民的航运效益。

3. 串联河流景观的文化功能

秦淮新河两岸历史人文遗产十分丰富，现代城市景观步换景移，山水自然景观风景宜人，水利枢纽工程风景独特，跨河拱桥成"金陵新四十景"之一。其中历史人文遗产有新亭、铁心桥、大胜关等，现代人文胜迹有梅山钢铁基地、江宁开发区、雨花台软件园、高铁南京南站等，山水自然景观有韩府山、将军山、新林浦、板桥河、南河等，"十虹竞秀"景观有造型各异的河定桥、铁心桥、红庙桥、梅山桥及桥上川流不息的车流风景等，水利枢纽工程景观有节制闸、泵站、船闸及航船过闸风景等。上述自然景观与人文景观，除少数如将军山、板桥河、南京南站等离秦淮新河约 1 公里外，大多数已和河流融为一体，如大胜关、梅山钢铁基地、江宁开发区、雨花台软件园等，更不用说仁立河中的水利枢纽与跨河而过的桥梁了。由此看出，秦淮新河的串联功能是多么重要。新河通过河流的水路和两岸堤顶的陆路串联起两岸的山水自然景观与古代、现代的人文景观，是一条多种功能的文化景观廊道。

4. 水利工程的教育科普功能

秦淮新河的开挖，除少量使用以柴油机为动力、用钢丝绳牵引小板车爬坡拉土外，主要

《今日秦淮新河河岸美景》（蔡震绘）

继承了传统人挑肩扛的"人海战术"，深深地镌刻着时代的烙印，充分展现了新中国成立后，在中国共产党领导和新的社会制度下，南京人民兴修水利、驱除水害、发展生产、改变命运的坚定信念。在长达4年的切岭段工程施工过程中，6000多民工住在简易的房子中，生活极为艰苦，经常吃的是小菜饭，睡的是地铺，干的是开山劈石的重活。但是，这些热血男儿们没有怨言，有的为此推迟了婚期，有的为此离开新婚的妻子、刚出生的孩子，有的在父母病重之时还奋战在工地。他们的精神让人感动，值得后人学习。在切岭段工程中，有7人牺牲、300多人受伤。我们不应忘记他们。

2022年10月，习近平总书记在林州市考察红旗渠时指出："红旗渠精神同延安精神是一脉相承的，是中华民族不可磨灭的历史记忆，永远震撼人心。年轻一代要继承和发扬吃苦耐劳、自力更生、艰苦奋斗的精神，摒弃骄娇二气，像我们的父辈一样把青春热血镌刻在历史的丰碑上。实现第二个百年奋斗目标也就是一两代人的事，我们正逢其时、不可辜负，要作出我们这一代的贡献。红旗渠精神永在！"岁月不语，唯河能言。秦淮新河与红旗渠一样，都是在党领导下建成的水利工程，都浸透着民工艰苦奋斗的汗水，镌刻着人民奋发前行的印记。秦淮新河与红旗渠一样，都是我们宣传中国共产党领导、社会主义制度优越性和教育后代最鲜活的教材，也是永远值得珍惜的宝贵精神财富。它们的故事和文化感召力将鼓舞我们积极投身水利高质量发展，为建设中国式的现代化贡献自己的力量。

距离河口约1.5公里的秦淮新河枢纽、秦淮新河船闸，都是省属管理单位。节制闸、泵站、船闸拦河而建，在发挥其挡水、泄洪、抽水、通航等水利、航运功能的同时，亦是伫立在河中的水工程景观和水文化地标，还是对市民，尤其是中小学生进行水利、航运科普的好场所。近年来，已经成为省水情教育基地的省秦淮新河管理处联合所在地学校，利用水利枢纽资源对小学生开展水情教育，使小学生了解秦淮河，知晓水利工程，让孩子们从小就树立爱惜水、节约水、保护水的意识，受到社会各界的一致好评。

船闸的过船原理也是很好的水工程科普资源，一般人既不了解，也很好奇。笔者在现场考察时发现，一些市民带着孩子拥在秦淮新河跨船闸的桥梁栏杆边观看船只过船，家长和孩子都十分感兴趣。如能在船闸边设置有一定高度、安全的观景台，附以船闸过船的图示和文字说明，既可以向市民进行水工程科普，又方便市民观察船只过闸，就再好不过了。

秦淮新河鱼嘴航拍

5. 方便市民休闲的游憩功能

20 世纪末、21 世纪初，随着东山新城区、江宁经济技术开发区、河西新城区、雨花软件谷成为开发的热土，随着高铁南京南站的兴建，南京城逐步向南、向西发展，秦淮新河两岸逐渐成为新的住宅区，市民对秦淮新河滨水区的绿化、亲水等宜居环境提出了更高的要求。

2011 年，南京市政府批复《南京明外郭沿线地区总体规划》《南京秦淮新河地区沿线总体规划》，建成后形成明外郭—秦淮新河百里风光带。2021 年 4 月，经沿线各区、各管委会统计，明外郭部分风光带已建成三分之二，秦淮新河部分风光带已建成四分之三。

秦淮新河部分河段堤顶还铺设了沥青路面和彩色步道，沿线建设了一些特色景点。韩府山从西铁心桥至红庙段的秦淮新河，当年称为"切岭段"。切岭段河道连接 4 个大小山头，长达 3 公里，切岭平均深 30 米左右，因经人工切凿后的河道两岸山体耸立，岸壁高悬；河水绕韩府山蜿蜒而流，山水相依，风光绮丽，历来有"小三峡"的美誉，是登山观水，进行水上游船开发的良好资源。铁心桥上、下游两岸高大的乔木浓荫覆盖着河流岸坡，人们在滨水区慢行步道上散步、跑步或聚会，成为附近小区居民游憩的好场所。

秦淮新河右岸西善桥至河口段，设置了"河塔聆听"景点。它本身是一个塔形地标式的景点，又是一个可以让市民登高远望的观景点；其堤顶用作慢速道路使用，每隔1—3公里就设有出入口，设置了导视系统，为市民创造了舒适的游赏、露营环境。

秦淮新河在大胜关汇入长江，江河交汇处是眺望长江极佳的观景点。2013年，南京市政府开始实施滨江风光带建设，在江河交汇处实施了一系列工程：恢复长江湿地；绿化河堤与江堤；建设堤顶沥青路，方便游客骑行；建设滨江栈道，方便人们亲水。而航道文化公园内的灯塔在发挥指引长江航船运行的实用功能外，兼有景观功能。从高空俯瞰，江河交汇处就像一个"鱼嘴"，南京人亲切地称其为鱼嘴公园。

总之，随着"明外郭—秦淮新河百里风光带"陆续添加新的景点，两岸人口不断地增加，秦淮新河已从20世纪80年代初建成时的城外之河变为现在的城中之河，人们对提升秦淮新河两岸居住环境品质的需求越来越高。

值得期待的是，"明外郭—秦淮新河百里风光带"的景点还在增加。据有关方面透露，风光带秦淮新河右岸两桥段（西善桥、铁心桥）和秦淮新河入江口慢行桥的建设已经列入雨花台区2023年城建计划。尤其是入江口慢行桥，将河北的鱼嘴湿地公园与河南的三桥公园、三山景点"牵手"，实现长江、秦淮新河两大风光带的对接。这样，"滨江岸线—明外郭—秦淮新河"的环城绿廊格局，就形成一个自观音门经尧化门、高桥门、南京南站、鱼嘴、绿博园，到上元门、幕府山、燕子矶的100公里环城闭环风光带廊道，让一江、一河、一城铺展人与自然和谐共生的生态宜居画卷，塑造出美丽古都璀璨的绿色人文项链，让市民尽享绿色发展的红利。我们期待着！

本文作者为南京市水务局原局长

流淌在秦淮新河的精神财富

◎ 卢海鸣　邓　攀

秦淮河有南京母亲河之誉，为南京城的孕育、诞生、发展、繁荣起到了巨大作用。自南京建城以来，为使这条蜿蜒丘陵间、自然屈曲的长江支流更好地保障和服务城市的生存和发展，历朝历代多次开凿破岗渎、胭脂河等水利工程，对其进行疏浚改造。秦淮新河是新中国成立以来南京地区开展的规模最大的水利工程。该工程历时近 5 年，20 多万人参与，新开河道 16.8 公里。在 20 世纪 70 年代物质匮乏、技术有限的艰难条件下，建设者们在党的坚强领导下，弘扬优良革命传统，发扬艰苦奋斗、无私奉献的精神，历尽千辛万苦，克服重重困难，终于完成了这项功在当代、利在千秋的水利工程。

在关系人类生存发展的自然物质基础中，生态环境至关重要，其中河流的影响巨大而普遍。小到聚落村镇，大到通都巨邑，一般都选择依河而建，但水可以兴城，也可以覆城。因此沿河城市如何处理人、城与河的关系，是对历代城市管理者的重大考验。

新中国成立后，在秦淮河流域开展了一系列水利工程，浚河修堤，建闸筑桥，特别是广泛兴修各类水库，提高蓄水、泄洪能力，大大减少了水旱灾害，沿河地区粮食生产亩产 20 多年间增加了三四倍。但由于秦淮河下游主河道断面不足，不能根本解决洪水出路，难以应对特大洪水侵袭，仅 1954 年大水，江宁县就有 25 万人受灾，南京市区可以行舟，新街口水涨至膝。1969 年的特大洪水，不仅使南京城发生严重内涝，秦

《南京市 1952—1989 年水利建设重点工程分布图》

淮河上、中游被淹面积高达 37.5 万亩。据 1977 年的统计数据，每年防汛和修堤工程需要投入的劳动力多达 10 万多人，沿河人民群众的经济和精神负担都很沉重。江苏省各级水利部门痛定思痛，一直积极思考根治之策。1974 年，江苏省通过《秦淮河流域水利规划报告》，提出开辟新河分洪的方案。很快，中共江苏省委、省政府成立秦淮新河指挥部，以便跨地区跨部门协调力量。1975 年 12 月 20 日，正式开工建设秦淮新河工程。秦淮新河的开凿，体现了以下三大精神。

一、万众一心

决策的生命在于执行，执行的效力在于同心。秦淮新河工程为民兴利的性质，为万众一心修水利奠定了坚实基础。万众一心也是中国特色社会主义制度能够集中力量办大事的显著特征。

1978 年冬，秦淮新河指挥部在完成征地之后，遵照中共江苏省委"一定要把秦淮新河开好，保证汛期发挥效益"的号召，开始组织直接受益的镇江地区和南京市郊县携手投入切岭段大会战。切岭段以上的土方工程由当时南京市郊区的江宁县、江浦县、六合县，以及镇江地区句容、溧水、武进、扬中、丹徒、宜兴、溧阳、金坛、高淳等县负责，共出动民工 12 万人，40 天挖成 7 公里长的河道；切岭段以下的土方工程由江宁县负责，出动民工 10 万人，58 天挖成 8 公里长的河道。两个月完成全线土方开挖任务，缩短计划工期一半。秦淮新河

中共江宁县委领导在秦淮新河工地上

江宁十万民工开挖秦淮新河场景

《秦淮河新河工程溧水县各大队分配人数统计表》（1977 年）

水利设施的配套建设由雨花台区负责。科研部门则积极参与了难度最大的下游沙洲地区施工，运用电子计算机做大坡稳定设计，采用放缓坡、放宽平坝等技术措施，攻克了河坡稳定的施工难题。在工程施工的 4 年多时间里，由各级领导干部担任的副指挥，与群众一起吃住在工地。在会战期间，中共镇江地委常委、副专员在工地坐镇指挥，各县区指挥部和民工团，分别由县、区党委、政府负责同志亲自参加，各县、区人武部负责人亦参加工地带动，以民兵建制成立作战单位。领导干部的以身作则，凝聚了人心，鼓舞了士气。各级指挥部门和施工单位还成立了临时党、团组织，加强对民工的政治思想工作。

同时，全省各地民众也被动员起来，集中人力、物力、财力支援新河建设，在物资普遍缺乏的情况下，调运钢材 5000 多吨、木材 6800 立方米、水泥 5 万吨、砖瓦 2000 多万块、沙石 40 万吨。南京市还组织供应了猪肉 360 万斤、油 36 万斤、蔬菜 7000 多万斤。为施工人员提供食宿的铁心桥镇一带，不少姑娘在新河建成后，因共同的奋斗经历日久生情，与挖河民工喜结连理。

正是这种决策者、领导者与执行者心往一处想，劲往一处使，形成强大的组织力和动员力，调动社会各界同心互助、协力合作，为工程建设的顺利推进营造了良好环境，取得令人瞩目的建设成就。

二、艰苦奋斗

中国共产党自诞生至执政，始终面临险恶的斗争环境。无论革命年代，还是建设时期，我们党领导人民创造了一个又一个历史奇迹，不靠运气，也没有秘诀，只有艰苦奋斗。2021年7月，中共中央首批发布的46种中国共产党人精神谱系中有14种皆有这一内涵的表述。这是深深铭刻在党的精神中的伟大传统和优秀基因。

20世纪70年代，秦淮新河工程建设者们毅然以愚公移山、艰苦奋斗的决心与毅力，投身到自力更生、改造自然的伟大水利工程中。其中最典型的无疑是韩府山至铁心桥4个山头间长达2.9公里的切岭段工程。切岭不仅要开山，还要将碎石往上运，坡高路陡，难度极大；而且，10米土层下的岩石为蒙脱石石质，遇水即膨胀崩解为粉末，需要从高岗上运送黄土替换河底、河坡的膨胀土，再用块石垒砌高达15米的护面，工程量极大。从炎炎酷暑到数九寒冬，建设者们夜以继日奋斗在工地上，不顾疲倦和伤痛，以轰轰烈烈的社会主义劳动竞赛，调动积极性，发挥创造性，攻坚克难，仅用2年多时间就完成了相当于年产230万吨矿山开采量的"切岭土方"。据当年的老同志回忆，"开山劈石的民工兄弟，吃的是小菜饭，睡的是地铺，面对的是伤残与牺牲。特别是从开挖面向坡顶运送土石方时，卷扬机上的挂钩和装土的板车连接时，稍有不慎，麻木或冻僵的手指就会被钢丝绳切断"，"当年的总结大会上，指挥长说起'断指捡了一箩筐'，顿时泪流满面，参会者无不动容"。

秦淮新河切岭段护坡（1990年代初）

事后，据指挥部统计，由于条件简陋，安全保护装备严重缺乏，切岭段工程中先后"伤亡417人，其中因公死亡7人，重伤163人，轻伤247人"。冰冷的数字背后是鲜活生命的代价，以及无数人的默默辛劳，文字难以尽述奋斗之艰苦，但不怕牺牲的奋斗精神永远值得后人铭记。

三、无私奉献

无私奉献与艰苦奋斗一样，同为党的精神谱系的重要内涵和精神底色。无私奉献是艰苦奋斗的客观需要，艰苦奋斗离不开无私奉献的动力支撑。

在秦淮新河工程建设中，这种奉献精神不仅直接体现在投身其中的具体建设者、主动援助攻克技术难关的在宁科研单位和鼎力支援大量财物的各地民众，同样深刻体现在工程涉及的动迁地区自身利益受到影响的人民群众。没有他们"舍小家为大家"配合拆迁的倾力奉献，整个工程必然会延长工期，甚至可能因跨越汛期，使工程建设难度和成本成倍增加，造成巨大损失。

秦淮新河工程，按照规划要征地13700亩，其中粮田11200亩、菜地1400亩、水塘1000亩，拆迁农民住房1507户5200多间，拆迁煤气、自来水管道10条长1.5万米，各种电线、电缆141条长100多公里。其中最难的是直接涉及个人利益的河道用地征用和农民房屋拆迁。由于财力不足，政府根据政策支付的拆迁赔偿费仅548万元，土地青苗费和其他赔偿费407万元，补偿率不过是农民损失的三分之一。但在政府充分动员下，沿河农民自觉配合，基本都在规定时间内收完庄稼、蔬菜，完成拆迁，没有出现大的社会问题。政府部门为拆迁群众因地制宜建设了36个居民点，建筑面积10万多平方米，使过去一家一户居住的群众统一住进新瓦房。由于工期紧张，在新居完工前没有地方住的农民，自己克服困难，有的借住亲戚家，有的用拆迁材料搭建简易棚临时遮风挡雨，他们牺牲了个人权益，以无私奉献的朴实行动支持了国家建设。

秦淮新河《工地战报》第二期

治理秦淮河，
造福于人民。

李先念
一九八六年一月五日

李先念关于治理秦淮河的题词

2022年10月，习近平总书记在河南安阳考察时指出："红旗渠精神同延安精神是一脉相承的，是中华民族不可磨灭的历史记忆，永远震撼人心。年轻一代要继承和发扬吃苦耐劳、自力更生、艰苦奋斗的精神，摒弃骄娇二气，像我们的父辈一样把青春热血镌刻在历史的丰碑上。实现第二个百年奋斗目标也就是一两代人的事，我们正逢其时、不可辜负，要作出我们这一代的贡献。红旗渠精神永在！"秦淮新河虽然不是全国瞩目的重大水利工程，其难度和长度也不如红旗渠，只是一项惠及部分宁镇地区的区域性水利工程，但它的建设者仍然展现了穿越时空的伟大精神力量，在一棒接一棒的社会主义建设实践中，为后人留下了宝贵的精神财富。从某种意义上来说，秦淮新河堪称江苏特别是长江流域的"红旗渠"，是矗立在江宁大地的精神丰碑。我们在缅怀先辈满腔热血拼命干、致敬前人战天斗地英雄气的同时，要大力弘扬万众一心、艰苦奋斗、无私奉献的精神，为奋力谱写中国式现代化江宁新篇章增添新动力。

本文作者卢海鸣为南京出版传媒集团总经理、南京出版社社长、南京城市文化研究会会长，邓攀为南京市社科联（院）一级调研员、科研处处长

第二单元　综合研究

秦淮新河开凿的时代背景

◎ 陆煜欣

　　1975 年 12 月，秦淮新河分洪道工程正式启动。为完成这项工程，南京市及镇江地区动员 20 多万民力，花费近 5 年时间，成功开凿了长达 16.8 公里的秦淮新河。1980 年，这条人工河正式通水。通水之后的秦淮新河，不仅可以防洪，还兼具灌溉、航运、抗旱等多种功能。它的建成使秦淮河下游由过去的内、外两支秦淮河变成了三支，增加了水流的通畅性，有效地分散了水资源，降低了水灾风险，并成功恢复了秦淮河流域与长江的水上交通，大大改善了秦淮河中、下游水利状况，有力地推动了南京城市边界向南进一步发展。

一、秦淮河流域概况

　　秦淮河属长江下游支流之一，是江宁乃至南京古代文明的摇篮，历史上曾前后有"小江"、"淮水"（简称"淮"）、"龙藏浦"、"秦淮"等不同名称。它是一条自然河流，发源于苏南低山丘陵地区，其流域范围在宁镇山脉之南，横山之北，茅山之西，云台山、牛首山之东，属于一个比较完整的盆地，其下游穿越南京附近的低山丘陵而入长江。

　　秦淮河有南、北两个源头，北源起于今镇江句容市的宝华山，称句容河；南源起于今溧水区的东庐山，称溧水河。二流在江宁区方山南面的西北村附近汇合，称为干流。干流绕过方山的南、西两侧，向北蜿蜒至南京城的东南，又分为两股。一股经通济门旁东水关入城，经中华门内镇淮桥，由水西门附近的西水关出城；另一股绕明代南京城墙南墙外，至水西门外与城内一股合流，沿石头城下至三汊河入江。秦淮河全长约 110 公里，主要支流有 16 条，

上
篇
⋮

《江宁县水利图》局部（1949—1960 年）

流域面积约 2630 平方公里，其中 80% 是丘陵地区，20% 为平原圩区，干流及支流流经南京市溧水区、江宁区、雨花台区、秦淮区、鼓楼区、建邺区、栖霞区和镇江句容市[1]。其中，溧水区在 1959 年至 1983 年归属镇江地区管辖。

地质学家的研究表明，距今大约 7000 万年前的晚白垩世后期，由于地壳运动的影响，秦淮河流域所在岩层形成波浪状的褶皱，原先沉积的水平岩层变为 10 度—20 度的缓缓倾斜，同时整个区域又微微上升，原先的湖泊逐渐缩小，最后终于完全消失，转变为陆地。而其时的大气降水，仍沿着原来的湖底洼地流动，最早的秦淮河可能就在此时孕育形成。由于当初秦淮河盆地在地壳运动的影响下形成北偏西 30 度的断裂，刚刚诞生的秦淮河在湖底流动时，就沿着岩层这个最易遭受风化侵蚀的断裂方向前进，故今日秦淮河的主流方向，即从南源溧水河到秦淮河的下游，大致沿着这个方向流动。在相当长的一段时间内，河水不断地流动侵蚀，把原来比较平坦的湖底，又切割成高高低低。今日秦淮河盆地中一部分波状起伏的地面，可能就是当时秦淮河及其支流侵蚀形成。河流侵蚀形成的碎屑物质，大部分被流水带走，只有较粗的颗粒，才在低凹的地方堆积下来。今日江宁方山的洞玄观砂砾层，可能就是在距今 1000 万年到 2500 万年的中新世，由秦淮河搬运堆积起来，后来因为方山发生火山喷发，玄武岩覆盖在砂砾层上面，由于得到了坚硬的玄武岩岩层的保护，这些砂砾层才被保存下来。也有人认为秦淮河到距今 300 万年左右的第四纪时，仍然是以侵蚀作用为主。只是到了第四纪的晚更新世和全新世，秦淮河下游才由侵蚀作用转变为以沉积作用为主。根据地质勘探资料，在今东山街道到方山一带的秦淮河两岸，全新世

1　南京市水利史志编纂委员会编：《当代南京水利》，内部资料，1988 年，第 41 页。

《南京市水系图》

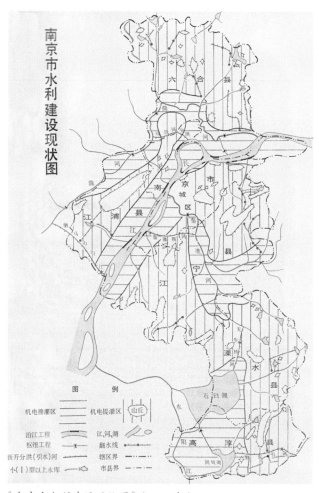

《南京市水利建设现状图》（1988 年）

沉积物的厚度有 30—40 米。这些沉积物的下部一般有几米到十几米的砂砾层，上部有二三十米的粉砂、亚黏土的沉积。沉积物的这种结构，正是河流沉积物所具有的特征，所以秦淮河下游的富庶平原，是在近代地质历史时期内，由秦淮河的沉积作用形成的。

1. 溧水河及其支流

作为秦淮河两源之一的溧水河分一干河、二干河、三干河，分别承中山水库、方便水库、西横山水库来水，在江宁境内有二干河、三干河、句容南河、横溪河等支流汇入，至西北村汇入秦淮河干流，集水面积约 680 平方公里。

其中二干河源自溧水，上通石坝，自周岗毛公渡入江宁区境，流经严郎渡至团头西村入溧水河，江宁境内长 8 公里。

三干河经溧水石湫坝，由方家村至江宁铜山王家圩入溧水河，为 1969 年下半年新开挖的人工河，江宁区境内长 6.5 公里。

句容南河，原名龙都乡南河，经朝阳闸、高阳桥、龙德桥，过孙家桥（渡）入溧水河，境内长7.5公里。横溪河流经横溪、禄口两地，1975年废老河，开新河，从黄桥滩三棱桥西之大河口入溧水河，全长12.5公里，流域面积138.2平方公里。

2. 句容河及其支流

作为秦淮河另一源头的句容河上接北山水库，在句容境内有句容水库及赤山湖，并有北河、中河、南河经赤山闸汇入，在江宁境内有索墅西河、索墅东河、解溪河、汤水河、梁台河等支流汇入，至西北村汇入秦淮河干流，集水面积约1260平方公里。

其中汤水河源自汤泉水库，流经汤山、上峰、土桥等地，各段又有唐家河、土桥河之称，在塔离岗（赤山）入句容河，全长23公里，流域面积240.4平方公里。

索墅西河源于淳化境内青龙山南麓之大连山，因在旧索墅镇西得名，长6公里。1976年，索墅西河河道改线后因在湖熟境内梁台遗址附近入句容河，故亦名梁台河，或称团结河，其上游则称石子涧河。

索墅东河源于天宝山，因在旧索墅镇东得名，主要在湖熟境内，自姐妹桥至句容河，长6.5公里。1976年，索墅东河河道改线后曾名同进河。

索墅西河与东河的流域面积，合计为72.8平方公里。

解溪河跨葛桥，亦名方山河、竹口河，今名前进河，自索墅至龙都东北村卜家坝入句容河，全长4.8公里，流域面积84.1平方公里。

3. 秦淮河干流及其支流

秦淮河干流自西北村北流，在江宁境内有云台山河、阳山河、牛首山河、外港河等支流汇入。至东山街道河定桥附近分为两支，北支过南京城东南通济门外与护城河汇流，绕城南、城西至三汊河入长江，长34公里。西支即为秦淮新河，经南京铁心桥、西善桥至金胜村入长江，长16.8公里。

其中云台山河源于云台山北麓之东坑林场，从秣陵分叉东、北两支，在严公渡与羊山河汇合入秦淮，全长16.5公里，流域面积134.8平方公里，秣陵段云台山河亦称秣陵新河。

牛首山河源于牛首山，过司家桥至殷巷赵家渡（原猪山，亦名珠山）河口入秦淮，司家桥以上称坝，以下称桥，全长7.5公里，流域面积46.4平方公里。

阳山河亦称羊山河，其主河原为吉山水，源自祖堂山南麓及吉山北麓之冯村水库，由陶港口入秦淮。1972年人工开挖阳山河，西起南庄，东达新河桥入秦淮，杨家桥以下由陶港口入秦淮之老吉山水废弃。严家渡河口以下又有云台山河来汇。

外港河发源于原上坊、方山乡丘陵一带，其河道早见于民国时期老地图。1972年，为使上坊、方山、东山部分地区洪涝及时排泄入秦淮河，并增加农田灌溉水源，江宁县革命委员会组织人力就旧有河道拓宽整治，全长约6.5公里，汇水面积15平方公里，河道底宽40米，河面宽100米[1]。

二、秦淮河流域的水旱灾害及治理

1. 明代之前

据相关地质资料，秦淮河是一条自然河流，早在2500万年前就已成形，而方山则源自1200万年前的火山爆发，火山喷出的熔岩冷却后，形成一条长垄如同巨柜阻断了附近的秦淮河水，每至春夏雨季，上游之水难以畅泄，故这一带常常水患成灾，成了一片水乡泽国，故称之为龙藏浦。

不仅如此，秦淮河上游的句容、溧水两地处于丘陵地区，周边群山环抱，冈峦起伏，区域内高差极大，坡度陡急。以句容为例，北部的宝华山、武岐山高程在470—370米，南部的茅山等地在300米以上，赤山湖地区高程却仅在8米左右，汇入赤山湖的秦淮河道陡坡流急，河床窄小多湾，一旦在汛期遇到暴雨，赤山湖地区来水量极大。而秦淮河下游河道淤塞，河圩堤防千疮百孔、残缺不全，洪水下泄不畅，泄量太小，往往导致"江河并涨"，下游洪水倒灌上游，洪水滞蓄不走，水位猛涨，造成严重的内涝灾害。若遇到干旱的情况，秦淮河水源枯竭，水量极其有限，对于航运和农田灌溉产生严重的影响。因此，历史上的秦淮河流域水旱灾害不断，各朝代都曾进行治理，但始终没有真正解决问题。

相传秦代曾对今江宁方山东南直渎及其西侧龙藏浦进行疏通，使得这一带的秦淮河由原先的屯水湖泊变成了固定的主干河道，秦淮河北源上游湖熟周边的古赤山湖水也得以通过秦淮河畅泄长江。古赤山湖水位降低后，大量湖滩出露水面，为大规模围湖造田提供了条件，进而为此后湖熟、龙都地区的经济发展及汉初的置县奠定了基础。

后世对秦淮河的治理不绝于史。其著名者如三国孙吴赤乌八年（245年）八月，为方便吴都建业（今南京）与三吴地区的物资运输，吴大帝孙权派遣校尉陈勋开凿破岗渎，又在其上、下修建14座水埭（拦河水坝），下7埭即在江宁境内，其中方山埭位于方山之南，是14

---

1 参见南京市水利史志编纂委员会编：《当代南京水利》，内部资料，1988年，第41页。南京市江宁区文化广电局、南京师范大学主编（王志高、周鹏总纂）：《南京江宁区境秦淮河沿线历史文化资源及遗产调查研究》，内部资料，2017年。以下凡参引本资料的不另注。

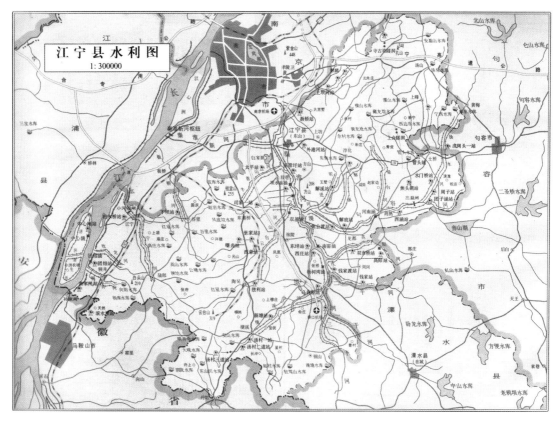

《江宁县水利图》

堰中最大最重要的一座。方山埭所在的秦淮河滨，在此后的 300 多年中一直是都城建康与吴地人员、物资往来的必经之地，故这一地区一度人烟稠密，热闹非凡，乃至成为都城南郊最繁忙的交通要冲以及时人东下的最著名送别之所。隋灭陈以后，南京不再作为都城，破岗渎逐渐废弃淤断。

据《景定建康志》记载，唐麟德二年（665 年），句容县令杨延嘉在赤山湖梁代故堤旧址建造 2 座斗门。当遇山水下泄，可通过斗门将洪水蓄入赤山湖，用作农田灌溉。当湖内满水后，则经斗门依次向下游放水，以减少决堤破圩之风险。杨延嘉还对湖内贮水等事项作了具体规定，明确了贮水灌溉田地的目的，严禁围湖造田。大历十三年（778 年），句容县令王昕复置湖塘，重修二斗门，以节制湖水，开田万顷。

其后，因年久失修，赤山湖湖埂坍塌，湖底淤塞，不利于周围农田的灌溉及乡民生息。南唐保大年间（943—957 年），朝廷再兴功役，派遣官员到秦淮河上游修作赤山湖，差上元、句容两县官员修建斗门 3 所，以控制湖水出入，以便上游山水次第下注秦淮，下游免遭水灾。

宋元时期，秦淮河流域因大量修筑圩田，夏季水灾频发。据《至正金陵新志》卷五引戚光《集庆志》云：秦淮河水源甚远，线路漫长，汇入支流较多，又从前贮水的湖泊，后世不断修筑为圩田，每年夏雨暴至，江潮复涌，水即泛溢，且皆流经城内渐窄的河道入江；另一方面，秦淮河水从源头到入江，水流经过许多桥梁，每过一桥，皆为木石修筑的岸堰束扼，再加上居民筑屋侵占河道，使河道变得更加窄狭，故水失其常，漫溢横流，必依靠金陵城南之内桥以西至铁窗棂的栅寨门河，以及长干桥下南门外的河道以分泄水流。这是城内水患情况，一般多不过数日水即退歇，故灾害亦轻。但乡外圩田，则为害可惧。上元、江宁等县广布圩田，农民生活及居处，多在圩中。每遇洪水，则举村阖社，日夜并力守圩，辛苦狼狈于淤泥之中，上游沿江田地及方山上下一带，皆同此害，如同大敌来临。如果天不连降暴雨，风浪不巨，则有幸可保一年生计。如果圩堤坏决，则洪水倾注圩中，平陆良田，顷刻变为江湖，哭声满野，掣舟结筏，乡民流落他乡。国家赋税及百姓衣食，两皆失之。

自明代以来赤山湖逐渐淤塞，百姓遂"辟为田亩，据为庐舍"，湖周由百数十里减至 40 里，湖内淤塞后仅余正支河，串联五荡两湾。其中白水荡最大，约周广 3 里，青草荡、田鸡荡、上荡、下荡各广约 1 里。句容诸山之水汇聚此湖，经秦淮河流入长江。湖面既已淤塞，河身又多浅塞不畅，"每遇山水暴涨，湖不能潴，河不能达，泛溢横流，圩田被淹"，不能遏阻的山洪对下游的金陵城危害很大。

2. 清代及民国时期

清代，由于秦淮河长期缺乏疏浚，加之两岸居民向河中倾倒垃圾，沿岸房屋侵占河道，致使河道变窄，河水浑浊，秦淮河水害与前代相比更加严重。

早在清雍正年间，刘著所撰《赤山湖水利说》即建议禁垦赤山湖，以让地储水。道光二十四年（1844 年），金鳌著《金陵待征录》，更明确提出兴金陵水利、去省城水患，不从赤山湖治起，终为无效。道光二十八至二十九年，南京连续两年遭遇了史无前例的水患，尤以道光二十九年为甚。关于这两次水灾，相关资料有比较详细的介绍。道光二十八年七月江宁遭遇大水，至七月十七日，南京城大街小巷已有三分之二被洪水淹没，尽管政府沿江开坝泄洪，但暴雨连下数日，秦淮河水位仍持续上涨。至八月初，太平街最高水位已超过胸部，南京城四面街道几乎全部被洪水覆盖。八月下旬洪水逐渐消退，直至十月初八南京大路才恢复通行。这场洪水总共持续了 4 个月，致使上元县崇礼、唯政、道德等地被淹没的良田达4297 顷，江宁县新亭、永丰、铜山、凤西等地受灾田地 5931 顷。道光二十九年五月，又是连日暴雨，江水倒灌，十二日南京城道路已全部被洪水淹没。至二十一日，南京城积水最浅的地方已有一人高，水位还日益增长，城内居民皆用船通行。持续至二十二日，南京城内积水已淹至屋顶，直至六月二十七日城中水位才逐渐消退。面对这场水灾，军机大臣何汝霖在书中写道："城内多哭声，死者日闻数起，真可惨也。闻廿二年避夷难尚不至此，岂真沧桑之变耶。""闻五台山下堆尸甚多，不忍代想矣。"[1] 道光二十九年秦淮河水患之惨，在何汝霖心中竟可与鸦片战争相比，可见清代秦淮河的洪涝灾害已到了非常严峻的地步了。

光绪四年（1878年）三月八日，因有绅董借大水为患禀请挑浚赤山湖，署上元知县程遵道随即前往谢村勘案，"道路所经，数十里汪洋一片"。他当即调动宿迁汛的效用官熊振清，上自赤山湖，下至通济门，沿途勘探，并绘制水道图。经其查勘，通济门至方山西北村70里河道不用挑浚；西北村至三岔允盛桥42里河道，"间段浅塞，面宽五六七丈，水五六尺不等"，"每值天旱即成干河"，两岸圩田陡立，难以展宽，至浅之处也需挑土44276方；承接青龙山等处山水的下三岔（今湖熟夏三岔）支河24里，河道浅窄，山水骤涨，往往破圩决堤，需挑土68830方；赤山湖原有一丈二尺高测水石柱，淤塞之后，仅余一尺，若要通过清淤恢复旧有湖面，费用极大，只能疏浚湖内正河、支河，需挑土138638方。全部工程仅土方价就估计不少于银6万两。光绪五年闰三月，程遵道据此上禀两江总督沈葆桢，希望分年筹办资金，完成上述水利工程，使"上、江、句、溧四邑接壤民田数十万顷，咸有水利，而无水患矣"。此方案终因费用过高，难以筹措，被搁置下来。

光绪八年（1882年）二月，左宗棠任两江总督后，认为"江南要政，以水利为急"。他将治理赤山湖与开凿江浦朱家山列为金陵南北最重要的两大水利工程。由于工程浩大，他为此专门设立了金陵水利总局。五月，左宗棠命人前往赤山湖查勘。调查后对程遵道所提方案作了局部调整，即将原议挑浚湖内之河改为挑浚湖内五荡，全部费用仅土方即需银78144两，这一方案仍未被采纳。八月下旬，办理筹防局务、候补道陈鸣志奉命会同新军后营都司陈鹤龄、举人秦际唐、代理句容知县黎光旦等履勘赤山湖，认为湖水不但浸淹上元、江宁、句容三县圩田，即便高淳、溧水交界农田也受其害，开浚湖河、加筑湖堤、兴建水闸可保护五县，"洵为百世之利"。他们还建议重开句容境内的破岗渎，既可分泄湖水，又有"兴复句容之利"。九月十日，左宗棠批准该项工程，命陈鸣志与提督刘端冕会同督办。治理工程计划分段进行，自麻培桥向东，经蟹子坝至道士坝，共17里湖中正河，先行开浚，河面一律浚宽7丈、底宽2丈、深1丈；次浚三岔河至陈家堡旧河，再浚陈家堡至湖熟镇以上之秦淮旧河，三岔河、秦淮河两处工程计30余里，一律浚深1丈。二十七日，提督易致中率新军3营1000人（此据《赤山湖志》序，《浚修赤山湖记》记为2000人）、总兵粟龙山率新兵2营500人先行开工。提督张景春、章高元分率武毅左右军，总兵刘朝诂率铭字中军，共2500人，旋即由江阴赶到。至次年三月，诸河道相继开浚。另外，重开古破岗渎的东河工程最初被江宁省城绅董会议否决，句容绅士陈汝济等又建议只开龟龙庙以西河道，以便农商，乃决

1 张剑:《华裹之盏——晚清高官的日常烦恼》,中华书局,2020年,第31—46页.（清）何汝霖:《何汝霖日记》,载张剑、郑园整理《晚清军机大臣日记五种》,中华书局，2019年，第54—74、126—132页。

定等赤山湖工程结束后再由水利总局等勘议。此后，因中法战事延及闽海，左宗棠受命南征，东河工程被迫中止。

民国时期，秦淮河流域水旱灾害依旧非常严重，一至夏令，低洼地区逢雨必成泽国，降雨稀少则成旱地，沿岸民众苦不堪言。其间共发生 8 次水灾，以 1931 年的水灾造成的危害最严重。这年 7 月，长江流域连日暴雨，降雨中心在南京、镇江、安庆一带，南京降水量达 600 毫米以上，南京长江最高潮位 9.29 米，山洪与江水并发，低洼地区多处圩堤、水闸、桥梁被洪水冲毁。南京城内珍珠河两岸及秦淮河自通济门至西水关一段全部被水淹没，南京城外护城河两岸均被淹没，水深 0.33 至 1.33 米。秦淮河沿岸圩堤漫决，受灾良田达数十万亩。7 月 24 日，方山庵边塘决堤，建康圩被淹没，秣陵东旺圩被冲毁。8 月 25 日，沙洲圩江堤溃决，水深数十丈，淹没农田 7 万余亩，受灾人群达 3 万人。洪涝之后往往会有旱灾，1934 年 4 月至 8 月，江宁地区遭遇百年不遇的大旱。6 下旬南京降雨稀少，气温持续升高，河水水位不断下降，沿岸农田灌溉困难。至 7 月，南京最高气温已有 43℃，气温高，降雨量少，秦淮河部分河段干涸断流，江宁县 60 万亩农田受到影响[1]。

为彻底解决秦淮河水旱频发的问题，国民政府曾几度治理秦淮河。《江宁县政概况》就认为："境内诸河之亟须整理，及关系最重要而工程亦最重巨者，首推秦淮河。"1934 年，江苏建设厅计划疏浚秦淮河及赤山湖。由于长江至南京城的水位平均为 7.54 米，因此疏浚计划"除修堤建闸以资排洪节流外"，上游疏浚起点要浚至长江平均水位下 1 米，下游疏浚终点为浚至长江平均水位下 3.5 米，以便旱年江潮可以上达。各段具体计划是：句容河将堤加高至洪水位上 1 米，堤顶培厚为 2.5 米，堤坡一比二，并于黄泥坝、铺头桥酌建闸坝；赤山湖南、北、中、西河浚深河床，土方培堤，并于各河上游及汇流入淮处酌设闸坝；溧水河疏浚西北村至乌刹桥一段，计 16 公里，土方培堤；秦淮河本干，自三岔镇至上方门，岸堤加高至洪水位上 1 米，堤顶培厚为 2—2.5 米，堤坡一比二，河床浅狭处浚深展宽。工程于次年 1 月开工，由江宁、句容、溧水、高淳 4 县招募民工约 3 万人分段实施。至 6 月初，除了闸坝未及施工外，浚河培堤、植树筑路等工程全部竣工，共支银 43 万元。1936 年，又续办溧水河上游及秦淮浅水处的疏浚、秦淮河下游河堤、各处闸坝涵洞、第二期造林等，至 1937 年夏完成。

1947 年，南京市政府"有整理秦淮河改善首都下水道之议"，而"水利部以畿内秦淮仅属末流，欲言整治，非全流域统盘规划不为功"，乃作全流域实地勘查，拟成《秦淮河流域水利状况及治本方案》，其内容包括：整治赤山湖；整理秦淮河干支各流；整理秦淮河本流；整理句容河灌溉航运工程；沟通石臼湖、溧水河第一干流；设置圩田抽水站。这个方案由于

1　江苏省地方志编纂委员会编：《江苏省志·水利志》，江苏古籍出版社，2001 年，第 450、459 页。

政局剧变，并未实施。

3. 新中国成立后

（1）水旱灾害

自新中国成立至1975年，秦淮河流域先后发生大规模水旱灾害5年。有些年份水旱相间，水害之后就会发生旱灾。

1954年，自5月中旬开始至9月，长江流域持续降雨，雨区从最开始的徐州一带扩散至整个苏南地区，降雨时间长，雨区范围大，造成了秦淮河流域百年不遇的特大洪涝灾害。5月，苏南地区月降水量达232毫米，是往年同时期降水量的2.3倍。秦淮河上游洪水下注，下游潮水顶托，致使秦淮河排水困难，水位暴涨。5月22日，江宁东山大骆村水位达9.18米，超过警戒水位1.18米，江宁县有1.5万亩良田被淹。6月4日至14日，水灾进一步恶化，洪水冲毁江宁县6.27万亩良田，冲毁大坝161座，破坏圩堤55条。进入7月，形势更加危急，江宁降雨量有442.1毫米，其中有7天降雨量达到235.6毫米。7月6日，江宁县41%圩堤溃决。7月13日，秦淮河水位突破1931年9.29米的最高纪录，8月11日突破10米，17日东水关水位达10.15米，创造了历史新纪录，至10月9日才退至警戒水位。在这5个多月的时间里，秦淮河流域总降雨量达972毫米，其中有93天秦淮河水位超过9米以上，有28天水位超过10米[1]。

1954年的这场洪涝灾害前后经历5个多月，秦淮河流域被洪水冲垮的房屋多达4万间，遭破坏的圩堤多达404处，淹田26.12万亩，灾民25万人，南京机场飞机被迫撤离，秦淮河沿线圩区公路严重损毁，多数路段只能使用船只通行[2]。据报道，此次防汛工作，南京市一共动员了24.9万多人，使用70余万吨泥土，130多万个编织袋和草包，共花费250亿元[3]。这场水灾过后，江宁县政府开展大规模水利设施整治工程，将157个小圩合并成47个千亩以上的大圩，大大提高了河道泄洪能力。

1958至1959年，南京地区又连续两年遭遇特大干旱。1958年5月起，近70天未下透雨，气温高，雨量少，蒸发量大，水资源严重短缺，秦淮河上游丘陵地区旱情严重，下游低洼地区有部分河道和支流发生断流现象。至6月，江宁县水稻受旱面积有9万亩。至7月，江宁县66%的塘坝干涸，严重影响抢种和保苗工作。从6月15日起，群众白天抢耕抢种，晚上提水灌溉，每天有22万人参与其中，共使用近2万台水车、80多台抽水机。至8月，旱情

1　江宁县水利农机局编：《江宁县水利志》，河海大学出版社，2001年，第269页。

2　江苏省地方志编纂委员会编：《江苏省志·水利志》，江苏古籍出版社，2001年，第453页。

3　《南京市举行防汛庆功大会，共评出集体功一七〇个、个人功九三六个》，《新华日报》1954年10月27日。

南京秦淮河拦水坝施工现场（1959 年 8 月）

才基本稳定下来[1]。

继 1958 年大旱之后，1959 年
夏又发生特大干旱。江宁东山 7 月
雨量为 73.2 毫米，8 月为 36.5 毫米，
9 月为 34.2 毫米，雨水逐月递减，
降雨量不足常年一半。此次旱情致
江宁县 88% 塘坝干涸，全县 70 余
亩水稻受到影响。同时，旱情对水
产养殖产生巨大影响，全县 600 万
尾成鱼因池塘干涸而捞尽，200 万

秦淮区民工在武定门挖沟开渠以建抽水站（1961 年 5 月）

鱼苗死亡。面对如此严重的旱情，江宁县政府动员 11.6 万人开沟、打坝、架天桥，去各地
开辟水源。通江的谷里、陆郎、江宁、铜井 4 个公社，在 4 条通江口开沟、打坝、架机翻水，
解决 6 万余亩农田灌溉问题[2]。

1969 年 7 月 1 日至 17 日，在一周之内，江宁降雨量达 580 多毫米，大水来势汹汹。7 月
17 日，秦淮河大骆村出现有历史记载以来的最高水位 10.48 米，超过 1954 年最高水位 0.33 米，
创历史新纪录。当日，方山公社建康圩加高工程刚结束就被洪水冲开 10 米长缺口，300 余
名战士和当地民众在水中排成三道人墙，用身体挡住激流。之后，江宁县组织丘陵山区 6 个
公社组成志愿队，动员 20 余万人，用半个多月的时间，安装了 430 台 8085 多千瓦的机电设
备，排出 5 个圩 7000 多万立方的积水，使 2 万多灾民重回家园。在这场洪涝灾害中，江宁

1　江宁县水利农机局编：《江宁县水利志》，河海大学出版社，2001 年，第 288—295 页。
2　江宁县水利农机局编：《江宁县水利志》，河海大学出版社，2001 年，第 294 页。

县倒塌圩堤 68 个，淹没农田 6.1 万亩，内涝 20 万亩，冲垮房屋 1.17 万间[1]。

1974 年 7 月 30 日至 31 日，江宁县、句容县普降暴雨，再度造成严重洪涝灾害，秦淮河水位高达 12.0 米，刷新历史纪录。据资料记录，其时句容县陡降暴雨 374 毫米，雨量集中，江、港、湖、库水位迅速上涨，各水库均因超过控制水位而溢洪，洪水淹没村庄与堤防，造成房屋倒塌，群众被围困，已经成熟而尚未收割的早稻被洪水淹没，淹涝稻田达 12 万亩。句容县干部群众十分痛心地说："一片早稻金黄黄，一夜之间白茫茫。"他们已经意识到"洪水灾害能不能治理，关键问题在于秦淮河"，因此完全拥护中共江苏省委"上蓄、中圈、下泄"的秦淮河治理方针，并"以迫切的心情请求省、地领导迅速考察根治秦淮河"[2]。

（2）治理

新中国成立后，南京市与镇江地区政府多次筹划全面治理秦淮河，投入大量人力物力兴修水利工程。早在 1950 年代，镇江地区水利局就专门组织有关县、市编制"秦淮河流域治理规划"，修整原有堤防。1952 年溧水县建曾巷水库，1953 年句容县建小马埠水库，以期削减洪峰对秦淮河下游的威胁。1953 年，南京市政府整治秦淮河，工程历时 1 年半，花费 96.6 万元，完成了一次大规模的整治。1957 年，又花费 5.63 万元在江宁县禄口万寿圩裁弯取直退建秦淮河干堤 3440 米，以此来缩短洪水流路，提高河道泄洪能力。

到 1958 年初，南京、江宁、句容、溧水四市、县计划用 2 年时间对秦淮河流域进行全面治理。整个工程以蓄为主，确保丘陵地区能够在 3 天暴雨量达到 200 毫米时，将水成功拦蓄在山区，不让其流入河流。同时，还要确保丘陵山区可以抵御连续 60 天的旱情，避免出

南京人民大会堂防汛胜利庆功大会的颁奖活动（1954 年 10 月 23 日）

南京市人民政府颁发的防汛三等功奖状（1954 年）

---

1 江宁县水利农机局编：《江宁县水利志》，河海大学出版社，2001 年，第 275 页。
2 句容县革命委员会：《关于全县遭暴雨、受内涝的情况报告》，句发〔1974〕78 号。句容县革命委员会：《关于我县赤山湖地区受灾情况及根治意见的报告》，句革〔74〕99 号。

现干旱灾害；对于平原低洼地区，要确保当大骆村水位高达 10.5 米时不会发生堤坝破裂的情况，在连续 3 天的降雨量达到 200 毫米时，不会发生涝灾。其具体规划为：在丘陵地区改善旧塘坝 11.7 万个，兴修小水库 77 座，新塘坝 3 万个，以满足 70 万亩水稻田的灌溉需求；在平原地区翻修堤防、拓宽河道，引江水灌溉，并在南京市秦淮河上建闸，留蓄底水，改善运输条件。以上工程计划耗时 2 年，动员民工 30 万人完成[1]。

1959 年 8 月，为抗旱救灾，江苏省、南京市有关部门在通济门施工建造一座全长 80 米、底宽 38 米、顶宽 5 米的拦水坝，用于拦截和留蓄秦淮河水，并引入长江水。为了增加引水的动力，除了在铁窗棂抽水站增设抽水设备外，还计划在拦水坝的两岸增设 40 个电动抽水机和柴油抽水机。这样，每天可以提取 80 万吨长江水，一周后可以保持秦淮河水位在 6—7 米，以确保江宁、句容、溧水等县的 50 万亩秋熟作物的灌溉用水，减轻干旱对农作物的威胁[2]。到当年 12 月，彻底整治秦淮河工程全面开工，工程计划对中和桥到三汊河口一段秦淮河进行疏浚，计划新建武定门节制闸和船闸，新建或重建中和桥、九龙桥和石城桥，包括驳岸、护坡、堤坝等工程。当时社会各界都积极行动起来，江宁、六合、江浦和南京郊区各人民公社组织了 1.7 万多名治河大军参与此次工程[3]。

1960 年代后，溧水、句容两县还组织对二干河、句容河进行疏浚整治，以缓解秦淮河上游大量来水的压力。

总之，为了治理秦淮河，政府每年都要投入大量的人力、物力和财力，但直至 20 世纪 70 年代中期，仍未能完全根除秦淮河水旱灾害问题。每到汛期，秦淮河两岸的居民不仅承受精神和经济上的压力，政府还需要耗费巨额经费开展防洪抗旱工作，仅江宁县常年用于排涝的经费就超过百万元，这样沉重的负担实在难以承受。

---

1 《全面整治秦淮河，南京、江宁等四市、县决心苦干两年》，《新华日报》1958 年 1 月 7 日。
2 《秦淮河拦水坝昨施工，南京市人民支援农村抗旱斗争》，《新华日报》1959 年 8 月 8 日。
3 《促进工农业生产、发展交通运输、改善环境卫生，彻底整治秦淮河工程开工》，《新华日报》1959 年 12 月 6 日。

工程规划与设计

◎ 唐嘉遥

旱涝灾害是秦淮河流域治理的主要问题，也是千百年以来未能根治的难题之一。中华人民共和国成立后，南京市及江宁县在秦淮河流域大搞水利建设，一定程度缓解了水患，但与农业高产稳产的要求还有一定差距。直至 1970 年代，秦淮河流域的水旱灾害仍较频繁，两岸人民屡次遭受灾害，亟待进一步整治。为此，中共江苏省委和南京市委领导决定，在遵循"上游以蓄为主，下游以泄为主，中游滞泄兼方工"[1]的科学治水规律基础上，于牛首山与雨花台之间开辟一条新河入江，以此打通秦淮河洪水入江的通道，从而一劳永逸地解决该流域水患问题。由此，制订秦淮新河的工程规划与设计成为这一时期水利建设的首要任务。

一、规划的提出与编写

1. 规划的提出

秦淮河流域面积为 2631 平方公里，其中山区 534 平方公里，丘陵区 1423 平方公里，山丘面积占总面积近 75%。至 1975 年秦淮新河修建前，流域涉及 55 个公社、666 个大队、7935 个生产队、农业人口 101 万人、整半劳力 45 万人、耕地 153 万亩。流域形如盆地，地势四周高、中间低，雨水极易聚集。此外，秦淮河流向自南向北，在下游地区与长江形成"人"字形交汇，江水与河水常互相顶托。特殊的地形，加之江潮顶托，导致秦淮河腹部平原内涝频发。新中国成立至1975年间，秦淮河流域先后发生过4次严重洪灾(1954年、1956年、1962年、1964年)，1972年、1974年流域北部还出现过局部特大暴雨，最大一日雨量达 377 毫米。因洪水受灾面积广、受灾人民多，导致经济损失严重。此外，由于山区雨水无控制的流失，导致灌溉水量不足，旱情也频发，在 1958 年、1959 年、1961 年、1966 年、1967 年、1971 年等均有不同程度的灾情。

新中国成立后，江苏省、南京市以及江宁县各级政府与水利部门就开始酝酿治理秦淮河的规划。1950 年代，为改善水患与旱灾情况，各级部门对秦淮河流域进行了初步的查勘、

1　贺云翔、景陈主编：《南京秦淮新河流域文化遗产研究》，江苏人民出版社，2015 年，第 16 页。

分析与治理。江苏省水利厅分别于1953年、1956年两次对秦淮河流域进行了全面查勘，查勘范围为全流域2640平方公里，跨南京市与江宁、句容、溧水三县，包括流域全境及相邻流域与流域规划有关部分。1956年的查勘极为重视秦淮河流域旱涝灾害及灾后情况，查勘内容主要包括秦淮河流域的国民经济基本情况、规划方案的主要技术措施、各县市农田水利规划意见及对流域规划的要求、水灾淹没的损失、坝址的土壤及水文等。1958年，江苏省水利厅根据秦淮河流域的查勘情况，对秦淮河进行了初步的水文分析，获取了河口潮位、山丘陵区降雨径流关系等重要信息，为解决秦淮河旱涝灾害提供了基础数据[1]。

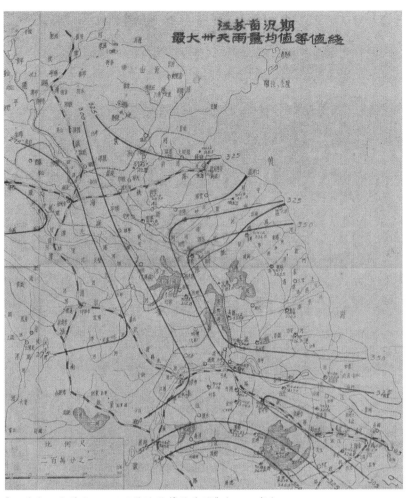

《江苏省汛期最大30天雨量均值等值线图》（1958年）

在地质勘查和水文分析的基础上，南京市及江宁县展开了秦淮河流域的初步治理，于丘陵山区修塘筑库、蓄水拦洪，在腹部圩区整修圩堤，发展机电排灌。对西北村以下秦淮河干河进行河道裁弯取直和退建堤防，疏浚了干支河道，改建了阻水桥梁。兴建武定门闸和武定门、陈家边翻水站，提高了引排能力。疏浚天生桥河并建套闸，沟通了秦淮河、石臼湖两个流域。山丘区进行了治坡改田，绿化部分荒山荒地，初步建成旱涝保收、高产稳产农田53万亩。至1974年，秦淮河治理工程共完成土石方4.8亿方。这些工程的建成，对改变流域内易旱易涝的原始面貌发挥了积极作用，促进了农业增产。新中国成立初期，秦淮河全流域粮食单产每亩200—300斤，总产约3.6亿斤。1974年，经大规模水利建设后，全流域粮食平均单产达897斤，总产11.7亿斤，较之新中国成立初期增长约2.3倍。然而由于受资金、技术等多方面条件的限制，全面治理秦淮河的科学规划还仅停留在基础阶段，未能真正开始编写。

---

1 江苏省水利厅勘测设计院：《秦淮河流域规划水文分析文字说明》，1958年1月。

江宁县一年建成大寨县誓师大会 1（1975 年 12 月）

江宁县一年建成大寨县誓师大会上的文艺演出（1975 年 12 月）

江宁县一年建成大寨县誓师大会 2（1975 年 12 月）

2. 规划的编写

1950 至 1970 年代，秦淮河流域水旱灾害的初步治理取得一定成果，但由于没有统一而全面的科学规划，各级政府在治理上耗费了大量的人力物力，同时也挖废了众多的良田，与农业高产稳产的要求还有一定差距。20 多年来，广大干部群众受苦受难，深感不易，句容县革命委员会在《关于我县赤山湖地区受灾情况及根治意见的报告》中说："我们以迫切的心情请求省、地领导迅速考察根治秦淮河。"[1] 为彻底解决秦淮河流域旱涝灾害，江苏省和南京市党政领导下定决心，要对秦淮河进行全面治理，让老百姓过上旱涝保收的好日子。

《秦淮河流域规划水文分析文字说明》

1971 年，南京市提出治理秦淮河方案的设想，又于 1972 年开始编写《秦淮河流域水利规划（初稿）》[2]。1974 年，江苏省水电局组织有关市、县对秦淮河全流域进行查勘。1975 年 10 月，省水电局修改完成《秦淮河流域水利规划报告（初稿）》[3]，正式提出开辟秦淮新河工程的规划。《报告》对秦淮新河河道路线、水位等进行了简要的规划，提出了东、西

南京市创作的普及大寨县宣传画

1　句容县革命委员会：《关于我县赤山湖地区受灾情况及根治意见的报告》，句革〔74〕99 号。
2　江宁县水利农机局编：《江宁县水利志》，河海大学出版社，2010 年，第 66 页。
3　江苏省革命委员会水电局：《秦淮河流域水利规划报告（初稿）》，1975 年 10 月。

《关于报送〈秦淮河流域水利规划报告（初稿）〉　　《秦淮河流域水利规划报告（初稿）》
的报告》

线两个方案。东线由上坊桥经其林门、西沟至长江，全长 28.7 公里。西线由河定桥经铁心桥、西善桥至金胜村入长江，全长 16.9 公里。水利工程专家与相关领导经反复研究论证，大都认为西线较优，可以在近期予以实施。此外，有专家提出，经梅山铁矿附近的河段需进一步钻探，根据河床土质情况确定必要的工程措施。

　　1975 年 11 月，南京市水利局依据《秦淮河流域水利规划报告（初稿）》提出设计方案《秦淮新河工程初步设计》[1]。该方案指出，想要解决秦淮河的根本矛盾，关键在于"除将老河排洪流量扩大到 900 立方米 / 秒外，必需另辟洪水出路，开辟秦淮新河，分洪流量 800 立方米 / 秒，才能基本解决洪涝灾害。"[2] 基于此，工程规划设计最终确认西线方案为秦淮新河的最优路线，即由秦淮老河干流江宁岔路口河定桥向西，切铁心桥分水岭，经西善桥穿沙洲圩，在金胜村入江，全长 16.8 公里，设计流量为 800 立方米 / 秒。按此方案测算，秦淮新河工程共有土方 1429.8 万立方米、石方 123.7 万立方米、铵及砼方 3.97 万立方米、浆砌干砌块石 3.43 万立方米，总工日 1960 万工日，挖压及堆废占地 7280 亩，青苗赔偿 2220 亩，房屋拆迁 2580 间，公路改线 1 公里，高压线改线 12.1 公里，导航线路拆迁 1 处，煤气管道拆迁 300 米，变电站拆迁 1 处，电灌站拆迁 3 处。工程共需国家投资 3510 万元，补助粮食

1　江苏省南京市革命委员会水利局：《秦淮新河工程初步设计》，1975 年 11 月。
2　江苏省南京市革命委员会水利局：《秦淮新河工程初步设计》，1975 年 11 月。

2156 万斤，供应水泥 15519 吨、钢材 1529 吨、木材 2933 立方米、炸药 382 吨、雷管 146 万个、导火线 248 万米、钢钎 80 吨。

1975 年 12 月 8 日，江苏省水电局向江苏省农办、革委会报送《秦淮河流域水利规划报告（初稿）》[1]。同年 12 月 24 日，南京市革命委员会向江苏省革命委员会计划委员会报送了《关于秦淮新河工程初步设计的报告》[2]。1976 年 1 月 2 日，江苏省革命委员会计划委员会对《秦淮新河工程初步设计》进行批复，同意开挖秦淮新河工程，认同秦淮新河初步设计的方案，确认了初步

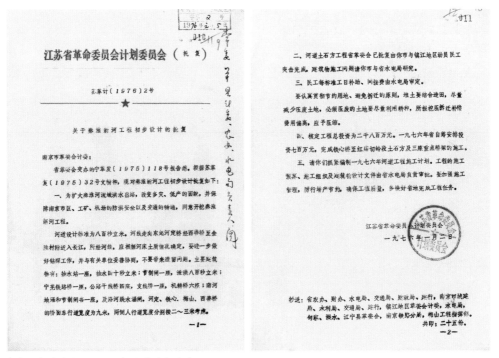

《秦淮河干支河规划成果表》

《关于秦淮新河工程初步设计的批复》

1　江苏省革命委员会水电局：《关于报送〈秦淮河流域水利规划报告（初稿）〉的报告》，苏革水电〔75〕水字第 194 号。

2　江苏省南京市革命委员会：《关于秦淮新河工程初步设计的报告》，宁革发〔1975〕118 号。

方案中的河道设计标准以及河线，指出所经河线应根据河床土质情况确定，要进一步做好钻探工作，并与有关单位妥善协商，不要带来遗留问题。经江苏省革委会确认，秦淮新河工程涉及的主要建筑物有：抽水站 1 座，抽水 40 立方米／秒；节制闸 1 座，泄洪 800 立方米／秒；宁芜铁路桥 1 座、公路干线桥 4 座、支线桥 1 座、机耕桥 6 座，共计桥梁 12 座；南河地涵和节制闸各 1 座，及沿河跌水、涵闸。河定桥、铁心桥、梅山桥、西善桥的桥面车行道宽度为 9 米，两侧人行道宽度分别按 2—3 米考虑。此外，核定工程总投资为 2800 万元，1976年江苏省自筹安排投资 700 万元，完成铁心桥至红庙切岭段土石方及 3 座重点桥梁的施工，河道土石方工程由南京市与镇江地区动员民工突击完成[1]。

至此，秦淮新河的工程规划与设计全部编写完成。

二、工程规划的具体内容

经过水利专家全面的查勘论证和研究计算，具备可执行条件的秦淮新河工程规划编写完成。工程规划的主体分为河道规划和配套建筑物规划两个部分，现将具体内容整理如下。

1. 河道规划

河道规划主要通过规划河道的路线、流量、水位线等各方面要素，实现秦淮新河的泄洪、灌溉功能，是整个工程规划设计最为关键、重要的部分，是治理旱涝灾害最为有效的途径之一。

（1）河道路线规划

选择河线是秦淮新河规划的首要环节，需要从技术、经济、环境和社会影响等方面全面分析比较，需要考虑诸多现实问题，例如河道在经过南京市区时，两岸居民房屋、企业与工厂密集，拆迁任务重，施工出土困难等等。因此，为了确定最优线路，秦淮新河路线曾先后有 7 个方案，包括东线、西线、北河线及老河拓宽等[2]。通过筛选比较，最终确定有东、西线两个方案可选[3]。两方案比较如下：

① 河道长度与切岭长度：东线起点为上坊门桥，经麒麟门、西沟村至长江，全长 28.7公里，切岭长度约为西线的 4 倍。西线自河定桥起，经铁心桥、西善桥至金胜村入长江，全

1　江苏省革命委员会计划委员会：《关于秦淮新河工程初步设计的批复》，苏革计〔1976〕2 号。
2　江苏省秦淮新河工程指挥部：《江苏省秦淮新河工程工作总结》，1980 年 12 月。
3　江苏省南京市革命委员会水利局：《秦淮新河工程初步设计》，1975 年 11 月。

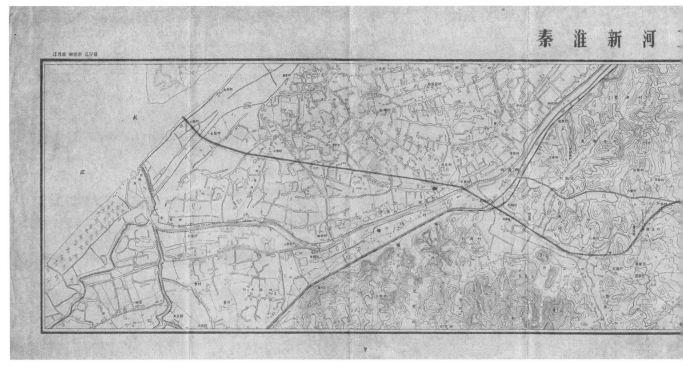

《秦淮新河工程位置图》

长 16.8 公里，切岭长度为 2.9 公里。西线长度比东线长度短近一半，切岭长度只有东线的四分之一。

②工程量：东线土方3160万立方米，挖压堆废土地1.28万余亩，劳动工日3550万工日。西线土方1448.8万立方米，石方123.7万立方米，劳动工日1960万工日。东线土方约为西线的 2 倍，挖压堆废土地约为西线的 2.2 倍，劳动工日约为西线的 2 倍。从工程量看，西线比东线工程量少一半。

③出口长江水位：东线出口处长江水位比西线低约 1 米。经计算，如在 1969 年大水情形下，西线短，出水快，东线长，出水慢，两者河道水面比降基本相同。如遇 1954 年长江流域特大洪水，同时秦淮河流域出现暴雨，则会超过设计标准，导致秦淮河水位抬高。按三日雨量 300 毫米计算，河定桥水位西线会比东线多抬高 5 厘米，因此，西线排水更有优势。从灌溉的角度来看，西线长江水位比东线水位高约 0.6 米，对引水更有利。

④土质：东线有三段烂淤土，总长 3100 米，其中有一段长 1100 米，挖深 14.5 米，有 6 米是淤土。西线经沙洲圩一段长 5400 米，挖深 6 米，其中有 5 米是淤土。就土质而言，西线较东线更易施工。

⑤水源污染：东线处于南京市下游地区，无法保证上游地区的水源无污染。西线河道出口位于北河口自来水厂上游，属水源第二防护地带，无水源污染，更有利于农业取水。此

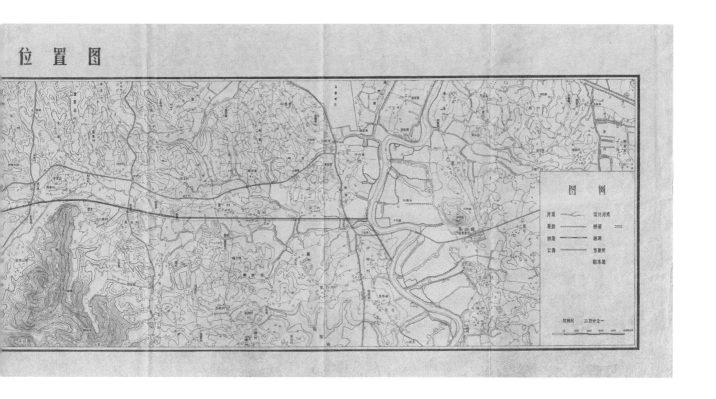

外，新河河口还将建闸控制，通过抽引江水，冲洗老河及内秦淮河，可以改善城市环境卫生
条件。

⑥ 和矿区的关系：东线经过一些小煤矿，问题不大。西线经梅山铁矿附近，初步勘探，
河底以下有厚约 5 米以上的亚黏土不透水层，但矿区顾虑河水可能通过灰沙砾石层与基岩裂
隙连通补入矿区地下水。江苏省勘探队于该处进行了详细钻探，根据河床土质情况，确定了
河线和必要的工程措施。

此外，根据 1945 年南京南郊一带的地图可知，在西善桥与铁心桥之间是雨花台向南至
殷山、罐子山一线山脉。山脉以东为发源于牛首山北麓的沙河（今大定坊中心河），沙河流
向自南向北，于韩府山北麓折向东，在东山街道附近汇入秦淮河老河，从韩府山至东山街道
这一段沙河河道可成为秦淮新河东部河道的基础。山脉以西，则同样是发源于牛首山北麓的
新林浦，经罐子山在西善桥注入南河，而西善桥以西的古白鹭洲地区属长江泥沙淤积地带，
可挖掘直线河道入江，秦淮新河的开凿可利用新林浦的这一段河道。除此之外，在西善桥与
铁心桥之间有一条东西向的道路，正好压在秦淮新河河道线上，是两座适合开展切岭工程山
系间的谷地。总体上看，西线沿路的地形地貌更利于工程实施，所需工程量较少，具备相对

有利的先天条件[1]。

经过对上述各方面因素的调研分析，工程技术专家及江苏省、南京市领导均认为选择西线方案经济合理，可不拆迁麒麟镇，且避免了对西岗果牧场及两处煤矿的影响，以及穿越宁沪铁路高路基和入江口粉砂段等问题。最后，西线方案被采用为秦淮新河河道线路，确定秦淮新河河道从河定桥起，经铁心桥、西善桥至金胜村入长江，全长 16.8 公里。此条河道大多穿行于丘陵地区，地形起伏较大，其基本情况见下表。

秦淮新河河道线路（西线）基本情况一览表

起讫地点	河长	地面高程	土层情况
河定桥至铁心桥段（上段）	5.8 公里	8—14 米	上段一般为黄色夹灰白色粉质黏土或重粉质壤土，下层为灰色重粉质壤土，含泥质结核和褐黄色粉质黏土或重粉质壤土
铁心桥至红庙为切岭段（中段）	2.9 公里	最高处31 米	中段（切岭段）的覆盖土层，表层为棕黄色夹灰白色粉质黏土或重粉质壤土，下层夹有雨花台砾石层分布，接近岩层处有一层强风化层，土质坚硬。此段岩石以火成岩系安山岩、安山玢岩及安山角砾岩为主，亦见凝灰岩，节理发育，表层风化严重，呈碎状或砂砾夹泥状，对构成河坡不利，且无建筑使用价值，下部岩石风化较轻，基本保留岩石的完整性及强度，施工较难
红庙至入长江口段（下段）	8.1 公里	8—10 米	下段中红庙到西善桥，表层为黄色重粉质壤土夹薄层粉土、粉砂互层，下层为黄灰色重粉质壤土和黏土质淤泥，西善桥以下沙洲圩地区，一般为淤泥或粉沙，易于塌方，开挖较为困难

（2）河道工程规划

秦淮新河规划流量为 800 立方米/秒，河口处入长江水位按 1969 年长江最高水位时 7 天高低潮平均值定为 9.3 米。河定桥水位按 3 日降雨 300 毫米的标准规划，经科学计算可知，在今后老河扩大到 900 立方米/秒的情况下，河定桥最高日平均水位为 10.4 米（与 1969 年出现的最高水位相近），故定为设计水位。如老河近期扩大到 600 立方米/秒，则河定桥最高日平均水位将抬高为 10.9 米。如按 3 日雨量 500 毫米的标准校核，新河开挖后，近期老河扩大到 600 立方米/秒，河定桥最高水位将达 13.2 米。今后老河扩大到 900 立方米/秒时，河定桥最高水位将降为 12.6 米。为对付特大暴雨留有余地，堤防超高至少 2.5 米，河定桥堤顶高程定为 13.5 米，长江口堤顶高程定为 12 米，以策安全。

1　贺云翱、景陈主编：《南京秦淮新河流域文化遗产研究》，江苏人民出版社，2015 年，第 19 页。

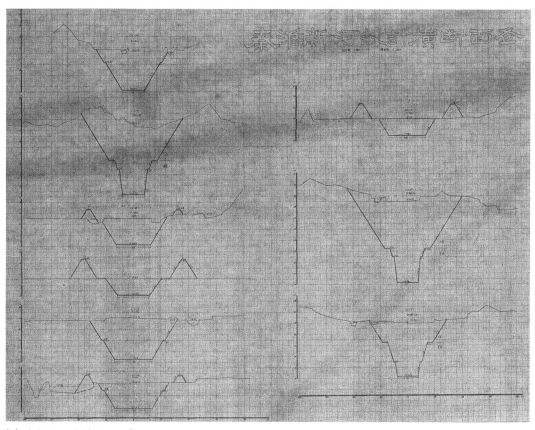

《秦淮新河设计横断面图》

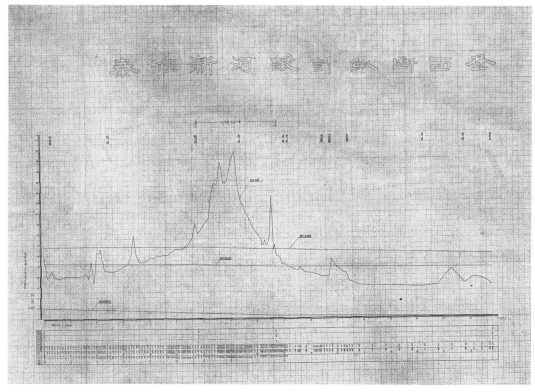

《秦淮新河设计纵断面图》

2. 建筑物规划

在秦淮新河工程规划与设计中，为实现泄洪、抗旱、灌溉、蓄水功能，还需建设一批配套建筑物，主要有抽水站、节制闸、桥梁、地涵、沿河跌水及涵闸等，具体规划如下。

（1）桥梁

根据交通和生产的需要，规划桥梁共有12座，其中包括宁芜铁路桥1座，梅山铁矿桥1座，公路桥有东山桥（宁溧公路）、河定桥（宁溧公路）、铁心桥（宁丹公路）、西善桥（宁芜公路）等4座，农桥6座。

（2）涵洞及跌水

凡筑堤段，均在水沟入河处建涵洞。地势较高，不筑堤段，在排水沟出口修建跌水，以免冲淤河道。计需修建涵洞12座、跌水8座。由于新河截断南河，需在新河左岸建涵洞1座。

（3）节制闸

为平时拦蓄河水和旱时抽引江水发展灌溉，并防止长江汛期高潮倒灌，计划在金胜村附近修建节制闸，闸址需经钻探后在技术设计中确定。闸为开敞式，设计流量800立方米/秒，孔径为12孔。每孔净跨6米，闸上设计洪水位9.4米，闸下设计潮位9.3米，上下游水位差0.1米。由于新河截断南河，在南河出口赛虹桥建闸1座。

（4）翻水站

为解决秦淮河流域广大农田灌溉水源，除充分利用现有水库、塘坝等蓄水工程和武定门翻水站，续建、新建中小型水库外，根据规划，需在新河节制闸旁兴修翻水站一座，设计抽水流量40立方米/秒，设计扬程3.5米，装机9台，每台280瓦，共计2520瓦。

三、工程设计

秦淮新河工程设计是对工程规划的深化和细化，设计以坚实的数据为支撑，针对河道、建筑物及秦淮河干河小龙圩裁湾工程提出了详尽具体的方案，进一步优化了秦淮新河工程方案的可行性。

1. 河道设计

根据河道规划及科学演算，秦淮新河河道设计如下表。

秦淮新河河道设计表[1]

起讫地点	河长（公里）	设计流量（立方米/秒）	设计洪水（米）	设计水面比降	设计河底高程（米）	河底宽度（米）	河槽边坡	青坎高度（米）	筑堤标准				
									堤顶高程（米）	两堤中心距（米）	堤顶宽度（米）	外坡	内坡
河定桥至铁心桥段（上段）	5.8	800	10.40~10.19	1/28000	2~1	68	1:30	10	13.5	170	6	1:3	1:3
铁心桥至红庙为切岭段（中段）	2.9	800	10.19~9.69	1/5800	1~0.5	40	1:0.5 1:1.5 1:3	10					
红庙至西善桥（下段）	2.7	800	9.69~9.59	1/28000	0.5~0.33	63	1:3	10	13~12.7	164	6	1:3	1:3
西善桥至长江口（下段）	5.4	800	9.59~9.30	1/28000	0.33~0	63	1:3.5	15	12.7~12	180	6	1:3	1:3

2. 建筑物设计

为充分满足规划中对配套建筑设施的功能要求，水利工程专家结合实际情况，对桥梁、涵洞、跌水、节制闸、翻水站等建筑进行了科学细致的设计。考虑到工程开挖石方多，建筑物工程尽量就地取材，多用石料，以节省经费。

（1）桥梁

按铁路部门规定，宁芜铁路桥由南京铁路分局设计和施工。公路桥荷载标准干线按汽-20设计，挂-100校核，桥面宽8.5米和9.5米；支线桥按汽-15设计，挂-80校核，桥面宽7.5米；梅山铁矿桥按汽-30设计，挂-100校核，桥面宽11米；农桥考虑今后农业机械化，荷载标准按汽-10设计，覆带-50校核，桥面宽6米。桥梁结构形式方面，下部为铨灌注桩，上部为双曲拱桥，沙洲圩地区农桥上部采用铅T形梁。河定桥、铁心桥、梅山桥、西善四桥的桥面车行道宽度为9米，两侧人行道宽度分别按2—3米考虑。

1　江宁县水利农机局编：《江宁县水利志》，河海大学出版社，2010年，第69页。

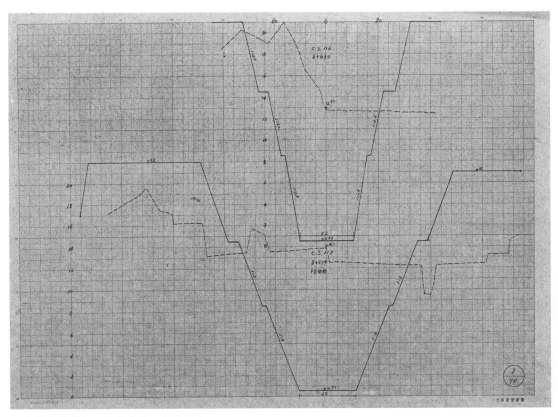

江宁县秦淮新河工程会战竣工断面图之一

（2）涵洞及跌水

涵洞采用浆砌块石拱形涵洞或管涵，钢丝网水泥闸门，用手摇螺杆式启闭机。跌水采取浆砌块石槽形。

（3）节制闸

闸底板采用铨底板，网墩为浆砌块石，闸墙和乙墙为砌块石连拱岸墙，门槽部分为铨，闸上游设交通桥和工作便桥，闸顶设启闭合台，均为铨结构，采用上下两扇闸门，均为铨平面直升，闸门用卷扬式启闭机。闸上游设铨铺盖和浆砌块石护底、护坡，下游设铨消力池，浆砌块石和干砌块石海浸及护坡。由于闸基土质较差且深，需进行基础处理。

（4）翻水站

采用武定门红旗抽水站的结构形式，装机容量为电动机9台，每台280吨。水泵9台。

3. 小龙圩裁湾工程设计

小龙圩裁湾工程位于秦淮新河起点处，此段必须与新河同时施工，才能发挥新河的作用，故列入新河工程计划内。裁湾段自江宁化肥厂东南起至河定桥，长0.9公里，设计流量1700立方米/秒，设计洪水位10.4米，设计河底高程2.0米，设计河底宽110米，边坡1：3，每边青坎宽 10 米，设计堤顶高程 13.5 米，堤顶宽 6 米，边坡 1：3。

四、工程施工和组织规划

1. 施工规划

秦淮新河工程计划在两年内全部完成，施工分为两个阶段。

（1）第一阶段

该阶段集中力量完成秦淮新河切岭段土石方工程和宁芜铁路桥、东山桥、河定桥、梅山铁矿桥、西善桥等 6 座桥梁工程，以及拆迁、改线工程。切岭段土方工程采取冬春突击，集中力量打歼灭战的方法施工，计划动员民工 6 万人，于 1975 年 12 月中旬开工，至 1976 年 9 月下旬完成。石方工程采取专业队伍常年施工，计划在土方工程完成后，挑选精干民工 1 万人，组成专业队，紧接着施工，于 1977 年年底前完成。桥梁工程请省水利工程总队施工，1976 年冬天备料，1977 年 3 月开工，至年底前完成。

（2）第二阶段

该阶段需要完成秦淮新河上下两段工程和秦淮河干河小龙圩裁湾工程，以及桥梁 7 座、涵洞 12 座、跌水 8 座、节制闸 1 座、翻水闸 1 座、南河涵洞 1 座、节制闸 1 座，并完成全部拆迁、改线工程。土方部分计划于 1976 年冬开工，至 1977 年春完成，建筑物工程计划于 1977 年汛前全部完成，以发挥效益。

2. 组织规划

秦淮新河工程的实施时间紧、任务重，必须建立强有力的施工指挥机构。因此计划成立秦淮新河工程指挥部，由南京市委一位副书记挂帅任指挥，镇江地区一位负责同志和南京市计委、农办等单位负责同志任副指挥，江宁县、句容县、溧水县、雨花台区等单位负责同志为指

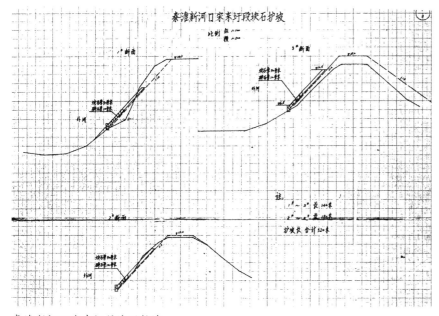

秦淮新河口宋东圩段块石护坡

挥部领导成员。指挥部下设办公室和政工、工程、后勤三科，由南京市和镇江地区抽调 80 名干部组成，各自建立施工指挥机构，以确保秦淮新河按时按质按量竣工。

格子桥到入江口段秦淮新河北岸水闸

红梅桥至西善桥段秦淮新河南岸涵洞

指挥部在工程开工前要做好民工组织动员、拆迁赔偿、粮煤调运、物资购运、工棚搭盖、安锅立灶、施工测量放样、分工划段和施工排水等各项准备工作。由于切岭段开挖较深、工程量大、工作面小、土质坚硬，在开工前必须做好工场布置，划好开挖和堆土范围，妥善安排好施工现场。尤其要修好运土道路，避免互相干扰，并要配备一定数量的铁镐、抓钩等特种工具，以备开挖难方之用。还要配备爬坡机、板车、抽水机、推土机、柴油发电机组、空压机、风钻、吊车等施工工具，以减轻劳动强度，加快工程进度。

在施工过程中，既要保证工程在计划内完工，又要做好政治宣传鼓动工作，开展社会主义劳动竞赛，推广交流先进施工方法，进行施工工具改革，安排好民工生活，注意劳逸结合。要强调安全施工，加强治安保卫，搞好环境卫生和防疫医疗工作，保证工程顺利施工。为严格掌握工程质量标准，河槽要按标准挖够，筑堤要分层碾压，选用好土上堤，不宜筑堤的土不得上堤。废土的堆弃要按指定地方堆放，并尽量结合造田、还田，堆高一般 3—5 米，出土过多地段可以超过 5 米，尽量少占耕地。堤顶要平整成路，堤身以外两边各植浅根树两行，堤身植草皮进行绿化，竣工时要做到河成、堤成、路成、林成、田成。

工程竣工后，要由各县负责逐级进行验收，编写竣工总结，绘制竣工图报指挥部，经指挥部复验后报江苏省。秦淮新河全部工程完成后，拟建专门管理机构，制定管理办法，负责河道和建筑物工程的管理、养护、维修和防汛工作，以保证工程效益的充分发挥。

工程准备与组织架构

◎ 马健涛　张智峰　赵五正

一、工程准备

　　1975 年 11 月，经各方面反复比较，权衡利弊，秦淮新河西线方案得到了工程技术专家及江苏省、南京市领导的一致认同，被选为秦淮新河工程的最终规划方案[1]。但该方案地处南京南郊，沿河经过 5 个公社、2 个集镇、10 多个厂矿，穿过宁芜铁路和宁芜、宁溧、宁丹、龙西 4 条主要公路干线，河上建筑物多，拆迁任务大，地形地貌极其复杂。为切实安排好大批拆迁民众的生产生活，同时不影响南京南郊铁路、公路的畅通，并保障水、电、气的正常供应，指挥部将整个工程分成了切岭工程、河道开挖和枢纽工程三部分进行[2]。

　　1975 年 12 月，为确保工程顺利进行，江宁县各级党组织和广大人民群众热烈响应县委的号召，采取有力措施，积极为秦淮新河工程进行各项准备。据《工程情况》第 1 期报道，江宁县委于当月 8 日召开了各公社负责秦淮新河工程人员会议，向各公社传达了中共江苏省委及南京市委对秦淮新河工程的有关决定。会后，各公社党委迅速贯彻了县委会议精神，对广大干部群众进行思想动员，深入宣传了秦淮新河工程的重大意义，表示了各级政府顾全大局的决心，打消了基层干部对群众思想工作难做、任务难分的顾虑，短时间内就工程的必要

秦淮新河切岭工程开工典礼大会现场

1　江苏省革命委员会：《关于秦淮新河工程有关问题的批复》，苏革复〔1975〕32 号。
2　江宁县水利农机局编：《江宁县水利志》，河海大学出版社，2001 年，第 70 页。

江宁县各民兵营向指挥部表决心

性和紧迫性形成了统一认识。全县人民兴致高昂，为工程的顺利进行打下了坚实的群众基础[1]。

东善、龙都、淳化、土桥等公社党委书记，在12月10日就带领公社、大队负责同志到工地察看地段，落实任务安排。禄口公社党委连夜召开了各大队和集镇各部门负责人会议，贯彻县委会议精神。参加会议的同志听了县委的号召以后，受到了很大鼓舞，人人精神振奋，他们说："秦淮河年年修修补补，年年吃苦。现在根治，万代享福。不管工程多么艰巨，我们一定完成县委交给的任务。"东善公社党委负责同志表示："龙江颂戏中唱的：'一花独放红一点，百花盛开春满园。全县这样大的关键性工程是为的百花盛开，我们不上马，是不符合农业学大寨形势的。'保证对县委交给的任务不讲价钱、不讲条件、不折不扣地完成！"该公社选拔了20—30岁左右的基干民兵640人，立即开赴工地。龙都公社党委对县委布置的新河工程任务，提出了"三要"，即：营、连的班子配备要硬，水利战士选拔要强，开工时间要早。他们在14日就有400多人开赴工地，连夜在住宿区召开了誓师大会。15日即开工，打响了秦淮新河工程的第一炮[2]。

公社民兵是参加秦淮新河工程的主力，为充分调动民兵们的工作积极性，提高劳动效

江宁县一年建成大寨县誓师大会会场（1975年12月）

---

1 《一声令下 四方响应——全县人民为秦淮新河工程积极做好准备》，江宁县秦淮新河工程民兵师政办组编：《工程情况》第1期，1975年12月17日。

2 《一声令下 四方响应——全县人民为秦淮新河工程积极做好准备》，江宁县秦淮新河工程民兵师政办组编：《工程情况》第1期，1975年12月17日。

率，各公社在进行思想发动的同时，还迅速抽调人员，配备了营、连领导班子和政工、工程、后勤办事机构。土桥公社党委抽调两名党员担任营长、教导员，各大队连部负责人均由民兵营长担任，水利战士都选拔了路线觉悟高、思想作风好、身强力壮的基干民兵。至12、13两日，各公社营、连班子已驻到工地，民力组织基本落实，整装待发。

江宁县一年建成大寨县誓师大会上的文艺演出2（1975年12月）

同时，后勤准备工作也在紧张进行中。各公社充分发扬自力更生精神，发动群众解决民工食堂所需要的大部分物资。横溪公社采取了"大队投，生产队凑，社员借"的办法，在官塘等3个大队完成了物资准备。禄口公社各企事业单位积极支援大会战，其中供销社派出3个人抓后勤，并清仓查库，拿出什竹200捆、铅丝300斤和大量的芦莲、石灰等物资，机械厂借出5000元给大队，手工业社派出4个人搞机械化，并连夜赶制了秧蓝300副、钉扒150把，窑厂拿出砖头3.5万块。12日，东善公社民兵营带领连里干部和瓦、木工共200余人到工地安营扎寨，他们日夜奋战，搭建起了伙房和住房。到16日，14个连中已有13个连搭好了伙房，有2个连搭好了住房。

为了保证按既定工期开始施工，许多公社对自己负责的水利工程都做了重新部署，采取提前开工和加快速度的办法，加快工程进度。丹阳公社有东山凹水库10万多土方的任务，原准备等段时间再开工，在此次全县大会战的推动下，公社决定立即组织5000多名劳力，提前上马，在10天内拿下东山凹水库，把提前完成的指标用到秦淮新河工地上。

1975年12月20日，江宁县秦淮新河工程民兵师（后改为江宁县秦淮新河工程民工指挥部），率领全县26个公社4万民工，云集铁心桥和大定坊一带安营扎寨，开始了改天换地式的战斗，准备向切岭段河道开刀[1]。到达驻地后，各民兵营除了做好后勤工作外，还立即做了三件事：第一，学理论，抓路线。各营对广大民兵进行党的基本路线教育，坚定开挖秦淮新河的决心和信心，树立"愚公移山，改造中国"的伟大气魄。第二，排除障碍，创造条件。各营一到工地，面对着高山陡坡，在单人行路都很困难的情况下，与当地生产队积极配合，

---

1 江宁县水利农机局编：《江宁县水利志》，河海大学出版社，2001年，第70页。

中共南京市委领导在秦淮新河工地大会上发言（1978年12　　秦淮新河工地大会会场（1978年12月20日）
月20日）

营与营协同动作，削岭开路，开好龙沟，排除积水，把工区范围内的300多亩成林树木砍伐
干净，并迁走数以千计的坟墓。第三，整组织，抓纪律。为了保证工程顺利进行，各营进驻
工地以后，按照工程施工需要，重新建立和整顿了连、排、班组织，充实配备了骨干，加强
了基层领导力量[1]。

　　在全县各公社干部群众的团结协作下，秦淮新河工程的准备工作得以高效完成。12月
26日，江苏省秦淮新河工程指挥部在工地上主持召开了誓师大会，参加大会的有省指挥部
总指挥、中共南京市委副书记方明同志，中共江宁县委常委、县革委会副主任万槐衡同志，
还有中共雨花台区委和指挥部各组的负责同志，民兵师全体指战员参加了会议。至此，秦淮
新河工程在中共江苏省委、省政府的领导下正式开工[2]。

1　《我县彻底根治秦淮河战斗打响：切岭工程胜利开工，誓师大会隆重举行》，江宁县秦淮新河工程民兵师
　　政办组编：《工程情况》第2期，1975年12月28日。
2　《我县彻底根治秦淮河战斗打响：切岭工程胜利开工，誓师大会隆重举行》，江宁县秦淮新河工程民兵师
　　政办组编：《工程情况》第2期，1975年12月28日。

二、组织架构

围绕秦淮新河工程，江苏省、南京市、镇江地区及江宁县，分别成立了相应的秦淮新河工程指挥部，以承担秦淮新河工程的实施。

1. 江苏省秦淮新河工程指挥部

1975年11月17日，江苏省革命委员会作出《关于秦淮新河工程有关问题的批复》[1]，同意秦淮新河工程采用西线方案，河道出口在金胜村附近入江。秦淮新河工程施工所需民力，由南京市和镇江地区有关县动员，劳力按南京市70%、镇江地区30%分担。工程指挥部以南京市为主，镇江地区参加筹组，并抓紧进行工程筹备工作。

为了加快推进秦淮新河工程及统筹秦淮新河工程的领导，江苏省及南京市成立了秦淮新河工程指挥部。1975年12月18日，根据中共江苏省委指示精神，中共南京市委发出《关于江苏省秦淮新河工程指挥部领导成员任职的通知》[2]，江苏省秦淮新河工程指挥部成立，时任中共南京市委副书记、市革委会副主任的方明兼任江苏省秦淮新河工程指挥部指挥。指挥部领导成员为指挥方明（兼），副指挥有刘宗铨、黄兆友、彭崇贤、万槐衡。

不久，江苏省秦淮新河工程指挥部领导成员又进行了调整，时任中共南京市委常委、革委会副主任徐彬，任江苏省秦淮新河工程指挥部指挥[3]。时任南京市水利局副局长的邱宝瑞兼任江苏省秦淮新河工程指挥部副指挥[4]。在秦淮新河工程施工的几年时间里，南京市革命委员会始终有一名常委、副书记或副主任担任指挥，并抽调了几位局级领导干部，担任副指挥。他们吃住在工地，进行现场领导，大大加快了工程

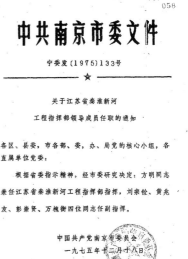

《关于江苏省秦淮新河工程指挥部领导成员任职的通知》

---

1 江苏省革命委员会：《关于秦淮新河工程有关问题的批复》，苏革复〔1975〕32号。南京市水利史志编纂委员会编：《当代南京水利》，内部资料，1988年，第225页。

2 中共南京市委：《关于江苏省秦淮新河工程指挥部领导成员任职的通知》，宁委发〔1975〕133号。

3 《中共南京市委常委、市革委会副主任、江苏省秦淮新河工程指挥部指挥徐彬同志在秦淮新河通水典礼大会上的讲话》，1980年6月5日。贺云翔、景陈主编：《南京秦淮新河流域文化遗产研究》，江苏人民出版社，2015年，第26页。

4 南京地方志编纂委员会编：《南京年鉴1995》，内部资料，1995年，第465页。

南京市秦淮新河工程指挥部副指挥刘宗铨在秦淮新河切岭工程开工典礼大会发言

时任江宁公社民兵营负责人钟兴祥在秦淮新河切岭工程开工典礼大会发言

的进展。

1983年12月27日，江苏省水利厅发出《关于撤销江苏省秦淮新河工程指挥部的通知》[1]。《通知》指出，秦淮新河工程自1975年开工以来，经过几年的努力，除船闸工程外，其余工程均按规划设计要求完成，并交付使用，发挥了效益，工程指挥部的任务已基本结束。为此，决定江苏省秦淮新河工程指挥部自1984年1月1日撤销，停止对外业务联系。有关事宜，包括所有文书、技术、财务会计（会计方面按1983年度决算移交）档案和所有财产、库存物资全部清点造册，交南京市水利局接收，并抄送江苏省水利厅备查。伴随着秦淮新河工程而成立的江苏省秦淮新河工程指挥部在完成使命后，正式退出了历史舞台。

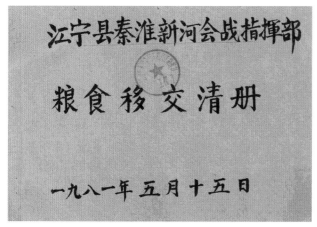

《江宁县秦淮新河会战指挥部粮食移交清册》

2. 秦淮新河镇江地区工程指挥部

1978年10月27日，为响应中共江苏省委"一定要把秦淮新河开好，保证明年汛期发挥效用"的指示，镇江地区组织9县共12万民兵进入秦淮新河工地开展土石方挖掘与清运工作。镇江地委在各县县委书记会议上决定成立秦淮新河工程镇江地区指挥部及各县分指挥部，镇江水利局档案材料《地区指挥部及处室人员名单》《各县指挥部及科室负责人名单》中记录了镇江地区工

1　江苏省水利厅：《关于撤销江苏省秦淮新河工程指挥部的通知》，苏水基〔83〕114号。

指挥部及下属单位的组织架构[1]。

镇江地区工程指挥部由一位镇江地委常委、副专员挂帅，担任指挥，另设副指挥若干人，负责领导工程各项工作。指挥部下设"一室两处三组"。"一室"为办公室，负责日常行政工作，有主任1人、副主任2人。"两处"为工务处与后勤处，工务处处理工程规划设计相关事宜，解决工程中遇到的疑难问题，检查工程质量，设处长与副处长各1人。后勤处与地方各部门对接，组织调度物资，保障工程队伍的生活供应，管理工地各项财产，有处长1人、副处长3人。"三组"为政工组、保卫组与卫生组。政工组掌握工地的政治工作，同时负责宣传教育，兼有政治保卫色彩。保卫组处理工地日常治安工作，防止火灾、盗窃、事故等特殊情况发生，有组长1人，在民兵团基层设有保卫小组。卫生组负责实施各项医疗、卫生防疫工作，保障施工人员健康，有组长1人。各县指挥部设有卫生站，公社团部设卫生室，连队设专职卫生员。地区工程指挥部还另设有广播室与打字室。

镇江地区工程指挥部由地委常委、副专员罗明担任指挥，地区农办副主任方克成、军分区副司令周光景、地委副秘书长戴天安、地区水利局副局长扬德进任副指挥。办公室由5人

《秦淮新河工程镇江地区指挥部及处室人员名单》

1　镇江地区水利局：《地区指挥部及处室人员名单》，1979年1月。镇江地区水利局：《各县指挥及科室负责人名单》，1979年1月。

组成，主任为地区广播事业局副局长张焕根，副主任为地区公安局治安科科长周存高与地区行政处副处长朱炳生，地区体委秘书扬孔堂、地区办公室干部樊明福任秘书。工务处有9人，处长为地区水利局副局长扬德进，副处长为地区水利规划室副主任赵启承，另外7人均来自地区水利规划室，为周寿庚、王贤文、张建国、林仁义、陈国荣、丁玉华、王国麒等。后勤处由14人组成，处长为地区商业局副局长扬明生，副处长为地区糖酒烟公司经理孙成铭、地区外贸局办公室主任梅福棠、地区物资局人秘组长倪勇显，其余10人为王科松、马木金、徐英瞻、徐兴沅、颜仁样、江信福、袁臣仁、郭世忠、王东宏、杭良玉，分别来自农资公司、土产公司、食品公司、粮食局、财政局、中心支行、车队、外贸局、行政处等单位。政工组由5人组成，包括军分区司令部参谋梁永法与尤治安，军分区政治部干事刘正安与衡宇明，武进县团委副书记曹瑞庆。保卫组有2人，组长为地区公安局治安科科长周存商，地区公安局干部李小林。卫生组由6人组成，组长为地区防疫站副站长周润田，其余人员有来自地区防疫站的蒋宗仁、地区医院外科医生丁鸿庆、地区医院内科医生陈二南、地区医药公司员工殷霞蔚。广播室人员潘木贞、陈谦、蔡荣义来自镇江市及丹徒县广播站，打字室打字员陈建平来自镇江地区水利局。

各县分指挥部一般以县委常委1名担任指挥，另设若干副指挥。分指挥部下设办公室、工务科与后勤科，负责本县工程地段的施工进程与财物管理等相关事宜。各县指挥部及科室架构如下：

溧水县分指挥部有5人，指挥为县委常委、县革委会副主任高家双，副指挥为农业局局长刘太满、人武部副部长应为忠、商业局副局长丁颖明、交通局副局长史宗善。办公室有4人，主任为应为忠，副主任为县水利局副局长章正和王正奎，秘书为县广播站的赵中华。工务科有科长刘太满与史宗善2人。后勤科有1人，科长为丁颖明。

句容县指挥部指挥为县农水办主任吴绪良，副主任为县矿业局副局长陈本美、县水利局副局长陈锡林、县工商行政管理局局长唐大斌、人武部政工科副科长卫正大。办公室主任为陈本美，秘书为县农办秘书季福明。工务科科长为陈锡林。后勤科科长为唐大斌。

高淳县指挥部以县革委会副主任蒋国屏为指挥，人武部副部长汤道义、组织部副部长袁广林、贫协副主任扬献新、商业局副局长张绍兴、水电局副局长王钟宏、交通局副局长赵金声、公安局副局长刘金林为副指挥。办公室主任为扬献新，副主任为县教育局副局长史书庚及刘金林，秘书为县粮食局干部吕连生与县文教局文化干部薛庭珍。工务科副科长为水利技术员汪润尘。后勤科科长为张绍兴，副科长是赵金声与粮食局办事员吕洪友。

丹徒县指挥部指挥为县委常委、公安局局长黄照盛，副指挥为人武部副政委谷亚东、县水电局局长王崇焕、县交通局副局长吴松柏及县商业局副局长车家福。办公室主任为谷亚东，副主任为县医院主任王嗣凯及县委宣传部胥立成，秘书为县电影队吴兆华。工务科科长为王

《秦淮新河工程溧水县指挥部及科室负责人名单》　《秦淮新河工程高淳县指挥部及科室负责人名单》

崇焕，副科长为县水电局股长罗应生与鄂德法。后勤科科长为车家福，副科长为县委办公室行政科科长徐昌仁。

溧阳县指挥部指挥为县委常委、县革委会副主任陶振邦，副指挥有县人武部副政委李波田、县水电局副局长董春保、县商业局副局长马俊、竹箦片副片长袁风林、县计划生育办公室副主任刘良金、工作队指导员史竹彪、社渚片副片长葛延、交通局局长张士平。办公室主任为李波田，副主任为溧城镇委副书记赵全保、县委办公室秘书宋亚新、县公安局唐洪保。后勤科科长为马俊，副科长为粮食局周金生。工务科科长为董春保，副科长为县水利局把水才和县供电局魏金富。

金坛县指挥部指挥为县委常委、副主任盛传，县农办副主任兼水利局局长黄祖大、县人武部副政委周触、县纪委副主任藏留业、县商业局副局长俞觉人等为副指挥。办公室主任为县基建局副局长丁谦，副主任为县委组织部孙庭，秘书为金坛冶厂秘书陆小林。工务科科长为湟里电灌站站长徐祖义。后勤科科长为俞觉人，副科长为县交通局副局长张士元和茅鹿茶厂副主任王志富。

宜兴县指挥部指挥为县委常委、县革委会副主任钱炳福，副指挥为县委宣传部副部长许麟甲、县人武部作训科长李宇环、县水利局副局长张益成、县商业局副局长魏海宾。办公室主任为许麟甲，副主任为社队工业局供销经理部经理孙福文与县委宣传部干部管新元，秘书为团县委干部吴富生。工务科科长为张益成，副科长为县委宣传部张保生。后勤科科长为魏海滨，副科长为朱伯清与县财政局吴瑞林。

武进县指挥部指挥为县委常委、县革委会副主任朱汉文，副指挥为县农办副主任阎道径、县人武部副政委石瑛、县水利局副局长欧杏春、县商业局副局长孙玉史。办公室主任为县财政局副局长金兴生，副主任为县公安局治安股股长蒋焕成与县人武部装备科科长王加成，秘书为县委办公室秘书陈润棠。后勤科科长为孙玉史，副科长为焦溪公社书记胡玉楚、县交通局副局长王涣荣、县农资公司副书记张锡生。工务科科长为欧杏春，副科长为漕桥区水电管理所工程员吴志杰。

扬中县指挥部指挥为县委常委、副主任王笃义，副指挥为县人武部副政委胡文有、县水利局副局长徐子祥、县基建局局长孙国成、商业局副局长吴忠才、广播事业局副局长施韶贵。办公室主任为施韶贵，副主任为县委办公室会计高永山，秘书为县委宣传部报道组曹志祥。工务科科长为县水利局技术员林成宽，副科长为县水利局技术员朱成龙。后勤科科长为孙国成，副科长为吴忠才。

同江宁县一样，镇江地区各县指挥部下设有团、营、连、排、班作业单元[1]。作业单元以公社、大队、生产队等各级民兵组织为依托，在指挥部的统一领导下，广大民兵在思想、组织、行动上达到了高度统一，保证了秦淮新河镇江地区负责工段工程顺利进行。

3. 中共江宁县秦淮新河工程民兵师委员会（临时）

由于秦淮新河工程主要在江宁县和雨花台辖域内，1976 年 3 月 28 日，中共江宁县委发出《关于建立中共江宁县秦淮新河工程民兵师委员会（临时）的通知》[2]，经县委常委会研究决定，由盛义福、王德富、顾治平、王虎山、王超、张星源、陈正梅等 7 名同志组成中共江宁县秦淮新河工程民兵师委员会（临时），并由盛义福同志任书记，王德富、顾治平同志任副书记，负责秦淮新河工程的具体工作。

1975 年冬至 1979 年春，江宁县秦淮新河工程民兵师负责开挖长 3000 米的秦淮新河工程。广大民兵苦战 4 年，先后搬掉 4 座山头，凿岩层深 30—40 米，在铁心桥切岭工程中，完成土石方 600 多万立方米，圆满完成各项任务。

4. 共青团江宁县秦淮新河工程民兵师委员会（临时）

为进一步发挥青年突击队的作用，1977 年 4 月 17 日，中共江宁县秦淮新河工程民兵师

---

1 江苏省秦淮新河工程镇江地区指挥部：《抓纲治河，团结治水——开挖秦淮新河工程第一期任务初步总结》，1979 年 1 月 1 日。
2 中共江宁县委：《关于建立中共江宁县秦淮新河工程民兵师委员会（临时）的通知》，1976 年 3 月 28 日。

委员会（临时）向中共江宁县委组织部呈送《关于建立共青团江宁县秦淮新河工程民兵师委员会（临时）的报告》。1977年4月29日，中共江宁县委组织部作出《关于建立共青团江宁县秦淮新河工程民兵师委员会（临时）的批复》[1]，经研究同意由吴敬贤、王孝玉、郭庆法等11位同志组成共青团江宁县秦淮新河工程民兵师委员会（临时），并由吴敬贤、王孝玉、郭庆法等3位同志任副书记。

5. 江宁县秦淮新河工程民工指挥部

随着秦淮新河工程的不断推进，也为了适应形势发展的需要，1977年7月14日，中共江宁县委决定，将江宁县秦淮新河民兵师改为江宁县秦淮新河工程民工指挥部，各公社设民工营。江宁县秦淮新河工程民工指挥部成立临时党委，顾治平任临时党委书记、指挥。副书记、副指挥为王德富、王雷、王述高、王超、张星原[2]。

6. 江宁县秦淮新河工程会战指挥部

1978年11月19日，秦淮新河工程进入关键时期，江宁县又宣布成立江宁县秦淮新河工程会战指挥部，由一位县委领导挂帅，担任指挥，另设副指挥若干人，负责领导会战施工。指挥部下设政工、工程、机电、安全保卫、后勤等5个科，各司其职。其中，政工科负责民力组织、宣传教育、组织竞赛、行政事务的上下对接，由来自县委、县政府有关部门24名同志组成。工程科负责施工组织、进度统计、质量检查和验收。机电科负责设备安装、安全用电、机械维修管理、工具试制与改革等。工程科和机电科合署办公，两科共有23人，分别来自县委、县政府有关部门及区属企业。安全保卫科负责治安纠纷、安全施工、交通管理、事故处理，并要求

1976年夏秦淮新河工程受奖大会代表发言

1 中共江宁县委组织部：《关于建立共青团江宁县秦淮新河工程民兵师委员会（临时）的批复》，〔1977〕宁组字第25号，1977年4月29日。
2 中共江宁县委员会：《关于成立江宁县秦淮新河工程民工指挥部的通知》，江宁发〔1977〕第38号。

搞好"四防"，科员 10 人，主要来自公安局和交管站。后勤科负责物资组织调度、运输货物、生活供应、工棚建造、财务管理、医疗卫生和防病治病等，科员 32 人，主要来自县医院、农资公司、土产公司、百货门市部等部门。

江宁县秦淮新河工程会战指挥部指挥是江宁县委副书记江锡太，副指挥是财贸党委副书记黄凯、计委副主任顾治平、水利局局长张仁美、组织部王加法。政工科科长为分协副主任夏长生，副科长有宣传部干部刘绪德、组织部干部王相仁，工作人员有县委办公室秘书许昆全、庞树耕、县农办秘书陈大法、宣传部殷荣海和宋荣祥、团县委徐秀坤、县妇联周扣娣、林业局刘风琴、文化馆苏必功、知青办干部李可才、民政局干部王琪、劳动局刘谨东。广播站机务员为李应武，邮电机线员是许全根，高以凤和胡荣担任邮电话务员，广播员有东山农场的王美玲、季建玲及县剧团庄小东。总务兼行政会计为县支行职工罗保昌，事务长则是县支行职工孙本金。工程机电科由张仁美兼任科长，副科长为供电局副局长邵思俊、印刷厂副书记徐跃林、农机公司任家琪、水利局技术员孟建文，工作人员有水利局技术员曹乃琳、陈炳泉、谈太年、李荣源、朱生清、彭永海、徐源海、郭卫东、王传福、芮大尧，此外还有农机公司徐汉文、供电局工人王德培和甘良柏、钢铁厂工人俞兆会、电机厂工人朱桂宝、汽修厂工人陈世友、矿业公司工人陶礼辉、农机厂工人陶先亮。后勤科科长由黄凯兼任，副科长为物资局副局长韩锦江、粮食局副局长刘大荣、商业局副局长马厚富、县医院党总支副书记李复进，工作人员有木材建材公司支书刘树成、煤石公司副经理王焕亭、综合公司副组长杨利保、粮食局干部罗玉才、百货门市部职工马兆朋、食品公司职工王元忠、糖烟酒公司张广保、五交化公司邵安荣、土产公司副经理薛国琪、农资公司职工毕正才、蔬菜公司职工王成财、外贸公司职工成子明、社队工业局郑秋生、县医药公司职工耿本金。会计为粮食局干部陈文海，调度是交通局王润芝，出纳为财政局干部孙卫风、建筑公司瓦工副组长何永福。医务有县医院外科医生李永祥、孔庆才，县医院内科医生权素芳、洪长青，县医院护士赵玉梅、张启林，县医院司药董聿亮，县医院化验徐余祥，县医院周保祥担任司机。安全保卫科科长为公安局副局长张斌，副科长为武装部副科长李传扬和公路管理站副支书姚应忠，工作人员有公安局干部杨从发、田发南、陈永祥，另有交管站的朱长清、袁振林、尹长林、李献功。

在指挥部之下设有团、营、连、排、班等作业单元，由公社、大队、生产队等组建相应级别的队伍。这样就从政治上、组织上和思想上，确保了秦淮新河工程施工的顺利进行。

秦淮新河工程是事关人民福祉的大事，把工程质量放在首要位置，是秦淮新河工程参与者的第一要务。1978 年 11 月 22 日，江宁县秦淮新河工程会战指挥部成立后的第三天，为确保秦淮新河工程质量，江宁县秦淮新河工程会战指挥部机电科再次重申工程质量要求，从源

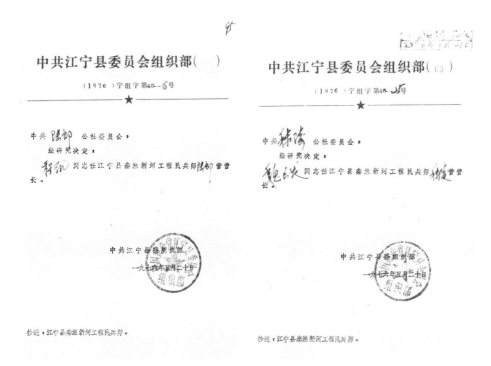

中共江宁县委组织部关于秦淮新河工程民兵师各营营长的任命书

头上把控工程质量[1]。

7. 南京秦淮河道堤防管理处

1979 年，秦淮新河工程进入最后扫尾阶段，即将通水试运行。当年 5 月 3 日，南京市革命委员会向江苏省革命委员会呈送了《关于建立南京市秦淮河道堤防管理处的报告》。同年 8 月 8 日，江苏省革命委员会作出《关于同意建立南京市秦淮河道堤防管理处的批复》[2]。新建立的南京市秦淮河道堤防管理处统一管辖南京市辖区新、老秦淮河干河及主要支流的河道、堤防的维护、防汛、绿化等工作，并同南京市有关部门审查南京市辖区内沿河两岸兴建码头、房屋建筑物等。管理处列为事业单位，编制暂定 25 人。其中，行政管理人员 6 人，水利、绿化、测量等技术员工 19 人。管理处内设机构为一室三科一队，即办公室、工程管理科（含水资源）、水政科、财务科和水政监察大队。

1　江宁县秦淮新河工程会战指挥部机电科:《关于施工标准质量的要求》，1978 年 11 月 22 日。
2　贺云翔、景陈主编:《南京秦淮新河流域文化遗产研究》，江苏人民出版社，2015 年 3 月，第 40 页。

工程实施

◎　高庆辉　左凯文　马健涛　刘一凡　李佳璇

一、切岭工程

秦淮新河起于江宁河定桥，经雨花台区的铁心桥、西善桥至金胜村汇入长江，全长 16.8 公里。经设计规划，工程分为三大部分，即河定桥至铁心桥段、铁心桥至红庙段和红庙至长江口段，简称上、中、下三段。切岭段位于中段的铁心桥至红庙之间，长度仅有 2.9 公里，但施工难度极大。一方面，该段河道行于丘陵地区，地形起伏较大，工程需连续穿过 4 个平均海拔在 30 米左右的山头；另一方面，切岭段地质情况亦甚复杂，山上覆盖厚约 10 米的土层，土质坚硬，土层以下为岩石，岩石表层风化严重，呈碎状或砂砾夹泥状，对构筑河坡不利。其下部岩石风化程度较轻，基本保留岩石的完整性及强度，难以施工[1]。鉴于以上两点，切岭段成为挡在工程施工道路上的"碉堡"，扼住了河道的"咽喉"[2]。因此，为秦淮新河全线开工铺平道路，开挖切岭段是关键一仗。

切岭工程自 1975 年 12 月 20 日率先动工，历经土方工程、石方工程和护砌工程三个主要子工程。1979 年 10 月 24 日，切岭段工程通过验收，正式完工。该工程顺利告成，有力地保障了秦淮新河整体工程如期竣工。

1. 工程设计与组织管理

1975 年 12 月，江苏省秦淮新河工程指挥部印发《秦淮新河一九七六年工程施工组织设计（切岭段土石方工程）》（以下简称《施工组织设计（切岭段）》），对切岭工程的施工设计标准、工程任务、组织领导、机械配备、工程进度、施工管理、工程检查验收等问题进行了详细说明。根据这份文件，我们可以从工程设计、组织管理、施工人员、后勤保障四个方面，总览秦淮新河切岭段的工程设计与组织管理情况。

第一，工程设计。根据《施工组织设计（切岭段）》，切岭段工程设计标准如下：

1　江苏省秦淮新河工程指挥部：《秦淮新河一九七六年工程施工组织设计（切岭段土石方工程）》，1975 年 12 月。

2　江宁县秦淮新河工程民工指挥部：《四年苦战结硕果，人民功绩垂千秋：秦淮新河切岭段工程总结》，1980 年 5 月 20 日。

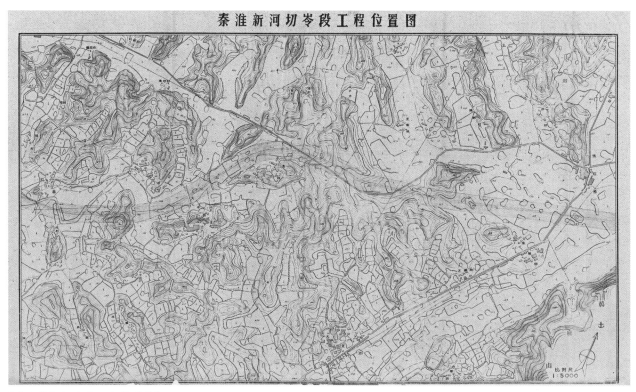

《秦淮新河切岭段工程位置图》

洪水位：铁心桥 10.19 米，红庙 9.69 米。

设计河底高程：铁心桥 1 米，红庙 0.5 米。

设计河槽断面：设计河底宽 40 米。设计河道边坡：石方部分，岩石层边坡 1∶0.5，半风化层为 1∶1.5，两层之间每边设 3 米宽的平台；土方部分，边坡为 1∶3，在土石分界处，考虑施工中石方开挖和运输，以及覆盖层土坡的稳定，每边设 10 米宽的平台。

青坎宽度：每边 10 米。

渐变段：根据地质钻探资料，在土质河槽与石质河槽接头处设三处渐变段，呈喇叭形渐变。

第二，组织管理。切岭段工程全部由江宁县负责，工程指挥部效仿解放军的编制，组建江宁县民工师，承担具体施工。民工师师部设在大定坊，下设政办、工程、后勤三组。民工师以下设营、连，以营为作战单位，连为伙食单位。营的建立则以公社为单位，根据人员数量，每个营部配备 7—11 名工作人员，包括正、副营长，正、副教导员和政工、工程、后勤、财会、医务人员。另在师部设立门诊部，轻病在门诊部治疗，重病送江宁县医院或南京

《关于秦淮新河切岭段石方工程任务分配的通知》

市第一医院治疗[1]。

在切岭段施工过程中，工程指挥部根据实际情况和工程任务的需要，灵活调整领导机构。一方面，指挥部进一步优化基层民工营的管理工作，将 26 个民工营划分为 4 个工区，每个工区建立党组织，并从营干部中挑选 4 人分别担任工区领导，以更好地统筹协调各项工作。另一方面，工程指挥部对下属的管理机构进行改革，将原属工程组领导下的工具改革小组改建为机电组，将原机械修配小组改为修理所，将政办组一分为二，单独成立了治安保卫小组，专门负责工地安全生产相关事宜。在成立新办事机构的同时，工程指挥部也不断充实管理人员，增添技术力量，促使各管理部门最大程度发挥职能作用，更好地为工程服务[2]。

切岭段在工程组织中，指挥部将土石方工程任务、工程标准、完成时间、施工要求和工程经费、粮食、材料等项全部承包给江宁县民工师，江宁民工师相应下包给各民工团，以明

1 江苏省秦淮新河工程指挥部：《秦淮新河一九七六年工程施工组织设计（切岭段土石方工程）》，1975 年12 月。江宁县水电局：《关于秦淮新河切岭段石方工程任务分配的通知》，〔76〕江宁发革字第 26 号。

2 江宁县秦淮新河工程民工指挥部：《四年苦战结硕果，人民功绩垂千秋：秦淮新河切岭段工程总结》，1980 年 5 月 20 日。

确具体工程任务。同时开展社会主义劳动竞赛，掀起"比学赶帮超"的热潮，充分发挥各级施工单位的积极性[1]。

第三，施工人员。《施工组织设计（切岭段）》明确要求："土方工程组织民工四万人于（1975年）12月20日开工，至明年3月底完成。石方工程计划在土方工程完成后，挑选民工一万人，于四月初开工至明年年底完成。"切岭工程土、石方工程的施工人员由江宁县各公社招募，《施工组织设计（切岭段）》和江宁县水电局〔76〕江宁发革字第26号文《关于秦淮新河切岭段石方工程任务分配的通知》两份文件，都对民工组织动员工作提出了具体要求。

《施工组织设计（切岭段）》指出："民工组织动员：首先要做好政治宣传和思想发动工作，宣传开挖秦淮新河工程的重要意义，参加治河工程是农业学大寨的光荣任务，树立为革命挖河，为实现大寨县（区）贡献力量的思想，然后组织自愿报名。经民主评议、党委批准，并经过体格检查，挑选政治思想好、身体健康的青壮年民工参加施工，民工到工地后还要进行体格复查，做好精工工作。"

任务分配表			
公社名称	应完成工日数	专业队人数	备註
总计	2637750	6075	东山镇工日数在杂工中安排。
东山	81840	185	
殷巷	85560	193	
方山	84320	191	
上坊	89830	203	
江宁	97680	222	
陆郎	90640	206	
铜井	86680	197	
谷里	122320	278	
陶吴	108100	245	
东善	103260	234	
横溪	129260	293	
丹阳	84480	192	
禄口	138880	314	
铜山	146360	331	
秣陵	135160	306	
湖熟	149420	338	
土桥	126200	285	
龙都	135780	307	
淳化	156640	354	
汤山	101670	230	
上峰	104940	237	
其林	78670	178	
长江	32120	73	
警防	59400	134	
花园	41360	94	
周岗	112840	255	
东山镇	4340		

切岭段《任务分配表》

《关于秦淮新河切岭段石方工程任务分配的通知》要求："民工挑选：要选拔路线斗争觉悟高、思想作风好、身体强壮的男性基干民兵，到秦淮河工地进行锻炼提高，培训基层骨干。在选拔时，要采取自愿报名、群众推荐、公社批准、张榜公布的方法。民工上工地前，要以公社为单位集中组织学习，提高觉悟，表示决心。在石方施工期间，民工一律不要换班。"综上，两份文件都强调需组织群众自愿报名，选拔政治素质过硬、身体强健的民工加入施工队伍。

第四，后勤保障。切岭段工程量巨大，参与施工人员众多，如何做好工地几万人的后勤保障工作，也是摆在工程指挥部面前的一项艰巨任务。根据相关档案资料，工程指挥部在切岭段开工前，就对后勤工作做了细致部署。

在食宿方面，工程指挥部要求："民工到工地前要安排好吃住和生活供应。民工住地尽

---

1 江苏省秦淮新河工程指挥部：《秦淮新河一九七六年工程施工组织设计（切岭段土石方工程）》，1975年12月。

量借住民房，不足部分搭盖工棚，每 150 人左右搭盖伙房一处，由民工自力更生搭盖，国家给予适当补助。"针对工棚搭建，指挥部也提出具体要求："工棚尽量利用空地高地，不占耕地，要离开土石堆放区 20 米以外，节约整齐，四周开沟，做到保暖防寒，不潮湿，遇雨雪不漏。"对于借助民房的民工，指挥部要求各级组织教育民工搞好与当地群众的关系，执行"三大纪律，八项注意"。切岭段石方工程开工前，江宁县水电局发出通知，要求"二百人以下的营设一个食堂，二百人以上的营设二个食堂"，此外"民工口粮，每人暂带成品粮三十斤，以后应将民工口粮卖到粮管所作为周转粮，由各民兵营去粮管所统一提取"。

在用水方面，切岭段施工区域为丘陵地区，当地群众用水以沟塘为主。冬春季节地下水水位低，沟塘蓄水量有限。鉴于此，工程指挥部要求各级民工组织"注意节约用水，要遵守当地群众饮水用水分开使用的习惯，注意卫生，预防疾病"，对于沟塘较少的区域，工程指挥部指出"可在附近洼地挖土井取水。必要时用机器翻水补给"。

在用电和通信方面，据《施工组织设计（切岭段）》所述，切岭段工地施工机械和照明用电由南京供电局解决电源，江宁县供电所负责架线和安装。工地沿线架设临时专用电话线路，江宁民工师设电话总机一台，与指挥部电话接通，并与各民工团建立通讯网。另外通过相关档案可知，工程指挥部通过与兄弟单位协商合作，以解决工地生产生活用电问题：如1978 年 11 月 3 日，江宁秦淮新河工程民工指挥部就与江苏省冶金地质勘探公司八〇七队签订用电协议，协议规定八〇七队自 1978 年 11 月起向秦淮新河施工工地供电，以解决广播、照明用电问题，指挥部负责安装电表、供电线路的正常维护，并向八〇七队交纳电费[1]。

切岭施工现场

1　江宁秦淮新河工程民工指挥部、江苏省冶金地质勘探公司八〇七队：《用电协议》，1978 年 11 月 3 日。

在劳动工具方面，铁锹、挑筐、小板车等普通工具由民工自带，而铁镐、抓钩、四齿叉、铁锹等特种工具则由江宁县统一配备。

除了秦淮新河工程指挥部自行组织后勤工作外，南京市及江宁县各单位同样给予了大力支持：南京市有关单位尽力保障工地物资和蔬菜供应；江宁县工业部门在工地上设立了临时服务维修小组，专门负责修理机械和生产工具；江宁县人民银行在工地上设立了临时服务部，方便工人存款取款；江宁县人民医院向切岭段工地派出医疗队，并在此基础上建立了工地的临时医院[1]。

2. 土方工程

切岭段土方工程自1975年12月20日动工，至1976年5月完工，约有4万人参加了这场大会战。

土方工程的具体施工方法与标准，详细记录于《施工组织设计（切岭段）》中，对于我们深入了解切岭段土方工程意义重大。根据档案资料可知，土方工程开挖时要首先修好运土道路，挖平工作面，然后自河口往下采取阶梯式下挖方法，逐层下挖，每层挖深1.5—2米。每层开挖时要挖好排水龙沟，龙沟要分段挖通，分别由5处抽水机站抽排。《施工组织设计（切岭段）》特别强调："龙沟是河道施工的关键措施，各级领导要高度重视，必须在当天集中力量突击完成。龙沟挖得好，可变难方为易方，大大提高工效，如挖得不好，会形成水下捞泥，增加施工困难，所以龙沟一定要坚决按计划完成。"龙沟挖成后，需委派专人负责维修，保持排水畅通，因此龙沟沟底要低于设计河底0.5—1米，以便民工能穿鞋施工。在龙沟挖好后，两边挖土区应挖横向小沟，使地下水由横沟排入龙沟，这样一来工作面可始终保持干燥无水，便于施工。

《施工组织设计（切岭段）》指出："每层开挖时分界处要保持进度平衡，一律不得留界埂，如进度不平衡时，一定要变界埂为界沟。施工中应根据不同土质，采取不同的施工方法和工具，一般土质可用铁锹开挖；如遇坚硬岗土可用四齿叉开挖，或采用抓钩、铁镐劈土法，但应注意劈土不能太陡太高，以防塌方伤人；特别坚硬的土质，用铁锹打入土中撬挖，或用炸药爆破法施工。工区内的池塘，应先用小机器将塘水抽干，如有淤泥应先用干土垫路，加强排水，待水渗排后，由塘边向内分块突击抢挖，切不可乱挖乱踩，变成稀淤，造成施工困难。"此外，考虑到冬季天气寒冷，土层冻结，《施工组织设计（切岭段）》要求"民工每天下工前要普遍挖松一层，使夜间下层土不致冻硬"，并建议组织一部分拖拉机，在民工

架机排水开好超深龙沟

下工后将土层普遍深耕一遍，既松土又防冻，变难方为易方，从而大大提高工效，加快工程进度。

　　《施工组织设计（切岭段）》对于工地运土方法和土方的堆放亦有明确要求：由于开挖深，运距远，因而"要尽量多用小板车运土，既灵活轻便、工效又高"，"用小板车运土爬坡时，可采用爬坡机带小板车运土，爬坡机处应修成１∶４的坡道，以充分发挥爬坡机的效能，使用爬坡机必须事先培训技术力量，注意安全操作，小板车挂钩脱钩时更应注意安全，防止发生工伤事故"，"运土必须按指定堆土范围堆放，较平坦地段，可先远后近，减少爬坡，如需爬过小山头往洼地堆土时，可先爬到小山头居高临下倒土。人力挑土应分来回路有秩序的运送"。

切岭段土方工程的特点是任务重、难度大、条件差，工程开挖土方相当于一个年产230多万吨的矿山开采量。当时的施工者风趣地描述为"上坡气直喘，下坡腿发软""黄土铁般硬，一凿四个印"[1]。其间辛苦，可见一斑。适逢寒冬腊月，寒冷的天气更增加了施工困难。在这样艰苦的施工条件下，切岭段工地上涌现出一批英雄集体和劳动模范。

秣陵民兵营东旺连负责挖掘的土地土质坚硬，一钉耙凿下去只留下4个印子，为了翻开一寸厚的土，要费力挖凿数次。这个40个人的连，就用坏了50把钉耙。但他们没有被困难吓倒，反而意志更坚，连连

切岭段爬坡机

攻克难关，夺取了一个又一个的胜利[2]。江宁民兵营清修连工地上土质黏性大，四处浸水，平时走路脚都会陷入泥坑，挑上一百多斤的重担行走更是艰难。但是，清修连的战士们斗志坚定，《总结》中指出他们"战烂泥拼命干，雨天路滑坚持干，起早带晚加班干"。

上峰民兵营新宁连共产党员周宝树，是开爬坡机的机工。一次爬坡机由于负荷过重，皮带盘出现故障，情况非常危险。周宝树临危不惧，使劲拨正了皮带盘，使爬坡机正常运转，避免了一场重大事故，而他的两个指头却被轧断，鲜血直淋。医生嘱咐周宝树休息两个月，可他到了营部却一声不响，吃过中饭，忍着疼痛，又继续上班，一直未离开战场。工友劝他好好休息，周宝树说："革命前辈为了推翻三座大山，抛头颅，洒热血。我今天为革命开河，为人民造福，丢掉两个指头又算得了什么哩？我们要学习革命前辈那种革命精神，生命不息，战斗不止。"[3]

周岗民兵营西释连副连长王文礼，自春节过后的3个多月没有回过一天家，他的爱人连续6次带信，希望他回家解决一些困难，但他始终没有离开战斗岗位。王文礼说："个人再大的事是小事、私事，为革命开河才是最重要的事情。"周岗民兵营焦村连民工焦利平因工受伤，组织批给他15天的假期，让他回家休息，可是假期尚未休完，焦利平又回到工地上，继续和战友们奋斗[4]。

切岭段土方工地上还有无数像秣陵民兵营东旺连、江宁民兵营清修连、周宝树、王文

---

1 《坚持了斗争，夺取了胜利：切岭段土方工程的总结》，1976年7月10日。

2 《坚持了斗争，夺取了胜利：切岭段土方工程的总结》，1976年7月10日。

3 《坚持了斗争，夺取了胜利：切岭段土方工程的总结》，1976年7月10日。

4 周岗民兵营：《秦淮新河切岭段工程工作总结》，1976年5月15日。

礼、焦利平一样的英雄集体和劳动者，他们"心中有个大目标，泰山压顶不弯腰，劈开山岭
造新河，江宁山河分外娆"[1]。

除了施工条件艰苦，切岭土方工程的物资也十分紧缺。一方面，随着工程的迅速推进，
施工难度越来越大，各营对施工机械的需要也越来越迫切，但上级供给的机械化设备远远
不能满足需要[2]。另一方面，生活物资的供给也出现了困难。在1976年春节前后一段时间里，
蔬菜十分紧张，许多连队一天三餐都吃萝卜干，有时只能喝到酱油汤[3]。此外，据江苏省南京
市革命委员会宁革发〔1976〕41号文《关于开挖秦淮新河给予江宁县民工生活补贴的报告》，
切岭段土方工程施工过程中，民工每日劳动所得仅有2角5分左右，而每日实际生活费已达
6角，除劳动所得和民工自己负担部分外，社、队集体经济已补助生活费近80万元，补助
粮食110多万斤。由于江宁县当年粮食歉收，公社负担太重，个别公社和大队出现了贷款买
粮、吃种子粮的现象[4]。

面对这些问题，政府和工程主管部门积极解决，南京市革命委员会随即向江苏省革命委
员会申请补助粮100万斤、钱50万元。各民兵营亦发动群众，自力更生，"土法上马，搞
机械化"。东善民兵营为了加快工程进度，首先将手扶拖拉机改装成土爬坡机，取得了良
好的效果。他们的经验被迅速推广，不过几天时间，全工地就制造了爬坡机125台，自造
小板车1640多部[5]。关于生活物资，江宁民兵营积极主动想办法，群策群力闯难关，依靠自
身力量共采购煤130吨、猪油3000多斤、蔬菜20多万斤，占用量的60%，超过师部分配
的计划20%，有效解决了2000多民工的吃住问题，改善了生活，保持了广大群众持续大干
的积极性[6]。

在工程开展过程中，各民工营积极开展工作，紧抓纪律教育，周岗营多次向民工宣传
"三大纪律八项注意"。开工不久，一些民工为抄近路，踩坏了当地群众的庄稼。营部发现后，
在路上设置路标，并派人执勤。该营新桥连民工姚某、杨某利用出差之机，偷拿了尹西大队
的几根竹笋。事发后，营部让两人进行了自我批评，还派干部亲自到尹西大队赔礼道歉，并
做了经济赔偿[7]。

正是坚持了良好的纪律和优良的作风，各营与地方保持了良好的关系，获得了当地群众的

1　《坚持了斗争，夺取了胜利：切岭段土方工程的总结》，1976年7月10日。
2　《坚持了斗争，夺取了胜利：切岭段土方工程的总结》，1976年7月10日。
3　周岗民兵营：《秦淮新河切岭段工程工作总结》，1976年5月15日。
4　江苏省南京市革命委员会：《关于开挖秦淮新河给予江宁县民工生活补贴的报告》，宁革发〔1976〕41号。
5　《坚持了斗争，夺取了胜利：切岭段土方工程的总结》，1976年7月10日。
6　江宁公社民兵营营部：《抓纲带目不偏向，奋战秦淮打胜仗：秦淮新河切岭工程情况总结》，1976年5月
　　15日。
7　周岗民兵营：《秦淮新河切岭段工程工作总结》，1976年5月15日。

推土机在切岭段推土

中共江宁县委领导在秦淮新河工地上指导工作

拥护和支持，在档案中留下了不少这样的记录。据档案记载，江宁营营部驻扎在中路王大队，营部人员到达后，中路王大队干部主动为他们安排住宿，并动员社员让出自留地供施工人员搭建工棚。江宁营官山连的驻地由于连日阴雨，地铺潮湿不能睡，当地生产队队长王德本主动腾出自家的凉床，并发动全队社员提供铺板、盖房砖等物资，为官山连民工全部支上了高铺。在队长的带动下，全队社员处处关心民工，主动为民工缝洗衣裳，晾晒铺草、被子。一位王老太还主动拿出自家的红糖、生姜、挂面为病号做饭[1]。

按照《施工组织设计（切岭段）》计划，"土方工程组织民工四万人于（1975年）12月20日开工，至明年（1976年）3月底完成"，历时3个月，而实际工程直到1976年5月才完工。延期的原因一方面在于制定计划时低估了切岭段土方工程的工作量，另一方面也与特殊时期的背景有一定关系[2]。这对工程进度造成了一定程度的影响。

1　江宁公社民兵营营部：《抓纲带目不偏向，奋战秦淮打胜仗：秦淮新河切岭工程情况总结》，1976年5月15日。

2　《坚持了斗争，夺取了胜利：切岭段土方工程的总结》，1976年7月10日。

3. 石方工程

在 1976 年 5 月土方工程结束后，秦淮新河工程民工指挥部经过一段时间的组织整顿、人员机构调整，成立了约 6000 人的专业队伍，并做好了石方工程的各项准备工作[1]。1976 年 7 月，石方工程正式开工，至 1978 年 10 月完工。

石方工程的具体施工方法与标准，在《施工组织设计（切岭段）》中有详细记录。由于石方必须采用爆破施工，因此工程设计和施工部门特别强调："石方爆破必须确保安全。首先要对参加施工的全体人员和当地群众进行安全施工的宣传教育，讲解安全知识。"在爆破前要做好充分的准备工作，一方面，要组织好爆破材料的安全储存和运送工作，石方工地所用爆破材料需经公安部门检查合格才能使用，雷管、炸药、导火线要分库存放，妥善保管，仓库外要有民兵警卫，做好安保工作。另一方面，在危险区边界要设立警告标志、信号、警戒哨，在爆破前要利用广播、警报器或鸣号等手段，通知所有施工人员和当地群众撤出危险区，爆破准备工作完成后，相关情况应作记录。石方爆破时，要指定专人指挥，明确分工负责，爆破人员应由受过爆破训练和安全知识的人员担任，爆破的次数、时间应明确规定，要统一指挥、统一步调、统一行动。

施工方法中对于石方爆破的过程亦有详细的记录。首先是炸药的放置。石方应分层开采，先在中间开出一条运石通道，通道中间要有一条排水龙沟，然后逐层开石，每层厚度不大于 2 米，采用炮眼用空气压缩机带风钻打眼。人工装药、点火，炮眼的间距、深度、装药重量、炸药种类需根据岩石的性质和开采的深度而定，炸碎石块的大小应适宜人工装运的要求，如需同时起爆若干炮眼，应采用电力起爆法，或用传爆线起爆。其次是导火线、雷管等装备的安装。导火线的长度设计需严格计算爆破员点燃全部炮眼和避入安全地点所需的时间，导火线的燃烧速度要事先经过试验确定，导火线最短不得少于 1 米，在同一导爆网内禁止采用不同牌号的传爆线、导火线和雷管。在潮湿条件下进行爆破时，炸药、雷管、导火线均应用防水材料加以保护，露于地面的传爆线在气温高于 30°C 时，应加遮盖，以防日光直接照射。在最后的起爆阶段，前期准备工作完成后，经指挥员检查各项准备工作，方能下令爆破，在爆破规定时间内任何人不得进入现场。对于未能引爆的"瞎炮"，施工方法明令禁止掏孔取药，更不许点火重爆，应在未爆药孔附近 20—30 厘米处打一新的药孔，装入炸药销毁或灌水将药冲出。

对于石方爆破产生的石渣，施工方法中也记录了其具体的运送方法：石方经爆破后，石

---

1 《总结经验，继续前进：七六年切岭段石方工程总结》，1977 年 1 月 16 日。江宁县秦淮新河工程民工指挥部：《四年苦战结硕果，人民功绩垂千秋：秦淮新河切岭段工程总结》，1980 年 5 月 20 日。

秦淮新河工程中的挖掘机施工　　　　　　　　秦淮新河工程中的硬化河床施工

渣用轻轨斗车或小板车运至规定堆放地区，小板车爬坡时亦可用爬坡机带，机用坡道应修成1∶4的坡度。施工方法指出，在运石渣时应注意将风化石和岩石分开装运，分别运至指定地点堆放，不要混杂，以便外运。可作建材的石料，后期可用于桥涵闸等建筑工程。

在石方工程开工后的一段时间内，工地在管理和思想上都出现了一些问题。在管理方面，1976 年下半年开工后，石方工程施工采用的是"大锅饭"制度，工地上出现了"凭觉悟干活，凭人头吃粮"的现象，这严重影响了群众的劳动积极性，部分民工出现了"完任务""捞一把"和"图舒服"的消极思想。根据档案记录，1976 年 7 月至 1977 年 3 月，这 9 个月"平均工效只有 0.53，距省核定 0.77 的定额差百分之三十一"[1]。在思想方面，开工初期部分民工营内思想混乱，一些民工甚至在工地从事违法犯罪活动。如周岗营少数民兵有偷窃、赌博、吵架、斗殴等行为[2]；禄口营有一民工为"惯赌"，到工地后煽动部分民工从事赌博活动；湖熟营民工胡某在工地无故殴打他人，后又盗窃伙房灯泡等工地财产，攻击营、连干部，造成极坏影响；湖熟营民工甘某，利用雨天停工机会聚众赌博，"不分昼夜，牌场较大，达九十几元钱的输赢"，严重影响了工地秩序[3]。

面对这种局面，秦淮新河工程管理部门一方面优化石方工程施工管理模式，另一方面加强思想教育工作。

在管理方面，秦淮新河工程民工指挥部根据中共江宁县委和江苏省工程指挥部的指示，实行"大包干政策"，即工程、财务"五定"和"六包干"。"五定"是定人、定车、定任务、

1　江宁县秦淮新河工程民工指挥部：《抓纲治河，初见成效：一九七七年切岭工程总结》，1978 年 2 月 25 日。
2　江宁县秦淮新河工程民工指挥部：《抓纲治河，初见成效：一九七七年切岭工程总结》，1978 年 2 月 25 日。
3　《总结经验，继续前进：七六年切岭段石方工程总结》，1977 年 1 月 16 日。

定工效、定费用，"六包干"则是人工费、间接费、爆破费、板车维修费、爬坡机使用费、劳保用品费等六项开支包干使用，节约归己，其后各民工营迅速贯彻落实这项政策。"大包干政策"受到了群众的拥护和支持，他们说："实行包干好处多，干多干少心有数，不是过去黄瓜子一齐数，而是干好干坏分得清。"[1]

在思想方面，各级民工管理机构迅速行动，通过召开大会、现场批判等方式，教育民工，及时消除隐患，刹住了工地的歪风邪气。如湖熟营党支部及时发动全营民工"排表现、议危害"，并召开了民工大会，开除教育两位民工[2]；禄口营对赌博民工进行了 8 次批判，"教育了全体民兵战士，打击了歪风邪气，使革命正气上升，工程进度不断加快"[3]。

在实施大包干政策和抓紧思想教育后，工程进度有了明显的提升，秦淮新河工程民工指挥部在 1977 年切岭段工程总结中指出，"全工地共完成土石方一百五十九万多方，连同一九七六年石方开采以来完成的五十四万方，累计完成二百一十三万方，占原设计任务二百五十三万方的百分之八十五，其中殷巷、江宁、方山、陆郎四个营已经完成县委分配的工日任务，长江、营防、东善三个营已经完成断面施工任务；其林、东山、上坊、土桥、淳化、上峰、铜山、丹阳、龙都、陶吴、谷里等十一个营，也全部或部分拿到河底。基本上实现了'一年拿下切岭段'的战斗誓言"。

在石方工程 2 年多的施工期内，建设者们展现出吃苦耐劳、自力更生、艰苦奋斗的拼搏精神。夏天，建设者冒着 40℃的高温，大战在小山上。许多人中暑了，昏倒在地上，用冷水泼洗一下，醒过来仍然坚持战斗。有的人热得喘不过气来，就让凉风吹一吹，跳到水塘里凉一凉，又拉起板车，继续工作[4]。翻看档案，《切岭段工程总结》中有这样一段动情的描述："为了完成开采石方的艰巨任务，广大干部民工心往一处想，劲往一处使。冬天，他们不顾寒风刺骨，雨雪纷飞；夏天，他们不管烈日当空，河下高温达 40℃左右，凭着一颗红心两只手，一锹锹，一车车，坚韧不拔，挖山不止。拖板车的同志，心怀'四化'大目标，在二三百米的高坡上，上下飞奔，一天要跑五六十华里，不避艰险，英勇奋战；打眼放炮的同志，靠着为'四化'争贡献的革命激情，一天要放几百炮。面对土石横飞，临危不惧。就这样，他们终于打掉石'老虎'，啃掉硬'骨头'，一举拿到河底，使 35 米宽的河床清晰地显现出来。"[5]

1 　江宁县秦淮新河工程民工指挥部：《抓纲治河，初见成效：一九七七年切岭工程总结》，1978 年 2 月 25 日。

2 　湖熟营党支部：《湖熟营关于秦淮新河切岭段石方工程小结汇报》，1977 年 1 月。

3 　《总结经验，继续前进：七六年切岭段石方工程总结》，1977 年 1 月 16 日。

4 　《总结经验，继续前进：七六年切岭段石方工程总结》，1977 年 1 月 16 日。

5 　江宁县秦淮新河工程民工指挥部：《四年苦战结硕果，人民功绩垂千秋：秦淮新河切岭段工程总结》，1980 年 5 月 20 日。

　　石方工程的劳动者，绝非一味莽干硬上，而是充分发挥自己的聪明才智。《七六年切岭段石方工程总结》就指出："广大民兵自力更生，艰苦奋斗，献计献策，大胆创新，进行机械改革，甩掉了肩挑担抬的繁重体力劳动，实行半机械化和机械化施工。在技术上互相传授，由不懂到懂，由不熟练到熟练，已有一大批民兵战士能够掌握开山放炮、打眼钻洞、开机驾驶、焊接维修技术，造就了一支亦工亦农、掌握现代农业机械的队伍。"在这样的氛围下，涌现出一批自力更生的模范队伍。丹阳营在机械零件缺乏的情况下，没有坐等上级分配零件，而是群策群力，自筹自修。有一次，一台爬坡机出了故障，如果等待上级部门派人维修，就会影响施工进度，于是丹阳营组织了一个11人的突击检修班，出主意、想办法、搞代用，连夜拆卸检修，最终只用了8个小时就修好了爬坡机，并在第二天正常投入了施工。陆郎营从附近工矿区的废铁中找来零件，经过自己的加工，重新安装在爬坡机上，不仅节约资金，而且满足了工程需要。陶吴营在机械维修中土法上马，搞技术革新，发明了一种爬坡机机刹，确保了生产安全。《七六年切岭段石方工程总结》骄傲地提道："在自力更生的精神指导下，有的同志对技术精益求精，不仅能操作机器，有的已经成了土机械师了。"

　　在石方工程的建设过程中，各施工单位十分重视生产安全。龙都营为了确保安全，采取了"五固定"的方法，即固定车子使用、固定土场开采、固定专人督促安全、固定专人检修、固定专人看管。上坊营采取"三不三勤"的方法，即不开"带病机"、不拉"英雄车"、不放"冲天炮"，勤检查、勤维修、勤上油。这样不仅延长了机械使用寿命，保证了安全生产，也节省了费用开支[1]。

4. 护砌工程

　　护砌工程是切岭工程的最后一项工程，自1978年10月开工，至1979年11月竣工。

　　在工程即将开始时，正值入江口枢纽工程上马，经中共江宁县委决定，重新调整了人员分配，从切岭段工地抽调8个民工营去参加入江口枢纽施工，剩余的18个民工营约4000名干部、民工需要承担原26个民工营的护砌任务。此外，护砌工程情况复杂，工序较多，技术要求高，这给施工带来不少困难。但施工者没有被困难吓倒，正如《切岭段工程总结》中记录的那样："不懂技术，就边学边干，以能者为师，质量难掌握，就不断总结经验。经过一年多时间的苦干加巧干，他们终于完成了护砌工程。"

　　开始施工后，遇到的第一个拦路虎就是蒙脱石。蒙脱石是由颗粒极细的含水铝硅酸盐构成的层状矿物，也称"胶岭石""微晶高岭石"，这种岩石具有强烈的膨胀性和崩解性，遇水就会崩解成粉末。在护砌过程中，有13个营的工地内出现了蒙脱石，一旦处理不当，整个

---

1 《总结经验，继续前进：七六年切岭段石方工程总结》，1977年1月16日。

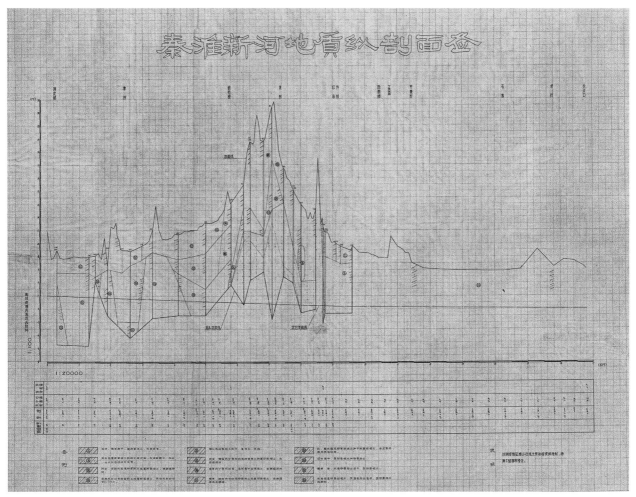

《秦淮新河地质纵剖面图》

工程都有瓦解的可能性。经过地质等 14 个单位共同试验研究，终于确定了妥当的处理方案：在护砌层垂直挖深 2 米，运走蒙脱石，再从 30 多米的高岗上拉黄土，运到河底、河坡夯实。各民工营严格按照相关方案施工，同时鉴于传统的石头轿子夯"工具笨、强度大、工效低、质量差"，在借鉴外地经验的基础上，施工部门自行设计，制造出打夯机，在保证工程质量的同时，使工效提高了四五倍，最终圆满地解决蒙脱石问题[1]。此外，在西善桥附近梅山铁矿区处，为防止河道漏水，影响地下开采，冶金部增投 700 万元，全部用钢筋混凝土铺垫，再加浆砌石护面，以加固这段河床[2]。

施工中遇到的第二个问题是护坡。由于秦淮新河沿线地质情况极为复杂，在施工过程

1　江宁县秦淮新河工程民工指挥部：《四年苦战结硕果，人民功绩垂千秋：秦淮新河切岭段工程总结》，1980 年 5 月 20 日。江宁县水利农机局编：《江宁县水利志》，河海大学出版社，2001 年，第 73 页。

2　江宁县水利农机局编：《江宁县水利志》，河海大学出版社，2001 年，第 74 页。

初建成通水后的切岭段风光

中发现的情况与原勘探资料有很大出入。后经复勘，工程设计部门重新进行了边坡稳定计算，修改了原规划的河坡，坡比由 1：0.5 改为 1：2，使得护坡和整坡工序相较于原方案增加了较多的工作量[1]。

施工中遇到的第三个问题是砌坡。铜山营砌坡中出现了风化石，导致块石缺乏，于是该营发动民工自力更生，揭地 1 米，采出合格的块石 4000 立方米，弥补了施工材料的不足。汤山营亦遇到类似的问题，由于该营选用了好而大的块石砌坡，余下的块石较小，多不符合砌坡的施工标准，于是他们突击一星期，自行修路，从外运进石料 509 吨，按时完成了上级安排的砌坡任务。

在翻阅档案过程中，我们还发现护坡施工过程中的一件逸事。1978 年 10 月 24 日，东山营派遣民工清理河底，准备炸掉护坡齿坎，但遭到铁心桥工程队的阻止，施工无法开展。当日下午，江宁县秦淮新河工程民工指挥部领导找到铁心桥工程队负责人，希望能尽快恢复施工，但并未得到回复。民工指挥部进行分析后，认为爆破施工不会对铁心桥造成影响，指出"东山营护砌施工无可非议"，遂于 11 月 6 日向省指挥部报告，希望能尽快拿出施工方案，尽快协调恢复施工[2]。由于缺少资料，省指挥部的答复，我们不知其详。不过这件档案资料所反映的切岭段护砌工程施工中遇到的困难，要远比想象中的繁多且复杂。

切岭段工程于 1975 年 12 月开工，至 1979 年 11 月竣工，历时 4 年。实做 903.5 万工日，完成土方约 437.3 万立方米，占新河总土方量的 22.6%；石方约 231.5 万立方米，占新河总石方量的 96.4%；总投资 1445 万元，占全河道总投资的 43%；另回填黏土 8.6 万立方米[3]。在切岭段施工过程中，由于缺乏丘陵地区作业的经验，加之安全生产"抓得不够紧，措施不够有力，致使工伤事故不断发生"[4]。根据相关文献和档案资料，切岭段先后发生安全事故 426 起，伤亡 417 人，其中因工牺牲 7 人，重伤 163 人（其中需人扶持的 56 人，生活能自理，

1　江宁县水利农机局编：《江宁县水利志》，河海大学出版社，2001 年，第 74 页。
2　江宁县秦淮新河工程民工指挥部：《有关切岭段东山营护坡施工的书面报告》，1978 年 11 月 6 日。
3　江苏省秦淮新河工程指挥部：《江苏省秦淮新河工作总结（草稿）》，1980 年 12 月。南京市地方志编纂委员会编：《南京水利志》，海天出版社，1994 年，第 82 页。
4　江宁县秦淮新河工程民工指挥部：《四年苦战结硕果，人民功绩垂千秋：秦淮新河切岭段工程总结》，1980 年 5 月 20 日。

但丧失劳动能力的107人），轻伤247人。另外还有因病死亡4人，不明原因自杀5人[1]。在工程中牺牲的人员信息列表于下，以作纪念。

1975—1978年秦淮新河切岭段工伤牺牲人员情况表[2]

公社	姓名	性别	年龄	牺牲时间	死因
横溪	朱元寿	男		1975.12	塌方
陶吴	李荣贵	男			触电
殷巷	聂玉发	男		1977.7	爆破
营防	张家保	男	37	1977 9	爆破
谷里	尹帮和	男	24	1977.6	触电
上峰	李道忠	男	30	1978.12	塌方
淳化	李新富	男		1978.9	雷击

二、西善桥大会战

1978年10月，经过4年的艰苦奋战，秦淮新河切岭段工程顺利完工，整个新河工程的重点转入下一阶段，即河道开挖土方工程。1978年冬，中共江苏省委在新河切岭工程和12座建筑物基本建成的情况下，发出了"一定要把秦淮新河开好，保证汛期发挥效益"[3]的动员号令，秦淮新河的河道开挖工程于同年11月8日全面开工。整个秦淮新河沿线的土方工程基本为人力承担，南京市和镇江专区共组织20多万民兵，浩浩荡荡地开进了工地，向秦淮新河全线土方发起了总攻。在东起江宁县的小龙圩，西至南京市郊区金胜村的36里地段上，全是工人们辛勤劳动的景象。南京辖区除江宁、雨花台区外，江浦、六合也分摊了任务。在镇江专区，不仅受益的句容、溧水两县参加挖河，武进、扬中、丹阳、宜兴、溧阳、金坛、高淳等县也前来支援。其中，江宁县及南京其他辖区主要分摊切岭段以下河段的土方任务，镇江专区主要分摊切岭段以上河段的土方任务[4]。由于挖河筑堤是个任务重、工期紧、标准高、难度大的工程，需要多方配合，故采取大会战的形式在短时间内集中完成，被称作第二

---

1 江宁县秦淮新河工程民工指挥部：《四年苦战结硕果，人民功绩垂千秋：秦淮新河切岭段工程总结》，1980年5月20日。江宁县水利农机局编：《江宁县水利志》，河海大学出版社，2001年，第73页。

2 江宁县水利农机局编：《江宁县水利志》，河海大学出版社，2001年，第73页。

3 秦淮新河工程镇江地区指挥部：《政治动员令》，1978年11月10日。

4 江苏省秦淮新河工程指挥部：《江苏省秦淮新河工作总结（草稿）》，1980年12月。

阶段大会战。此外，因为该阶段工程主要位于西善桥一带，在一些文件中也被称为西善桥大
会战[1]。

1. 江宁县及南京市其他辖区情况

按江苏省秦淮新河工程指挥部统一安排，江宁县及南京其他辖区分摊切岭段以下河段的
土方任务。江宁县民工在施工会战中起着主力军的作用，全县 24 个公社出动民工 10 万人，
声势浩大。在全长 11 公里的战线上，东至切岭段，西到入江口，到处是火红的战旗、大干
的人群和沸腾的场面。

为保证高效高质地完成河道开挖任务，江宁县制定了详细的会战施工方案。首先是成立

秦淮新河大会战场景 1

1　江宁县水利局：《关于公布秦淮新河工程经费的报告》，1982 年 2 月。

了江宁县秦淮新河工程会战指挥部，下设政工、工程机电、后勤、安全保卫四科，并在各公社成立相应民工团。会战前，全县组织了 1.4 万多民工的先遣队，率先清理了施工场地，为大会战铺平道路。民工们还为此阶段的工作起了不少形象的代称，如梅山段叫作"剥皮抽筋"，搬掉混凝土及杂石 8.32 万多立方米；沙洲坪叫作"挖疮排脓"，清除烂淤泥 2.7641 万立方米。负责后勤的民工有 5000 多名，他们在 11 公里长的战线上搭了工棚 2600 间、伙房 1360 间，为民工解决了食宿问题。许多民工团还建起了物资供应站、供销点、工具维修组和浴室，做好了生活服务工作。

随后，指挥部根据各施工段的土质特点和各个民工团的专长，划分了施工地段：来自丘陵山区的 10 个民工团，善于爬坡和凿土炸石，被分配在土硬坡陡、地下有部分岩石的梅山段。来自圩区的 11 个民工团，有挖烂泥、筑河堤的经验，被分配在土质软、沟塘多、地下水位高、土壤含水量大的沙洲坪段。来自沿江地区的 3 个民工团，有对付流砂的办法，故被分配在有流砂层的长江边段。这样分工让来自不同地区的民工们充分发挥了各自的特长，具有很强的针对性，取得了良好的工作效果。一些民工团还因地制宜，结合工程段具体地质情况，制定了适应各自特点的施工方案。如东善民工团施工段土硬坡陡，场面狭窄，他们采取了人机结合的作战方式，赶制了 18 部爬坡机和 470 多部板车，提高了工效。龙都民工团施工段土软、沟塘多，他们就坚持施工程序，彻底清淤，挖深龙沟，为大堤打下稳定的基础。

会战采取速战速决的办法，参战的 10 万民工不辞辛苦地抢晴天、争时间，大大提高了施工效率。禄口民工团的民工分三批进入工地，第一批上了 2000 多人，负责清淤，稳定堤基，打开施工场面。第二批增上 2500 多劳力，负责挖龙沟，拿出了河底中心。第三批再增上 1700 多劳力，共计 6200 多劳力用 38 天做了土方 29 万立方米，提前 20 天完成土方任务。铜井民工团在会战一开始组织不力，前方串工，后方混工，积极性很受影响。12 月中旬，该团及时调整部署，增加兵力，发动战士们的热情，抢干 50 天，完成了任务，比预定工期提前了 10 天。

会战还开展了五比百分赛（质量 30 分、进度 20 分、安全 20 分、工效 15 分、风格 15 分），掀起了人人争先进、个个争上游的热潮。铜山民工团战士张昌银，用团部奖给他的一副大笆箕挑土，会战期间挑了 150 多立方米，人称"张大笆"，工效达 3 立方米。圩区民工团在沙洲坪施工，地势低洼，遇上了多淤泥层，经常出现滑坡，施工难度很大。于是他们按照省地质等部门

秦淮新河河道开挖场景

公社	总人数	上工人数	完成土石方数(万)		工效(万/人)	累计(万)		备注
			土方	石方		土方	石方	
合计	33474	29348	29900		1	5322691	56590	
横溪	2200	1900	2000		1.05	150000	3940	
东善	1600	1400	2000		1.43	123000	20000	
丹阳	2954	2698	2700		1	163560	1000	
陶吴	4200	3600	3600		1	258600		
铜山	完					290320	2000	
谷里	3100	2700	3000		1.1	203448	2140	
江宁	3500	3200	2000		0.65	140780	6300	
铜井	完					172228	4070	
上方	1800	1700	2000		1.18	123838	1240	
陆郎	2500	2100	2500		1.19	229000	4700	
秣陵	2000	1500	1500		1	327000		
周岗	1820	1550	2100		1.37	240010		
土桥	完					210000		
禄口	"					299375		
淳化	4000	3500	4000		1.14	359000		
湖熟	完					391251		
方山	"					139466		
龙都	"					356963	40	
长江	"					155337		
营防	"					195845		
花园	"					175676		
上峰	"					178431		
其林	800	700	整修			255423		
殷巷	3000	2800	2500		0.9	139000		

《江宁县秦淮新河会战工程日进度表》(1979 年 1 月 14 日)

提出的办法，采取放缓边坡、放宽青坎等技术措施，彻底清出淤泥，直至见生土为止。然后用硬土回填，层层夯实，打牢基础，终于使河坡得以稳定。禄口民工团俞庄连、陈以东等 4 个民工在数九寒天身穿短裤，赤着脚丫，踩在齐膝深的冰冷污泥中，顶着呼呼的寒风，越干越有劲。他们说：“会战工地无冬天。”湖熟民工团梅林连的女青年张贵玲，原定 12 月 18 日结婚，但她看着工程的工期急、任务重，已到紧要关头，毅然选择推迟婚期，继续战斗，决心“夺面奖状当嫁妆”。各级干部也和民工一样带头苦干，既当指挥员，又当战斗员。整个工地民工团有干部 157 名，平均劳动 29 天，民工连有干部 1165 名，平均劳动 42 天。殷巷民工团负责人金仕春，从上工到收工，大担子一直不离肩。民工们还编首小诗称赞他：“干部带头挑重担，寒风吹落千滴汗，造福后代不怕苦，牵条银河铺地上。”他们带动了广大民工，速度一再加快，工期一再缩短。全县 24 个民工团中有 12 个提前 20 天完成任务。

1979 年 1 月，经过 58 天的艰苦会战，开挖河道工程基本完成，共挖土方 550 万立方米。经省、市、县三级水利部门领导及专家、工程技术人员验收，河、堤坡平台基本符合标准，没有发生重大事故，还为各地平坡 1300 余亩。通过评比，市委发给奖金 10 万元。同年 1 月 20 日，江宁县秦淮新河会战工程指挥部召开了庆功大会，表彰了 14 个先进民工团、157 个民工连、1308 个民工排、22664 个劳动模范。指挥部对获一等奖的铜井、禄口民工团各授锦旗一面和奖金 1 万元，获二等奖的龙都、铜山、湖熟、江宁、上峰、营防、长江、花园民工团授锦旗一面和奖金 7000 元，获三等奖的土桥、周岗、陆郎、殷巷民工团各授锦旗一面和奖金 4000 元，其余 10 个民工团也各授锦一面和奖金 2000 元[1]。

2. 镇江专区情况

按江苏省秦淮新河工程指挥部统一安排，镇江专区分摊切岭段以上河段的土方任务，施工地大部分在江宁县东山公社，部分在雨花台区铁心公社，支援民工达 12 万人，用 40 天时

1　江宁县水利农机局编：《江宁县水利志》，河海大学出版社，2001 年，第 74—77 页。

间挖了 570 万土方任务，挖成了 7 公里的河道。

中共镇江地委在接到挖河任务后，感到时间紧、任务重，遂迅速行动起来，决心组织动员全地区 9 县 12 万民兵"上阵会战"。中共镇江地委抱着打胜仗的信念紧急召开各级会议，部署动员、施工、后勤等各项任务。据秦淮新河工程镇江地区指挥部办公室 1978 年 11 月 7 日刊印的《简报》第 1 期报道：1978 年 10 月 30 日，镇江地委组织召开地区部、委、办会议；11 月 1 日至 4 日，分别召开水利局长会议、交通局长会议、商业局长会议，商讨如何组织、发动人力，如何将 12 万人从铁路、公路、水路安全顺利地运到工地，如何解决 12 万人的吃、住等问题，在短时间内就工程各项工作达成了统一认识，并建成了镇江地区秦淮新河工程指挥部。参与工程的各县分别成立了分指挥部，由县委一名常委负责，分指挥部下设办公室、工务科、后勤科；民兵以公社为单位编成团，团下面编成连队，是工程施工人员的基层组织。

镇江地区参与秦淮新河工程土方挖掘工作的主力是各县民兵。1979 年 1 月 1 日，江苏省秦淮新河工程镇江地区指挥部刊发的《抓纲治河，团结治水——开挖秦淮新河工程第一期任务初步总结》一文指出："以民兵建制，集中精兵良将是开好秦淮新河的重要措施。"为顺利完成工程任务，镇江地区各县都派出了身强力壮的青年充实民兵队伍。金坛县指挥部对后方派来的民兵要求能挑 100 斤以上重担，否则不能来工地[1]。

从 1978 年 11 月 8 日至 21 日，镇江地区 9 县民兵以公社为单位编成团，团下设连、排、班，在各县分指挥部的组织下，从铁路、公路、水路向秦淮新河工地集结。至 11 月 21 日已全部安全到达工地，有序投入施工进程中[2]。句容、溧水两县因距离工地较近，交通便利，行动最为迅速。据 1978 年 11 月 14 日镇江地区工程指挥部办公室编印的《各县战前准备工作紧张进行，即将就绪；句容、溧水等县决心大、行动快，已投入施工战斗》一文报道，句容县接到工程任务后，立即抽调人员，成立指挥班子，县工程分指挥部工作人员于 11 月 5 日前全部达到工地，积极准备指挥工程战斗。11 月 10 日，句容县全县 1.3 万余名民兵全部开进工地，立即启动战斗秩序，进行抢挖排水沟，挑走地面淤土等工作，一时间"工地上你追我赶，红旗招展，一片热气腾腾"[3]，广大民兵还提出"五十天任务，四十天完成"的口号，后来推广至整个镇江地区负责工段。句容县民兵虽初来乍到，但不惧艰险，每人每天开挖

1　江苏省秦淮新河工程镇江地区指挥部：《抓纲治河，团结治水——开挖秦淮新河工程第一期任务初步总结》，1979 年 1 月 1 日。江苏省秦淮新河工程镇江地区指挥部办公室编：《坚持质量标准，做好竣工验收》，《简报》第 7 期，1978 年 12 月 16 日。

2　江苏省秦淮新河工程镇江地区指挥部：《抓纲治河，团结治水——开挖秦淮新河工程第一期任务初步总结》，1979 年 1 月 1 日。

3　江苏省秦淮新河工程镇江地区指挥部办公室编：《各县战前准备工作紧张进行，即将就绪；句容、溧水等县决心大、行动快，已投入施工战斗》，《简报》第 4 期，1978 年 11 月 18 日。

102

《关于召开秦淮新河工程准备工作的通知》　　《关于成立秦淮新河镇江地区工程指挥部及其党委
的通知》

　　土石达到两方。溧水县负责工地与句容县工地接壤，他们 11 月 9 日进入工地，10 日就投入
紧张的工程战斗。溧阳、丹徒、高淳、金坛等县的所属民兵团也从 10 日开始先后到达工地。
武进、宜兴、扬中等 3 个县由于交通安排，进驻较迟，11 月 21 日全部到达工地开展工作。
至 11 月 22 日工程全线动工前，先期抵达的民兵已经完成 50 万方土石的挖掘工作量，"取得
了首战的胜利"[1]。

　　1978 年 11 月 9 日，秦淮新河工务会议讨论了镇江地区民兵在进入工地后的主要工作，
并整理了《工务会议纪要》（以下简称《纪要》）。从《纪要》可知，当时秦淮新河工地主
要有以下几方面的问题需要解决：首先是工程导流。因工程地段四面来水，旧有河道交错，
如何排水导流成为推动工程开展的关键所在。工程指挥部决心在积水问题严重的铁心桥公
路东侧与句容工段西头之间开沟筑堤，让水流向南导出南岸堆土区，沿韩府山东走。句容
工段西头让出 25 米作为导水走廊；在韩府山西南约有 13 平方公里水域面积，亦导引从韩

1　江苏省秦淮新河工程镇江地区指挥部办公室编：《地区指挥部召开第二次指挥会议，交流了经验、明确了
　　任务、研究了措施；地委王一香书记参加会议并作了指示》，《简报》第 5 期，1978 年 11 月 23 日。

秦淮新河梅山段会战场景

秦淮新河河道开挖土方运送

府山东流。镇江地区工程指挥部将开挖河道断面加以修改，借以容纳导流沟。此外，在秦淮新河工程南岸的溧阳工段堆土区及溧阳、金坛工段交界处麻田桥东南侧的土山，北岸麻田桥（溧阳工段）和末村西（武进工段）皆需要开挖导流河，以排除旧有水域来水对工程的干扰。

其次是工程地域清淤排水问题。当时工地上沟塘积水较多，必须采取开坝、机排等措施迅速排清，清理淤泥，以便下一步挖掘土方。镇江地区工程指挥部推广了丹徒县高桥公社民兵团"深挖龙沟（排水沟），坡形取土"的经验，解决了渗水大、地面烂的困难，提高了工作效率，施工人员得以顺利挖掘河身。河身开挖遵照统一标准进行，工程指挥部特别强调："注意科学施工与工程质量，河堤淤泥一定要清除干净，平台、河堤、堆土线一定要掌握好，防止返工。"[1]

秦淮新河挖掘工程涉及的地域广阔，沿线自然条件多样，来自不同地区的施工人员众多，都为工程施工增加了不小的挑战。镇江地区工程指挥部秉持着"实践出真知，群众是英雄"的理念，一边施工一边学习，在实践中及时总结群众经验，逐渐摸索出开挖大型河道的施工规律。在工程施工伊始，工程指挥部将任务定到连（大队）一级，但由于工程地段狭窄，不同民兵团、连的施工进度不一，造成大量高低起伏的界埂存在，排水不畅，人员流动更加受限，取土运土等活动施展不开，工程效率低下，团、连之间矛盾很多[2]。调整基层劳动组织模式，适应开挖大型河道的需要，成为工程指挥部的首要任务。

这一时期，溧阳县陆笪公社民兵团的一些成功经验得到了指挥部的高度赞赏，并推而广

1　秦淮新河工程镇江地区指挥部工务处：《工务会议纪要》，1978年11月9日。

2　江苏省秦淮新河工程镇江地区指挥部：《抓纲治河，团结治水——开挖秦淮新河工程第一期任务初步总结》，1979年1月1日。

之，成为镇江地区工段工程施工的模板。陆笪公社民兵团围绕提高工作效率，有以下三条措施：其一是做好思想工作，向民兵进行战前动员，反复讲明开挖秦淮新河的意义和作用。其二是根据工程难易程度，制定完善的施工计划。陆笪公社民兵团在实际工作中创造性地总结出了"三五二扫"的施工计划，即工程开始"一扫"：以 2 天的时间，清淤泥、排积水，扫除地面障碍。接着，中间分三阶段：第一阶段以 5 天时间进行全面施工，每人每天定额挖掘土石 3.5 方，整个工程断面挖深 3.4 米，共计完成 4926 方。第二阶段的 5 天，每人定额挖掘 2.8 方，挖深 3.5 米，完成 4069 方。第三阶段的 5 天，每人定额挖掘 2 方，挖深 3 米，完成 2821 方。最后"一扫"以 2 天的时间扫尾，修整坡度，完成挖掘 720 方。争取用 20 天完成施工任务。其三是任务到连、定额到班。陆笪民兵团全团分为 2 个连，每连 10 个班。团部将施工任务分为两块到连部，连部再将任务定额落实到班组，当天任务当天完成，收工时能做到整个工地"一块板""像一条马鞍形的宽阔大马路"。陆笪民兵团还积极开展劳动竞赛，评功授奖，按劳取酬，提高民工积极性。民兵团领导讲究领导方法，带头战斗在工地上，为民工树立了榜样。镇江地区指挥部根据"陆笪经验"，提出采取工程任务到团（公社）、土方任务到连（大队）、劳动定额到班（劳动组）的办法，以团为单位，连、班不固定地段，由团部统一调度，初步解决了工地拥挤、相互干扰的问题，界埂逐步消失[1]。

为保证工程质量，秦淮新河工程镇江地区指挥部总结编制了一整套标准与要求。在日常施工中，工程人员必须严格按照图纸施工，若改变预先制定的工程数据，必须报工程指挥部及江苏省革命委员会水利局批准[2]。除此之外，项目工程指挥部发挥广大群众首创精神，树立典型模范，推广"三齐三平"的工程要求，并贯彻施工始终。"三齐"就是河底线齐、河口线齐、堆土线齐；"三平"就是河底平、平台平、堆土区平。宜兴县按照"三齐三平"的要求，在堆土、运土方面进行了科学计算，做到了上土时近土远送，下土时远土近堆，成为全河"三齐三平"的样板，迅速提高了工程质量[3]。

为贯彻落实工程标准与要求，镇江地区指挥部还前后召开 3 次工务检查评比会议，发现工程质量问题，及时予以通报，督促施工人员迅速改正，推广优秀经验。会议由各分指挥部负责工务的副指挥，工务科长和主要技干参加，对全线工程进行了实地检查，晚上组织座谈会，讨论交流经验。第一次会议于 1978 年 11 月 22 日召开，正值"陆笪经验"提出之际，工地面貌发生很大变化，界埂已基本消除，代之以便于人员活动与排水的界沟，工地排水系

1　江苏省秦淮新河工程镇江地区指挥部办公室编：《学习陆笪公社经验，提高施工质量，加速施工进度》，《简报》第 4 期，1978 年 11 月 18 日。
2　江苏省革命委员会水利局：《关于秦淮新河上下河段修改设计断面意见的函》，水基便字第〔78〕67 号。
3　江苏省秦淮新河工程镇江地区指挥部：《抓纲治河，团结治水——开挖秦淮新河工程第一期任务初步总结》，1979 年 1 月 1 日。

统和运土道路已初步成型。各县在开挖导流沟、清理淤泥、搭建浮桥等方面做了很多工作，但也存在一些问题。如忽视施工标准，乱堆乱挖，河道坡、顶不平，造成返工浪费劳力；部分团、连工段堤基下面的淤泥没有及时清理，留下滑坡隐患。此外，一些施工地段仍留有界埂，因施工进度不一，不同挖土区间高差太大，有的甚至达 2 米以上，危及施工安全，需要尽快整改[1]。在此次会议基础上，工程指挥部提出了第二次工地检查的提纲，下决心纠正工地排水、质量标准及安全施工等方面的突出问题[2]。第三次工务检查评比会议于 1978 年 12 月 15 日召开，其时一些工段在先进经验的指引下已经顺利完成工程任务。工程指挥部提出"从已验收的一批公社工段来看，工程标准是高的，质量是好的，为大家相互参观、相互学习、你追我赶争取早日竣工，做出了好的样子"[3]。工程中仍存在的主要问题是完工阶段地下水

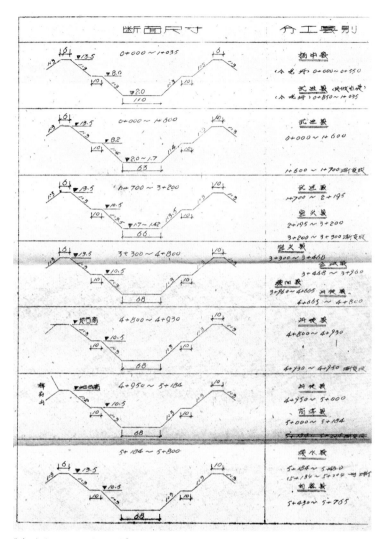

《秦淮新河施工断面图》

位较高，积水压力大，河坡稳定处于最不利的状态。施工中需要注意先挖平台、后挖河底，减轻荷载，防止塌方；另一方面挖深大龙沟（排水沟），坡形取土，加快土壤渗水，以此增加稳定因素。随着工程进入尾声，工程进度不平衡导致相邻工段平面高差很大，仍留有危险，另有少数民兵存在急躁厌战情绪，工程指挥部都予以警示。

1978 年 12 月底，秦淮新河镇江地区工段陆续竣工，工程指挥部强调做好竣工验收工作，保证工程善始善终。截止到 1978 年 12 月 16 日，镇江地区工段很多县的工程任务完成 70% 以上，部分先进公社已经竣工。以金坛县为代表，至 12 月 14 日，预定的挖掘 48 万方土的

1 秦淮新河镇江地区指挥部工务处：《第一次工务检查评比会议情况的汇报》，1978 年 11 月 26 日。

2 秦淮新河镇江地区指挥部：《第二次工地检查提纲》，1978 年 11 月 28 日。

3 江苏省秦淮新河工程镇江地区指挥部办公室编：《抓评比、促平衡、讲质量、提要求》，《简报》第 8 期，1978 年 12 月 22 日。

任务完成了95%[1]。至12月31日，各县均已基本完成施工任务，并逐步进行竣工验收，镇江地区指挥部召开竣工授奖大会，宣告工程顺利完工。12万镇江地区民兵，发扬"一不怕苦，二不怕死"的精神，"抢晴天，战雨天，挑灯夜战，废寝忘食地奋战在秦淮新河工地上，仅用四十余天的时间，就提前超额完成了秦淮新河的第一期工程任务"[2]。工程结束后，大部分民兵陆续返回家乡，句容、溧水两县因负责第二期工程60万方土石挖掘任务，在东山桥、铁心桥等地停留了一段时间，不久也顺利完工[3]。

3. 总体情况

经过两个月的艰苦会战，至1979年2月，河道开挖土方任务基本完成，实现了省委汛期通水发挥效益的要求，且没有重大事故发生。该工程共挖河长15.1公里，挖土方1302万立方米。其中外县、市支援土方700万立方米、石方23万立方米，耗用国家投资经费1911万元。工程中涌现出一批英雄模范人物，评选了258个先进集体和大批先进个人[4]。

秦淮新河的开挖，得到了江苏全省各地人民的大力协作。如省、市各有关部门和驻宁部队在人力、物力和交通运输等方面给予了支持，所有的材料大都来自全省各地，共调运钢材5000多吨、木材6800立方米、水泥近5万吨、砖瓦2000多万块、沙石40万吨；在食品方面，南京组织供应了猪肉360万斤、油36万斤、蔬菜7000多万斤。南京军区通讯兵部、工程兵学院、铁道部第四设计院、南京工学院、华东水利学院、南京市设计院、凤凰山铁矿、铁道部南京桥梁工厂等单位，积极主动支援，为攻克开挖新河的技术难关付出了辛勤的劳动。他们都为秦淮新河的顺利竣工贡献了自己的力量[5]。

1979年冬、春之交，南京市又组织三县两郊共4万多民工和干部，进行了河道坝头的拆除扫尾和沿河工程建设任务，先后完成切岭地段块石护坡和梅山地段钢筋混凝土护砌15万方，护砌两岸河坡长4.2公里，工程浩大，任务艰巨。然而三县两郊的民工、干部、技术人员等克服重重困难，保质、保量、如期完成了工程任务，为秦淮新河的防护工程和全面通水作出了贡献[6]。

1　江苏省秦淮新河工程镇江地区指挥部办公室编：《坚持质量标准，做好竣工验收》，《简报》第7期，1978年12月16日。
2　江苏省秦淮新河工程镇江地区指挥部：《抓纲治河，团结治水——开挖秦淮新河工程第一期任务初步总结》，1979年1月1日。
3　江苏省秦淮新河工程镇江地区指挥部办公室编：《简报》第9期，1978年12月22日。
4　江苏省秦淮新河工程指挥部：《江苏省秦淮新河工作总结（草稿）》，1980年12月。
5　贺云翱、景陈主编：《南京秦淮新河流域文化遗产研究》，江苏人民出版社，2015年，第26页。
6　贺云翱、景陈主编：《南京秦淮新河流域文化遗产研究》，江苏人民出版社，2015年，第26页。

三、枢纽工程

枢纽工程是秦淮新河的重点工程之一，由 12 孔的节制闸、40 个流量的抽（翻）水站、通行 300 吨船队的船闸组成。1978 年 6 月 26 日，新河工程指挥部召开枢纽工程施工会议，对领导力量配备、民工抽调和后勤事务工作作了全面安排[1]；10 月 15 日，秦淮新河枢纽工程正式开工[2]。其中，工程土方任务由江宁县负责[3]；节制闸及抽水站由江苏省水利厅组织的设计组设计，江苏省水利工程总队一队施工；船闸由华东水利院设计，随秦淮新河一同开挖建设[4]。整个枢纽工程修建大致可以分为两阶段：第一阶段为 1978 年 10 月至 1980 年，建成节制闸、抽水站，同时开建船闸，为新河及时通水发挥效益，立了大功；第二阶段为 1984 年至 1985 年 10 月，船闸续建完毕，标志着枢纽工程全面建成通航。

1. 节制闸和抽水站

节制闸和抽水站均于 1978 年 10 月开始兴建，旨在拦蓄河水、防止汛期长江高潮倒灌和解决秦淮河流域农田的灌溉水源问题，其中，节制闸竣工于 1986 年 6 月[5]。根据《南京水利志》记载，新河节制闸设计排洪流量为 800 立方米 / 秒，并以上游河定桥水位 10.90 米、闸下水位 8.60 米、排洪 1100 立方米 / 秒校核。闸下最高洪水位 10.60 米。闸身总长 87.2 米。闸共 12 孔，每孔净宽 6 米，底板分为 4 块，每块 3 孔。由于建闸处基础土质较差，闸下加有砂桩，底板前后设有防渗板桩。闸顶标高 12 米。闸上设汽 –10、拖 –50、宽 7 米公路桥，宽 5.5 米工作桥及宽 2.5 米工作便桥。闸门分上、下扉：上扉为钢筋混凝土梁架，钢丝网水泥波形板结构直升门，门顶标高 9.7 米；下扉为钢筋混凝土梁板结构直升

时任南京市秦淮新河工程指挥部副总指挥江锡太在大会发言

1 江宁县秦淮新河工程民兵师政办组编：《指挥部召开枢纽工程施工会议，县委付书记江锡太到会讲了话》，载《工程情况》第 71 期，1978 年 6 月 26 日。
2 江宁县秦淮新河工程民兵师政办组编：《秦淮新河枢纽工程全面开工，市、县负责同志在开工动员大会上讲了话》，载《工程情况》第 76 期，1978 年 10 月 29 日。
3 江宁县水利农机局编：《江宁县水利志》，河海大学出版社，2001 年，第 80 页。
4 南京市地方志编纂委员会编：《南京水利志》，海天出版社，1994 年，第 86、81 页。
5 江宁县水利农机局编：《江宁县水利志》，河海大学出版社，2001 年，第 81 页。

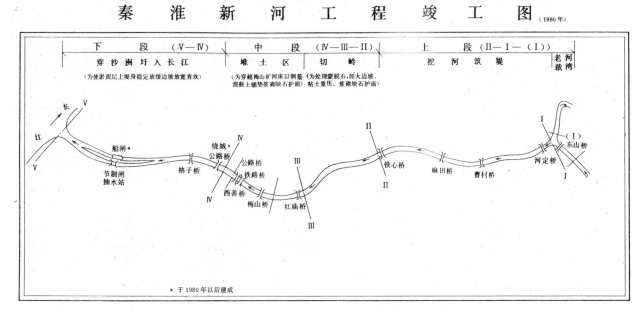

《秦淮新河工程竣工图》（1980 年）

门，门顶标高 4.5 米，用 2×10 吨绳鼓式启闭机启闭。上游做混凝土及块石护坦，防冲槽共长 40 米。左岸为空箱式岸墙，鱼道从岸墙内通过[1]。

　　抽水站于 1982 年试运行，并投入使用。据《南京水利志》载，抽水站设在节制闸左侧，与节制闸连为一体，其间隔以导流墙。抽水站设计流量为 40 立方米／秒，扬程为 3.5 米。安装有 5 台 66QZW-100 型卧式轴流泵，配用 JR158-6 型 550 千瓦绕线式异步电机，额定电压 6000 伏，总装机容量 2750 千瓦。流道口标高负 0.45 米，排水泵井底标高负 1.0 米，控制室及主机标高 3.8 米，副厂房标高 12.0 米。站身净高 18.5 米，上、下游流道均安装有液压快速闸门 10 台套[2]。

　　节制闸和抽水站投入使用后，立即发挥了作用。资料显示，1982 年 7 月下旬，流域面雨量达 200 毫米，最大日雨量 90 毫米，闸下长江水位 7.76—8.12 米，仅 7 天过闸排洪就达 1.27 亿立方米。7 月 20 日最大排洪流量 504 立方米／秒，21 日最大日平均流量 382 立方米／秒，而同期老河武定门闸最大日平均流量为 191 立方米／秒。新河、老河一起泄洪，使河定桥水位只有 8.44 米，低于警戒水位，秦淮新河节制闸经过了第一次考验[3]。

1　南京市地方志编纂委员会编：《南京水利志》，海天出版社，1994 年，第 86—87 页。
2　南京市地方志编纂委员会编：《南京水利志》，海天出版社，1994 年，第 87 页。
3　南京市地方志编纂委员会编：《南京水利志》，海天出版社，1994 年，第 88 页。江宁县水利农机局编：《江宁县水利志》，河海大学出版社，2001 年，第 81 页。

2. 船闸

早在 1959 年，江苏省水利厅在武定门投资建造节制闸时，就曾准备在秦淮河上修建船闸，只是由于经费、劳力缺乏等原因而搁置未建。随着秦淮新河的开挖，为水上运输创造良好的水道条件，省计委水利局考虑到交通运输的需要，决定在建水闸的同时建船闸 1 座，以促进水上运输的发展。

1976 年 8 月 7 日，南京市革命委员会交通局发布宁革交计字〔76〕第 165 号文件《关于秦淮新河船闸标准的报告》，就船闸标准提出了两点建议。一是船闸等级，根据新开河道的断面尺度和适应水上运输的通过量（有报告在案），均按五级航道标准建闸；二是船闸具体尺度，应结合南京地区船型情况，按五级船道规定的船闸尺度作适当的调整：闸室长为 170 米、宽 12 米。闸门宽 10 米。闸门槛上水深 2.5 米。闸底标高为零。启闭门时间每次控制 2 分钟。闸门形式采用一字门或三角门。此外，报告中还提到对于武定门老河船闸仍需保留规划位置，以便将来由交通部门负责建造。

为了配合秦淮新河工程，恢复流域内水运需要，南京市革命委员会交通局又于 1977 年 1 月 31 日发布了宁革交计字〔77〕第 35 号文《要求尽快建造秦淮新河船闸报告》，提出要尽快抓紧进行船闸技术设计，筹备施工。报告指出，

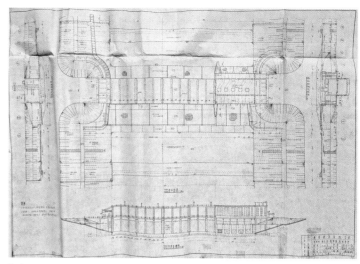

《节制闸、抽水站总平面图和纵剖面图》

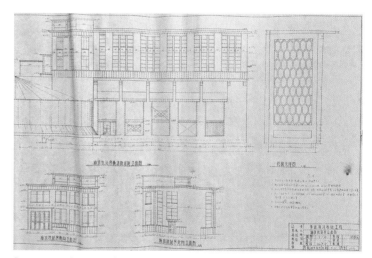

《抽水机站房立面图》

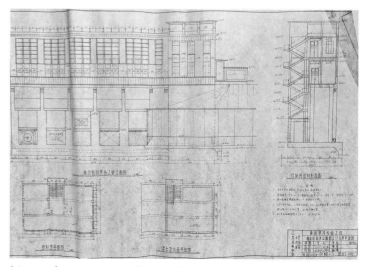

《抽水站房立面图及付站房平面图》

建设中的秦淮新河节制闸（1979 年 9 月）

长期以来，由于航道受阻，大批城乡物资弃水运改陆运，交通运输已难以适应形势的要求，严重影响了秦淮河流域工农业生产的发展。如 1974 年江宁、溧水、句容三县已有百余万吨货物由水运改为陆运，每一年给国家增加货物运费 500 余万元，而初步设计船闸工程经费为 260 万元，故建造船闸的工程效益很是可观。此外，节制闸与船闸应该同时施工，如此既有利于船闸工程的基坑开挖、基础浇筑及施工期排水，也可以将船闸位置向节制闸方向移近 50 米，少占用农田约百亩。而若船闸拖后施工，河道有水，难免会增加船闸施工难度，增加工程费用。

秦淮新河节制闸、抽水站（1994 年）

秦淮新河节制闸（1992 年冬）

秦淮新河节制闸（1992 年夏）

然而出于各种主客观条件限制，船闸并未与节制闸一同开工建设。据《南京水利志》，船闸最终于 1979 年 3 月开工。考虑到武定门闸建闸后，航运改为陆运，每年要增加流转费用 526 万元，多耗燃油 3000 吨，故江苏省最初批复的船闸概算投资为 530 万元。1980 年因全国基本建设项目调整，船闸因而停工缓建。至此，船闸已完成投资额 430 万元，引河工程已征地 580 亩。

1980 年 6 月，秦淮新河主河道已通水，发挥了防洪、灌溉的效益，但船闸工程因缓建，引河未开挖，其效益有待发挥。9 月，江苏省秦淮新河指挥部向水利厅作了专题汇报，希望重启船闸建设，但因水利投资有限，再次被迫推迟。

为全面发挥秦淮新河工程的效益，中国人民建设银行南京市支行于 1981 年 11 月 19 日发布宁建银〔81〕77 号《关于秦淮新河船闸及引河工程的情况和建议》的文件，希望江苏省能增加水利投资或由交通资金建设。报告引称秦淮新河工程指挥部数据，建议船闸及引河工程可以在 1981 年冬或 1982 年春开挖，如此只需再投资 200 万元。而船闸通航后，除了可减少句容、溧水、江宁及南京地区因秦淮新河堵塞、从航运改为陆运每年所浪费的流转费和燃油外，每年还可增加船舶过闸费 10 万元以上。

另一方面，据秦淮新河闸坝管理处反映，由于武定门建闸断航后，江宁、句容社队生产的红土（每年约 10 万吨）船运至武定门时经常违反闸管规定、任其堆积，致使不断发生沉船、撞船事故。据统计，12 年来秦淮新河武定门闸已有船舶沉撞闸底 12 起，其中 1977 年 6 月一次就有 6 艘船撞闸，1981 年 6 月 1 日又有 12 艘船被风浪卷入闸孔，严重威胁节制闸的安全。船闸建好后，则可使河道船只畅通无阻、避免事故。但若不建设，每年还需花费的投资是惊人的。如 1980 年计划开挖引河工程时，只需投资 60 万元，1981 年因船闸缓建，增加维护费及工程投资 20.50 万元，而且今后每年还要花费船闸维护费 10 万元以上。已征用的土地

秦淮新河枢纽工程工地打桩场景

秦淮新河枢纽工程工地民工抬桩场景

建设中的秦淮新河枢纽工程

580 亩是按农业用地标准征用的，如不建设，不仅土地要退还给生产队，再建还要支出费用。当时南京工业用地除支付一定的专苗赔偿费外，还要计算劳动力支出。

1983 年，船闸建设工程终于迎来了转机。南京市政府发布了马字〔1983〕第 400 号文《关于组织实施秦淮新河船闸及引航道续建工程的通知》，提出在市、县政府统一领导下，尽快进行船闸引航道土方工程的开工建设。1984 年 1 月 30 日，秦淮新河船闸及引航道工程建设领导小组举行了第一次会议。会议要求有关各方一定要齐心协力，认真负责，抓紧时间，保质保量地完成任务，并对工程时限、土方工程费用、物资供应、施工方法及程序、过去征地拆迁的遗留问题、配套工程建设、责任归属等作了初步决议。其中，船闸土建工程由省交通工程公司六合工程处承担，土方工程则交由江宁县政府负责[1]。

经过紧张短促的准备，秦淮新河船闸及引航道续建工程于 1984 年 2 月下旬正式动工。续建工程包括土方工程、土建工程、主要器材物资、拆迁、青苗赔偿等，初编制的船闸尾工工程预算为 320 万，1984 年核定预算 370 余万元，1985 年又追加至 403.99 万。具体工程标准是，上游引航道长 454 米，挖土筑北堤。河底高程 2.00 米，底宽 45 米，河坡 1：4，平台高程 7.5 米，宽度 15 米，迎水面堤坡 1：3，堤顶高程第一期筑到 10.5 米，第二期筑到 12 米。顶宽 6.0 米。下游引航道长 700 米，挖土筑北堤，河底高程 0.00 米，底宽 30 米，河坡 1：4，平台高程 7.5 米，宽 15 米，迎水面堤坡 1：3，堤顶高程第一期筑到 10.5 米，第二期筑到 12 米，顶宽 6.0 米[2]。

秦淮新河船闸及引航道续建土方工程共分三期进行。第一期为开挖上下游引航道，填筑北大堤。因土方量大，又是利用春节后春耕大忙前的有限空隙，施工期短，遂决定采取集中劳力大会战施工，共调进沿秦淮河两岸 16 个乡近 1.5 万民工，于 1984 年 2 月下旬开工。至 3 月中旬，一期土方基本结束，共历时 20 余天，完成土方 24.3 万方，为土建续建工程争取了时间。不过，由于一期土方为大量民工突击施工，加之沙洲圩土质软湿，无法分层碾压，故为了保证施工质量，施工队除认真进行清淤铲草皮外，还较严格地控制分层、踩坏倒土，

1 南京市人民政府办公厅:《秦淮新河船闸及引航道工程建设领导小组第一次会议纪要》,《会议纪要》第 5 号，1984 年 1 月 30 日。
2 江宁县人民政府:《秦淮新河船闸引航道工程预算》，江宁政发〔1984〕51 号。

初建时的秦淮新河船闸

秦淮新河船闸（1988 年）

将堤身上游筑至 8—10.5 米高程，下游筑至 120 米左右[1]。其间，为了解决首期土方工程施工存在的经费、粮食、工程器具、用电和物资供应等问题，南京市秦淮新河船闸及引航道工程建设领导小组还专程前往施工现场，对下一步工作作了明确指示[2]。本期完工后，经南京市船闸办公室检查引航道及堤平台，认为符合标准，验收通过。

　　二期土方工程主要是闸室回填，继续加高北大堤以及完成公路接线。为了合理地组织船闸引航道二、三期土方工程施工，确保工程施工质量，提高经济效益，减少参加工程施工的乡、村额外经济负担，江宁县政府又与方山乡政府联合召开会议，就施工安排和二、三期土方工程内容，以及包干经费计算标准、工程付款办法、施工期限、工程标准质量要求等问题作了研究。由于本期工程项目较多，与建筑物工程交叉作业，远距离运土。因此会议决定调集适当民工，将二、三期土方全部交由方山乡承包施工，总土方 24.13 万方。

　　其中，二期土方工程包括闸室回填：闸室南回填 2.3 万方，闸室北回填 2.81 万方。引航道北堤土方：闸室北筑堤土方 4 万方，下游引航道二次复堤 0.84 万方，上游引航道缺口筑堤（筑至高程 9 米以上）1.11 万方。公路接线土方：闸室北接线土方 0.54 万方，闸室南接线土方 1.2 万。三期土方工程：上游引航道二次复堤上方（高程自 9 米筑至 12 米）1.68 万方，

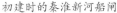

1　江宁县秦淮新河船闸引航道工程指挥部：《关于秦淮新河船闸引航道土方工程竣工请验报告》，1985 年 9 月 4 日。

2　南京市人民政府办公厅：《秦淮新河船闸及引航道工程建设领导小组现场办公会纪要》，《会议纪要》第 13 号，1984 年 3 月 12 日。

秦淮新河节制闸（1993 年）

此需结合开挖上游坝填筑。切坝土方，包括上游大坝：地面以上部分土方 1.59 万方，地面以下部分土方 1.88 万方；下游大坝：地面以上部分土方 1.78 万方，地面以下部分土方 4.4 万方[1]。

1984 年 5 月 1 日，二期工程破土动工。5 月 4 日，南京市秦淮新河船闸工程指挥小组办公室发布宁秦办字〔84〕第 10 号文《关于秦淮新河船闸引航道整治第二期土方施工标准及施工要求的通知》，又对二期工程土方施工项目及标准作了进一步规范。为了确保质量，当地还专门调配一台 100 马力推土机配合土方分层填筑，分期碾压。至 11 月底，除公路接线为避免与建筑物工程相互干扰放慢进度外，其余主体土方均基本成型[2]，已具备切除上、下游拦水坝，进行第三期工程的条件。

为此，南京市政府领导专程赶往工地研究大坝切除问题。与此同时，江宁县秦淮新河船闸引航道指挥部也对上、下游堤身分段分层取土做了干容重试验[3]。但由于一期筑堤的土质，特别是底部土质过分软湿，测试结果并不理想，最高达 1.35，最低只有 1.15，上游略好于下游。由于干容重达不到规范要求，会议决定暂缓切坝，并于 12 月 13 日由南京市领导小组主持，结合江宁县秦淮新河船闸引航道指挥部及施工单位，重新研究大坝切除条件[4]。鉴于大堤已成，无法分层压实，又不可能推翻重做，故决定采取在北堤迎水面平台上筑 3 米 × 3 米的防湿戗台，高程筑到 10.5 米，高于 1954 年洪水位，以策安全。会议还决定，切坝于 12 月 20 日重新恢复施工。其工程前后历时近 2 个月，至 1985 年春节前夕全部结束，戗台则于春节后正式开工建设。各方均很重视质量，切实实行分层填筑、分层碾压，并派专人分段把关；

1　江宁县交通局、方山乡人民政府：《关于秦淮新河船闸引航道二、三期土方工程施工的会议纪要》，1984年 4 月 24 日。

2　江宁县秦淮新河船闸引航道工程指挥部：《关于秦淮新河船闸引航道土方工程竣工请验报告》，1985 年 9 月 4 日。

3　干容重，又称土壤容重或土壤假比重，指一定容积的土壤（包括土粒及粒间的孔隙）烘干后质量与烘干前体积的比值。一般而言，土壤越疏松多孔，容重越小；土壤越紧实，容重越大。

4　南京市人民政府办公厅：《关于秦淮新河船闸土方施工问题的会议纪要》，《会议纪要》第 50 号，1984 年 12 月 15 日。

秦淮新河船闸（1994 年）

秦淮新河船闸（1996 年）

分层测试干容重达到标准后，才允许上第二层土。另外，在切除下游大坝时预先留足黄黏土，以保证防渗质量。在施工过程中，测试的 49 个试样干容重平均为 1.383，质量基本达标[1]。

1984 年 12 月，秦淮新河工程（包括枢纽工程）验收通过。1985 年 10 月，船闸建成通航。据《南京水利志》，新河船闸建在节制闸右侧，闸室采用坞式双铰底板结构，长 160 米，宽 12 米，高 11.5 米。上、下闸首各长 19 米。闸首口门宽 10.4 米，

秦淮新河节制闸、抽水站全景（1988 年）

采用一字钢质闸门，能承受双向水头，水位差最大可达 4.9 米。输水系统采用新型坝下输水方式，启用机械均用集成块油压系统，主机启闭力为 20 吨，阀门和撑杆启闭力各为 10 吨。电器系统引用微机电脑集中控制。一次可通航千吨船队，设计最大年吞吐能力为 600 万吨。秦淮新河的开辟与河口船闸的建成，不仅恢复了秦淮河干流和主要支流的季节性通航，而且为秦淮河沟通长江与水阳江及太湖流域提供了便利[2]。

秦淮新河船闸地处南京市西郊长江南岸，风景优美。1985 年通航时，南京市政府就曾提出将这里建成为对外开放的旅游区，作为南京新的旅游景点。1988 年 7 月，南京市航道管理处更是接待了首批外国贵宾——几内亚共和国总统孔戴一行。孔戴总统及陪同参观的

---

1 江宁县秦淮新河船闸引航道工程指挥部：《关于秦淮新河船闸引航道土方工程竣工请验报告》，1985 年 9 月 4 日。
2 南京市地方志编纂委员会编：《南京水利志》，海天出版社，1994 年，第 88 页。

秦淮新河节制闸与船闸

江苏省、南京市政府领导对船闸的建设和管理表示了赞赏。在这种情况下，为了适应对外开放，需要进一步完善船闸建设，加强管理，提高配套设施水平和管理人员的思想与业务素质，更好地完成上级交给的迎外任务，南京市交通局遂向南京市人民政府递交了宁交字〔1988〕375号《关于南京秦淮新河船闸列入对外开放单位的请示》。时至今日，秦淮新河船闸已不仅仅是秦淮河上的一座水利工程，更是成为南京市民的旅游地和小众特色建筑的打卡地。

枢纽工程自 1978 年 10 月动工，至 1984 年 12 月正式验收。在这一过程中，江苏省水利工程总队一队广大工人、干部和工程技术人员，发扬了连续作战的革命精神，解放思想，大胆采用新技术、新工艺，在江宁县民工团的配合下，日夜奋战，保质保量地完成任务，为秦淮新河枢纽工程建设作出了重大贡献。而新河枢纽工程的完工，不仅有力保障了秦淮河流域及南京城区的防洪安全和供水安全，也为沟通、促进区域交流和经济发展创造了条件。

四、桥梁工程

桥梁工程是秦淮新河的重点工程之一，由 11 座桥梁组成，分别为 1 座宁芜铁路桥、5 座公路桥和 5 座农用机耕桥，于 1982 年前陆续建成[1]。据《南京秦淮新河桥梁介绍》，由于秦淮新河建成前后，沿河地形起伏较大，地质情况比较复杂，沿线会切断铁路、公路及地方道路多条，因此需新建铁路桥 1 座、公路及农用机耕桥 10 座，以满足相关的交通、生产需要[2]。

秦淮新河上的 11 座桥梁自东向西分别为东山桥、河定桥、曹村桥、麻田桥、铁心桥、梅山桥、红庙桥、宁芜铁路桥（西善铁路桥）、西善桥、格子桥。其中宁芜铁路桥（西善铁路桥）由铁道部第四设计院设计，上海铁路局施工，其余 10 座桥除南京工学院（现东南大学）承担 2 座农用桥的设计外，余下 8 座由原南京市勘测设计院承担设计[3]，5 座公路桥由省水总

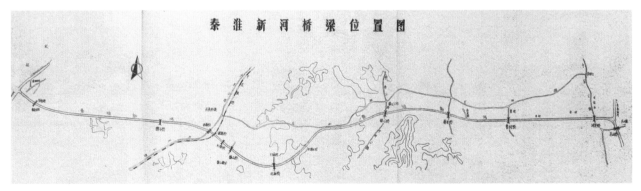

《秦淮新河桥梁位置图》

1　江苏省地方志编纂委员会编：《江苏省志·水利志》，江苏古籍出版社，2001 年，第 141 页。

2　陈德霖整理：《南京秦淮新河桥梁介绍》，南京市勘测设计院技术情报室内部资料，1980 年 11 月。

3　陈德霖整理：《南京秦淮新河桥梁介绍》，南京市勘测设计院技术情报室内部资料，1980 年 11 月。

第一工程队负责施工，4 座农用机耕桥和 1 座人行便桥由江宁县土桥乡建筑队施工[1]。

1. 桥梁设计与施工

1975 年 11 月，江苏省革命委员会批准了秦淮新河西线方案，同年冬天秦淮新河工程开工[2]。12 月，秦淮新河工程开展艰难的"切岭"工作，对连续 4 个大小山头的土方进行清理，为包括桥梁在内的后续工程顺利进行打下基础[3]。

自 1976 年初开始，江苏省革命委员会、江苏省秦淮新河工程指挥部等相关部门即着手部署桥梁工程的设计、施工工作。1976 年 1 月 2 日，江苏省革命委员会计划委员会向南京市革命委员会计划委员会发布苏革计〔1976〕第 2 号文件《关于秦淮新河工程初步设计的批复》，同意开挖秦淮新河，并对秦淮新河工程中的主要建筑类型、数量及其相关设计标准做了规定。其中桥梁工程包括宁芜铁路桥 1 座、公路干线桥 4 座、支线桥 1 座、机耕桥 6 座，并建议河定桥、东山桥、梅山桥、西善桥的桥面车行道宽度为 9 米，两侧人行道宽度分别按 2—3 米考虑。此外，文件还指出当年省自筹安排投资 700 万元，完成铁心桥至红庙切岭段土石方及 3 座重点桥梁的施工。1976 年 3 月 5 日，江苏省秦淮新河指挥部向南京市勘测设计院发布苏河字〔76〕第 5 号文件《关于秦淮新河桥梁工程设计标准的函》，将上述批文转抄给南京市勘测设计院，并列出河定桥、铁心桥、西善桥 3 座公路桥和曹村桥、麻田桥 2 座农用机耕桥的设计标准。

秦淮新河桥梁设计标准（1976 年 3 月 5 日）

桥名	类别	载重标准	车行道宽（米）	每边人行道宽（米）	设计河底标高（米）	设计洪水位（米）	梁（拱）底标高（米）	设计河底宽（米）	河道边坡
河定桥	公路	汽 –20 挂 –100	9.00	1.50	1.94	10.39	不低于 12.00	68	1：3
铁心桥	公路	汽 –15 挂 –80	7.00	1.00	1.00	10.19			
西善桥	公路	汽 –20 挂 –100	9.00	1.50	0.36	9.61	12.00	63	
曹村桥	农桥	汽 –10 履 –50	5.00		1.55	10.31		68	
麻田桥	农桥				1.29	10.26			

说明：各部标高均为吴淞标高。

1　南京市水利史志编纂委员会编：《当代南京水利》，内部资料，1988 年，第 48 页。

2　江苏省水利厅：《关于秦淮新河工程一些情况的汇报》，苏水基〔80〕60 号。

3　江苏省地方志编纂委员会编：《江苏省志·水利志》，江苏古籍出版社，2001 年，第 141 页。

此后，其他几座桥梁的桥位与相关设计标准也陆续发布。1977年6月18日，江苏省革命委员会水利局向铁道部第四设计院第三勘测总队发布苏革水〔77〕基字第37号文件《关于秦淮新河西善铁路桥设计要素的函》，规定西善铁路桥由铁道部第四设计院第三勘测总队承担设计，并提供相关设计标准。

秦淮新河西善铁路桥设计标准（1977年6月18日）

正常通航水位（米）	通航标准	设计河底宽（米）	设计河底高（米）	河道边坡	设计洪水位	设计行洪流量	梁底标高（米）
7.0	六级航道	63	0.35	1：3	9.60	800	11.5

针对上述相关桥梁的设计标准，南京市革命委员会交通局和城建局根据实际情况提出了改进建议。1976年6月22日，南京市革命委员会交通局与城建局联合向南京市革命委员会提交宁革交〔76〕字139号、宁革城规〔76〕字135号文件《关于秦淮新河桥梁工程标准的建议报告》，指出此前提出的部分桥梁标准：河定桥、西善桥车行道宽9米、人行道各宽1.5米，铁心桥车行道宽7米、人行道宽1米已不能适应发展需要，也未达到省计委对该工程初步设计批复的标准。为此，指挥部提出三点建议：

① 由于河定桥位于城东区干道南延至新铁路南站和东山、湖熟等将来发展的小城镇的公路干线上，西善桥位于城西区干道南延至板桥和宁芜一级公路线上，建议两座桥的总宽近期为15米，均按车行道荷载设计，两侧各2.5米到13米暂作人行道，以后不适应交通要求时，再另加人行道。

② 铁心桥位于城市至规划的凤凰山等小城镇的公路上，建议桥总宽近期为10米，均按车行道荷载设计，两侧各1.5米暂作人行道，以后不适应时另加人行道。

③ 为适应水上运输的需要，要求所有跨河建筑物满足五级航道标准。桥下垂直净空尺度（按设计最高通航水位）不小于4.5米，即梁底标高分别为：西善桥13.4米，铁心桥13.6米，河定桥14米，麻田桥13.7米，曹村桥13.8米。1976年8月1

建成通车后的西善铁路桥

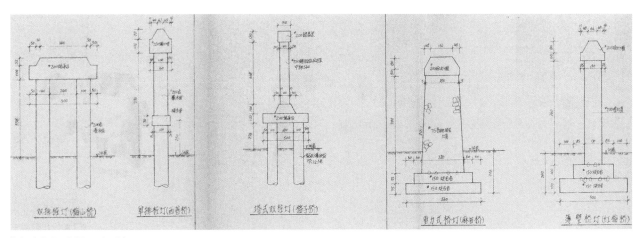

《秦淮新河诸桥桩墩图》

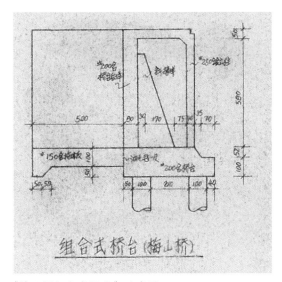

《梅山桥组合式桥台》示意图

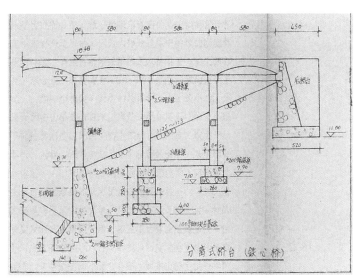

《铁心桥分离式桥台》示意图

日，南京市革命委员会计划委员会将该建议报告完整致函江苏省革命委员会计划委员会[1]。但从《秦淮新河建筑物工程竣工验收交接书》的内容来看，河定桥和西善桥的桥面宽度最终按照江苏省革命委员会计划委员会提出的原方案设计施工，即车行道宽9.0米，两侧人行道各宽1.5米；而铁心桥的设计施工则参考建议报告对桥面进行了适当拓宽，车行道宽9.0米，两侧人行道各宽1.0米[2]。

---

1 该报告除将原建议报告第1条中"两侧各2.5至13米暂作人行道"改为"两侧各二点五至一点五米暂作人行道"外，其余文字与原建议报告完全一致。见南京市革命委员会计划委员会：《关于秦淮新河桥梁工程标准的建议报告》，宁革计基〔1976〕304号。
2 江苏省秦淮新河工程指挥部：《秦淮新河建筑物工程竣工验收交接书》，1980年2月6日。

此后，桥梁工程的施工提上了日程。自 1977 年起，秦淮新河 11 座桥梁的工程陆续开工，至 1979 年 9 月底全部竣工，并于 1979 年底至 1980 年初完成验收交接工作。设计部门和管理部门针对 11 座桥梁进行验收后，一致认为桥梁质量达标。农田排灌等小型附属建筑也于 1982 年陆续建成 [1]。

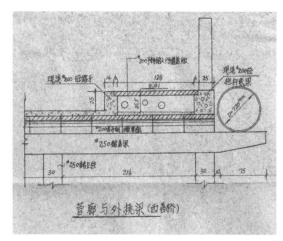

《西善桥营廊与外挑梁》示意图

秦淮新河桥梁工程具体项目信息统计表

桥梁名称	桥梁性质	设计单位	施工单位	开工时间	竣工时间	验收交接时间
东山桥	公路桥	南京市勘测设计院	省水总第一工程队	1978 年 5 月 25 日	1979 年 1 月 10 日	1980 年 2 月 6 日
河定桥	公路桥	南京市勘测设计院	省水总第一工程队	1977 年 8 月 4 日	1978 年 6 月 20 日	1980 年 2 月 6 日
曹村桥	农用机耕桥	南京工学院（现东南大学）	江宁土桥建筑工程队	1977 年 1 月	1978 年 1 月	1979 年 9 月 24 日
麻田桥	农用机耕桥	南京工学院（现东南大学）	麻田桥工程处（江宁土桥建桥队）	1978 年 5 月	1978 年 12 月	1979 年 9 月 24 日
铁心桥	公路桥	南京市勘测设计院	省水总第一工程队	1977 年 12 月	1979 年 2 月 13 日	1980 年 2 月 6 日
红庙桥	农用机耕桥	南京市勘测设计院	六合县滁河闸站管理处（江苏省秦淮新河红庙桥工程处）	1978 年 5 月 23 日（2 月 24 日）[2]	1979 年 5 月 5 日	1979 年 5 月 7 日
梅山桥	公路桥（矿工桥）	南京市勘测设计院	梅山桥工程处（省水总第一工程队）	1978 年 12 月 25 日	1979 年 8 月 25 日	1979 年 8 月 30 日
红梅桥	农用机耕桥	南京市勘测设计院	江宁县土桥乡建筑队	1978 年		
宁芜铁路桥（西善铁路桥）	铁路桥	铁道部第四设计院	上海铁路局			不晚于 1980 年
西善桥	公路桥	南京市勘测设计院	省水总第一工程队	1977 年 3 月 23 日	1977 年 11 月 25 日	1980 年 2 月 6 日
格子桥	农用机耕桥	南京市勘测设计院	格子桥工程处（江宁县土桥建桥工程队）	1978 年 7 月 15 日	1979 年 9 月 15 日	1979 年 9 月 24 日

1 南京市水利史志编纂委员会编：《当代南京水利》，内部资料，1988 年，第 48、49 页。
2 据《秦淮新河建筑物工程竣工验收交接书》，红庙桥工程于 1978 年 2 月 24 日即开始筹备，但由于桥梁中墩的图纸设计方案、土方工程项目与经费预算审批等事宜尚未落实完成，因此工程延迟到当年 5 月 23 日才正式开始。

桥梁工程项目从设计到施工、验收历时 5 年多，耗资巨大。10 座公路桥和机耕桥共耗费水泥 6600 吨，钢材 840 吨，木材 1900 立方米；西善铁路桥耗费水泥 1900 吨，钢材 650 吨，木材 1350 吨[1]。在工程经费方面，据 1980 年 11 月 22 日江苏省水利厅发布的苏水基〔80〕第 60 号文件《关于秦淮新河工程一些情况的汇报》记载，公路桥和机耕桥原概算 236 万元，实际投资共 664 万元。其中 5 座公路桥桥面面积达 9061 平方米，相比原概算增加 3913 平方米，实际投资 397 万元，相比原概算增加 186 万元。4 座农用机耕桥桥面面积达 3544 平方米，相比原概算增加 831 平方米，实际投资 153 万元，相比原概算增加 101 万元。公路桥连接线投资 114 万元；西善铁路桥桥长 216 米，相比原概算增加 76 米，实际投资共 362 万元，相比原概算增加 82 万元。其中正桥长 4.5 公里，投资 144 万元，连接线投资 145 万元，拆迁配套项目投资 73 万元。此外，后续格子桥附近因发现流沙土，相关部门加做护砌工程，因而另增加经费 35 万元。

《秦淮新河建筑物工程竣工验收交接书》（曹村桥）　《秦淮新河建筑物工程竣工验收交接书》（麻田桥）

1　南京市水利史志编纂委员会编：《当代南京水利》，内部资料，1988 年，第 56 页。

2. 桥梁工程的具体内容

在桥梁的设计中，相关部门根据桥梁所在位置的地形、地物、地质地基状况，考虑到不同施工队伍的技术力量和施工水平，设计了不同类型、不同跨径的桥梁。其具体结构可分为下部结构和上部结构两个部分。

从桥梁的下部结构来看，由于大部分桥梁属于"先造桥，后挖河"式的陆地造桥，原地面一般均在河底以上的 8.0—10 米，故绝大部分采用钻孔灌注桩基础，这样在灌注桩基础上做桥墩、桥台时可以减少挖土量，且便于上部结构的安装和施工。除西善铁路桥外的 10 座桥中，基础土质好的麻田桥、红梅桥采用了天然地基扩大基础。铁心桥因基岩面高于设计河底面不能打桩，也采用天然地基。其余 7 座桥的下部均采用钻孔灌注桩基础，灌注桩的直径有 100 厘米和 110 厘米两种。桩的入土深度根据上部结构的重量、土质的好坏及硬层分布的深浅而异，桥台桩的入土深度一般为 15—25 米，桥墩桩为 13—20 米。

在桥台桩结构方面，拱式桥的桥台桩均采用双排桩，这有利于抵抗上部结构的单向推力。其中有 5 座使用桩基础的桥梁，因桥台抗推力不能满足需要，而使用拖板来辅助平衡上部结构的单向推力。在桥墩桩结构方面，除西善桥因跨径较小采用单排桩墩外，其余全部采用双排桩，其排列方式以行列式布置为主，个别桥梁采用梅花形布置[1]。

按照上部建筑结构特点，秦淮新河桥梁可分为双曲拱桥（3 座）、肋拱桥（3 座）、桁架拱桥（2 座）、圆形拱片桥和工字梁微弯板组合梁桥（各 1 座）几个类型。下面依据这一分类标准对各桥梁工程分别介绍：

（1）双曲拱桥

双曲拱桥为 1964 年江苏省无锡县建桥职工创造的一种新型拱桥。其主拱圈由拱肋、拱波、拱板和横向联系构件几个部分组成，外形在纵横两个方向均成弧形曲线，因之称为双曲拱。河定桥、曹村桥、麻田桥 3 座桥梁均采用净跨径 40 米的三孔连拱双曲拱，拱上建筑均采用立柱式空腹拱，微弯板作腹拱，纵向布置[2]。

河定桥旧影 1

河定桥是秦淮新河的起点桥，位于江宁区双龙大道之上。据《江苏省江宁县

1　陈德霖整理：《南京秦淮新河桥梁介绍》，南京市勘测设计院技术情报室内部资料，1980 年 11 月。

2　陈德霖整理：《南京秦淮新河桥梁介绍》，南京市勘测设计院技术情报室内部资料，1980 年 11 月。

河定桥旧影 2

地名录》记载，河定桥曾名为"河亭桥"，原属江宁县东山乡境，后"亭"改为"定"[1]。1978年，因秦淮河改道，河定桥原桥废弃，秦淮新河上重建公路桥[2]。该桥虽沿袭旧名，却被赋予了"新河定人心"的时代意义。

　　河定桥为双曲拱重力式公路桥，三孔净跨 40 米，全长 166 米，桥面纵坡为 1%。桥面车行道宽 9.0 米，人行道两侧各 1.5 米宽，全桥总宽 12.0 米，载重标准为汽 -20、挂 -100。在下部结构方面，桥梁基础为砼灌注桩[3]。在上部结构方面，据《南京秦淮新河桥梁介绍》，河定桥主拱宽 11.34 米，横断面采用波形断面，共五肋四波。拱肋为现浇而成，采用倒⊥形断面，拱波采用厚 6 厘米的配筋小拱波。复拱顶与主拱顶均无填料，而直接做成混凝土填平层连接桥面，平均厚度为 8—11 厘米，内有钢筋网。主拱采用厚 15 厘米挖空式的弓形预制横隔板，隔板设在拱顶与立柱下。

　　河定桥北桥台投入运行一年后，接收管理单位发现北桥台略后倾，引起局部腹拱角（伸缩缝处）移位 1.5 厘米。考虑到抗震需要，相关部门采取局部加固措施，通车后符合使用要求[4]。

　　曹村桥位于原江宁县东山公社宏光大队秦淮新河上，作为农用机耕桥使用，因桥北有曹村而得名[5]。据《江苏省江宁县地名录》，20 世纪 80 年代江宁县东山乡红光村（1956 年时为红光高级社）有曹村，该村清代便已存在，因住户多姓曹而得名。村中有桥，相传明代曹姓人建桥，因名"曹家桥"[6]。秦淮河上新建的曹村桥沿用了历史上的村名与桥名。

1　江宁县地名委员会编：《江苏省江宁县地名录》，内部资料，1984 年，第 214 页。
2　南京市地方志编纂委员会编：《南京交通志》，内部资料，1994 年，第 260 页。
3　江苏省秦淮新河工程指挥部：《秦淮新河建筑物工程竣工验收交接书》，1980 年 2 月 6 日。
4　江苏省秦淮新河工程指挥部：《秦淮新河建筑物工程竣工验收交接书》，1980 年 2 月 6 日。
5　应扬、高国都：《秦淮河上的"十虹竞秀"》，载政协南京市雨花台区委员会文史委员会编《雨花文史》第 3 辑，1989 年，第 84 页。
6　江宁县地名委员会编：《江苏省江宁县地名录》，内部资料，1984 年，第 33 页。

曹村桥为三拱双曲拱桥，共有三孔，每孔净跨40米。桥梁全长151.6米，桥面宽5.5米，荷载标准为汽-10。拱肋、桥面为现浇而成，立柱、小波为预制。地质层中，18厘米以上为黏土，18厘米以下是沙石层至风化岩。在下部结构方面，每只墩台下有6根长90厘米的砼灌注桩，桩孔钻至沙石层[1]。在上部结构方面，据《南京秦淮新河桥梁介绍》，曹村桥主拱横断面采用波形断面，主拱宽5.40米，共有三肋二波。拱肋为预制而成，采用倒⊥形断面，拱波采用厚6厘米的配筋小拱波。复拱顶与主拱顶均无填料，而直接做成混凝土填平层连接桥面，平均厚度为8—11厘米，内有钢筋网。主拱采用厚15厘米挖空式的弓形预制横隔板，隔板设在拱顶与立柱下。

曹村桥竣工后，曾出现桥南头拖板沉陷后倾的问题，后相关部门进行了修补。微弯板因车辆超荷载缘故出现部分裂缝，接收管理单位责成相关部门限制载重，加强管理，并做好磨耗尺[2]。

麻田桥位于原江宁县东山公社先锋大队秦淮新河上，作为农用机耕桥使用，因桥南有麻田村而得名[3]。据《江苏省江宁县地名录》，20世纪80年代江宁县东山乡石马村下有麻田村，因明代该处建有磨田寺，后讹名"麻田"而得名[4]。麻田桥桥名可能沿用该村村名。

麻田桥为悬链线三孔双曲拱桥。该桥三孔，全长156.25米，桥面宽5.83米，行车道宽4.7米，无人行道，荷载标准为汽-10。在下部结构方面，桥梁基础由150号砼块石建成的扩大基础，桥墩采用75号采砌块石建成拱肋，为分段预制吊装，桥面采用现浇砼建成[5]。其上部结构，据《南京秦淮新河桥梁介绍》，主拱横断面采用波形断面，主拱宽5.40米，共有四肋三波。拱肋为预制而成，采用倒⊥形断面，拱波采用厚6厘米的配筋小拱波。复拱顶与主拱顶均无填料，而直接做成混凝土填平层连接桥面，平均厚度为8—11厘米，内有钢筋网。主拱采用厚15厘米挖空式的弓形预制横隔板，隔板设在拱顶与立柱下。

麻田桥竣工后，曾出现桥南头拖板沉陷后倾的问题，后相关部门进行了修补。微弯板因车辆超荷载缘故出现部分裂缝，接收管理单位责成相关部门限制载重，加强管理并做好磨耗尺[6]。

（2）肋拱桥

肋拱桥指拱圈由2条或2条以上分离的拱肋组成的桥梁。拱肋之间用横系梁（或横隔板）

1　江苏省秦淮新河工程指挥部：《秦淮新河建筑物工程竣工验收交接书》，1979年9月24日。

2　江苏省秦淮新河工程指挥部：《秦淮新河建筑物工程竣工验收交接书》，1979年9月24日。

3　应扬、高国都：《秦淮河上的"十虹竞秀"》，载政协南京市雨花台区委员会文史委员会编《雨花文史》第3辑，1989年，第84页。

4　江宁县地名委员会编：《江苏省江宁县地名录》，内部资料，1984年，第33页。

5　江苏省秦淮新河工程指挥部：《秦淮新河建筑物工程竣工验收交接书》，1979年9月24日。

6　江苏省秦淮新河工程指挥部：《秦淮新河建筑物工程竣工验收交接书》，1979年9月24日。

曹村桥旧影

建成之初的麻田桥

联结成整体，这样可以使拱肋共同受力，并增加拱肋的横向稳定性。秦淮新河 10 座桥中的 3 座拱肋桥分别是铁心桥、西善桥和红梅桥。

铁心桥位于今南京市雨花台区铁心桥街道，作为公路桥使用。在秦淮新河开凿之前，铁心桥原为南郊韩府山西麓一条小河上的石桥。民国初年，为建宁丹公路将石桥拆除，改为涵洞式水泥桥，仍以铁心桥名之 [1]。关于历史上铁心桥的来源，民间有两种说法：一说是为了纪念民族英雄、建康府通判杨邦乂。相传金兵攻陷南京时，宋将杨邦乂拒降，被金兀术开膛杀害，百姓抬其尸过此桥，心突然坠落，原来这颗心是铁的，遂以名之；一说来源于南宋一位"铁心"将领舍身救主的

英雄事迹。宋高宗被金兵追击逃此，情况危急，岳家军的一员大将，自称铁心，舍身救主，故名 [2]。1979 年，秦淮新河上重建桥梁，沿用旧名。

铁心桥为单孔净跨 90 米的等截面悬链线肋拱桥，全桥长 163 米，桥面纵坡为 8‰。车行道宽 9.0 米，两侧人行道各宽 1.0 米，全桥总宽 11.6 米，设计荷载为汽 -15、挂 -80。施工中采取就地筑土模的方法现浇主拱肋、桥面。在下部结构方面，桥梁基础为砼扩大基础 [3]。由于铁心桥下基岩面埋设较深，而主桥台需嵌入基岩一定深度，这导致基坑开挖工作量较大。因此，为了节约桥台的亏工量，设计方决定采用分离式桥台，使南北主桥台、两个独立式基础和后桥台 3 个部分分别承受不同方向的推力 [4]。其上部结构，据《南京秦淮新河桥梁介绍》，全桥共有 5 根横向肋，中距 220 厘米，拱肋全宽 960 厘米，肋与肋之间采用工字形横隔板连接。其中主拱肋采用工字形断面，高 156 米，宽 80 厘米，中间腹板厚 24 厘米，上下乙缘厚

1　吕武进、李绍成、徐柏春：《南京地名源》，江苏科学技术出版社，1991 年，第 461 页。

2　应扬、高国都：《秦淮河上的"十虹竞秀"》，载政协南京市雨花台区委员会文史委员会编《雨花文史》第 3 辑，1989 年，第 81—85 页。

3　江苏省秦淮新河工程指挥部：《秦淮新河建筑物工程竣工验收交接书》，1979 年 9 月 24 日。

4　陈德霖整理：《南京秦淮新河桥梁介绍》，南京市勘测设计院技术情报室内部资料，1980 年 11 月。

度为20—25厘米。为加强横向刚度，主拱顶部14米范围内做成箱形断面。拱上建筑为立柱空腹式结构，由于铁心桥腹拱跨径大（6.4—6.6米），无法使用微弯板，因此拱上首次采用矢跨比1/8、净跨5.8米的实腹圆拱片与微弯板的组合结构，这样可以大大减轻拱上结构的重量，降低主拱圈的拱轴系数，有利于主拱脱架施工；同时复孔与复孔之间采用过渡梁连接的形式，可以减小混凝土收缩差和温度差的影响，减少裂纹的发生和发展，从而利于主拱受力。

西善桥位于今南京市雨花台区西善桥街道。传说南唐时期有佛僧行善，以牛首山为中心，东侧有一桥名东善桥，西侧有一桥名西善桥，附近相关村镇因此得名[1]。1977年秦淮新河上新建一座宁芜公路桥，沿用旧名。

西善桥为五孔净跨22.2米的等截面悬链线肋拱桥，全长126米，桥面纵坡为6‰，桥面车行道宽9.0米，两侧人行道各宽1.5米，桥面总宽12.5米，设计荷载为汽-100、挂-100。施工时现浇主拱肋和桥面，外挑梁架设水气管道。在下部结构方面，桥梁基础为砼灌注桩[2]，桥墩结构为单排桩墩。其上部结构，据《南京秦淮新河桥梁介绍》，西善桥矢跨比为1/6，采用尺寸为B×H=41厘米×83厘米的矩形拱肋，横断面由6个中距为2.44米的拱肋组成，主拱全宽12.61米。拱肋采用断面为B×H=20厘米×50厘米的矩形实腹横隔板，拱顶采用断面为B×H=25厘米×83厘米的大隔板进行加强。拱上建筑为立柱空腹式结构，采用微弯板连续跨越拱顶的建筑形式，这样便于桥两侧设置挑梁，以安排大口径的管线通过。挑梁悬出85厘米，间距2.36米。

西善桥验收交接时，相关部门发现西桥台略有位移，主拱肋发生裂缝，后施工方将其凿

铁心桥旧影

建成之初的铁心桥

1 南京市地名委员会编：《江苏省南京市地名录》，内部资料，1984年，第373页。

2 江苏省秦淮新河工程指挥部：《秦淮新河建筑物工程竣工验收交接书》，1980年2月6日。

建成之初的西善桥

西善桥下煤气管

开后加固修补，投入运行后效果良好，符合使用要求[1]。

红梅桥位于原西善桥公社秦淮新河上，是一座工农两用桥，因地处红庙桥与梅山桥之西，故名"红梅桥"[2]，一说因桥梁位于梅山矿区，取红色梅山之意而命名"红梅桥"[3]。

红梅桥为三跨等截面悬链线肋拱桥，最大孔径为40米。全桥长139米，宽10米，桥面净宽4米，距正常水位高7米，其下可供千吨机船通行，是梅山矿区连接新河南北两岸的重要桥梁[4]。据《南京秦淮新河桥梁介绍》，其下部结构，由于土质较好而采用了天然地基。由于桥梁所处河道的河床断面较小，为尽量减少阻水面积，桥墩采用薄壁墩，桥墩周围河底用块石局部护砌。其上部结构，红梅桥矢跨比为1/7，拱轴线M=1.347，主拱肋采用尺寸为B×H=40厘米×80厘米的矩形拱肋，横断面的2根拱肋中距为3米，主拱全宽3.40米，主肋间采用断面为B×H=20厘米×75厘米的矩形实腹横隔板。拱上建筑为立柱空腹式结构，采用微弯板连续跨越拱顶的建筑形式，这样便于桥两侧设置挑梁，以安排大口径的管线通过。挑梁悬出50厘米，间距3.16米。

（3）桁架拱桥

桁架拱桥是指中间用实腹段、两侧用拱形桁架片构成的拱桥。桁架拱片之间用桥面系与横向联结系（横向撑架、剪刀撑）连接成整体。秦淮新河上的2座桁架拱桥是东山桥和红庙桥。

1　江苏省秦淮新河工程指挥部：《秦淮新河建筑物工程竣工验收交接书》，1980年2月6日。

2　南京市地名委员会编：《江苏省南京市地名录》，内部资料，1984年，第373页。

3　雨花台区地名委员会办公室编：《南京市雨花台区地名志》，内部资料，1992年，第68页。

4　雨花台区地名委员会办公室编：《南京市雨花台区地名志》，内部资料，1992年，第68页。

东山桥位于原江宁县东山镇西部，是跨越秦淮新河的一座公路桥，于 1978 年建成通车。

建成之初的东山桥

东山桥为三孔净跨 50 米建拱的斜杆式桁架桥，是秦淮新河河道上跨径最长的桁架拱桥。全桥长 167.6 米，桥面纵坡为 1.5%，桥面车行道宽 9.0 米，两侧人行道各宽 1.5 米，全桥总宽 13.5 米，外加由管箱制成的栏杆，设计荷载为汽 -20、挂 -100。施工时采取预制吊装拱片，现浇桥面，施工时将桥面磨耗层 1.5 厘米厚的沥青砂预留给接路单位施工。其下部结构，桥梁基础采用砼灌注桩[1]。其上部结构，据《南京秦淮新河桥梁介绍》，东山桥为矢跨比为 1/8 的双绞桁架连拱结构，采用斜拉式架拱片，横向为五榀桁架片，中距 280 厘米，桁架片宽 30 厘米，全桥桁架外边缘间距 11.50 厘米，上缘每侧悬出 1 米悬梁板，用以设置栏杆和管道。拱片与拱片之间均采用挖空横隔板连接，采用钢筋、钢板接头。桁架片、拱顶实腹段长度为 16 米，拱顶组合断面高度为 120 厘米，架下弦拱脚处断面为 B×H=30 厘米 ×68 厘米，端竖杆尺寸为 30 厘米 ×40 厘米，其他竖杆与斜杆的矩形断面均为 30 厘米 ×30 厘米。

在东山桥验收过程中，验收单位指出施工过程中桁架片曾发生开裂，后施工方用环氧玻璃水进行修补，经投入运行试载，效果良好，符合使用要求[2]。

红庙桥位于原南京市雨花台区西善桥公社泰山大队，作为农用机耕桥使用。该桥于 1978 年建成，因附近有一座红庙而得名[3]。红庙桥工程于 1978 年 2 月 24 日开始筹备，但由于桥梁中墩的图纸设计方案、土方工程的开挖、预算审批等事宜尚未落实，工程拖延到当年 5 月 23 日才正式开始，至当年 12 月 20 日完成桥面砼浇筑，此后工程暂停。1979 年 3 月 22 日，工程队对中墩底板进行加固，最终于当年 5 月 5 日全部竣工，并于 5 月 7 日完成验收交接。

红庙桥为三孔净跨 40 米的桁架桥。全桥长 138.8 米，桁架净宽 4.7 米。其中农用拖拉机桥一侧连接来自牛首山中 3000 米的水管。其下部结构，桥梁下部为灌注桩基础，南墩灌注桩原本较短，后经过加固处理[4]。红庙桥的桁架结构，据《南京秦淮新河桥梁介绍》，其桥拱为矢跨比为 1/7 的双绞桁架连拱，采用三角式桁架拱片、横向二榀桁架片，中距 325 厘米，

1　江苏省秦淮新河工程指挥部：《秦淮新河建筑物工程竣工验收交接书》，1980 年 2 月 6 日。

2　江苏省秦淮新河工程指挥部：《秦淮新河建筑物工程竣工验收交接书》，1980 年 2 月 6 日。

3　雨花台区地名委员会办公室编：《南京市雨花台区地名志》，内部资料，1992 年，第 258 页。

4　江苏省秦淮新河工程指挥部：《秦淮新河建筑物工程竣工验收交接书》，1979 年 5 月 30 日。

桁架片宽 25 厘米，全桥桁架外边缘间距 3.5 米，两侧各伸出挑梁 1.50 米，用于安装栏杆与水管，拱片间均用矩形实心隔板连接。拱顶实腹段长度为 16 米，拱顶组合断面高度为 79 米，桁架下弦拱脚处断面为 B×H=25 厘米 ×50 厘米，竖杆断面尺寸为 25 厘米 ×30 厘米，斜杆断面尺寸均为 25 厘米 ×20 厘米，上缘最大节间长度为 3 米，上弦组合断面建筑高度为 57 厘米。

（4）圆拱片桥

圆拱片桥是拱桥的一种特殊形式，因施工中采用圆形拱片，使桥梁外观呈现若干大小不等的圆而得名。圆拱片桥由若干拱片、横隔板和行车道板构成，共同承受荷载，其中拱片是由拱肋、圆形立柱和上缘水平梁组成。秦淮新河桥梁工程中的一座圆孔片桥为梅山公路桥。

梅山桥是位于原雨花台区西善桥公社秦淮新河上的一座公路桥，建于 1979 年，因地处梅山铁矿区而得名[1]。其桥形为三孔净跨 40 米的双绞圆洞连拱桥，上部拱片为分段预制吊装。全桥长 146.6 米，车行道净宽 9.0 米，两侧人行道各宽 1.5 米，均外挑 0.6 米，荷载标准为汽 -20、挂 -100。其下部结构，桥梁基础采用钻孔灌注桩，桥面为砼现浇而成[2]，采用双排桩墩和组合式桥台。其上部结构，据《南京秦淮新河桥梁介绍》，净矢跨比为 1/7，圆孔拱片厚度为 25 厘米，每侧对称布置 8 个圆孔，最大直径 410 厘米，最小直径 42 厘米，圆孔之间最小净距为 25 厘米。拱的下弦轴线为二次抛物线，横断面为五榀拱片，中距 265 厘米，两边边缘间距 1085 厘米，每侧设长 117.5 厘米的挑梁，其上安装人行道板、栏杆等设施。拱片间采用挖空横隔板的方法进行连接，于间隙长度的四分之一处设置剪刀撑。拱顶实腹段长度为 10.6 米，端部最小断面为 25 厘米 ×30 厘米，拱脚下弦最小断面为 25 厘米 ×75 厘米，上弦组合断面最小高度（圆顶处）为 58 厘米，拱顶处组合断面高度为 118 厘米。

在梅山桥验收交接过程中，验收部门指出桥梁工程存在拱脚处于土中的问题，建议施工方将其清理分开，并用 75 号浆砌块石护砌。此外，桥头排水沟的接路和桥面磨耗层 1.5 厘米的沥青砂未做，这两项工程由接收单位另行安排[3]。

（5）梁桥

梁桥是指用梁作为主要承重结构的桥梁，是最简单和常见的桥梁结构形式。秦淮新河桥梁工程中的格子桥即为工字梁微弯板组合梁桥。

格子桥是位于沙洲圩秦淮新河上的一座公路桥。清光绪年间即存在格子桥，原名"亲家桥"，后因桥墩内有格子形图案，因名"格子桥"。1979 年，西善桥西侧秦淮新河上新建格

1　雨花台区地名委员会办公室编：《南京市雨花台区地名志》，内部资料，1992 年，第 68 页。

2　江苏省秦淮新河工程指挥部：《秦淮新河建筑物工程竣工验收交接书》，1979 年 9 月 18 日。

3　江苏省秦淮新河工程指挥部：《秦淮新河建筑物工程竣工验收交接书》，1979 年 9 月 18 日。

子桥，为与原格子桥区分，故又名"新格子桥"[1]。

格子桥工程最初被设计为三孔双曲拱桥，后因地基差而改为重量较轻的钢架拱桥，但又因当地易于流失的粉砂层不利于拱式体系的修建，经再三比较后最终改用梁式体系[2]，建成微弯板组合梁式桥。该桥共有 8 孔，每孔净跨 22 米。全桥长 177.12 米，桥面宽 7.5 米，其中车行道宽 6.5 米，无人行道。荷载标准为汽 −15。其下部结构，桥梁基础采用双排式钻孔灌注桩，桥墩为双柱式，桥台采用单排桩加挡土挂板的形式，上部 T 形梁为预制吊装，桥面为现浇砼制成[3]。其上部结构，据《南京秦淮新河桥梁介绍》，主梁为工字梁，梁高 105 米，宽 30 米，腹板宽 18 厘米。乙缘板采用拱桥中常用的配筋微弯板，矢跨比为 1/12，厚度为 5 厘米，上浇 8 厘米的 250 号混凝土现浇层。横向断面为四梁三波，西侧悬半波，全宽 7.50 米。组合断面的后梁高 130 厘米，横向有 5 道厚度为 13 厘米的横系梁，梁支座采用橡胶支座。这种少筋微弯板组合梁桥的优点是对地基有较好的适应性，桥台也易于处理，且可以节约材料，并减轻安装重量；但缺点是在安装梁后浇铸横隔板前，主梁的稳定性较差，因此需要额外安装联系梁进行加固。

梅山桥旧影

梅山桥下自来水管

3. 秦淮新河桥梁的现实意义

秦淮新河桥梁工程自 1976 年初部署安排，1977 年 1 月初开始陆续开工，至 1980 年底全部验收完成，其工程量浩大，创造了较为可观的经济价值和社会价值。秦淮新河沿线桥梁、公路的改建促进了当地交通的发展，同时增加了风景区，为发展地方旅游创造了条件[4]。

秦淮新河上的 10 座桥（除西善铁路桥外）采用不同的设计方案，造型各异，功能不同，因而被誉为"十姊妹桥"。桥梁各

梅山桥北桥台拖板沉降

具特色，状似飞虹，那优美别致的桥型、引人入胜的桥景与富有意趣的桥名，为恢宏磅礴的

---

1 南京市地名委员会编：《江苏省南京市地名录》，内部资料，1984 年，第 373 页。
2 陈德霖整理：《南京秦淮新河桥梁介绍》，南京市勘测设计院技术情报室内部资料，1980 年 11 月。
3 江苏省秦淮新河工程指挥部：《秦淮新河建筑物工程竣工验收交接书》，1979 年 9 月 24 日。
4 江苏省水利厅：《关于秦淮新河工程一些情况的汇报》，苏水基〔80〕60 号。

格子桥旧影 1

格子桥下自来水管

秦淮新河工程平添了几分秀丽色彩与人文雅韵。1984年，在"金陵新四十景"的评选中，秦淮新河十桥以"十虹竞秀"之胜，一步登上景榜[1]，成为人们驱车游赏的形胜之地。如今，伴随着"秦淮新河—外郭城百里风光带"工程的逐步推进，以及城市建成区向南部的扩展，秦淮新河已经成为南京城南地区一道靓丽的风景线。而桥梁工程作为秦淮新河的水利遗产，蕴含了丰富的历史文化内涵，必将在新时代继续发挥其经济、文化、景观等社会价值。

五、其他配套工程

1. 绿化工程

秦淮新河建成后，江苏省和南京市领导十分重视新河的管理特别是绿化工作，认为"水利是农业的命脉，绿化是秦淮新河的命脉"[2]。为管理好秦淮新河的绿化工作，1979年经江苏省和南京市批准成立了"秦淮河河道堤防管理处"，统一管辖新、老河的河道和堤防，以及全河绿化工作[3]。

秦淮新河地处南京近郊，地理环境优越，两岸有着丰富的水土资源，可绿化面积为5150亩。1980年，依据《中华人民共和国森林法（试行）》和宁革发〔74〕17号《南京市林木保护管理办法》，按照"统一规划、分期实施、群办公助、专业管理、收益分成（公一群九）"的原则，成立了相应的苗木基地和绿化专业队伍，完成绿化2100亩[4]。至1981年春，已绿化面积达3733亩，共投资21.5万元。经秋后验收，在地林木达到2301亩，其中有桑园412亩、

1　应扬、高国都:《秦淮河上的"十虹竞秀"》，载政协南京市雨花台区委员会文史委员会编《雨花文史》第3辑，1989年，第84页。

2　南京市水利局:《秦淮新河绿化规划讨论稿》，1982年4月。

3　南京市水利局:《关于秦淮新河绿化情况的汇报》，1981年12月10日。

4　贺云翱、景陈主编:《南京秦淮新河流域文化遗产研究》，江苏人民出版社，2015年，第36页。

茶叶 216 亩、果树 16 亩、竹子 20 亩、杞柳 190 亩、用材林 1447 亩，占可绿化面积的 44%。

1979 年至 1981 年间秦淮新河的绿化工作尽管取得了显著成效，但由于缺乏统一规划，最终导致绿地零星分散、林种杂乱无章、树种选择不当等结果。针对上述情况，南京市水利局在 1981 年 12 月 10 日《关于秦淮新河绿化情况的汇报》中提出了规划意见：在工作安排上，先巩固已植树木地段，对苗木缺损的进行补齐，再安排未绿化地段。在树种上，采取先粗后细、粗细结合的原则，即当年先大面积栽种成活率高、生长快、覆盖面积大且易起到保持水土绿化堤岸作用的树木，之后逐步更新经济价值高、生长期长的树木，有重点地种植果木树和经济林。

1982 年 4 月，南京市水利局发布的《秦淮新河绿化规划讨论稿》，对新河绿化的原则进行了更为详细的说明。首先，要保持水土。新河工程管理的任务是确保堤防安全，充分发挥河道防洪排涝效益。秦淮新河西善桥以上，两岸地势较高，弃土区土质疏松，特别是切岭段，山高坡陡，雨水冲蚀严重，雨淋沟发育，每年都有大量的泥沙被冲刷入河，淤填河床，影响河道效益的发挥。据 1980 年统计，下河的土方达 2 万余立方米。因此，上述地区必须大力营造水土保持林，凡适林地区造林密度应适当增密，以避免河床淤积，保证河道排洪通畅，

秦淮新河铁心桥段绿化

秦淮新河河定桥—站东路桥段南岸绿化

延长疏浚周期。西善桥以下为沙洲圩地区，正常水位比两岸地面高，汛期安全，全靠堤防。该段堤防均系砂壤土和粉砂土，设计时虽已采取了加宽青坎、放缓边坡等措施，但在使用管理中如不采取植物防护，达到防风固沙和防止雨水冲刷的目的，堤防安全仍不能得到充分保障。因此，堤身应以植草和发展浅根系灌木为主。

其次，要美化环境。秦淮新河地处南京近郊，交通方便，两岸自然地理环境优越，水秀山明，切岭段小山处别具峡口风光，沿河还有不少名胜古迹，如经营得法，或可成为发展旅游事业的理想地点。考虑到以上情况，中共南京市委决定将秦淮新河建设为全市人民的休息场所，满足全市人民游观的要求，同时解决城市工业发展、绿地日趋减少的矛盾。具体措施是：在新河两岸配置 2 条风景带，集镇和工矿企业附近则建设几处风景点，主要公路干线桥头要开辟为小型公园。新河沿线要求在不同季节、不同地段有不同的景色，要真正达到香化、彩化，红绿相映，四季常青，山明水秀，自然成趣。树种以垂柳、花桃、红枫、雪松、桧柏等为主。

最后，要利用两岸土地发展生产。新河两岸近 5000 亩土地是综合经营的好场所，应该充分利用现有的水土资源发展生产，尤其应大力发展一些经济价值高、收益快、销路广的经济林。根据新河两岸的土壤、地形等条件，应该优先发展桑、茶、竹及部分果树。为了满足新河今后对绿化苗木的需要，争取苗木自给，必须开辟足够数量的苗圃基地，以培育良种壮苗。这是实现新河绿化的物质保证。

总的来说，秦淮新河的绿化规划，要根据土地条件的不同，做到乔、灌、草结合，林带、林网和重点园林化小区结合，近期生产和远景安排结合，绿化一切可以绿化的地方，增加森林覆盖率，控制水土流失，美化环境，改善生态平衡。

1982 年 3 月 6 日，为加强秦淮新河的绿化和管理，秦淮河河道堤防管理处召开了"关于加强秦淮新河绿化和加强管理工作会议"。参会人员一致认为，国家投资 8000 多万元开挖的秦淮新河，是本市的一项重大水利工程，这项工程对促进农业生产的发展具有重大作用，一定要认真贯彻国务院"关于加强水利工程管理"指示的精神和省人民政府《批转省水利厅关于加强堤防管理的意见》，管好、用好这一工程。

最终，参会人员根据秦淮新河的具体情况达成了以下共识：

第一，秦淮新河对改变三县一区农业生产面貌、保障市区和国防设施的安全具有重大作用。所有堤防和堆土区约 4000 亩可绿化面积，更是一大财富。因此，管好、用好和绿化好这项工程是充分利用资源、发展生产、增加收入、美化环境和充分发挥工程效益的需要，也是一件造福后代的大事。

第二，新河的管理，要以绿化为中心。搞好水土保持，才能保障河道畅通和堤防安全，要积极发展苗圃，自行育苗。新河绿化工程的目的是要美化、香化、彩化、净化环境。各类树种、花卉要有计划地搭配，做到高矮相间，长短结合，层次分明，红绿相映，达到既保护好工程，又美化环境，还能产生经济效益。

第三，沿河已征用过的土地，地权属国家所有，由堤防管理处统一管理。除铁心桥至麻田桥北岸由管理处直接管理外，其余地段由沿河社、镇及有关单位分段管理使用。在不违背管理处整体规划的前提下，各单位对所管地段有使用自主权，但只准绿化、不准种植农作物，所植树木不准任意移植、更新和砍伐。因工程需要或其他原因必须更新和

秦淮新河曹村桥—机场路桥段南岸水闸

泰淮新河曹村桥—机场路桥段北岸水闸

泰淮新河机场二通路—红梅桥段南岸排水设施

移植的苗木，必须经报批后进行。所有河堤管理地段不准任意搭建建筑物，不准将土地出租、借用，不得有碍土地完整和工程安全。

第四，为了明确责任、加强管理，各社镇及有关单位要设立堤防专管组织。各专管组织按照管理处整体规划，负责本段内工程管理、育苗、植树等。组织上实行单独立户，经济上实行单独核算，自负盈亏，业务上受公社、管理处双重领导。专管队伍要精干，人员多少按各段任务大小，由社、镇自定。堤防管理处在近二年内，按段每年拨给专管机构一次性的管理费及生产和苗木支持经费。各管理段要千方百计利用水土资源，开展多种经营，短期内达到自给自足，各公社和镇每年也要补贴一定的费用。专管人员的管理房，五社一镇各建两间，经费和材料由水利部门补给。

第五，堤防管理处今后负责新河整体规划及技术指导检查、督促规划的实施、审批申建项目、解决行政纠纷，开展调查研究，总结推广先进技术与经验，帮助社镇出主意，想办法，搞好工程管理。

第六，当前要抓紧抓好在地林木的管理和苗圃计划的落实，并重点抓好东山桥、河定桥、西善桥两侧的桥头绿化及重点地段的树苗补栽[1]。

2. 农田建设

由于秦淮新河的开挖，两岸原有的水系被全部打乱。在此情况下，新河两岸农田的基本

---

1 江宁县水利局：《加强秦淮新河绿化和管理工作会议纪要》，1982 年 5 月 12 日。

建设必须重新规划。1978 年 7 月，江宁县东山公社对位于新河两岸的农田进行了规划设计。东山公社新河两岸为半山半圩地区，地形复杂，山圩交错，易涝易旱，特别是内涝严重。农田基本建设必须贯彻山、水、田、林、路统一安排，结合城镇、工业、交通运输等理念规划。《江宁县东山公社秦淮新河两岸农田基本建设规划设计》指出：首先要将圩堤涵洞做好，以保证新河会战的顺利进行；其次要抓紧排涝站的迁移修建，完善排灌系统配置；同时要组织专业队对配套工程进行长年施工，做到河成、堤成、绿化成、建筑配套成，更好地促进农业生产[1]。

1978 年 12 月，与东山公社卫东大队毗连的东山镇也对新河两岸农田的基本建设进行了规划设计。东山镇位于秦淮河东侧，总面积达 4.2 平方公里。东山镇亦属于半山半圩地区，丘陵较多，地形复杂，耕地面积达到 1200 亩。因秦淮河小龙圩裁弯取直和打坝，河定桥至外港河一高弯道变为内河。东山镇易家圩原有的排涝站与进水涵洞均失去排涝、引水抗旱作用，原有水系也全部被打乱。因此，江宁县革命委员会水利局在制定的《秦淮新河农田基本

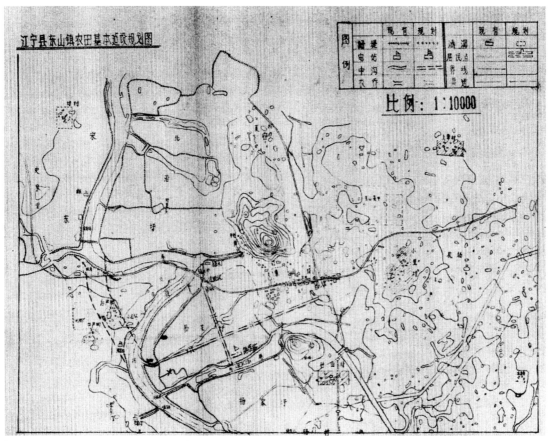

《江宁县东山镇农田基本建设规划图》

1　江宁县革命委员会水利局：《江宁县东山公社秦淮新河两岸农田基本建设规划设计》，1978 年 7 月 18 日。

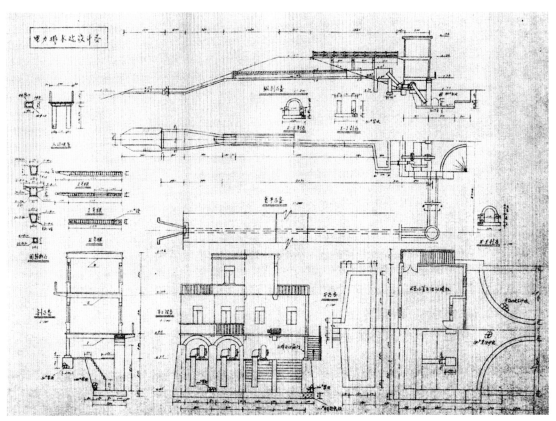

江宁县东山镇《电力排水站设计图》

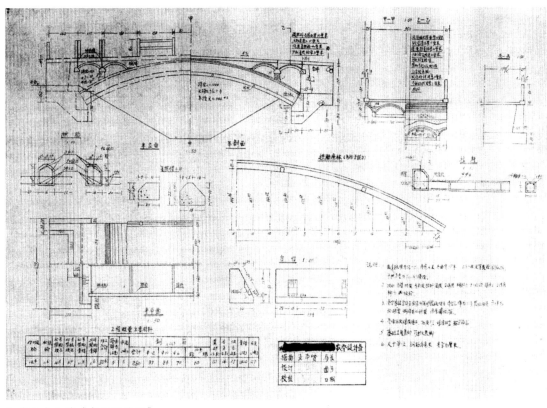

江宁县东山镇《农桥设计图》

建设规划设计》中，对东山镇的农田建设提出了规划意见：根据圩区治理原则，结合蔬菜区的特点，做到山、水、田、林、路统一规划，并达到日雨 250 毫米不受涝，百日无雨保灌溉；需新造、翻造电力排灌站各 1 座、进水涵洞 1 座、农桥 3 座，开挖中沟 2 条；需增加动力 55 千瓦电动机 2 台、高压线 0.7 公里、100 千瓦变压器 1 台、20 寸水泵 2 台。同时，为了不影响蔬菜的生长，计划组织劳动力突击建造进水涵洞和电力排灌站。在完成上述工程的同时，组织专业队伍建设农桥，平整土地[1]。

在对新河两岸农田基本建设进行重新规划时，配套工程建设被放在了首要位置。1979年 1 月，江苏省革命委员会水利局下发了《关于秦淮新河两岸农田排灌处理工程的批复》，批复中指出：秦淮新河切断了沿线农田排灌水系，为了确保不带来遗留问题，保障两岸农业生产发展，同意拆建、新建一批排灌处理工程，恢复原来水系，并适当改善排灌条件。首先，新河两岸原有排灌动力 619 千瓦，排涝模数不到 0.4，标准较低，可将排涝模数按 0.7、灌溉定额按 1.2 考虑，新建、拆建排灌站 19 座，增加装机 1300 千瓦，补助经费 60 万元。其次，考虑丘陵区农田水利改造的工作量较大，需在原有排灌处，按日雨 250 毫米的排涝标准，分别新建高排、低排涵闸及引水涵洞共 35 座，补助经费 95 万元。最后，为有利于当地群众生产，计划建造排渗沟、截洪沟农桥 13 座，补助经费 8 万元[2]。

1979 年 3 月 16 日，南京市雨花台区革命委员会发布《关于秦淮新河配套工程进行情况的汇报》，指出秦淮新河下游经过雨花台区铁心、西善、沙洲、双闸四个公社最终汇入长江，全长 12 公里。由于新河的开挖，这一地区原有水系被全部打乱，原有的桥梁、涵闸、机站已无法继续使用。为了不影响农业生产，雨花台区在 1978 年便开始进行两岸配套工程的规划，并组织有关公社沿新河勘察，研究新河开挖后两岸配套工程项目和位置方案，最终将项目规划于 1978 年 2 月 17 日上报秦淮新河工程指挥部。此后，秦淮新河工程指挥部向江苏省水利局提交了《关于请求解决秦淮新河两岸农田配套工程机电设备的报告》。报告指出，由于秦淮新河的开挖，沿河两岸的江宁县和雨花台区共 5 个公社的原有排灌水点被打乱，目前河道工程已经基本结束，两岸电力排灌站急需修电，但是机电设备至今没有得到解决，有关县区迫切要求解决机电设备，以便尽快建成，发挥效益[3]。根据江苏省水利局苏河字〔79〕基字第 08 号文《关于秦淮新河两岸农田排灌处理工作的批复》，同意新建和拆建电力排灌站19 座，核增动力为 1300 正升。此外，由于新河沿岸地形复杂，单机单站数量甚多，虽然汇水面积不大，却不可缺少。为此，需再补动力计划 183 正升(包括水泵等)，以解决实际需要。

---

1 江宁县革命委员会水利局：《江宁县东山镇秦淮新河农田基本建设规划设计》，1978 年 12 月 2 日。

2 江苏省革命委员会水利局：《关于秦淮新河两岸农田排灌处理工程的批复》，苏革水〔79〕基字第 08 号。

3 江苏省秦淮新河工程指挥部：《关于请求解决秦淮新河两岸农田配套工程机电设备的报告》，苏河字〔79〕第 49 号。

以上机电设备共需电动机 31 台，1483 正升，水泵 31 台，变压器 18 台，导线 19.7 公里，铸铁管 710 米。

随后，江苏省水利局对雨花台区和江宁县提交的初步设计进行了审查，最终提出两点建议：第一，在涵闸机站的布置上，既要考虑原有的排灌水系，又要照顾长远规划，避免高低不分、洪涝不分和今后返工报废等问题；第二，在结构设计上，建议淤土地基要进行换土处理。涵洞要分节，每节长不大于 20 米，并做好止水。在粉砂地基上的涵洞，止水四周用黏土包好。涵洞长度要与防洪大堤相适应，卫分涵洞偏短，削弱了大堤，要接长。堆土区较宽的地方，可以适当切除堆土，压缩涵洞长度；低涵的出口处，护底护坡均应延伸至新河河坡。高涵出口，均应设计跌水，延伸至常水位下 1—2 米。撇洪沟闸，下游消能要进行核示，陡坡跌至高程 5.0 米处要留一平段消能。排灌站出水口，要增加消能设施，并做至水下；低涵的上下游挡土胸墙，要加钢筋与洞身相连。卫分涵洞底板可减薄，钢筋也可减少。排洪闸顶的桥梁要放宽，以维持大堤通车[1]。

3. 护坡工程

1979 年下半年，秦淮新河格子桥上下游 400 米范围内，局部河坡发生冲蚀坍塌，预计放水后将产生严重冲刷，计划做护坡工程。为了节省工程投资，推广新建材，该段准备采用水泥土护坡，并于 1979 年 9 月中旬提出了试验任务，要求在冰冻前完成试验工作。由于时间和技术力量的限制，工作分两个阶段进行。第一阶段为搜集资料，现场踏勘取样，做水泥土击实试验、现场小块夯实试验和小面积护坡试验，研究适宜的夯实方法，测验不同含水量条件下的抗压强度以及其他有关项目。第二阶段为进一步做干湿试验、冻融试验、渗透试验和塑性成型试件的各项试验。由于设备和人员条件的限制，第二阶段试验的部分工作，在 1980 年 4 月后进行。

1979 年 9 月 24 日，工作人员到格子桥上下游踏勘，查明该河段堤防系用粉砂土和粉质壤土填筑，极易冲刷。但土料易于粉碎，比较干燥，目测粉砂含水量不超过 10%，无须晾干，因此粉砂可用水泥土的土料。踏勘时选取了粉砂和粉质壤土两种试样。由于河道全线下蜀黏土很多，因此亦选取了下蜀黏土试样。全部试验工作以粉砂为主要对象，粉质壤土和下蜀黏土仅做少量的室内试验。

室内击实试验委托南京水利科学研究所进行，实验结果显示最优含水量为 Won=20.7%，比外单位资料中的最优含水量偏大较多。为验证以此最优含水量作为水泥土护坡标准是否影响水泥土强度，在水泥土护坡试验之前又进行了现场小块夯实试验。

1　江苏省革命委员会水利局：《关于秦淮新河两岸农田排灌处理工程的批复》，苏革水〔79〕基字第 08 号。

秦淮新河将军路大桥—京沪高铁秦淮河桥段南岸排水设施

秦淮新河切岭段铁心桥西侧北岸排水涵洞

　　1979 年 10 月 21 日，工作人员在格子桥工棚内进行小块夯实试验，目的为了解施工夯实性能，含水量和水泥土的强度关系，以便确定护坡试验时夯实的方法和加水重量。小块夯实试验分四块，每块面积 2 米 ×2 米，并有相应的室内试验配合进行，试验成果说明：粉

秦淮新河西善桥—宁马高速秦淮河大桥段北岸水闸建筑

砂水泥土的最优含水量为 17.2%，参考相关数据验证，建议格子桥水泥土护坡采用含水量 17.2%；在灰土比相同的情况下，水泥土的性能因土料不同而异，用下蜀黏土制成的水泥土抗压抗渗性能最好，壤土次之，粉砂最差，但因目前尚无粉碎和晾干条件，故秦淮新河护坡的水泥土以采用粉砂为宜。

　　最后进行了小面积现场护坡试验，通过这次试验，认为在现有施工设备条件下，含水量能控制在误差不超过 1.5% 范围内，干容重能达到规定的指标 γd（max）−0.08，即 1.53—1.61g/cm^3 范围以内；7 天抗压强度 R7 能达到 11—14kg/cm^2 之间；抗冲效果：用废试块在自来水龙头下垂直冲刷一夜，无冲毁迹象，估计无问题；抗冻融性能，有待第二阶段进行冻融试验论证和现场时间考验。从成本上看，水泥土护坡的造价为干砌块石的 55.6%，如接荆北放淤工程中水泥土护坡厚度用 15 厘米，则单价将更为低廉，因此可以认为水泥土护坡在经济上是节约的。最需要护坡的堤坝往往是由粉细砂、砂壤土等松散土筑成，而松散土是水泥土的较好土料，不需粉碎或易于粉碎，便于就地取材。壤土和下蜀黏土强度较大，渗透系数较小，如有晒干、粉碎条件，同样可做水泥土土料[1]。

1　江苏省水利局：《秦淮新河水泥土护坡试验报告》，1980 年 2 月。

宣传报道与工程管理

◎ 张浩哲　韩颖　高庆辉　张智峰

一、工程建设中的宣传报道

1.传播信息，鼓舞干劲——种类多样的宣传材料

在秦淮新河工程实施的几年中，指挥部将宣传纳入工程组织管理工作之中，牢牢把握宣传阵地。工程各级单位运用简报、战报、广播、报告会、电影、幻灯、文艺、标语、歌咏等各种形式，传播秦淮新河挖掘工作的方针政策，颂扬标兵模范，号召广大民兵"比、学、赶、帮"，掀起劳动热潮，对于落后分子与不良现象则予以批判。1978年，江苏省秦淮新河工程镇江地区指挥部在印发的《关于秦淮新河工程民兵政治工作的意见》中明确提出，地区指挥部要设立工地广播室，各分指挥部和团部要建立通讯报道网，有专人负责组织和审核稿件；各单位可以根据条件和需要自行进行广播宣传，安排好广播时间，按时转播地区指挥部广播室的两个自办节目；各分指挥部要创办简报和工地战报，组织电影队进行放映宣传[1]。

当年江宁县秦淮新河工程民兵师政办组编写的宣传材料《工程情况》，自1975年12月17日刊发第1期，标题为《一声令下，四方响应——全县人民为秦淮新河工程积极做好准备》，至1978年末累计发行70多期，一般每月1期，有时遇到紧急情况，会短时间连续刊发数期。《工程情况》延续时间长，内容十分丰富，主要是对工程的报道与总结，还有施工人员的思想心声与广大群众积极参与、支援工程的情况。其内容紧贴实际，在工程各个阶段发挥了讲清路线政策、鼓舞干劲士气、分配工程任务、总结提炼经验的重大作用。如第1期集中报道了广大群众热切期望秦淮新河工程的呼声："全县各级党组织和广大社员群众一致认为秦淮新河工程反映了全县人民多年来的强烈愿望、迫切的要求，是实现大寨县治水改土的整体战，是为子孙万代造福的大事。"[2]还报道了工程准备和后勤工作的进展，让广大施工人员倍感振奋与安心。第2期报道了切岭工程开工的宏大场景，就切岭工程的目标与注意事

1　江苏省秦淮新河工程镇江地区指挥部：《关于秦淮新河工程民兵政治工作的意见》，镇地治〔78〕第9号。
2　《一声令下，四方响应——全县人民为秦淮新河工程积极做好准备》，载江宁县秦淮新河工程民兵师政办组编《工程情况》第1期，1975年12月17日。

项告知广大民兵[1]。

至《工程情况》第 72 期刊发时，正值枢纽工程落实之际，江宁县委书记与副书记相继来到工地听取汇报，给予工程人员鼓励与支持，"使到会同志认清了形势，明确了任务，增强了信心，鼓舞了斗志"[2]。《工程情况》第 76 期记录了南京市与江宁县主要领导在秦淮新河枢纽工程开工动员大会上的讲话，枢纽工程团团长张星源代表施工人员，保证"不辜负领导的期望，决心出大力，流大汗，抢时间，争速度，战胜困难，夺取胜利！"[3]

秦淮新河镇江地区指挥部办公室编写的宣传材料《简报》，以刊发指挥部办公室官方文件为主，亦报道秦淮新河工程镇江地区工段的施工情况。至 1978 年 12 月 31 日，刊印《简报》9 期。1978 年 11 月 8 日的《简报》第 4 期报道了溧阳县陆笪公社民兵团的先进经验，号召"金坛、溧水、句容、高淳、丹徒等 5 个县，也要在 5 天内推广陆笪经验，一定要在秦淮新河工程上战出新水平"[4]。1978 年 12 月 5 日的《简报》第 7 期报道了中共镇江地委、地区行政公署、镇江军分区联合组成的镇江地区慰问团来到工地，了解工地情况，与广大民兵亲切交流的热烈场面。在慰问大会上，中共镇江地委书记王一香宣读了慰问信，阐述了开挖秦淮新河的意义，肯定了广大民兵的成绩。慰问团还有文艺小分队随行，在工地上放映战斗影片，给予广大工程人员鼓舞与教育，增添了继续奋战的力量[5]。

除了编发的以上学习材料外，当年的秦淮新河工程宣传工作还有一个阵地，即在工程期间涌现出的一批各民兵营自编的报刊，如江宁县秦淮新河工程民兵

《工程情况》第 2 期（1975 年 12 月 28 日）

1　《我县彻底根治秦淮河战斗打响，切岭工程胜利开工，誓师大会隆重举行》，载江宁县秦淮新河工程民兵师政办组编《工程情况》第 2 期，1975 年 12 月 28 日。

2　《指挥部召开枢纽工程施工会议，县委副书记江锡太到会讲了话》，载江宁县秦淮新河工程民兵师政办组编《工程情况》第 71 期，1978 年 6 月 26 日。

3　《秦淮新河枢纽工程全面开工，市、县负责同志在开工动员大会上讲了话》，载江宁县秦淮新河工程民兵师政办组编《工程情况》第 76 期，1978 年 10 月 29 日。

4　《学习陆笪公社经验，提高施工质量，加速施工进度》，载江苏省秦淮新河工程镇江地区指挥部办公室编《简报》第 4 期，1978 年 11 月 18 日。

5　《坚持质量标准，做好竣工验收》，载江苏省秦淮新河工程镇江地区指挥部办公室编《简报》第 7 期，1978 年 12 月 5 日。

师政办组主编的《工地战报》、殷巷民兵营主编的《战地生活》、湖熟周岗民兵营主编的《切岭战报》、花园民兵营主编的《花园战报》等，这些自编报刊的出现与各地指挥部对宣传工作的高度重视密切相关[1]。因为这些报刊由秦淮新河工程不同民兵师、营的政办组主持编纂，所刊登的文章内容丰富，多以记载秦淮新河工程的相关情况为主，记录了大量的先进单位与个人，营造了各民兵营认真树典型、努力学标杆的火热场景。同时，各报刊体裁多样，有新闻稿、散文、诗词、歌曲等等，提高了民工们的学习兴趣，丰富了劳作之余的文化生活，显著提升了民工们的凝聚力和向心力。

这些报刊因秦淮新河工程而出现，又随着工程的顺利结束而消失。它们详细记载了秦淮新河工程施工中的方方面面，有力激发了民工开挖秦淮新河的建设热情，鼓舞了广大民工的干劲。可以说，宣传工作在秦淮新河工程建设中占据特殊地位，从某种意义上来说与工程施工、后勤保障同等重要，是研究秦淮新河开挖历史不可或缺的重要材料。以下对我们所搜集到的主要报刊作一简要介绍。

《简报》第 5 期（1978 年 11 月 23 日）

《工地战报》为江宁县秦淮新河工程民兵师政办组主编，采用刻画油墨印制，刊名、刊期及插画多用红色，文字为黑色或蓝色。该报创刊于 1975 年 12 月 16 日，正好为秦淮新河工程施工准备之时，停刊时间为 1976 年 4 月 20 日，总共 31 期。《工地战报》第 1 期《编者的话》详细地将创刊宗旨、主要内容告诉读者们："《工地战报》在工程施工准备工作紧张进行的时候，今天跟大家见面了。它的主要任务是：宣传马列主义、毛泽东思想，交流学习和工作经验，反映水利战士的战斗生活，表扬好人好事。不定期出刊，望组织广大战士学习，并欢迎积极投搞，以帮助我们办好。"[2]《工地战报》所刊内容丰富多彩，既有秦淮新河工程中各民兵营施工进度的阶段性公示，也有在工程中涌现出的好人好事、先进事迹的报道，还有关于民兵们对毛主席思想的学习感悟。这些内容表现的方式不仅仅局限于一般严肃的正式公文，还多见新体诗或旧体诗词以及歌曲等表达形式。从稿件来源看，有汤山营通讯组、铜井营通讯组、横溪民兵营通讯组、龙都营通讯组等数十个来自各民兵营的通讯组，可见《工地

1　江苏省秦淮新河工程镇江地区指挥部：《关于秦淮新河工程民兵政治工作的意见》，镇地治〔78〕第 9 号。
2　《编者的话》，载江宁县秦淮新河工程民兵师政办组编《工地战报》第 1 期，1975 年 12 月 16 日。

战报》受众几乎包括所有参加工程的民兵营，是面向整个秦淮新河工程的综合性报刊，与由其他民兵营自编的报刊相比等级更高，更具有权威性，也更能全面反映秦淮新河工程的施工始末。

《战地生活》《切岭战报》《花园战报》都是由各地民兵营政办组主编的宣传刊物，稿件作者单位皆为隶属于该民兵营的下属连队，在报刊等级上低于江宁县秦淮新河工程民兵师政办组主编的《工地战报》。同时《战地生活》等营一级的宣传报道多关注本营发生的工程进度、好人好事及先进事迹，其主要的受众是秦淮新河工程单个民兵营的全体民工。

《战地生活》的主编单位为江宁县秦淮新河工程殷巷民兵营，采用彩色刻画油墨印制，以插画红色、文字蓝色为主。我们征集了该报刊 3 期，分别为二、三、五期。第 2 期的出版时间为 1975 年 12 月 31 日，第 3 期为 1976 年 1 月 5 日，第 5 期为 1976 年 1 月 15 日，据此推断《战地生活》的出刊时间可能是 5 日 1 期。《战地生活》的主要内容依旧是围绕殷巷民兵营在施工过程中发生的好人好事、先进事迹，以及对毛主席指示或著作的学习感悟。

《切岭战报》为江宁县秦淮新河工程周岗民兵营政办组主编的宣传刊物，采用彩色刻画油墨印制，以插画红色、文字蓝色或黑色为主。我们征集了该报刊 3 期，分别为三、五、六

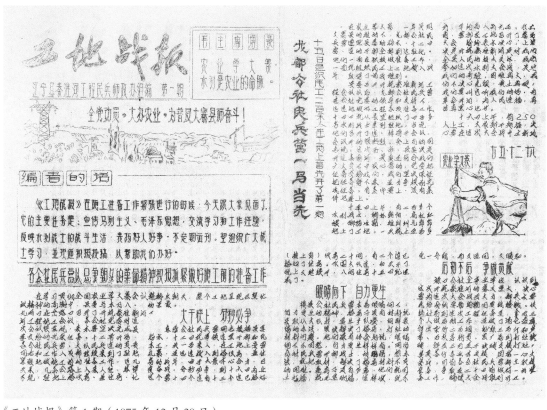

《工地战报》第 1 期（1975 年 12 月 29 日）

《切岭战报》第 6 期（1975 年 1 月 7 日）

期。从这 3 期的出刊时间来看，应该没有固定的出刊时间，采用不定期出刊的方式。根据《工地战报》创刊、休刊的时间可以推测，《切岭战报》也应该是创刊于秦淮新河工程正式开始后，休刊于秦淮新河切岭段工程结束时。《切岭战报》既有严肃认真的新闻稿，也有生动活泼的诗文，其主要内容由两部分组成，一是周岗民兵营施工过程中出现的好人好事和先进事例，二是对毛主席思想及相关论述的学习与感悟。

《花园战报》由花园公社民兵营政办组主编，采用彩色刻画油墨印制，以插画红色、文字蓝色为主。我们仅征集到第 9 期，且没有记载出刊时间。根据其上刊登的临江连通讯组《鱼水情》一文中"元月十日早晨，花园公社民兵营临江连的战士王亚东同志生病躺在铺上"[1] 一句，可知《花园战报》第 9 期的出刊时间大概在 1976 年 1 月 10 日之后。《花园战报》第 9 期共刊登了 5 篇文章，分别为龙梅通讯组的《学社论，见行动》、临江连通讯组的《鱼水情》、龙梅连的《我们的带头人》，以及龙潭连的新体诗《赞秦淮新河工程民兵战士》，其内容丰富、体裁多样，既有社论学习后的感悟，也有反映民兵战士与当地老乡和谐相处、鱼水一家的亲密联系，还有对先进人物的表彰。

---

1 《鱼水情》，载江苏省秦淮新河工程花园公社民兵营政办组编《花园战报》第 9 期，1976 年。

2. 山河潺潺，当代愚公——宣传报道中的先进事迹

在秦淮新河工程正式开工后，以《工地战报》为代表的一批报刊，除刊登与工程相关的讲话、通知以及社论学习外，另外一个主要内容就是表彰施工过程中发生的好人好事和各种先进事迹。《工地战报》《战地生活》《切岭战报》《花园战报》所赞颂表彰的模范个人与群体不下百余例，刊登宣传的先进事迹更是数不胜数。这些人都很平凡，有参与工程的民工、下乡的知识青年、年过半百的老人，还有体弱肩柔的女同志，他们听从党的号召，为了秦淮新河工程毅然放弃自己的私事投入工程建设，把5年的美好人生奉献给南京的水利事业，甘愿做当代愚公，只为杜绝秦淮河旱涝，不再让当地民众因旱涝灾害而背上沉重的精神和经济压力。为了秦淮新河工程，他们践行党"为了人民"的使命，与时代同行，与自然抗争，以汗水铸就了南京水利发展史上的一座不朽丰碑。

女民兵挑河

在气比钢多的年代，人定胜天是啃掉硬骨头工程的唯一信念。为了秦淮新河工程顺利竣工，解决南京地区长期以来的洪涝灾害，这些可爱可敬的普通人怀揣着"一不怕苦二不怕死"的战斗精神，"披星星，拔夜雾，接晨曦，踏冰霜"，在工地上苦干实干[1]，切切实实地为秦淮新河工程贡献自己的力量。是啊，理想就在岗位上，信仰就在行动中，他们那可歌可泣的感人事迹是秦淮新河工程那丰碑上不可或缺的一笔。

在科技不发达的当年，秦淮新河工程耗费的人力、物力是难以想象的。十多公里长的工地，要经过5个公社、2个集镇、10多个厂矿，仅秦淮新河的河道土石方工程任务就涉及南京市和镇江地区的13个县区，民工人数更是高达20万。为了调动民工们的建设积极性，1975年12月26日，江苏省秦淮新河工程指挥部、中共南京市委、中共江宁县委等部门共同召开了秦淮新河切岭段工程开工誓师大会，江宁县革命委员会副主任万槐衡指出"这个任务十分光荣，也非常艰巨"，只有"下定决心，不怕牺牲"，方能"排除万难，争取胜

---

1 《乘东风，鼓干劲，立壮志，战难关》，载江宁县秦淮新河工程民兵师政办组编《工地战报》第9期，1975年12月30日。

利"[1]。誓师大会成功掀起了奋力建设秦淮新河工程的"东风"，各营的民工们纷纷攒足了斗志，并展开了"革命竞赛"。

花园公社民兵营就是极佳的例子，《工地战报》第8期花园营通讯组《想着干，比着干，争着干》[2]一文中记载：

> 花园公社民兵营临江连的全体战士，通过学习提高了路线斗争觉悟，激发革命干劲，排与排之间开展了革命竞赛，人人争当红旗突击手：大家想着干，比着干，争着干，决心以实际行动做出新成绩，迎接师部誓师大会的胜利召开。
>
> 最近，这个连的战士在连长苏民我的带动下，人人干劲十足，你追我赶，他们爬坡像龙吸水，下坡像虎离山，倒土像燕子飞。一排与二排搞对口竞赛，比着干，两个排的战士担担挑土一百五……有的战士一担土足有二百多斤。战士潘义贵年龄小，体力弱，但也不甘落后，鼻子流血，同志们劝他休息一会，他说："流点血怕什么，我心里想到革命老前辈，想到红军长征两万里，再苦再累也不觉苦。轻伤不下火线嘛！"说完又挑起一百五六十斤重的担子，飞步冲下了山头。其他战士在小潘这种革命精神的鼓舞下，越干越猛，越干越有劲，一直干到下午五点多钟才收工回驻地，大大加快了工程进度。

可见师部誓师大会的动员取得了极佳的成效，民工战士们的建设热情更加高涨，工地一派你追我赶、热火朝天的繁忙景象。

而"革命竞赛"不仅局限于单纯的比拼工程进度，还有其他相关的活动。如铜山公社民兵营的全体民工在全营指战员的主持下开展了"一学三批五大讲"的群众自我教育运动，并提出了"真学大寨拼命干，平均工数三分半。立下愚公移山志，誓叫红旗铜山飘"的口号[3]。上峰民兵营开展"五比五赛"活动，即比学习赛思想、比干劲赛进度、比团结赛风格、比安全赛纪律、比班子赛方法[4]。铜山公社民兵营尚洪连则"组织战士利用晚上时间进行大学习、大批判、大讨论，认真总结经验，找出差异，制定措施"[5]，显著加快了所负责的工程进度。

---

1 《在市、县委的亲切关怀下，秦淮新河切岭段工程开工誓师大会隆重召开》，载江宁县秦淮新河工程民兵师政办组编《工地战报》第7期，1975年12月28日。

2 《想着干，比着干，争着干》，载江宁县秦淮新河工程民兵师政办组编《工地战报》第8期，1975年12月29日。

3 《出大力，流大汗，节前挑土超十万——铜山公社民兵营学理论，抓路线，鼓干劲，开展比学赶超活动》，载江宁县秦淮新河工程民兵师政办组编《工地战报》第9期，1975年12月30日。

4 《学社论，狠抓纲，战当前，赛登攀》，载江宁县秦淮新河工程民兵师政办组编《工地战报》第15期，1976年1月17日。

5 《出大力，流大汗，节前挑土超十万——铜山公社民兵营学理论，抓路线，鼓干劲，开展比学赶超活动》，载江宁县秦淮新河工程民兵师政办组编《工地战报》第9期，1975年12月30日。

《花园战报》第 9 期

《战地生活》第 3 期（1976 年 1 月 5 日）

同样的，方山营的各位指战员，对前一段时期的工作和学习情况做了认真总结，"肯定成绩，找出差距，制定措施"，以便在未来施工中"发扬成绩，克服缺点，以利再战"[1]。此外，各地民兵营还开展了诸如"革命竞赛""五比五赛""讨论总结"等类似的学习活动。秦淮新河工程那蜿蜒 10 公里的工地上处处洋溢着你追我赶、实干苦干的奋斗氛围，极大加快了工程的进度。

当然，有如此积极的建设氛围，党员干部的带头作用不可忽视。陈店连工地的条件虽然艰苦，但工程建设却火热进行，这就是营防公社民兵营陈店连连长、共产党员叶安泽同志模范带头作用的成效。民工们称赞他："我们连长带头干，样样工作走在前，真是我们的好连长。"年仅 20 多岁的叶安泽在参加秦淮新河工程时，不过是才提拔到领导岗位上的新干部。在工程开始后，他不仅加强自己的思想学习，而且经常和民工战士们大讲秦淮新河工程的重要意义。有位小战士在看到工程的一些困难后产生了怕苦畏难思想，叶安泽主动和他谈心，说："开挖秦淮新河是根治水患、确保农田高产稳产的关键措施。为革命开河，为人民造福，我们苦得乐意，苦得光荣。"在平常生活中，除了开会和处理一些问题外，叶安泽天天和战士们力出在一起、汗流在一处，有为了秦淮新河工程而如此以身作则的连长，战士们怎么可能甘居下流？全连的战士们在他的带动下，个个干劲十足，决心以优异的成绩向工程誓师大会献礼[2]。

这些干部并不局限于直接参加工程的一线人员，很多地方的基层干部受到秦淮新河工地上那热火朝天氛围的感染，毅然走入工地与民工战士们一同奋斗，为秦淮新河的早日竣工贡献自己的力量。《工地战报》第 23 期报道了江宁县机关干部与民工战士们一起努力为秦淮新河工程添砖加瓦的事迹：

> 二十四日清晨，民工还未到工地，县级机关的同志就大担大担地干了起来，他们你追我赶，奋勇争光。初春的早晨寒气迫人，可他们却穿着单衣薄衫，头上冒着团团热气，战士们看到革命干部冲天的革命干劲，深受感动，劝他们少挑一点。可他们坚决不肯，越干越猛。县文化馆的一位同志说："贫下中农为早日开好秦淮新河，为尽早完成秦淮新河工程日夜奋战，我们要向你们学习，为革命争挑重担。"
>
> 在革命干部带动下，工地上比往日干得更欢了。战士们说："县级机关干部在百忙之中抽出时间来我们工地参加劳动，这对我们是有力的支援、亲切的关怀、极大的鼓舞

---

1 《总结经验，以利再战》，载江宁县秦淮新河工程民兵师政办组编《工地战报》第 24 期，1976 年 3 月 10 日。
2 《我们的好连长——记营防公社民兵营陈店连连长叶安泽同志》，载江宁县秦淮新河工程民兵师政办组编《工地战报》第 5 期，1975 年 12 月 26 日。

和鞭促。我们一定要苦干实干拼命干，保证在清明前不折不扣地完成县委下达的任务。"

　　来到工地参加劳动的机关干部中有不少是年过半百的老同志，可他们仍然不减当年勇，和小伙子们一样挑担飞跑[1]。

正如横溪公社民兵营总结的那样"想要土方上去，就得干部下去"[2]，广大党员干部于艰险处请缨、在风浪中成长，知难而进，迎难而上。秦淮新河这块铁，是党与人民一起打的；秦淮新河这块钢，是党与人民一起铸的。

　　毫无疑问，积极向上的工程建设热情不仅来自民兵营组织各种竞赛活动和领导干部的带头作用，更多的是民兵战士们自己的觉悟与努力。为秦淮新河工程而奋斗，这些水利战士们不惜流血牺牲，靠的就是彻底拔掉南京水患祸根的坚定信念，为的就是还秦淮河两岸百姓幸福生活的伟大理想。水激则石鸣，人激则志宏。在这样的信念与理想的带领下，秦淮新河工地上出现了"干部能下海，战士能擒龙"[3]"老将不减当年勇，小将斗志更加旺"[4]的团结气氛。

秦淮新河工地上的豪言壮语

1　《县级机关干部来劳动》，载江宁县秦淮新河工程民兵师政办组编《工地战报》第21期，1976年2月25日。
2　《想要土方上去，就得干部下去》，载江宁县秦淮新河工程民兵师政办组编《工地战报》第6期，1975年12月27日。
3　《老将不老，干劲不小》，载江宁县秦淮新河工程民兵师政办组编《工地战报》第8期，1975年12月29日。
4　《回击右倾翻案风》，载江宁县秦淮新河工程民兵师政办组编《工地战报》第21期，1976年2月25日。

秦淮河土桥工程大会战中秣陵公社组织慰问团来到工地（1974年冬）

　　《工地战报》第8期刊登了老战士夏仁武的感人事迹。夏仁武年过半百，却不服老，为了照顾他的身体，领导让他担任炊事员，可他坚决要求上工地挑土。在战斗中，他和小伙子一样，担子挑得大，步子跑得快。回到驻地，他一会儿打扫卫生，一会儿帮助炊事员挑水，忙碌不停。在1月22日的晚上，拖拉机拉来一车青菜，当夏仁武看到同志们已经入睡，就主动起来，顶着腊月那刺骨的寒风，和炊事员一起把1000多斤的蔬菜卸下来。其他战士知道此事后，深受感动，并表示要向夏仁武学习。可夏仁武却谦虚地说："这些事是我们应该做的，我有一分力，就要为革命发一分光。"[1]

　　像老战士夏仁武这样"不减当年勇"的老将在秦淮新河工地上比比皆是。殷巷民兵营五库连的老战士周诗贵同志也是如此。他整天和小伙子一样，满脸汗水，挑着重担，精神抖擞地在工地上来回奔跑。战友们对周诗贵的事迹赞不绝口，称他是一个"闲不住"的人。尽管周诗贵已经头发斑白，但自从参加秦淮新河的建设战斗以来，没有喊过一声累，没有叫过一声苦。在同连的战士们都回驻地吃晚饭后，周诗贵却主动要求留在工地上管理工具。他闲不住挥起钉耙，翻起土来，继续进行白日的工作。当战友来到工地上发现后，周诗贵却表示：

---

1 《出大力，流大汗，节前挑土超十万——铜山公社民兵营学理论，抓路线，鼓干劲，开展比学赶超活动》，载江宁县秦淮新河工程民兵师政办组编《工地战报》第9期，1975年12月30日。

"最近毛主席教导我们要'世上无难事，只要肯登攀'，别看我年纪大，也要为开辟新河多出力，多出汗。"[1]正如汤山民兵营"山外青山楼外楼，还有英雄在后头"[2]的口号，老将如此，小将自然不遑多让！虽然一些民工战士年纪轻轻，但为大家开河的斗志、拼劲丝毫不比其他战士差。横岗连的小战士王寿保，参加秦淮新河工程时只有16岁。虽然个子矮小，但王寿保和其他千千万万参与工程的战士一样，胸怀"改造旧山河，建设新农村"的豪情壮志，在工地上顽强奋斗，战友们都赞扬他是工地上的"小猛虎"[3]。

开挖秦淮新河，为沿岸百姓谋福祉，这样的信念同样在女战士们的心中延续着，雨水冲不倒，大风刮不倒。弱肩担当如铁的责任，巾帼亦可筑豪情之志！在秦淮新河工程中，大量的女同志不惧险阻、克服困难，直接参与一线的工程建设。周岗公社民兵营长干连有一支由女同志组成的特殊队伍，她们"巾帼不让须眉"，努力奋斗，还喊出了"能挑千斤担，不挑九百九"的豪言壮语：

> 当前，一场劈山开河、改天换地的战斗已经打响了。周岗公社民兵营长干连女民兵班的战士，怀着为普及大寨县，建设社会主义新农村而大干一场的革命豪情，来到秦淮新河沸腾的工地上，与广大民兵战士并肩挥汗战斗！
>
> 她们的决心是：学理论，抓路线，树雄心，出大力，流大汗，能挑千斤担，不挑九百九。我们都要像一个真正的革命战士那样，坚决完成每一项战斗任务，不管有什么艰难险阻，我们都要一往无前，顽强战斗，不把这条河开好，决不下战场。通过这场改天换地的战斗，努力把自己锻炼成坚强的革命战士，以实际行动，给"男尊女卑"的陈腐观念当头一棒！为将把我们现在还很落后的乡村，建设成一个繁荣昌盛的乐园而献出我们的青春[4]。

"红旗招展战歌响，新河工地摆战场。中华儿女多奇志，敢叫山河换新装"[5]。这些女同志面对困难展现了一往无前、顽强战斗的动人气魄，她们的所作所为无愧于这首赞诗！不仅有女民兵战士参与秦淮新河工程的建设，一些地方基层女干部也不畏险阻，踊跃报名加入：

1　《闲不住的人》，载江宁县秦淮新河工程民兵师政办组编《工地战报》第12期，1976年1月7日。

2　《抓阶级斗争，鼓革命干劲》，载江宁县秦淮新河工程民兵师政办组编《工地战报》第14期，1976年1月13日。

3　《挥锹开辟新天地，五尺扁担造新河》，载江宁县秦淮新河工程民兵师政办组编《工地战报》第12期，1976年1月7日。

4　《能挑千斤担，不挑九百九——记周岗公社民兵营长干连全体女战士的决心》，载江宁县秦淮新河工程民兵师政办组编《工地战报》第8期，1975年12月29日。

5　《能挑千斤担，不挑九百九——记周岗公社民兵营长干连全体女战士的决心》，载江宁县秦淮新河工程民兵师政办组编《工地战报》第8期，1975年12月29日。

　　在丹阳民兵营高台连的工地上，有几个英姿勃勃的女战士，挑着满满的担子，来回奔跑着，她就是高台连长、共产党员金春英同志。

　　要问这个营其他连都是男同志，为何高台连还有女同志呢？原来是这样的，高台大队党支部在研究如何挑选人员参加秦淮新河工程大会战的难题时，金春英同志是大队党支部副书记，在支部大会上她首先报告，要求参加这次战斗。开始有的同志说："这次开河离家远，人数要求不多。就让男同志去吧！"金春英、李文英、吴敬花、金爱凤等女同志都坚定地说："毛主席教导我们'时代不同了，男女都一样，男同志能办到的事情，女同志也能办到。'我们女同志立志积极参加这场战斗，为秦淮新河工程做出贡献。"在她们强烈的要求下，大队党支部作出决定，批准了李文英、吴敬花、金爱凤的要求，并让金春英同志担任高台连连长。消息传开后，"铁姑娘班"立即活跃起来。第二天，她们就高高兴兴地背着行李，挑着担子，随大部队来到了大会战工地。

　　一到工地，她们就和男同志一样干。在十几天的战斗中，她们没有一个人叫累，也从未休息过一天，特别是连长金春英同志，既当指挥员，又当战斗员，带头苦干。她们几个女同志不仅大干苦干，还利用晚上下班和吃饭休息的时间，主动帮助男同志洗衣服，补衣服。战士小徐，施工中不小心，衣服撕了一个洞，放在宿舍里，被她们不声不响地补好了。小徐拿到补好的衣服激动得连连称谢。

　　现在，金春英、李文英、吴敬花、金爱凤四个同志的先进事迹，在丹阳营工地上四处传颂，真是："秦淮新河大会战，妇女赛过男子汉。学习先进赶先进，改天换地谱新篇。"[1]

　　坚守如磐，一片赤心开新河；奋斗如虹，两肩为民谋福祉。择一事专一事，爱一行专一行，这些女同志们"不爱红装爱武装"，在黄土地上以汗水铸就青春之花，以柔肩撑起秦淮新河的半边天！

　　后勤供应是秦淮新河工程不可忽视的重要环节。秦淮新河工程顺利竣工后不久，镇江地区指挥部就总结："搞好后勤供应是开好秦淮新河的基本保证。"[2] 后勤包括饮食、住宿、治安、医疗等各方面，与民工的生活息息相关，它的好坏直接决定了秦淮新河工程能否取得胜利，正如中共镇江地委王一香书记强调："生活问题要搞好，保持体力。把兵练强，不能把

1　《工地上的半边天》，载江宁县秦淮新河工程民兵师政办组编《工地战报》第 14 期，1976 年 1 月 13 日。
2　江苏省秦淮新河工程镇江地区指挥部：《抓纲治河，团结治水——开挖秦淮新河工程第一期任务初步总结》，1979 年 1 月 1 日。

秦淮新河大会战挑河场景

身体搞坏了，这个工作本身也是政治工作。"[1]

　　当地群众对秦淮新河工程的大力支持，是工程顺利开展的坚实基础。就住宿方面而言，秦淮新河工程的民兵得到当地群众的慷慨援助。当时约有7万镇江地区的民兵住宿在当地民房附近临时搭建的工棚中，其余民兵大都住民房[2]。江宁县为安排好民兵住宿，从县委到公社、从工矿到大队都成立了接待组，层层动员，逐户落实，尽量把好房子让给民兵住。在此背景下，工程民兵与当地群众深入接触，发生了许多感人事迹。

　　1978年12月25日的秦淮新河工程镇江地区指挥部《简报》第10期特意选登了四个小片段，表达对南京市各级单位以及广大群众的感谢。这几个小片段原刊载于武进县分指挥部《工地战报》第13期。

　　第一个片段是《东山脚下情谊深》，描写了江宁区党组织和群众以实际行动，给予工程队伍住房、粮食、器具支持的生动场景；《公鸡为啥不啼了？》写的是孙双梅为不打扰民兵休息而杀掉公鸡的故事；《宋西队里亲人多》则为群像式的描写，定格了东山公社翻身大队宋西生产队的

1　镇江地区水利局档案:《卫生工作意见》，1979年1月。
2　江苏省秦淮新河工程镇江地区指挥部:《抓纲治河，团结治水——开挖秦淮新河工程第一期任务初步总结》，1979年1月1日。

干部、群众像亲人一样关心民兵的形象；《夸队长》以小曲的形式，赞颂了东山四队女队长李友兰支援工程的事迹[1]。

《工地战报》第 11 期则刊登了土桥公社民兵营上合连的民兵战士们与群众相处的几个小片段：

> 土桥公社民兵营上合连全体战士，遵照伟大领袖毛主席关于"加强纪律性，革命无不胜"的教导，认真执行"三大纪律八项注意"，加强组织纪律性，搞好与当地群众的关系。前巷一排排长许有志，以身作则，带头做好执行纪律的模范。每天早晨一起来，他都要为房东抹桌子，打扫卫生。前巷二排战士贾华驹，见房东缸里没有水，就主动拿起水桶为房东挑水[2]。
>
> 有一天，战士吴继能擦桌子不小心打碎了房东的两只碗。他立即到铁心桥供销社买了两只碗赔偿。在群众家里，他们一有空余时间，就帮助挑水、劈柴、扫地等等，只要能做到的事，大家都抢着干。群众热情地夸奖他们说："你们这些战士，真好似不穿军装的解放军。"[3]

战士们遵守革命纪律、热情帮助群众，这一特点在司厚仁《加强纪律性，革命无不胜》一文中得到了较好的总结："主动维护社会秩序是我们每个民兵战士的光荣职责，搞好革命团结，开展互相帮助是我们的一贯作风。"[4]

战士爱护群众，群众关心战士[5]。出于感谢战士们为民开河、艰苦奋斗的朴素感情，群众自发地为他们提供力所能及的帮助。周岗民兵营《切岭战报》报道了新桥连、秦淮大队战士们的故事：

> 我们新桥连的战士豪情满怀地来到秦淮新河工地上，到工棚后只搭了一个草棚，民工们住不下，只得住在社员陈广学家里。我们来到老陈家里，主人十分热情地招待我们，整理家具让出房间，安排我们住宿。当收工回来时，房东主动帮我们开铺、烧水，使大家很受感动。连长张昌根同志经常向战士们进行"三大纪律八项注意"的教育，尊重群

1　江苏省秦淮新河工程镇江地区指挥部办公室编：《简报》第 10 期，1978 年 12 月 25 日。

2　《遵守革命纪律，搞好群众关系》，载江宁县秦淮新河工程民兵师政办组编《工地战报》第 11 期，1976 年 1 月 3 日。

3　《执行纪律的模范排》，载江宁县秦淮新河工程民兵师政办组编《工地战报》第 20 期，1976 年 2 月 20 日。

4　《加强纪律性，革命无不胜》，载江宁县秦淮新河工程民兵师政办组编《工地战报》第 13 期，1976 年 1 月 9 日。

5　《遵守革命纪律，搞好群众关系》，载江宁县秦淮新河工程民兵师政办组编《工地战报》第 11 期，1976 年 1 月 3 日。

众，借东西要还，虚心地向凤翔生产队贫下中农学习，不吵不闹，早上提前起身，帮助主人家打扫卫生、挑水。

我们秦淮大队全体战士，怀着战斗豪情，以战斗姿态来到秦淮新河工地上，可是只有房屋一间，六十六名战士住宿无法安排，连长陈志技为此而着急，突然一位老人来到我们厨房，拉着连长手说："我家可以安排二十多人。"谁知道这位老人就是老贫农张志坚大伯。他知道我们住宿有问题，就不作声、不作气地空了房子，还把大孩子住的半间房子也让了出来，给我们开铺，使我们大家睡得舒舒服服。张志坚这种共产主义风格，对我们大家鼓舞很大，很多战士都激动地说："我们应该以房东为榜样，坚持做到一切革命队伍的人，都要互相关心，互相爱护，互相帮助。把困难留给自己，把方便让给别人。"[1]

军民鱼水情，守望相助，共同前行。并肩作战、团结治水的军民共建的壮观场景，靠的是民工战士们"正确对待群众，正确对待自己"的自我要求。在军民的共同奋斗下，最终实现了"搬山山低头，要河河让路"的伟大创举[2]！

美好未来的蓝图已经绘就，夺取胜利的号角已经吹响。建设秦淮新河，既是不可辜负的人生际遇，更是责无旁贷的历史使命。数万民工战士夜以继日奋斗在工地的黄土风尘中，兢兢业业的奉献、无私忘我的牺牲，有些人甚至献出了自己的生命。仅秦淮新河切岭段工程，就先后发生工程安全事故 426 起，伤亡 2417 人，其中死亡 7 人，重伤 163 人，轻伤 247 人。面对牺牲，淳朴的民工大军无怨无悔，以奋进的姿态激扬生命，坚怀信念，又脚踏实地，坚持战斗在工程一线。"犯其至难而图其至远"。尽管设备缺乏、条件艰苦，但广大民工战士们团结在党的旗帜下，以埋头苦干的努力、滴水穿石的毅力，唱响了当代愚公移山的宏伟赞歌！

3. 诗以言志，歌以咏怀——宣传报道所见诗歌

秦淮新河工程的宣传报道并没有局限于一般的公文，还多见新体诗、旧体诗词。这些诗歌能撼人心弦，滋养人的精神世界，又能给人以振奋和慰藉。

据统计，《工地战报》《战地生活》《切岭战报》《花园战报》等报刊刊登诗歌共有 22 首，其中以歌颂民工战士为主题的诗，数量最多，共计 10 首。这些诗歌中，不少是表达对参与

1　《团结治水谱新歌》，载江宁县周岗民兵营政办组编《切岭战报》第 5 期，1976 年 1 月 5 日。
2　《团结治水》，载江宁县周岗民兵营政办组编《切岭战报》第 3 期，1976 年 1 月 1 日。

工程的全体水利战士的赞美与敬佩，如铜井连通讯组《十六字令"干"》[1]：

> "干"，四万雄师上战场，
> 挥银锄，黄土飞山岗。
> "干"，一担挑走两座山，
> 小丘陵，让开五百丈。
> "干"，铁臂开出切岭段，
> 挖新河，吓死水龙王。
> "干"，秦淮河畔换新装，
> 搬洪水，抗灾夺高产。

也有以新体诗形式表达敬意的，如龙潭连通讯组《赞秦淮新河工程民兵战士》[2]一诗，就直截了当地表达了对秦淮新河工程民兵战士的敬意：

> 工地是翻滚的大海，
> 你是浪尖上年青的海燕。
> 铁心桥是战斗的岗位，
> 你把重任担在肩上。
> 挑担土，翻座山，
> 拼死拼活加油干。
> 你把阶级的感情记在心，
> 你是革命的英雄汉。
> 一根扁担挑起了长江的波澜，
> 一把银锹画出了新河的图案，
> 你誓把汗水滴晒在工地上，
> 一心消灭秦淮河的水患。

除了对全体民工战士的赞美，部分诗歌还赞颂了工地民兵个人的光荣事迹，如朱家坊一队社员陈义林《秦淮新河工地组诗二首——女营长》，就是对丹阳民兵营高台连连长金春英的光

---

1 《十六字令"干"》，载江宁县秦淮新河工程民兵师政办组编《工地战报》第 6 期，1975 年 12 月 27 日。
2 《赞秦淮新河工程民兵战士》，载江苏省秦淮新河工程花园公社民兵营政办组编《花园战报》第 9 期，1976 年。

荣事迹的称颂：

> 秦淮新河摆战场，千军万马战犹酣。
>
> 红旗漫卷大地动，热浪滔滔化冰霜。
>
> 来到民兵班，大筐接大筐。
>
> 小伙子，硬棒棒，一个更比一个强。
>
> 这个挑九方九，那个挑土超十方，
>
> 早看平原地，晚看一座山，
>
> 挑土冠军知是谁？乃是民兵女营长。
>
> 全班都是男民兵，为何来个女营长？
>
> 全党动员学大寨，战天斗地她志坚强，
>
> 秦淮新河大会战，远征没有她名单。
>
> 书记门前团团转，有话真对书记讲：
>
> "时代不同了，男女都一样。"

还有一些诗歌反映了民工战士在秦淮新河开挖过程中，有关毛主席思想、著作以及各种会议精神的学习情况。如丹阳营《主席诗词放光芒》[1]就描绘了民兵战士们对毛主席《水调歌头》《念奴娇》两首词的学习感悟：

> 主席诗词放光芒，秦淮河畔齐欢唱，
>
> 越学心里越亮堂，豪情满怀斗志昂。
>
> 主席诗词放光芒，继续革命明方向，
>
> 战天斗地拼命干，誓叫江宁变昔阳。
>
> 主席诗词放光芒，阶级斗争不可忘，
>
> 反修防修志更坚，亚洲四海红旗扬。

丹阳民兵营《进军号》[2]则是在 1976 年 1 月 6 日师部召开元旦社论广播学习大会的背景下有感而发创作的，表达了民兵战士们建成秦淮新河的信心：

1　《主席诗词放光芒》，载江宁县秦淮新河工程民兵师政办组编《工地战报》第 12 期，1976 年 1 月 7 日。

2　《进军号（诗）》，载江宁县秦淮新河工程民兵师政办组编《工地战报》第 16 期，1976 年 1 月 21 日。

广播大会进军号，上级首长发号召，

学习社论抓路线，大干快上掀高潮。

广播大会进军号，二万大军齐欢悦，

下定决心战当前，三十五万定拿到。

广播大会进军号，人也欢来山也笑，

大干苦干拼命干，定叫江宁换新貌。

还有一部分诗歌以反映工程建设场面为主题。东善民兵营通讯组的《绘新图，十六字令"干"》[1]，
形象地描述了秦淮新河工地上热火朝天的建设情况：

一轮红日照前程，

一杆杆红旗舞东风，

一颗颗红心向着党，

一支支会战大军上战场。

一个个战士挑河忙，

一排排队伍长又长，

一座座山头被搬走，

一条新河长又宽，

一年建成大寨县，

一场战斗绘新图。

同属东善民兵营通讯组创作的《誓师大会赞》[2]采用了夸张的手法，从视觉、听觉等多角度生
动描绘了誓师大会现场的热闹景象：

蓝天下，战旗火样红，

山岗上，民兵战士呼出高风，

大会开始，

欢呼声如巨浪起，

震得切岭山岗动！

---

1 《绘新图，十六字令"干"》，载江宁县秦淮新河工程民兵师政办组编《工地战报》第 6 期，1975 年 12 月 27 日。

2 《誓师大会赞》，载江宁县秦淮新河工程民兵师政办组编《工地战报》第 7 期，1975 年 12 月 28 日。

红彤彤的决心书，

飞出民兵战士的心底。

它把千万颗红心，

映得更红。

一次次发言，

铿锵有力似切岭，

字字千钧，

句句雷霆，

表达了千万个战士火热的心。

掌声暴风起，口号惊雷动！

省、市、县委的号召，

一市三县人民的愿望，

江宁变昔阳的宏图，

刻印在每个民兵战士的心中！

与其他强调工程建设大场面的诗歌不同，《营部领导查铺来》[1] 这首诗则聚焦于领导查铺这件小事。通过对领导干部为战士们盖好被子、摆好鞋两处细节描写，点明了干部与战士同心，皆为秦淮新河工程贡献力量的良好工作氛围：

隆冬深夜霜花开，山村处处静下来，

一道电光亮村头，营部领导查铺来。

营部领导查铺来，盖好被子摆好鞋，

认真查看细关怀，阶级友谊深如海。

营部领导查铺来，问长问短暖心怀，

领导关怀添力量，誓把山河重安排。

有的诗歌将目光集中于为广大挖河战士提供生活保障的群众身上，以细节刻画他们无私奉献、大力支持工程的点点滴滴，突出了施工人员与广大群众鱼水一家的亲密联系。代表作是见于 1978 年 12 月 25 日秦淮新河工程镇江地区指挥部《简报》第 10 期的《夸队长》：

---

1 《营部领导查铺来》，载江宁县秦淮新河工程民兵师政办组编《工地战报》第 13 期，1976 年 1 月 9 日。

打起竹板滴答响，好人好事唱一唱：

今天不把别人讲，夸夸东山四队女队长。

党员队长李友兰，党的话儿记心坎。

会战民兵来到庄，问寒问暖聊家常。

有啥困难热情帮，为了施工时间抢。

凌晨四点就起床，抄近路、争速度，带领部队上战场。

共产党员李友兰，助人为乐人人赞。

看见民兵衣服脏，洗净晒叠地铺上。

看见天气好晴明，拿出被子晒太阳，串门访户日夜忙。

家里腾出新瓦房，里外打扫明又亮。

拿出枰橙和用具，生活住宿安排当。

会战民兵一进庄，满面春风喜洋洋。

看见工具坏一旁，全家动手帮着装。

有的民兵生了病，端茶递水真周详。

有的胃口不太好，油炒鸡蛋冲藕汤。

为使民兵睡好觉，三只公鸡全杀光。

学友兰、好队长，思想品德真高尚。

学习房东好榜样，会战秦淮献力量。

不知是秦淮新河工地拼搏向上的建设热情给这些诗人提供了奋发的意境，还是诗人的诗为工地建设提供了源源不断的进取热情，可能诗和工地，原本就是一根藤上结出的两颗硕大的瓜。语言反映热情，热情熔铸语言。斗志于无声处迸发惊雷声，这就是诗歌的力量！秦淮新河工程宣传报道中所见的诗歌，不仅是往日的记忆碎片，更能指导来日的前进方向。

4. 宣传之音，绕河不息——宣传报道之力量

如果想要弄清秦淮新河的建设历史，那我们就必须借助当时的各种宣传报道。尤其是那些由直接参与秦淮新河建设的民兵营自发编纂的报刊，不仅提供了秦淮新河的相关资料，还能反映工程建设中宣传的力量。

以报刊为媒介的秦淮新河工程宣传，为当时广大的民工战士介绍了部分民兵营的先进经验，间接提速了工程进度。如《工地战报》第 27 期介绍了殷巷民兵营抓好安全生产的三点先进经验：一是认真进行思想学习，坚持对战士进行安全生产教育，及时举办机电工、安全员和施工员的学习班。二是不断总结经验教训，落实好安全措施，同时根据薄弱环节，配备

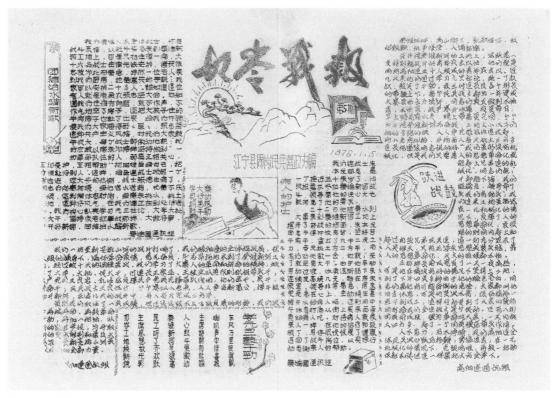

《切岭战报》第 5 期（1976 年 1 月 5 日）

专职电工和安全人员，制定安全制度和注意事项。三是转变作风，加强领导。为了做到安全
生产，干部改变工作作风，哪里容易出问题，他们就战斗在哪里[1]。麒麟民兵营的先进经验也
为其他民兵营广泛接受并学习。在缺少爬坡机的情况下，麒麟民兵营不仅工程进度快，而且
确保了工程质量，这是因为他们创新性地运用了毛主席军事思想指挥战斗，比较好地处理了
革命化与机械化、歼灭战与消耗战、"给我上"与"跟我上"这三种主要关系[2]。在学习麒麟
民兵营的先进经验后，其他民兵营的工程进度果然有所加快。

通过宣传报道，还纠正了工程中的部分民兵战士的错误思想。在确保思想正确后，工地
进取之氛围比之前更加浓厚。如禄口民兵营余庄连"思想路线正，革命干劲增"，出现了干
部战士上工早、收工迟、团结奋战的工作景象，工程进度不断提高，好人好事不断涌现[3]。上

---

1 《以阶级斗争为纲，抓好安全生产——介绍殷巷民兵营抓好安全生产的经验》，载江宁县秦淮新河工程民兵师政办组编《工地战报》第 27 期，1976 年 3 月 30 日。

2 《用毛主席的军事思想指挥战斗——麒麟民兵营麒麟门连抓纲促方的体会》，载江宁县秦淮新河工程民兵师政办组编《工地战报》第 29 期，1976 年 4 月 6 日。

3 《铲除私字朝前进》，载江宁县秦淮新河工程民兵师政办组编《工地战报》第 16 期，1976 年 1 月 21 日。

坊民兵营的《跟谁比》[1]则敏锐地指出部分民兵战士在工地"五比五赛"活动中，存在不愿比、不想比、错误比的错误思想：

> 在这场大会战的战斗中，应该怎样比，跟谁比？对这个问题应该弄清楚。如果指导思想不端正，不是跟先进比，而是跟后进比，其结果是思想觉悟越比越低，志气越比越短，干劲越比越差，工程进度必然要落在后进的后头。这是被许多事实证明了的一个客观规律。不跟先进比，只跟后进比，这也是继续革命觉悟不高的一种表现。

而《时间不等人》[2]这篇评论则指出1976年春节时出现了"少数人对这莺歌燕舞、旧貌变新颜的大好形势看不到，对这宝贵的青春认识不足。错误地认为，春节刚过，再等一等，看一看"的消极怠工现象，并对因此产生的纪律性不强、出勤不齐、工效不高等问题的本质展开论述：

《工地战报》第6期

> "等一等，看一看"的思想，实际上是怕苦怕累，是继续革命觉悟不高的表现。有了这种思想，就不能争分夺秒，大干快上，让这种思想存在，就要贻误战机，就要错过时光。我们说不能等一等，看一看，而是要干一干，赛一赛。

工程中的宣传报道，还可以传达各种会议精神。《工地战报》第7期详细记载了1975年12月26日秦淮新河切岭段工程开工誓师大会的开会内容和会议精神[3]，并附记了各民兵营在誓师大会后的内部学习情况。《工地战报》第15期记载了1976年1月6日召开的以"学社论，

---

1 《跟谁比》，载江宁县秦淮新河工程民兵师政办组编《工地战报》第17期，1976年1月24日。

2 《时间不等人》，载江宁县秦淮新河工程民兵师政办组编《工地战报》第18期，1976年2月10日。

3 《在市、县委的亲切关怀下，秦淮新河切岭段工程开工誓师大会隆重召开》，载江宁县秦淮新河工程民兵师政办组编《工地战报》第7期，1975年12月28日。

狠抓纲，战当前，赛登攀"为主题的全师广播大会中各民兵营的发言摘要[1]。

通过传达各种会议精神，宣传报道工作直接带动了各民兵营的工作热情。师部于1976年1月24日在江宁民兵营工地召开大会，现场将循环红旗授给表现优异的江宁、东善、龙都3个民兵营，要求这3个营的民兵战士谦虚谨慎、戒骄戒躁，并且在未来继续发扬成绩、克服缺点，争取更大胜利，其他民兵营的战士们要"学先进、赶先进，奋起直追，攀登高峰"[2]。

丹阳民兵营曾就《工地战报》的重要性写信给报刊编辑：

> 普及开挖秦淮新河的好思想、好经验、好作风，介绍给广大水利战士，使大家学有榜样，赶有目标，也是我们当前结合学习"九四社论"的活教材，它深受我们广大指战员的欢迎……使每期《工地战报》都能和广大战士见面，充分发挥《工地战报》的作用[3]。

从上述材料可以看出，宣传报道在秦淮新河建设过程中发挥了极其重要的作用。秦淮新河工程庞大，参与建设的干部、民工、群众人数众多，不同的人会有不同的诉求，对开辟秦淮新河也会有不同的看法。越是诉求不同、看法不同，凝聚共识就越是重要。实践证明，只要通过沟通协商凝聚共识，找到数万工程人员心中的最大公约数，并以此为基础，达到心往一处想、劲往一处使的效果，那么就没有搬不走的山、挖不开的河。回望秦淮新河工程的建设之路，宣传报道介绍先进经验、纠正错误思想、传达会议精神、推动开展竞争……全体工程人员正逢其时，重任在肩，被宣传报道的文字力量凝成一块坚硬的钢铁，迸发出踔厉奋进、勇毅前行的豪情壮志。点点星火汇聚成炬，涓涓细流积成江河，宣传报道沿着蜿蜒的秦淮新河记录着当代愚公的动人篇章。

二、先进单位、个人及事迹表彰

据镇江市档案馆、南京市江宁区档案馆的馆藏资料，在秦淮新河工程实施的几年中，南

---

1 《学社论，狠抓纲，战当前，赛登攀》，载江宁县秦淮新河工程民兵师政办组编《工地战报》第15期，1976年1月17日。

2 《发扬成绩攀高峰，再鼓干劲战当前——师部在江宁民兵营工地召开了现场会，授给江宁、东善、龙都营循环红旗》，载江宁县秦淮新河工程民兵师政办组编《工地战报》第17期，1976年1月24日。

3 《充分发挥〈工地战报〉战斗作用》，载江宁县秦淮新河工程民兵师政办组编《工地战报》第14期，1976年1月13日。

京市人民政府和秦淮新河工程镇江地区指挥部、中共江宁县秦淮新河工程民工指挥部分别对参与秦淮新河工程的单位和个人进行了表彰。其中，南京市人民政府对江宁县人民政府及参加续建秦淮新河船闸一期工程的全体民工进行了整体表彰；秦淮新河工程镇江地区指挥部、中共江宁县秦淮新河工程民工指挥部分别对参加秦淮新河工程切岭段的相关单位和个人，以及参加秦淮新河工程的镇江地区相关单位和个人进行了表彰。秦淮新河工程镇江地区指挥部的奖项分别授予秦淮新河工程镇江地区先进单位 9 个、先进民兵团 30 个和先进个人 130 人；中共江宁县秦淮新河工程民工指挥部表彰了秦淮新河工程中的红旗单位 2 个和先进标兵 25 人，并对先进标兵事迹进行汇总；其后还对切岭段石方工程先进营 9 个、先进集体 158 个和先进个人 982 人进行了表彰。

1. 南京市人民政府嘉奖江宁县人民政府及参加续建秦淮新河船闸一期工程的全体民工

据南京市江宁区档案馆馆藏资料，在加快秦淮新河船闸续建工程的建设中，"江宁县人民政府及参加续建秦淮新河船闸一期工程的全体民工，积极承担开挖船闸上下引航道的任务，并取得了首战先捷的成绩"[1]。对此，南京市人民政府于 1984 年 3 月 28 日发布宁政发〔1984〕89 号文件《关于嘉奖江宁县人民政府及参加续建秦淮新河船闸一期工程全体民工的通报》，就江宁县人民在秦淮新河工程中的辛苦付出在全市予以通报嘉奖。文件指出，江宁县为完成秦淮新河船闸续建这一关键性工程，主动接受任务，迅速抽调 16 个乡 1.5 万多民工组成工程队伍，在工程中"发扬顽强战斗的革命精神，克服沟塘多、淤泥深、河坡陡等困难，仅用 20 多天，就完成 24 万土方的工程量，提前 10 天实现了第一期工程的要求"。此外，南京市人民政府还对县各级领导进行表彰，赞扬他们在工程中"始终亲临第一线，坚持现场指挥，现场解决问题；各有关方面相互配合，相互支持，确保了工程质量，加快了工程进度，在领导方法和工作方法上都有新的改革"。

通过此次嘉奖，南京市人民政府希望对江宁县人民政府及参加续建秦淮新河船闸一期工程的全体同志起到激励作用，并鼓励他们为船闸工程及日后推动其他各项工作做出更大的成绩。

2. 江苏省秦淮新河工程镇江地区指挥部对镇江地区单位和个人通令嘉奖

在秦淮新河开挖的过程中，江苏省秦淮新河工程镇江地区 12 万名民兵战士积极响应省委的号召，认真贯彻党的十一大路线和新时期的总任务，"抓纲治河、团结治水，充分发挥

---

1 南京市人民政府：《关于嘉奖江宁县人民政府及参加续建秦淮新河船闸一期工程全体民工的通报》，宁政发〔1984〕89 号。

《关于嘉奖江宁县人民政府及参加续建秦淮新河船闸一期工程全体民工的通报》

民兵的突击作用"，并且在地委和各级党组织领导下提前超额完成了第一期工程施工任务，
"为高速度发展农业，促进四个现代化作出了新的贡献，涌现出许多先进单位和先进个人"。
为表彰这一先进事迹，1978 年 12 月 31 日，江苏省秦淮新河工程镇江地区指挥部对相关单位
和个人进行了通令嘉奖[1]。

江苏省秦淮新河工程镇江地区指挥部此次授予的奖项有四类，分别为特等奖、单项奖、
先进单位奖和先进个人奖。其中，特等奖授予了溧阳县陆笙公社民兵团、丹徒县高桥公社民
兵团、溧阳县茶亭公社民兵团炊事班、宜兴县分指挥部工务科，分别发给奖状一张，奖金
2000 元或 500 元（仅宜兴县分指挥部工务科奖金为 500 元）；除特等奖外，江苏省秦淮新河
工程镇江地区指挥部还授予了单项奖，授予宜兴县新街公社民兵团为机械施工奖，发给奖状
一张，奖金 500 元。

对先进单位的授奖分为一等奖、二等奖、三等奖以及先进民兵团奖。其中授予宜兴县
分指挥部一等奖，发给奖状一张，奖金 1 万元；授予句容、武进、金坛、高淳、溧水、溧阳
等六县分指挥部二等奖，发给奖状各一张，奖金各 9000 元；授予丹徒、杨中两县分指挥部

---

1 江苏省秦淮新河工程镇江地区指挥部：《江苏省秦淮新河工程镇江地区指挥部嘉奖令》，1978 年 12 月 31 日。

三等奖，发给奖状各一张，奖金各8000元。

除此之外，还授予下列民兵团"先进民兵团"奖状各一张，奖金各500元。这些民兵团主要有：宜兴县分指挥部的大塍公社民兵团、万石公社民兵团、高塍公社民兵团、川埠公社民兵团、周墅公社民兵团；句容县分指挥部的后白公社民兵团、郭庄公社民兵团、白兔公社民兵团、亭子公社民兵团；武进县分指挥部的芦家巷公社民兵团、新安公社民兵团、薛家公社民兵团、百丈公社民兵团、北港公社民兵团、东安公社民兵团；金坛县分指挥部的直溪公社民兵团、唐王

南京市革委会在秦淮新河工地召开的慰问大会（1978年12月20日）

公社民兵团、建昌公社民兵团；高淳县分指挥部的永宁公社民兵团、沧溪公社民兵团；溧水县分指挥部的乌山公社民兵团、明觉公社民兵团；溧阳县分指挥部的上黄公社民兵团、后六公社民兵团、周城公社民兵团；丹徒县分指挥部的荣炳公社民兵团、宝堰公社民兵团、世业公社民兵团；杨中县分指挥部的三跃公社民兵团、八桥公社民兵团。

授予下列先进民兵连、班奖状各一张，奖金各200元。这些民兵连、班主要有：宜兴县分指挥部的洋溪公社民兵团徐渎连、分水公社民兵团河南连、新庄公社民兵团凌南连、闸口公社民兵团何家连、和桥公社民兵团石路连、铜峰公社民兵团大涧连、湖㳇公社民兵团东红连、大浦公社民兵团浦南连；句容县分指挥部的后白公社民兵团第二连、郭庄公社民兵团第二连、白兔公社民兵团第三连、亭子公社民兵团第三连、天王公社民兵团第一连、下蜀公社民兵团浮桥连、茅西公社民兵团第二连；武进县分指挥部的南夏墅公社民兵团河东连、马杭公社民兵团何家连、郑陆公社民兵团潘家连、横山公社民兵团东周连、薛家公社民兵团漕河连、百丈公社民兵团沟河连、厚余公社民兵团观后连、夏溪公社民兵团章庄连、村前公社民兵团岗角连、嘉泽公社民兵团丰庄连、成章公社民兵团成章班；金坛县分指挥部的城东公社民兵团东方连、薛埠公社民兵团绿化连、儒林公社民兵团儒林连、直溪公社民兵团坞家连；高淳县分指挥部的定埠公社民兵团第二连、丹湖农场民兵团第一连、漆桥公社民兵团第一连、薛城公社民兵团第二连；溧水县分指挥部的乌山公社民兵团红星连、群力公社民兵团堡星连、洪兰公社民兵团兴无连、孔镇公社民兵团红岩连；溧阳县分指挥部的陆笪公社民兵

团第一连、平桥公社民兵团第二连、余桥公社民兵团第三连、竹箦公社民兵团第五连、庆丰公社民兵团第三连、城南公社民兵团第一连、上沛公社民兵团方山连、新昌公社民兵团第一连；丹徒县分指挥部的辛丰公社民兵团跃进连、丁岗公社民兵团前岗连、大港公社民兵团赵庄连、谏壁公社民兵团跃进连；扬中县分指挥部的新坝公社民兵团第五连、三茅公社民兵团第一连、幸福公社民兵团第三连。

除了先进单位之外，江苏省秦淮新河工程镇江地区指挥部还集中授予先进个人奖，每人奖状一张，奖金 20 元。这些先进个人主要有：宜兴县分指挥部的张洪福、俞顺根、卢小忠、吴昌生、蒋华松、赵小龙、袁良兴、周国平、戚顺福、吴杏生、吴洪明、华超俊、周敖昕、徐瑞林、陈卫金、徐粉红、蒋小昕、王龙生、吴富生、邹安明、许汉明、袁国林；句容县分指挥部的杜志清、张应兴、尚明成、雷程照、韩荣芳、许发根、吴长义、余用贵、杜志俭、刘中华、张元根、邰寿山、张方贵、史九林、范本旺、李长荣、胡冬喜；武进县分指挥部的陆寒年、王龙兴、龚国平、何国祥、张国金、江永明、许本兴、吴国清、蔡玉祥、刘玉兴、刘细苟、陈亚平、言国金、何伯康、张仕芳、王敖福、曹金坤、王腊福、吴金海、闵华坤、吴国平、高国平、陈连根、蒋长保、尹士芳、王忠明、朱耀海；金坛县分指挥部的尹文泉、冯小海、王金春、沈建生、刘小明、倪须平、司马福洪、赵金荣、翟巨保、张旺洪；高淳县分指挥部的孙宜余、万政鉴、杨学好、陈昌柏、魏小牛、李新民、韩乐风、张福根；溧水县分指挥部的高家双、王治中、诸定先、吴保宁、谢春生、杜德胜、徐相麟、杨滑贵、胡法保、付中悌、陈大贵；溧阳县分指挥部的操云志、罗正法、芮志明、王瑞汉、李富庚、庄交齐、王振、谭书生、彭东平、吴鹤松、彭保生、周根喜、张原保、谈小兴、潘进富、蒋旭生、宋亚新、朱国京；丹徒县分指挥部的张荣六、陆廷太、李沅茂、张士奎、夏长裕、孔昌荣、冷马根、何纪坤、魏同生、方长贵；扬中县分指挥部的黄贤龙、陈金生、王贤才、高龙保、殷纪贵、赵其鹤、张乾华。

3. 中共江宁县秦淮新河工程民工指挥部临时党委表彰秦淮新河工程中的红旗单位和先进标兵

据 1977 年江宁县秦淮新河工程民工指挥部政办组编《先进标兵事迹汇集》记录，在 1975 年秦淮新河工程中的切岭段工程进行期间，"为了发扬成绩，表彰先进，激励斗志，夺取高效，拿下切岭段工程的胜利"[1]，中共江宁县秦淮新河工程民工指挥部临时党委表彰了秦

1 《中共江宁县秦淮新河工程民工指挥部临时党委关于授予东善民工营、长江民工营为红旗单位和李年平等二十五名同志为先进标兵的决定》，载江宁县秦淮新河工程民工指挥部政办组编《先进标兵事迹汇集》，1977 年 8 月 12 日。

秦淮新河工程江宁县立功受奖大会会场（1976年）

秦淮新河工程江宁县立功受奖大会获奖单位与个人合影（1976年）

淮新河工程中的红旗单位和先进标兵，这些先进标兵主要来自秦淮新河工程的机电排和民工营。来自机电排的有：一工区机电排李年平、四工区机电排陈贵富；来自民工营的有：营防民工营王明彩、土桥民工营许永启、长江民工营陈松义、方山民工营成志宏、上坊民工营羿宏顺、殷巷民工营陈才平、上峰民工营秦己和、淳化民工营汪厚强、禄口民工营徐景福、周岗民工营杨其踹、汤山民工营冯来才、花园民工营高德仁、湖熟民工营高家顺、横溪民工营周文彬、秣陵民工营马大成、丹阳民工营徐成风和夏兴福、江宁民工营张如来、东善民工营夏文其、铜井民工营胡为民、陆郎民工营陈明宝、谷里民工营乔传华。此外，还有来自指挥部修理所的时德芳等。

《先进标兵事迹汇集》还收录了中共江宁县秦淮新河工程民工指挥部对其表彰的25名标兵的先进事迹记录。通过这些记录，我们了解到这些先进标兵有8人是因为发挥榜样带头作用而被表彰，他们分别是乔传华、徐承风、马大成、陈明宝、张如来、高家顺、秦己和、许永启；有 8 人是因埋头苦干而被表彰，他们分别是陈财平、成志宏、羿宏顺、徐景福、夏文其、胡为民、冯来才、杨其踹；有 7 人是因拥有精益求精的技艺被表彰，他们分别是陈松义、高德仁、王明彩、李年平、陈贵富、时德芳、夏兴福、汪厚祥、周文彬。其先进事迹简要介绍如下。

（1）排长、班长类

乔传华，谷里民工营三排四班班长。来到工地后，他带头学习、苦干，严格执行工程制度。在他的带动下，全班人人表示学公报、见行动、鼓干劲、争上游。乔传华拖板车，既快又稳，装得满，拖得多。为了保护其他同志的生命安全，在一次拖板车中，他不顾个人安危，双手紧握车把，不让它下滑，避免了一场严重事故。此外，在需要清理炮地时，有的民工只顾完成任务，不肯费事装小石头上车。乔传华看到后，叮嘱全班同志要有吃苦耐劳的工作精神，说过之后带头干，为打眼放炮扫除了障碍。

徐承风，丹阳民工营一排副排长兼高台班班长。在工程进行期间的二、三月份雨水比较多，方塘里冲下去淤泥不少，徐承风为了不影响施工，经常一个人起早带晚地挖淤泥。在领导生产中，他将工作安排得有条有理，所以高台班从来没有因排水、修路而耽误施工，也从来没有丢失一件劳动工具，损坏过一部板车。他还十分重视安全生产，做到安全教育不离口，因此这个班一直没有出现过工伤事故。

马大成，秣陵民工营五排一班班长。他积极肯干，对待秦淮新河工程一丝不苟，对全班同志关怀备至，对自己严格要求。班里有人生病，马大成总是精心照顾，送茶送水。工程期间，他每天带领全班同志到最困难的地方作业，把条件好的地方让给别人。

陈明宝，陆郎民工营大塘班班长。在劳动中，他抢着干重活脏活，板车一拖几天不换班，天天超车，月月超额。平时，他爱护同志，关心战友，帮助工伤、病号同志拿药、倒开水、买饭菜。此外，陈明宝还会在有条件的情况下帮助别班完成任务。有一次，在完成了本班当天任务后，他带领全班同志支援、帮助牌坊班拉了 30 多车土石，牌坊班的同志深受感动。

张如来，江宁民工营新建班班长。他工作以身作则，劳动苦干实干，即使在生病的情况下也带病和全班同志一起战斗。张如来严格遵守革命纪律，带头执行各项规章制度。他每次都在会上讲安全生产，在实际工作中抓安全，因此全班没有出现过一次工伤事故。同时，张如来还带领全班同志做"分外"事，例如利用中午或晚上休息时间为全营挖龙沟。

高家顺，湖熟民工营跃华排排长。在工作中，无论是分内还是分外的事，不论是高温还是雨天，也不管是重活还是脏活，他都是抢着干，争着干，拼命干，从不叫"苦"。他轻伤不下战场，小病坚持战斗。由于高家顺以身作则，处处起带头作用，因此跃华排的各方面工作做得都很好。

秦己和，上峰民工营食堂炊事班班长。针对炊事员错误的思想行为，他撕开情面，进行斗争，并教育大家要公私分明。秦己和对人严，对己更严，从来不多吃多占，搞特殊化。由于秦己和严以责己，宽以待人，加强了全班团结，食堂工作越搞越好。

许永启，土桥民工营西城班班长。自石方工程开采以来，许永启从来不搞特殊。他每天安排好全班工作后，同大家一样大干苦干，坚持拖车战斗在工地上。在安全生产方面，他经常教育全班同志注意安全，自己带头执行安全生产制度。一年多来，他们这个班基本上没有出现过大的工伤事故。

（2）苦干实干类

陈财平，殷巷民工营下西排一班班长。他每月出满勤，干满点，上班走在前，下班走在后，平均每天要比别人多拉十几车贡献车。他还乐于做好人好事，每天早上提前半个小时起床，打扫室内外卫生，为同志们端洗脸水，打饭菜，洗衣服、鞋子。他经常主动帮助伙房挑水、择菜和喂猪。

成志宏，方山民工营板车运输工。从土石方开工以来，他一直坚持战斗在工地上，学习刻苦，工作积极，苦干实干。他学习雷锋同志全心全意为人民服务的精神，每天上工走在前，下工走在后，车子装得满，贡献车拉得多。他一心为革命，小病小伤从不肯休息。他还无私奉献，看到宿舍地下脏了就扫，看到缸里没水就挑，群众称他是"闲不住的人"。

羿宏顺，上坊民工营板车运输工。他原来在生产队即以积极肯干著称，曾多次受到领导表扬，连年被评为五好社员、先进生产者。在生产队里干活，羿宏顺的工分是最高的。来到工地后，他埋头苦干，认真工作。在劳动中，羿宏顺重活、苦活抢着干，把困难留给自己，把方便让给别人。

徐景福，禄口民工营板车运输工。一年多来，他为

秦淮新河工程江宁县立功受奖个人1（1976年）

工程苦干实干，出大力，流大汗，按时完成任务，多拖贡献车，天天都比别人多拖四五车，工作效率高，有时还带病坚持工作。群众称他是"拖不垮的板车运输工"。在秦淮新河工程中，徐景福坚守工作岗位，一心为公，从不考虑个人得失，能做到领导在场与不在场一个样，人多干与人少干一个样。

夏文其，东善民工营板车运输工。自参加石方工程以来，他学习认真，劳动苦干，助人为乐，受到了大家一致称赞。夏文其不怕苦不怕累，重活抢着干。他月月出满勤，每次都能及时完成任务，经常为同志们端菜端饭，打扫环境卫生，有时还积极协调同志之间的矛盾。

胡为民，铜井民工营板车运输工，他是下乡插队的知识青年。来到工地以后，他处处以高标准要求自己，事事向贫下中农学习。不管工作多艰苦，任务多艰巨，他总是迎着困难上。天气冷，温度高，他不怕，干劲大，拖车装石样样干。他天天拖贡献车，月月超额完成任务。

冯来才，汤山民工营排水工，原来担任排长。他工作以身作则，劳动带头苦干，后来因工作需要，又担任排水员。当排水工三个多月来，在雨水里钻，在泥水里滚，每天吃中饭要到一两点，吃晚饭要到九十点，遇到雨天，就吃在工地，战在工地。有时爆破飞起的土石把龙沟阻塞，他总是一个人清理，一干就是一两个小时，甚至几个小时，从不叫一声苦和累。

杨其踹，周岗民工营食堂炊事员。他为人忠诚老实，工作勤勤恳恳，埋头苦干。他在伙房做杂工，满腔热忱。主要负责烧煤、做饭、炒菜、挑水、淘米、洗菜、打饭、分菜、打扫卫生等。虽然事情多，活儿重，但他都是抢着去干，不管严冬还是酷暑，几百天如一日。

（3）技工类

陈松义，长江民工营爆破手。在工作中，他善于动脑筋，想办法，不仅出色地完成任务，没有出过一次爆破事故，而且还节省了炸药 700 公斤、雷管 400 只、导火线 200 公斤。他根据地形打炮眼，按照石方下药，分情况放炮，严格遵守爆破制度。不仅如此，在工地一有空闲时间，他就参加劳动，帮助打风钻、拖板车、撬石头、搬石头、理龙沟、降水池，还为伙房挑开水上工地。他还把剪剩下来的导火线，拆开来做点火芯子，做到废物利用。

高德仁，花园民工营爆破手。他坚决执行安全生产规章制度，做到不到时间不放炮。为了安全，他把雷管、炸药、导火线分开保管。每次放炮之前，他都要认真检查爆炮现场，以防事故发生。由于高德仁一心想着安全，他所负责的区域从没有出现过一次爆破事故。在工作中，他经常认真总结经验教训，在如何少用药、多炸石方面下功夫，在技术上精益求精，使得耗用爆炮材料大大减少，石碴炸得也比过去多，达到了既增产又节约。

王明彩，营防民工营风钻工。从切岭段工程开工以来，他一直战斗在工地上。随着工程加快，石层越来越坚硬，工作难度大，任务重。营部召开风钻人员会议，研究如何加快进度

秦淮新河工程江宁县立功受奖个人 2（1976 年）

问题。会上，王明彩提出："发扬一不怕苦、二不怕死的革命精神，时间是靠我们来支配的，白天时间不够，晚上加班干。"为了实现自己的诺言，他经常在工地吃中饭，白天干了晚上接着干。他还放弃 2 个月的工休时间，天天坚持工作。

李年平，一工区机电排电焊工，是从上海回乡的知识青年。李年平过去没学过电焊技术，到了机电排，虚心地向老师傅学习。后来，他又从南京新华书店买来了电焊书籍进行自学，做到边学边干，边干边学，很快掌握了电焊技术。李年平采用焊接的方法，效果很好，还能节省材料。此外，在绝缘瓦斯缺乏的情况下，他用竹片垫、用板车内胎皮代替绝缘，解决了这一难题。有时加班加点，电焊机工作时间长，导致机器热度高，李年平怕出事故，就用红炉上鼓风机吹风散热，保证了电焊机正常使用。

陈贵富，四工区机电排副排长，负责开空压机，原来是东善民工营安全员。工程刚开始，四工区机械安装进度慢，他为了加快安装速度，合理安排劳力，带领群众加班加点干，有时还带病坚持战斗。由于他以身作则，带头苦干，在机电组同志的支持下，仅用了 10 天时间就把机械安装好了。陈贵富急工程所急，想群众所想，常常发现问题进行抢修，避免事故发生。

时德芳，指挥部修理所锻工。自从到修理所以来，他积极参加学习，埋头苦干，大胆革新，爱护设备。大家称他是"技术革命的闯将"。在没有设备时，时德芳大胆提出："我们也是工人，我们也有两只手，人家不肯干，我们自己干！"在设备需要维修时，时德芳又呼吁修理所工人自己修，不懂技术，就到煤矿去学。经过不懈努力，他不仅解决了钎杆供应问题，而且还为国家节省了经费开支。在工作中，时德芳积极动脑筋，不断革新创造，通过一次次技术改良，大大提高了工作效率。

夏兴福，丹阳民工营医生。在岗位上，他全心全意为人民服务，积极搞好医疗卫生工作。夏兴福对待工作一丝不苟，高标准，严要求，从没有出现过误诊事故。不仅如此，他天天和民工一道起床，坚持跟班作业，做到一边看病，一边劳动。在劳动中，他发现民工破皮、擦伤和中暑等问题时，总能及时处理，并注意抓好安全生产。夏兴福还积极宣传卫生常识，认真做好防疫工作。

汪厚祥，淳化民工营仓库保管员。在工作中，汪厚祥爱护公物，勤俭节约。有几次，他从工地考勤回来，看到路上掉下的螺丝钉就拾起来用衣服擦干净，收集起来，以备工程之需。平时他看到仓库里有的零件生锈，就用废柴油洗干净。掉在地下的碎炸药，他也把它扫起来用纸包好。对待工作，汪厚祥一贯是严肃认真，积极负责。他管理的仓库有 100 多种零件，每个零件都放得井井有条，进出物资都进行登记，从不马虎了事，没有出过一次差错。

周文彬，横溪民工营炊事员，是下乡插队的知识青年。他是被贫下中农推荐来工地担任炊事工作的。刚来工地时，他虽然不会干炊事工作，但抱着虚心学习的态度，不断向老师傅请教，最终学会了煮饭、烧菜等炊事工作。他乐于吃苦，勇于挑重担。虽然腿有关节炎，冬天有时痛得走路都感到困难，但他仍坚持干活。他平时工作态度热情，服务周到。每次开饭，群众问这问那，他都不厌其烦，一一介绍，大家都很满意。

4. 中共江宁县秦淮新河工程民工指挥部临时党委表彰切岭段石方工程先进集体和先进个人

根据南京市江宁区档案馆馆藏资料，在秦淮新河切岭段工程进行期间，为了"加速实现四个现代化，开挖好秦淮新河"，1978 年 12 月 7 日，中共江宁县秦淮新河工程民工指挥部临时党委对切岭段石方工程先进集体和先进个人进行了表彰[1]。

此次表彰授予 9 个民工营为先进营，分别是东善民工营、长江民工营、殷巷民工营、陆郎民工营、其林民工营、上峰民工营、陶吴民工营、禄口民工营、丹阳民工营，分别授给锦旗，发给奖金。授予 158 个班、排为先进集体，分别是东山民工营向阳班、中前班、卫东班、胜利班，长江民工营中排、大年班、块子班、上坝班，其林民工营二排、晨光班、定林班、泉水班、其林门班，土桥民工营土桥排、上合排、祝庄排、永平排，营防民工营向阳班、联盟班、新圩班，殷巷民工营下西排、殷巷排、前庄排、陈西排、机电班，方山民工营桥头排、健康排、方前排、洋桥排、爆破班，上坊民工营中下排、市井排、机场排、泥塘排、上坊班、陵里一班、大里一班、佘村一班、高桥二班，淳化民工营吴墅排、解溪排、索墅排、

1　中共江宁县秦淮新河工程民工指挥部临时党委：《中共江宁县秦淮新河工程民工指挥部临时党委关于表彰切岭段石方工程先进集体和先进个人的决定》，1978 年 12 月 7 日。

解溪排二班、索墅排一班、吴墅排二班、新华排一班、青龙排二班、青山排二班、炮班、炊事班，上峰民工营宁西排、百合排、阜东排、翠山班、新宁班、高庄班、炊事班，铜山民工营小彭班、陈巷班、石绘班、埂坊班、呼啸班、漂塘班、和平班，周岗民工营新桥排、新农排、秦淮排、焦村排、和平三班、长干一班、绿杨三班、钱家二班、徐木一班、风钻班，禄口民工营陆岗排、成功排、张桥排、永兴排、青圩排、东湖排、秦村排、俞庄排、群力排、炊事班，汤山民工营古泉排、青林排、路西排、建设排，花园民工排张湾班、上首班、三官班，龙都民工营龙都班、勤丰班，湖熟民工营新灯班、花区班、跃华班、长林班、梅林班、丹桂班、新跃班、三界班、赵家边班，秣陵民工营二排一班、三排一班、五排一班、七排一班，横溪民工营红杨班、横岗班、呈村班、上庄班，炊事班，陶吴民工营二排、三排、一排二班、二排二班、三排甘西班、四排西阳班、炊事班，丹阳民工营永跃班、汤村班、长岗班、西山班，东流民工营一排、三排、五排、四班、十班、三班、爆破班，陆郎民工营二排、三排、陆郎班、花塘二班、荷花班、河西班、南门班，江宁民工营二排、三排、新建班、孙家班、永安班、江宁班、建中班，铜井民工营井班、天然班、李村班、北庄班、陶村班、新民班，谷里民工营三排、一排二班、二排一班、三排二班、四排一班、炊事班，修理所车工班，一工区空压班等。授予陈永根等 982 名同志为先进个人。

三、伤亡事故、安全管理及抚恤处理

在秦淮新河工程建设中，广大干部、民工发扬不怕苦、不怕牺牲的革命精神，为新河顺利通航作出了重大贡献。由于工程初期人员集中、运输繁忙、施工紧张，加上疏忽麻痹大意，车祸、火灾事故等不断发生，有民工因公致伤、致残，付出了很大代价。有鉴于此，江宁县秦淮新河会战指挥部等单位，为保障人民生命财产安全，确保施工安全、住地安全、运输安全，加快工程进度，以提高工效，保证工程质量，更好地完成会战任务，制定了一系列安全管理措施和针对伤亡人员的抚恤政策，有力确保了秦淮新河会战工程的顺利进行。

1. 伤亡事故与应急处理

由于工程艰巨，在秦淮新河工程建设中，发生了不少伤亡事故。如在切岭段土石方工程施工中，先后发生伤亡事故 426 起，死亡 16 人。其中，因公死亡 7 人，病死 4 人，自杀 5 人；伤残事故 410 起，重伤 163 人；造成生活不能自理或丧失劳动能力的 56 人，重伤 107 人，

秦淮新河工地现场 1（1975 年 12 月）

秦淮新河工地铁斗板车运送土石方

轻伤 247 人 [1]。现根据档案材料，将相关人员事迹陈述如下，一方面可以使后人永远缅怀这些平凡的英雄，另一方面也可为将来工程建设提供管理方面的经验。

（1）工地爆破引发的伤亡事故

1977 年 7 月 6 日，江宁县营防营发生了一起重大爆破事故，爆破手李胜源、王高贤受到了不同程度的工伤。王高贤伤势较轻，李胜源受伤严重，左眼和脾脏被切除，右眼球内取出了一粒绿豆般大的石子，全身从膝盖至脸部左侧肌肉全部打烂，生命垂危 [2]。

7 月 8 日上午 10 点 30 分左右，江宁县殷巷营发生了一起重大爆破伤亡事故。这天上午，殷巷民兵营爆破班龚圣和、聂玉发、齐保根，在副营长陈必林的带领下进行爆破作业。他们共打了 11 个炮眼，先放了 10 个，最后 1 个，由聂玉发、龚圣和继续装药放炮。在深 1.5 米的炮眼内装了一支火药（每支重 0.15 公斤）后，因违反操作规程点火，送进了引爆药，以后盖药。当盖到第二支药的时候，突然炮响石飞，正在蹲着装药的夏玉发被气浪冲摔出 20 多米远，当场重伤昏迷，在送医院途中死亡。站着用竹送药的龚圣和则被冲摔出 7 米远，多处受伤，经医院积极抢救治疗后脱险。事故发生后，江宁县秦淮新河工程民兵师师部领导及时到现场进行调查了解，并派专人赶到殷巷公社，协同公社党委对死者家属进行慰问，并召开了追悼大会。同时，殷巷营党支部举办民兵学习班，进行了细致的思想教育工作 [3]。

9 月 23 日，营防营又发生一起重大爆破事故。营防民工营营长邵帮宏、教导员张家宝等 10 余人，为了加深龙沟排水，亲自参加打眼放炮。这天下午共打炮眼 50 个，其中龙沟

1　江宁县水利局：《关于秦淮新河切岭工程伤（亡）人员抚恤处理意见的报告》，宁水字〔80〕37 号。

2　江宁县秦淮新河工程民兵师：《关于营防、殷巷营发生重大爆破事故的通报》，1977 年 7 月 13 日。

3　江宁县秦淮新河工程民兵师：《关于殷巷民兵营爆破伤亡事故报告》，1977 年 7 月 13 日。

秦淮新河大会战现场

27个眼。由于炮眼较多，单靠两个炮手点火放炮来不及，于是临时分工两个炮手负责正常放炮。龙沟炮眼由营长邵帮宏、教导员张家宝及营部安全员3人负责点火放炮。在指挥部广播了点火放炮的信号后，他们按照各自的分工进行点火引爆，点火后即跑到距爆破点150余米的北岸爬坡机旁，观察本营工地的爆破情况。突然炮声隆隆，石块乱飞，从侧面东前方向麒麟营工地飞来一块约有拳头大的石头，掉在张家宝同志的头部（爆破点距张家宝200米）。张当场栽倒在地，昏迷不醒，流血不止。经运送南京市第一医院抢救，诊断为头部被石块打成开放性、凹陷性、粉碎性骨折，头骨及中枢神经均被打坏。在张家宝受伤送院后，江宁县革委会副主任万德衡及指挥部主要负责人及时带领县卫生局局长等有关人员，赶到南京医院组织会诊进行抢救。但张家宝同志终因伤势过重，出血过多，医治无效，于26日上午6点

《江宁县秦淮新河工程民工伤（亡）人数统计表》

10 分不幸去世，终年 37 岁。张家宝去世后，江宁县秦淮新河工程民工指挥部负责人会同营防公社党委，对死者亲属进行亲切慰问，对 2 个子女及年老的双亲，按照政策在生活上给予定额补助，并于 9 月 27 日下午在营防公社隆重召开了张家宝同志去世追悼会[1]。

后经调查，这两个营发生这样重大爆破事故的主要原因，是领导思想上松劲麻痹，安全生产防范措施不力，爆破人员违反操作规章，带火作业，加上导火线本身燃烧速度快。事故发生后，江宁县秦淮新河工程民兵师师部除责令营防、殷巷营深刻检查外，还将事故情况向全师进行通报教育，要求坚决执行 7 月 11 日师部安全生产制度《关于对供风、用电、爆破实行"五定"管理制度的暂行规定》，对工地安全生产进行一次全面检查，在发现不安全因素和制度上存在问题后，应及时研究解决，搞好安全生产[2]。

（2）工程土方运输中的伤亡事故

1978 年 12 月 5 日，江宁县上峰民工营发生了一起倾泻土方引起的事故。上峰民工营李岗头排民工李道忠，男，30 岁，出身贫农，家住上峰公社李岗头大队李岗头三队。当日上午 10 时许，李道忠在河道北岸 30 米平台处将黄土用板车送到 15 米平台下面回填，再挖壁洞运土。上车时，他被 7 米高架头从 3 米高的地方突然倾泻下来的土方压倒，当时同在一起施工的其他民工看到后

1　江宁县秦淮新河工程民工指挥部：《关于营防民工营教导员张家宝同志伤亡情况的报告》，1977 年 10 月 10 日。

2　江宁县秦淮新河工程民兵师：《关于营防、殷巷营发生重大爆破事故的通报》，1977 年 7 月 13 日。

立即呼喊救人，并及时将李道忠身上的黄土扒掉，将他送到指挥部医院。经过医生的多方抢救，终因伤势过重，不幸死亡。事故发生后，江宁县秦淮新河工程民工指挥部领导和有关部门及时赶到现场进行调查了解，并向江苏省指挥部和县委领导作了汇报。之后，又与上峰公社党委和上峰民工营领导共同研究，妥善处理了死者的善后事宜[1]。

后经调查，这次事故的发生，主要是因工地平时对安全生产宣传教育不够，检查督促不严，从领导到群众思想麻痹，放松了抓安全生产。为了吸取这次事故的教训，针对当时安全生产中存在的问题，江宁县秦淮新河工程民工指挥部对全体民工进行了安全生产的再教育，同时组织有关人员对工地机、电、爆破和施工地段进行了一次全面安全检查[2]。

（3）工地照明引发的伤亡事故

1978年11月19日，江宁县上峰民工团发生了一起因工地照明引发的火灾。当时上峰民工团李岗头大队李岗头一队，在工地盖了3间草棚，1间做伙房，2间做住宿。22岁的民工李德保，在用无罩煤油灯照明时，不小心让油灯火苗烧到塑料薄膜引起火灾。火上房后，棚顶被烧掉3平方米左右，幸被附近群众及时发现扑灭，才免遭重大损失。事情发生后，该公社团部作了调查，召开了各大队带队负责人会议，针对上述问题作出规定：不准用明火照明，在未用马灯之前，暂用手电筒代替；不准用铁管做烟囱，已用者限期拆除。上峰民工团的教训还引起湖熟民工团的重视，召开了各大队支部书记会议，对全公社已建成的224个伙房进行了检查，凡用铁管做烟囱的限期拆除，一律改用砖砌烟囱[3]。

（4）工地用电引发的伤亡事故

1977年8月6日，江宁县谷里民工营工地发生了一起因爬坡机进火线路不合规格，致板车运输工尹帮和触电死亡的重大事故。事发后，江宁县秦淮新河工程民工指挥部立即对事故经过进行了现场调查，并将情况对江苏省秦淮新河工程指挥部、江宁县委作了报告。

据报告，谷里民工营工地北岸爬坡机的三相进火线，没有按规格凌空架设，而是拖靠在爬坡机后部用旧钢丝绳做的背桩线上，再往上连接到爬坡机台上的闸刀处。由于开机后背桩线不断受到震动，致进火线的胶皮被背桩线的毛头磨破，造成漏电，引起燃烧。电流从背桩线直接传到河底的A架，当时挂在河坡钢丝绳上的6辆板车全部导电，其中尹帮和在下端的最后一辆，前面5辆板车操作手被电流击离脱险，没有受伤。尹帮和被电流击倒在地，未能及时脱离电源。这时三相进火线的胶皮已完全烧毁，背桩线也被烧断。尹触电后，民工营立即组织抢救，先就近找了陆郎、江宁两营医生进行人工呼吸。20分钟后，江苏省工程指

1 江宁县秦淮新河工程民工指挥部：《关于上峰民工营李道忠同志伤亡事故的情况报告》，1978年12月7日。
2 江宁县秦淮新河工程民工指挥部：《关于上峰民工营李道忠同志伤亡事故的情况报告》，1978年12月7日。
3 江宁县秦淮新河工程会战指挥部：《江宁县秦淮新河工程会战指挥部通报》，宁会指〔78〕第4号。

《秦淮新河切岭工程伤（亡）人员抚恤处理报告表》

挥部办公室和江宁县秦淮新河工程民工指挥部领导迅速带了医护人员赶到现场组织抢救，并借用西钢医院的抢救设备，进行了 3 小时 20 分钟的全力抢救，终因触电情况严重，抢救无效死亡。事发当日下午，江宁县秦淮新河工程民工指挥部即组织 6 名干部、技工，对沿河两岸和河底三条线的机、电、爆破、排水线路的安全情况进行了全面检查[1]。

（5）雷暴极端天气引发的伤亡事故

1978 年 9 月 3 日，江宁县淳化民工营发生了一起因雷暴天气致使民工李新富当场死亡的重大事故。

据 1978 年 9 月 8 日江宁县秦淮新河工程民工指挥部《关于淳化民工营李新富等五人遭雷击伤亡情况的报告》，9 月 3 日下午 4 时许，天气陡变，雷雨交加，淳化民工营干部、民工一行 20 多人，见雨来势凶猛，来不及返回营地，就陆续到工地水泥仓库门首的小棚子避雨。小棚子里外 2 间，都坐着人，由于云低天暗，有人将电灯拉开。营干部曾广树提醒民工把电灯关掉，以防引入雷电，里外间的电灯遂被关掉。开爬坡机的李新富最后进来，他浑身被雨淋透，随手将外间已熄的电灯拉亮。陡然间，一声巨响，室内 5 人被击倒在地。其中李新富因为站在灯头底下，灯头与他等高，相距 20 厘米左右，遭雷击最严重，被击倒后不见苏醒。见此情况，曾广树叫来本营卫生员（当时也在躲雨）立即做人工呼吸，进行抢救。曾本人则冒雨到营部报告情况，并请指挥部医生前来抢救。

1　江宁县秦淮新河工程民工指挥部：《关于谷里民工营触电事故的情况报告》，1978 年 9 月 8 日。

当营部领导赶到现场时，卫生员已做了 10 分钟的人工呼吸，其后将李新富抬下山，拦截了一辆过路汽车送往指挥部医院。经过一个多小时的竭力抢救，终因抢救无效死亡。其余 4 人随后也送到江宁县秦淮新河工程民工指挥部医院进行抢救。其中胡世友等 3 人因为腿下部触电，伤势不重，经指挥部医院治疗后，恢复正常出院。李秋生则因从肩膀到下肢触电，伤势较重，转江宁县医院治疗后出院。事发后，江宁县秦淮新河工程民工指挥部对死者进行悼念，并向上级部门作了专门汇报[1]。

2. 安全管理措施的完善

在以上安全事故发生后，尽管相关单位已针对安全问题作了检讨，但毕竟仍是临时、局部、不成系统的措施。为了确保秦淮新河会战工程顺利进行，保障民工的人身、财物和国家财产的安全，江宁县秦淮新河会战指挥部安全保卫科于 1978 年 11 月 22 日就住地保卫、工地安全、交通管理等作了详细规定[2]。同年 12 月 8 日，江宁县秦淮新河会战指挥部又对相关细则进行了补充[3]。镇江地区各工段对治安保卫及卫生工作同样重视[4]。现依据档案将相关资料整理如下。

（1）工地保卫

防火。工棚内要做到"六不准"：不准使用蜡烛、煤、柴油灯等照明，停电时可使用马灯（风灯）；不准躺在床上吸烟；不准乱丢烟头、火柴棒；不准烘火；不准烧饭、烧水；不准存放汽油。伙房设在距民工住地、生产队仓库、牛房以及重要建筑物等 15 米以外；锅灶、烟囱一律用砖砌粉严，不得漏火，不准用铁管或其他易传热的东西代替，高度要超出屋脊 1.5 米以上；对已建好但不符合规定的伙房，各团领导要认真对待，立即拆除重建，或采取其他确保安全的弥补措施，否则，造成事故，要追查领导责任；不准用柴油、麻油、机油等引火，烧火时，人不准离开灶膛，柴灰、煤渣倒在指定的有水坑内；发现火警，要发动群众立即扑灭，并迅速电话报告消防部门及时抢救，防止造成重大损失。

防盗。工棚要设门加锁；上工后，各大队住地要留人值班巡逻；民工手表、衣物、钱、粮票等贵重物品，要妥善保管，不准乱丢乱放；会计现金要存入银行，随用随取；会计室、伙房仓库夜晚要有 2 人以上值班住宿看管；车辆、机电设备、劳功工具等要妥善保管；如发现坏人，要敢于斗争，善于斗争；如发现被窃或其他事故，要保护好现场，及时报告安全保

---

1 江宁县秦淮新河工程民工指挥部：《关于淳化民工营李新富等五人遭雷击伤亡情况的报告》，1978 年 9 月 8 日。
2 江宁县秦淮新河工程会战指挥部安全保卫科：《关于安全保卫工作的意见》，1978 年 11 月 22 日。
3 江宁县秦淮新河会战指挥部：《关于加强安全保卫工作的通知》，宁会指〔78〕第 7 号。
4 镇江地区水利局：《关于做好治安保卫工作的意见》《卫生工作意见》，1979 年 1 月。

卫科和当地公社、派出所、公安分局。

　　其他：严禁打架闹事；发生矛盾纠纷，领导要及时处理，及时汇报；对蓄意制造事端、行凶闹事者，要严加处理；注意饮食卫生，严禁吃霉烂、变质食物；严禁喝生水、污水，防止食物中毒；鼓励民工勤擦洗、勤洗衣、勤理发，热水洗脚，保持强健体魄；民工驻地做到整洁，防鼠防虫。

　　（2）施工安全

　　爆破。各团需要爆破作业的，要向指挥部书面申请，批准后方可实施。未经批准，擅自爆破，造成事故，要追查有关人员责任。为保障爆破安全，必须做到：爆破人员必须政治思想好，精通爆破技术，熟练操作规程；未经领导审查同意的人员，不准随便参加爆破作业；领取爆破材料必须严格手续，各团要指定专人领取、保管，使用雷管炸药要登记验收，分开运输、存放，不准随身携带，不准带入宿舍，应交保管人员存入指定地点。严禁违章作业，爆破人员要做到"五不准"：不准带火作业；不准掏洞作业；加工炮球时，不准吸烟，不准无关人员围观，不准在人员集中的施工现场作业；不准在高压线和邻近居民点、行人要道口放冲天炮；不准在民工未下班前装炮。爆破前，要放好警戒，将爆破现场人员、牲畜等清理干净，点炮手要熟知炮眼位置，记好炮数，一人一次，点炮不得超过三眼；点炮后，炮手和警戒人员要迅速进入避炮处或安全地区；炮手要记好响炮数是否与点炮数相符。如遇哑炮，要组织专人排除后，方可解除警戒。危险架头和各单位交界埂上、下端不准停留。对危险架头要及时排除，防止塌方伤人。

　　用电。各团要有专职电工管电，坚持安全用电，节约用电。各级领导要模范遵守用电制度，不准违章用电。要教育群众坚决做到"五禁止"：禁止私拉乱接电线；禁止使用一线一地照明；禁止在电线和广播线上晒衣被等物；禁止靠近倒伏电杆、电线地区；发现有触电，禁止在电源未切断前去拖拉触电者。电工要严格执行安全用电制度，做到"六不准"：不准带电作业；不准使用地爬线；不准马达外壳不接地；不准将开关、闸刀放在地上；不准使用不合格的电器材料；不准采用其他金属丝代替保险丝。电源线、广播线、电话线要按照规定分开架设。发现触电事故，要随时关闭闸刀，切断电源，对伤者就地进行人工呼吸，并立即报告医务部门进行抢救。

　　（3）交通管理

　　车辆管理。各种车辆必须靠道路右侧行驶。行车前，鸣号起步；转弯时，应减速、鸣号，靠右行。手扶拖拉机通过交叉路口和拐弯时，要伸手示意，指明方向。车辆行驶公路，必须牌、证齐全 (行驶证、牌照)，否则不准上公路行驶。车辆在行驶中发现车辆、行人及车辆通过村庄、集镇时，要减速慢行，礼让行车。通过交叉路口，要做到一看二慢三通过，严禁争道抢先。不准带病出车。方向盘、刹车、灯光必须灵敏、有效，无灯光的车，夜间不准行驶。车辆在行驶中，必须坚决执行让车和会车的规定，做到礼让三先（先让、先慢、先停）。施工段道路条件较差，车辆在行驶到狭窄路段时（如天保桥、格子桥、友谊桥等），不准超车，不准停放，不得影响他车行驶，以防堵塞交通。严禁拖拉机和不符合带客条件的机动车带人和人货混装，客车在行驶中遇有险桥等地段，人必须下车后空车通过，不得冒险行驶。教育民工注意安全，严禁在路上拦车、扒车、追车和强行搭车，严防交通事故发生。

对驾驶员的要求。机动车驾驶员必须三照齐全（驾驶执照、行车执照、牌照）。否则，不准驾车行驶公路。驾驶员在行车中要思想集中，谨慎驾驶，不准吸烟、饮食和闲谈等。严格遵守交通规则上的各项规定和操作规程，服从交通民警和公路管理人员的指挥、检查。维护交通秩序，确保人民生命财产的安全。不准驾驶与驾驶执照类型不符的车辆，不准把车交给无证的人驾驶。严禁酒后开车。

除了人为因素可能造成的工地管理问题外，江苏省秦淮新河工程指挥部、南京市雨花台区革命委员会还考虑到由气候导致的自然安全问题，为此曾分别于 1979 年 6 月 28 日、1979 年 7 月 9 日出台了苏河字〔79〕第 117 号文《关于秦淮新河汛期施工的意见》和雨革发〔1979〕64 号文《关于秦淮新河有关情况的报告》，为保证秦淮新河按时正常通水、安全度汛提供重要指导。

《关于秦淮新河切岭工程伤亡人员抚恤处理意见的报告》

3. 伤亡人员的抚恤

在秦淮新河工程中伤亡的民工、干部，大多是家庭主要劳力，有的甚至是唯一劳动力，对于他们的英勇事迹，除给予表彰之外，按照国家有关规定，还应对伤残人员情况进行评定，并发给一定的抚恤金、医药补助费。

关于其发放标准，据 1980 年 11 月 21 日江宁县水利局宁水字〔80〕37 号文《关于秦淮新河切岭工程伤（亡）人员抚恤处理意见的报告》，大致是因公死亡的，考虑到家庭生活的实际困难，给予一次性抚恤金 3000 元，由公社掌握，按年度付给。因公重伤者，其中生活需要别人扶持的，每年补助 200 元；生活能自理，但已完全丧失劳动能力的每年补助 100 元；部分丧失劳动能力的，分别情况每年补助 30—80 元，或一次抚恤 100—400 元，以解决他们的口粮等基本生活费用；轻伤者，鉴于国家经济比较困难，不再按人头计算，主要请公社或基层单位照顾解决，根据伤残程度及人数多少，由公社给予适当补助。

此外，给予伤残人员的抚恤补助费，要求必须发到本人手中。同时，江宁县秦淮新河工程民工指挥部等单位还要求各公社和有关大队对重伤重残人员在工作上和生活上给予适当安排，以使伤者得到安慰，更好地为社会主义建设贡献力量。

四、其他问题的协调处理

在秦淮新河工程实施过程中，本着发现问题，及时协调处理和解决问题的思路，指挥部解决了不少疑难杂症，但也客观存在着一时难以解决的问题，较为突出的有 20 多万民工衣食住行问题、秦淮新河与梅山铁矿边界线的问题、东山公社政策落实和生产生活恢复问题，以及以赛代干、解决秦淮新河工程劳动力不足问题等。

1. 协调处理 20 多万民工的衣食住行

"搞好后勤供应是开好秦淮新河的基本保证"，在开挖秦淮新河期间，解决参与工程建设的民工大军的衣食住行，是摆在江宁县与镇江地区秦淮新河工程指挥部面前的重要课题。为保障后勤工作高效安全稳定运行，工程指挥部多次研究相关方案，妥善安排，使得数十万大军的生活井井有条，显示出秦淮新河工程组织管理的协调能力，被赞誉为"打总体战的精神"[1]。

1　江苏省秦淮新河工程镇江地区指挥部：《抓纲治河，团结治水——开挖秦淮新河工程第一期任务初步总结》，1979 年 1 月 1 日。

1978 年 10 月 5 日，江宁县秦淮新河工程民工指挥部发出《关于会战民工伙房、住房、厕所材料分配的通知》[1]。《通知》要求各公社民工团、各有关单位，及时安排好民工的住房和吃饭等问题，保证秦淮新河会战施工顺利进行。要求原则上以大队建立伙食单位（含公社民工团部）、民工窝棚及男女厕所。

秦淮新河工地现场 2（1975 年 12 月）

1978 年 11 月上旬，10 万民工大军进驻工地，参与施工。在中共雨花台区委的大力支持下，临近秦淮新河的铁心桥、西善桥、沙洲、双闸等公社及大庆砖瓦厂等，挤出民工房，仅解决了 2 万民工的住宿问题，仍有 8 万民工急需解决临时工棚问题。于是，江宁县秦淮新河工程民工指挥部紧急向省秦淮新河工程指挥部报告，提出解决方案[2]。在省秦淮新河工程指挥部的协调下，问题得到了彻底解决，解了燃眉之急。通过秦淮新河工程施工过程中的生动事例，可以折射出指挥部高效运转和管理能力及水准。

1978 年 11 月 8 日至 21 日，镇江地区 12 万民兵陆续进驻工地。为解决广大民兵住宿的问题，镇江地区指挥部联系借用工地周边民房，约有 7 万民兵居住在临时搭建的工棚中，其余民兵大都住民房[3]。江宁县为安排好镇江地区参与秦淮新河工程的民兵住宿，从县委到公社，从工矿到大队都成立了接待组，层层动员，逐户落实，尽量把好房子让给民兵住。江宁县委办公室后勤组正在整修的 14 间房子不仅让给了镇江地区县分指挥部，而且被连夜粉刷一新。东山公社中前大队将办公室让给民兵团，朝圣大队党支部副书记华惠琴来回奔波，帮助民兵逐户落实住宿，翻身大队圩村生产队社员将仓库里粮食整理好，腾出房屋给民兵住。住宿民兵还受到群众的热情招待，纷纷送上茶水、晒衣裳、晒铺草，鱼水一家亲的和谐场景在工程期间比比皆是[4]。

由于当时属于计划经济时代，一个人吃多少"计划"（指粮食）是有定数的。而参加秦

1　江宁县秦淮新河工程民工指挥部：《关于会战民工伙房、住房、厕所材料分配的通知》，〔78〕会战后字第 2 号。

2　江宁县秦淮新河工程民工指挥部：《关于急需解决民工搭工棚占地的申请报告》，1978 年 11 月 10 日。

3　江苏省秦淮新河工程镇江地区指挥部：《抓纲治河，团结治水——开挖秦淮新河工程第一期任务初步总结》，1979 年 1 月 1 日。

4　江苏省秦淮新河工程镇江地区指挥部办公室编：《简报》第 10 期，1978 年 12 月 25 日。

上
篇
⋮

淮新河工程多为重体力劳动，许多人都面临着"计划"不够吃、吃不饱的窘境。在秦淮新河工程施工期间，各级领导十分重视安排好广大民工的生活，落实相关措施。镇江地区和南京市为安排民工生活，为解决实际困难做了大量工作。南京市组织供应了猪肉 360 万斤，油 36 万斤，蔬菜 7000 多万斤[1]。中共镇江地委书记王一香在讲话中特别强调："要抓好生活。不要吃生饭、冷饭，要把生活搞好。生活搞不好就会影响民兵的体质，影响任务的完成。"[2] 镇江地区指挥部及各县分指挥部设有专门的后勤部门，后勤人员约占 12 万民兵的 5%，及时安排施工人员的吃饭问题。镇江各县粮食局还在工地上设立了战地粮站，动用了汽车 40 辆，为 12 万民兵日夜运送粮油生活必需品，总计供应粮食 1500 万斤，食油 5 万斤，煤 88149 吨[3]。为烧制饭食，共建造食堂、灶头 1200 多个。因制造炊事所用饭桶、锅盖、蒸笼、案板等器

《关于开挖秦淮新河给予江宁县民工生活补贴的报告》　《关于请求增拨秦淮新河水利工程生活用材料的报告》

1　江苏省秦淮新河工程指挥部：《江苏省秦淮新河工程工作总结》，1980 年 12 月。

2　江苏省秦淮新河工程镇江地区指挥部办公室编：《简报》第 5 期《地区指挥部召开第二次指挥会议，交流了经验、明确了任务、研究了措施；地委王一香书记参加会议并作了指示》，1978 年 11 月 23 日。

3　江苏省秦淮新河工程镇江地区指挥部：《抓纲治河，团结治水——开挖秦淮新河工程第一期任务初步总结》，1979 年 1 月 1 日。另一份档案资料显示，镇江地区工程期间使用水利粮共计 1028.7236 万斤，可能是调整了统计口径。见镇江地区革命委员会：《关于秦淮新河工程镇江地区指挥部水利工程用粮的报告》，1979 年 2 月 28 日。

具，镇江地区行政公署向江苏省革委会计委发函，请求供应杉木650立方米、炊具锅底用钢40吨[1]。

为解决参与秦淮新河工程民工的后顾之忧，江苏省秦淮新河工程指挥部还下发了《关于工程补助粮的使用和管理的规定》。与此同时，根据上级文件精神，江宁县秦淮新河工程民工指挥部结合实际，以江宁县秦淮新河工程会战指挥部的名义，下发了《关于水利工程补助粮有关规定的通知》，明确了"水利补助粮的范围和标准"，强化了"加强粮食管理"和"领拨粮制度"。特别是细化的"水利补助粮的范围和标准"，包含了民工平时的补助、民工法定节假日补助、民工病假补助、民工雨日补助、民工公休补助、加班补助、夜餐粮补助等，让民工吃了定心丸。《通知》还明确了江宁县参与工程建设的各类人员的补助，包含以农代干(吃农村粮的)人员和以农代干的团干部等[2]。所有这些具体措施，都为参与工程建设的民工着想，也温暖了所有民工的心。

2. 协调处理梅山铁矿的边界线问题

1986年12月31日，随着南京市秦淮河河道堤防管理处与上海梅山冶金公司铁矿《关于界线确定及加强秦淮新河梅山铁矿段管理的协议》的签订，历时6年之久的秦淮新河与梅山铁矿边界线问题得到圆满解决。

协议显示，双方表示将共同遵守南京市政府〔80〕94号、〔85〕302号和江苏省政府关于加强秦淮河管理的有关文件，搞好秦淮新河的管理，并一致同意以江苏省秦淮新河工程指挥部1980年4月测绘的秦淮新河1：2000地形图的图中虚线为双方土地产权界线[3]。

为进一步加强秦淮新河管理工作，早在1978年6月13日，南京市革委会曾专门发布了94号文件，明确规定："凡是秦淮新河工程指挥部已征用的土地、水面都属国家所有，应由秦淮河河道堤防管理处负责管好、用好，任何单位和

关于梅山铁矿与西善公社
就秦淮新河土地问题发生矛盾的调查报告

储江书记并报

市委：

市委办公厅八月五日转来省水利厅苏水基〔80〕35号《关于秦淮新河群众阻事要求抓紧处理的报告》。我们根据葛德溢同志批示精神和办公厅综合处一道派人赶往秦淮新河工程留守组、西善桥公社、双闸公社和梅山铁矿党委进行调查，听取了各有关方面意见，看了阔事现场和河堤现场。现将调查情况和我们的意见报告如下。

一、关于西善桥公社阻止梅山铁矿施工问题。

省水利厅报告反映"经市革委会领导同志批准，在已征用过的秦淮新河堆土区范围内，划出39·6亩给梅山铁矿建房。七月十日办理了划地交接手续，十一日梅山铁矿开始平整土地。但从十六日开始，西善桥公社和西善大队个别负责人指使群众到现场阻拦施工，挖断矿山交通道路，拆走推土机零件，并几次围困铁矿党委书记和矿长。事后，雨花区委做了社队工作，问题并未解决，最近几天仍有群众到现场阻拦工程施工"。

经调查，情况如下。

今年七月初，根据市革委会领导同志批示，市水利局在宁革水

—1—

《关于梅山铁矿与西善公社就秦淮新河土地问题
发生矛盾的调查报告》

---

1 镇江地区行政公署计划委员会、水利局、物资局：《关于请求增拨秦淮新河水利工程生活用材料的报告》，1978年11月20日。

2 江宁县秦淮新河工程民工指挥部：《关于水利工程补助粮有关规定的通知》，〔78〕会战指后字第3号。

3 南京市秦淮河河道堤防管理处：《关于秦淮新河与梅山铁矿边界线问题圆满解决的报告》，宁秦管字〔87〕7号。南京市秦淮河河道堤防管理处、上海梅山冶金公司铁矿：《关于界线确定及加强秦淮新河梅山铁矿段管理的协议》，1986年12月31日。

个人不得侵占、耕种和放养;如确有需要,须和管理处协商,经市水利局同意,报市革委批准。"[1]

秦淮新河开通后,对新河的管理,受到了省、市领导的高度重视。不仅成立了管理机构,而且在 1980 年 7 月初,南京市有关部门还出台了《关于偿还梅山铁矿地问题的通知》,确定"将秦淮新河梅山段点将台东侧河道堤防外,堆区范围内(已征用过),划出 39.6 亩偿还给该矿使用"[2]。按照这个文件的规定,梅山铁矿与秦淮新河工程指挥部正式办理了接收使用手续,并于接收的当天下午进行推土施工。

1980 年 12 月 24 日,江苏省秦淮新河工程指挥部向江苏省水利厅呈送了《关于解决秦淮新河影响梅山铁矿问题的报告》[3]。《报告》肯定了梅山铁矿对秦淮新河工程给予的大力支持,并从节省国家资金出发,对梅山铁矿梅山桥北公路接线及铁路高站台问题,提出了解决方案。但方案并没有获得梅山铁矿的认可,梅山铁矿与秦淮新河争地的问题显得愈发突出。

梅山铁矿,乃上海梅山冶金公司铁矿的简称,代号"9424",位于南京市雨花台区。1959 年 10 月 27 日,成立梅山铁矿筹建处。1961 年 12 月 30 日,正式成立梅山铁矿,隶属江苏省冶金工业局领导。1971 年 7 月,经国家计委批准,南京梅山铁矿工程建设指挥部并入九四二四工程指挥部,归上海市领导[4]。

秦淮新河流经梅山矿区段约 1000 米,为防止河水渗漏,确保矿区井下安全,国家拨出专款 700 万元(约占新河投资的十分之一),将梅山矿区段河底及高程 8.5 米平台下的河坡用钢筋混凝土或块石护砌。但梅山铁矿为了自身建设发展需要,在海福圩上游 46 米处凿开钢筋混凝土护砌工程建造穿堤涵洞,破堤开口宽 6 米,挖深 5 米,使得防渗钢筋混凝土护坡 2 平方米遭到人为损毁,洞底高程 7.5 米低于新河设计洪水位 3 米。

与此同时,梅山铁矿在梅山桥南岸河堤保护范围内,分别建起了一座教学楼、健身房、操场,并在距离河堤 6—7 米处,建起了一道紧靠河堤的围墙。这显然不符合《关于梅山铁矿用地范围的通知》所划定的范围。更有甚者,1983 年 6 月,梅山铁矿还在海山桥南岸迎水面河坡上填土长 50 米,宽 3 米,用土 600 余立方米,准备填河造路,这势必影响汛期行洪[5]。

1 江苏省南京市革命委员会:《关于秦淮新河工程今冬明春全线施工中几个问题的请示报告》,1978 年 6 月 13 日。

2 南京市水利局:《关于偿还梅山铁矿地问题的通知》,宁革水〔80〕102 号;南京市革委会农村工作办公室:《关于梅山铁矿与西善公社就秦淮新河土地问题发生矛盾的调查报告》,1980 年 8 月 22 日。

3 江苏省秦淮新河工程指挥部:《关于解决秦淮新河影响梅山铁矿问题的报告》,苏河字〔80〕66 号。

4 南京市地方志编纂委员会编:《南京冶金工业志》,方志出版社,1996 年。

5 南京市秦淮河河道堤防管理处:《关于梅山铁矿侵占秦淮新河河堤与河争地情况的报告》,宁秦管字〔83〕19 号。

针对这些突出问题，南京市秦淮河河道堤防管理处不仅多次口头通知，而且于 1981 年 4 月 16 日、1982 年 1 月 19 日和 1983 年 5 月 9 日，三次作了书面通知，但效果不明显。有鉴于此，遂将与梅山铁矿边界线问题，上报至省、市有关部门。双方经多年多次讨论协商，并在市领导的关心下，本着"互尊互让、相互支持"的精神，签订了协议，秦淮新河与梅山铁矿边界线问题最终得到圆满解决。

3. 协调处理东山公社生产生活恢复问题

由于秦淮新河工程地处城市郊区，不仅要征用大批良田，还要拆迁大批农民群众的住房和工业交通设施。这些都直接关系到社员群众的生产、生活和个人的切身利益。有一件事情处理不好，就会影响党的政策的严肃性，影响群众的利益，就会直接影响工程的顺利进展，给党的事业造成损失。为此，在拆迁工作中，指挥部紧紧依靠各级党组织，反复向群众宣传开挖秦淮新河的意义，宣传政府关于拆迁赔偿的政策，把赔偿标准交给社员群众，做到人人心中明白。在调查核实的基础上，集体的赔偿给集体，私人的钱和建筑材料都分发给私人，并张榜公布，这样社员、集体和个人都较满意。为了切实安排好拆迁群众的生产生活，在地方政府的统一领导下，因地制宜地建设了 36 个居民点，建筑面积有十几万平方米，使过去一家一户居住的群众，住进了新瓦房，改善了农民居住条件，促进了农林经济结构的改变，安定了人心，发展了生产。

秦淮新河横穿江宁县的东山公社，开挖秦淮新河后，东山公社直接和间接受到影响的生产队达到 33 个、1245 户、4093 人，其中直接影响 21 个产粮生产队。在秦淮新河开挖前，人均占有土地 0.9 亩，每个劳动力 2.4 亩；开挖之后，每人占有土地 0.4 亩，每个劳动力 0.8 亩，人多地少的矛盾十分突出。另外，还造成东山公社水、电、路、广播、电话"五不通"，对人民生产生活造成了一定影响。

1978 年 12 月，东山公社向江宁县委递交了《关于秦淮新河挖压土地后需要解决社员吃粮和安排劳动力出路问题的报告》[1]。《报告》显示，开挖秦淮新河挖压东山公社土地面积约 2776 亩 1 分 6 厘，涉及中前、胜利、翻身、红光、先锋等 5 个大队 24 个生产队。881 个劳动力基本无田可种，3567 个人口粮没有来源。土地挖压与劳动力多余的矛盾，剩余土地生产粮食与社员口粮不够分配的矛盾凸显。妥善解决社员口粮和劳动力出路的问题，已迫在眉睫。这样的矛盾，在开挖秦淮新河必须征地的公社中，较为普遍。妥善处理好开挖秦淮新河与人民生产生活的矛盾，对秦淮新河工程顺利进行，有着较大的影响。

1　江宁县东山人民公社革委会：《关于秦淮新河挖压土地后需要解决社员吃粮和安排劳力出路问题的报告》，1978 年 12 月 18 日。

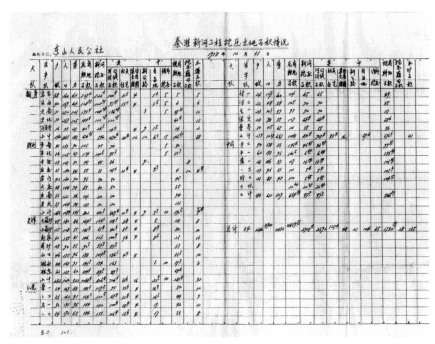

《秦淮新河工程挖压土地面积情况》统计表（东山人民公社）

工程指挥部急人民群众所急，在省、市领导的关怀下，对因开挖秦淮新河受到影响的村民进行补偿，其中付给的房屋拆迁费、土地征收费、青苗费等，总计 170 余万元；其次是拨给大批木材和钢材等物资；三是拨款 60 余万元，帮助公社、大队兴办社办、队办企业，东山公社先后兴办了服装厂、拉丝厂、搬运队、建筑队、预制厂等企业，还新建了第二窑厂、第二造纸厂等企业，并号召社员外出务工，妥善安置人员就业，解决了部分劳动力的出路问题，在一定程度上缓解了矛盾[1]。

与此同时，江宁县也积极采取有力措施，及时向上级反映因开挖秦淮新河所产生的困难和问题，并根据秦淮新河工程指挥部的要求，指导并帮助公社、大队进行土地调整，根据生产规模的大小和人口、劳力的多少，安排菜地面积，改种蔬菜吃返销粮，解决 14 个生产队共 2216 个人的吃粮问题[2]。特别是在 1979 年年终分配时，补助 10 万元，帮助人均分配在 100 元以下的生产队解决困难。另外，还开展技术帮扶工作，为公社和大队进行水利配套，协助恢复生产生活秩序，从而将秦淮新河工程对村民生产生活所产生的影响降到最低。

4. 协调处理工程用工问题

秦淮新河工程浩大，时间紧，任务重，为加快秦淮新河工程建设，秦淮新河工程指挥部制订了《秦淮新河工程会战》方案，并以在工地上组织开展劳动竞赛来弥补会战带来的劳动力用工不足的问题。

1978 年 12 月 27 日，江宁县秦淮新河工程民工指挥部发出《关于开展社会主义劳动竞

1　江宁县东山公社革命委员会：《关于秦淮新河开挖后有关情况汇报提纲》，1980 年 10 月 18 日。
2　江宁县东山人民公社革委会：《关于秦淮新河挖压土地后需要解决社员吃粮和安排劳力出路问题的报告》，1978 年 12 月 18 日。

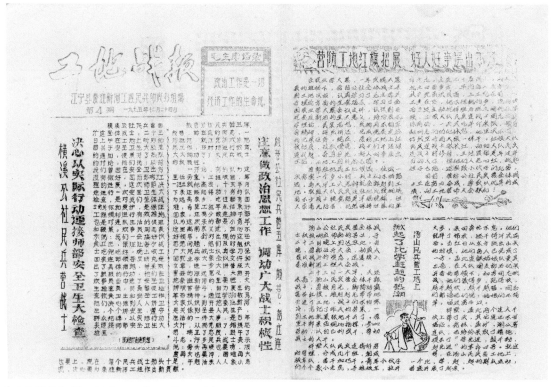

《工地战报》第 4 期（1975 年 12 月 24 日）

赛的意见》[1]。《意见》指出：经指挥部研究决定，从 1979 年开始，在工地上开展"五比百分"的社会主义劳动竞赛。"五比百分"劳动竞赛的"五比"，一是比质量，要求达到规定的标准质量。比如：回填土上土的厚度，电夯不超过 15 厘米，轿夯不超过 25 厘米，土料要纯净黏土，不得夹带草皮、砖渣等杂物，夯实不得少于 3 遍等。另要求回料要坚实，重量在 25 千克以上，无风化、无裂缝、不夹泥。还要求砌墙的灰缝相互错开，无通天缝。此外，灰缝规定宽度在 1.5—2.5 厘米之间。对垫层碎石的粒径，也做了细致的规定；土坡垫层也有两种级配，并规定砌筑后，必须覆盖草包，精心养护。二是比进度，要求浆砌在清明前完成，全部任务要在 5 月 1 日前竣工。三是比安全，要求做到爆破安全，回填土安全，运输石料安全，工地用电安全，生活安全（即无火灾、无被窃、无打架）。四是比工数，按照原定人数（除营部借用工作人员、后勤人员、勤杂人员外）与实际完成任务数，计算出工效。五是比风格。要求全体参战人员做好大事讲原则，小事讲风格。营与营之间要团结好，配合好，有了矛盾要主动协调解决，要把方便留给别人，把困难留给自己，正确处理好同驻地干部、群众的关系。

为保证劳动竞赛的公平公正公开，指挥部设计了计分方法，按百分制计算成绩。其中质

---

1 江宁县秦淮新河工程民工指挥部：《关于开展社会主义劳动竞赛的意见》，1978 年 12 月 27 日。

量项为 30 分，进度项为 20 分，安全项为 20 分，工效项为 15 分，风格项为 15 分。为保证竞赛顺利进行，使得上下形成先进更先进、后进赶先进的局面，竞赛采取精神鼓励和奖金奖励相结合的办法。一等奖授给锦旗 1 面，另颁发奖金 1 万元；二等奖授锦旗 1 面，发放奖金 6000 元；三等类授给锦旗 1 面，发放奖金 2000 元。奖金为专款专用，只发给参加会战的模范干部和民工。

《意见》发布后，激发了所有参与施工的人员的积极性，各参与单位纷纷细化具体措施，制订出个人、民兵班、民兵排、民兵连的竞赛计划，并以民兵个人计划保证民兵班的目标实现，以民兵班计划保证民兵排的目标实现，以民兵排计划保证民兵连的目标实现，以民兵连计划保证民兵营目标的实现，真可谓"振臂一呼，应者云集"，秦淮新河工地上迅速掀起了"比、学、赶、帮、超"的竞赛热潮。

当时，能参加秦淮新河工程的人都是一些身体素质好的壮劳力，广大的农村妇女自然也成为秦淮新河工程的主力军。当年，在秦淮新河的两岸，有时是一个公社各个大队的近千人挑一段，有时是几个公社几千人在一起挑。现场也会插上一些彩旗，还有一些"某某突击队""某某民兵连"的旗帜迎风招展。秦淮新河边人声鼎沸，热火朝天。

工程总结验收及后续工程

◎ 赵五正　马健涛　李笑榕

一、工程总结验收

1. 工程验收

1978 年 12 月至 1979 年 1 月，经过 3 年艰苦奋战的秦淮新河工程进入了后期阶段，部分公社已陆续完成会战任务。为确保秦淮新河工程标准质量，江宁县秦淮新河工程会战指挥部于 1979 年 1 月 2 日专门印发了宁会指〔79〕第 1 号《关于秦淮新河工程验收的意见》，要求各级单位必须依据省指挥部秦淮新河工程设计图纸和县会战指挥部《关于施工标准质量的要求》，严肃认真搞好竣工验收工作，做到河成、堤成、平台成、鱼池成。《意见》对验收标准作了明确规定，涉及测量标志、河、堤、坡度、平台等多方面，要求河床中心线偏离不超过 30—50 厘米，河底、堤顶、平台宽度误差不超过 20 厘米，大堤高程误差不超过 5 厘米，

秦淮新河通水典礼大会 1

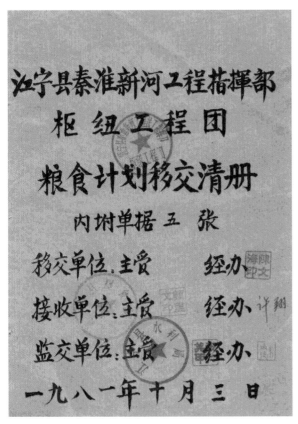

《江宁县秦淮新河工程指挥部枢纽工程团粮食计划移交清册》封面

平台以公社为单位基本相平，河坡、堤坡按照规定坡比一律做成平坡。《意见》对于一些特定工程段还做了单独规定，如梅山护砌段要在河底两边挖好超深龙沟，宽 50 厘米、深 70 厘米，坡比为 1：0.5，保证排水畅通，有利于回填护砌。沙洲圩段在背水坡取土筑堤的地方，取土场一定要整好鱼池，不得留隔墙，并放好坡度。

秦淮新河工程采取逐级验收的办法，"不符合标准质量的，不发给合格证，没有合格证，不予结算，民兵、干部不得离开工地"[1]。各大队施工地段完工以后，由公社团部按标准验收，全团全部完工后，由县指挥部验收。符合标准者，由县指挥部填发验收合格证，经领导批准，方可进行清工结账。县指挥部成立验收小组，由张仁美、王加法两位同志任组长，工程科有关同志和各团工程组长参加验收小组。

1979 年 3 月底，秦淮新河会战主体工程大部分已验收完毕，仅剩部分扫尾工作仍在继续。据 3 月 21 日江宁县秦淮新河工程会战指挥部上报的《江宁县秦淮新河会战工程竣工验收情况报告》记载，截至 3 月 20 日，全县共完成土石方 5568335 方，占会战工程任务的 99.9%，尚有东善公社仍在开采石方和扫尾，参加会战的 24 个公社，已竣工验收 23 个公社。

验收证明，南河以上的梅山段施工工程、梅山护砌段工程，以及南河以下的沙洲圩挖河工程等重点工程均按省设计图纸执行，达到了省设计标准。在筑堤工程中，由于沙洲圩内土质差、含水量大，一次施工确有困难，有造成塌方的可能。经请示省局和省指挥部负责同志批准同意，该段堤顶高程降至 10.5 米，并采取分期施工，以确保堤坝不塌方。根据省水利局批准原则，江宁县指挥部因地制宜，按照各段土质情况，分段制定了堤顶高程标准：节制闸以上至南河段土质较差，堤顶高程 10.5—11 米，节制闸以下至江边段土质较好，堤顶高程 11.5—12.5 米。后续工程基本上按照设计高程进行施工。同时，验收也发现了工程中存在的部分问题，如引河上段出现滑坡 2 段、梅山桥东段出现塌方等，给施工造成了一定困难。

1　秦淮新河镇江地区指挥部：《竣工验收办法》，1978 年 12 月 8 日。

《江宁县秦淮新河第一期会战工程完成数量表》

1980 年 5 月，秦淮新河通水工程完成验收并交付使用，6 月 5 日正式通水行洪。整个新河工程最终于 1984 年 12 月正式验收，长达 5 年的施工期间没有发生重大的质量事故。11 座桥梁验收鉴定为符合要求，没有质量上的遗留问题。全部工程总共做土方 1930 万立方米，石方 249 万立方米，混凝土 8.2 万立方米，浆砌块石、干砌块石 10.2 万立方米，国家投资近 8000 万元。其中建造节制闸、翻水站、变电所花费计 856.45 万元，船闸 850 万元，共完成土方 80 万立方米，石方 1.27 万立方米，浆砌块石 1.19 万立方米，混凝土 2.02 万立方米[1]。

2. 工程总结

秦淮新河建成前，由于旧河上游水系复杂，来水面积大，下游只有一条通道入江，每逢汛期水位猛涨，历史上经常破圩决堤，给沿河两岸人民带来了深重苦难。为了治理秦淮河水患，中共江苏省委于 1975 年做出了开挖秦淮新河的决定。在省委、省人民政府的领导下，秦淮新河工程于 1980 年 6 月 5 日正式建成通水，共历时四年半。新河建成当年即展现了强大的泄洪能力，以 800 立方米 / 秒的流量向长江泄洪，大大减轻了防洪、内涝的压力，阻止了水灾的发生[2]。

1　江宁县水利农机局编：《江宁县水利志》，河海大学出版社，2001 年，第 81—82 页。
2　贺云翱、景陈主编：《南京秦淮新河流域文化遗产研究》，江苏人民出版社，2015 年，第 11 页。

　　秦淮新河主体工程完成后，江宁县秦淮新河指挥部、江苏省水利厅等单位分别对工程情况做了总结汇报，相关资料见于苏水基〔80〕60 号《关于秦淮新河工程的一些情况汇报》[1] 及《秦淮新河工程情况汇报》等档案文件。根据档案记载，从新中国成立初期到 1975 年，秦淮河流域发生了 5 次大型水患（1954、1956、1962、1969、1974 年），受灾面积在 30 万亩以上，倒塌房屋万间以上。为解决秦淮河水患问题，江苏省水利厅提出了增辟秦淮新河的方案，可增加排洪流量 800 立方米 / 秒，使新老两河总排洪能力达到 1200 立方米 / 秒，流域的防洪标准提高到三日雨量 200 毫米左右。

　　秦淮新河工程是一项防洪、灌溉、航运综合利用的大型水利工程，工程项目包括：新开河道 16.8 公里，河道宽 130—200 米，其中切岭段 2.9 公里；江边枢纽工程，包括净宽 72 米十二孔、行洪 800 立方米 / 秒的节制闸，40 立方米 / 秒的翻水站、10.4 米 ×160 米的船闸、鱼道各 1 座；农田排灌工程，包括电力排灌站 18 座共 1350 千瓦，沿河两岸新建了涵洞 34 座；拆迁赔偿，包括拆迁房屋 6400 间，挖压废土地赔偿 13720 亩，以及一批高低压线、自来水、煤气管道、军事设施等，保证了水、电、煤气的正常供应和通讯的正常进行。共做土方 1930 万方，石方 240 万方，混凝土方 8.2 万方，浆砌块石、干砌块石 10.2 万方。由于新河地处南京市郊区，沿河经过 5 个公社、2 个集镇、10 多个厂矿，穿过宁芜铁路和宁芜、宁溧、宁丹、龙西 4 条主要公路干线，为方便和改善群众的生产、生活条件，保障省城的铁路、公路的交通，沿河新建了长 130—153 米、宽 12 米，汽 –20、拖 –100 的 5 座公路桥和宽 5—7.5 米，汽 –10、拖 –70 的 4 座机耕桥，以及 1 座 216 米长的九孔铁路桥[2]。入江口枢纽工程的节制闸、抽水站、鱼道由省水利工程总队设计，船闸由华东水利学院师生设计，沿河桥梁多数由市勘测设计院设计，宁芜铁路桥由铁道部第四设计院设计，个别桥梁的建造还得到南京工学院的帮助和支持[3]。

　　作为一项综合性水利工程，秦淮新河建成后产生的效益如下[4]：

　　（1）提高了秦淮河流域的防洪标准

　　1980 年 7 月上旬一次降雨量 120 毫米，相当于 1954 年、1956 年三日雨量，江宁县大骆村水位 8.5 米，比 1954 年、1969 年洪水位低近 2 米。新河通航后新、老两闸最大排洪流量为 600 立方米 / 秒（其中新闸 400 立方米 / 秒、老闸 200 立方米 / 秒），而 1969 年在大骆村水位 10.48 米的情况下，仅排洪 370 立方米 / 秒，说明新河排洪的效果很显著。据群众反映，过去是来水快，退水慢，新河通航后是来水快，退水快，如果不开新河，水位要高 2 米，防

1　江苏省水利厅：《关于秦淮新河工程的一些情况汇报》，苏水基〔80〕60 号。
2　江宁县秦淮新河工程会战指挥部：《秦淮新河工程情况汇报》，1980 年 12 月。
3　南京市水利史志编纂委员会编：《当代南京水利》，内部资料，1988 年，第 244 页。
4　江苏省水利厅：《关于秦淮新河工程一些情况的汇报》，苏水基〔80〕60 号。

汛就很紧张。各县还反映，在防汛紧急情况下，过去为了保证机场的安全，每年都要人为破坏几个圩堤泄洪。因为洪水出路没有解决，每年冬春扒河修圩，洪水还是解决不了，新中国成立以后做的无效土方就有1.2亿方。现在开挖了新河，水利问题也就迎刃而解了。

从经济效益上分析，一个大水年损失粮食约1亿斤（现在粮食单产提高，损失要增加），倒塌房屋2万间，加上对工矿、交通方面的影响，要损失几千万元。开挖新河后，减轻了洪水带来的巨大经济损失，防洪经济效益十分显著。

（2）补充流域灌溉水源

在全流域丘陵山区耕地105万亩中，有70%的耕地旱年水源不足，要受旱减产。1978年大旱，江苏省补助溧水县抗旱费300万元、句容县500万元，加上两县自筹600万元，共1400万元（以上均指在秦淮河流域范围内），农业受旱减产的损失尚未计算在内。秦淮新河可以自流引江100立方米/秒以上，如遇长江低水位不能自引时，可以抽水40立方米/秒。新、老两河的引江能力，基本满足了流域的水源需要。

（3）沟通长江和内河航运

自秦淮河建成武定门闸以后，长江与内河的航运中断，水运物资改为陆运，增加了运输费用。据南京市交通局提供的材料，在新河通航以后，每年将有200万吨货物由陆运改为水运，如每吨可以节省运费5元，一年可以节省运输费1000万元。沿河的梅山铁矿、西善桥钢铁厂等大型厂矿，还可以利用水运降低成本。

（4）其他方面的效益

利用新、老两闸的调度管理，可以结合冲污排污，改善市区水质；鱼道工程有利于内河渔业发展；新河通过铁心桥丘陵区，改变了这些地区旧有的干旱面貌；沿线桥梁公路的改建，发展了交通。另外，新河工程完成后，沿线逐渐成为南京地区的一道特殊风景，为当地发展旅游创造了条件。

3. 通水典礼

1980年6月5日，秦淮新河工程正式建成通水。江苏省秦淮新河工程指挥部于当日上午8时，在南京市雨花台区双闸公社金胜村新河节制闸处举

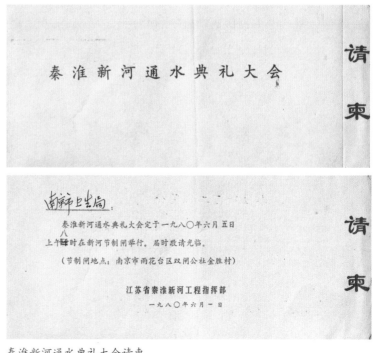

秦淮新河通水典礼大会请柬

秦淮新河通水典礼大会请柬背面之秦淮新河工程介绍

行通水典礼大会，中共江苏省委、省人民政府，中共镇江地委、行政公署，中共南京市委、市革委会及县、区，江苏省、市有关部委办厅局，以及有关单位的负责同志出席了大会，中共南京市委常委、市革委会副主任、江苏省秦淮新河指挥部指挥徐彬同志在秦淮新河通水典礼大会上发表了讲话。

徐彬在讲话中简要总结了秦淮新河工程的整体建设情况，分析了工程建成后将会为沿河两岸居民带来的具体效益，并对参与工程的各单位和建设人员表达了诚挚的感谢。他指出，秦淮新河的建设为建立高产稳产农田，加快农业现代化建设创造了极为有利的条件，同时也保障了铁路、城区、机场、工矿和广大城乡人民生命财产安全。讲话最后，徐彬总结道："秦淮新河工程实现了省委河成、坡成、堤成、绿化成和防洪灌溉航运综合利用的要求，这是各行各业同心同德、大力协作、团结治水、改造山河，为发展农业生产而创造的优异成果。"[1]《人民日报》在1980年6月12日报道了此次通水典礼，并积极评价了工程建成后将为沿岸人民带来的各项收益[2]。

同年10月5日，秦淮新河船闸正式

《秦淮新河船闸正式通航》，《新华日报》1985年10月6日头版报道

建成通航，结束了秦淮河上游与长江断航26年的历史。自此，秦淮河腹地的江宁、溧水、句容、高淳等县的大批物资，便可改陆运为水运，高效运输至长江沿岸各地。此外，1980

---

1 徐彬：《中共南京市委常委、市革委会副主任、江苏省秦淮新河指挥部指挥徐彬同志在秦淮新河通水典礼大会上的讲话》，1980年6月5日。

2 《秦淮新河建成通水》，《人民日报》1980年6月12日。

年 10 月 6 日的《新华日报》还刊发了《秦淮新河船闸正式通航》，简要报道了秦淮新河船闸正式通航之喜事[1]。

4. 经费

自 1975 年破土动工，到 1980 年主河开通，秦淮新河工程主要经历了切岭工程、西善桥大会战工程、入江口枢纽工程三个施工阶段。在工程施工中，除切岭段土方部分实行实报实销外，其余工程均按省下达江宁县工程经费与各公社实行"大包干"的施工方法。每期工程竣工后，在县政府领导下，由县办、财政局、水利局及各段指挥部，对经费、器材进行检查清点，节余的经费、器材则经县批准分配给各公社。由于秦淮新河工程施工期长，涉及面大，往来账目较多，因此关于经费使用情况的统计亦经历了较长时间，大体上可分为三个阶段。

第一阶段为初步统计，主要工作是统计 1975—1980 年间各分项工程的经费使用以及预算超支情况，结果见于苏水基〔80〕60 号《关于秦淮新河工程一些情况的汇报》[2]。此次统计显示，截至 1980 年 12 月，整个工程国家共投资经费 7695 万元，分项工程经费如下表：

1975—1980 年秦淮新河分项工程经费统计表

工程项目	数量	投资（万元）
1. 切岭段	长 2.9 公里	1445
其中：土方	437 万方	220
石方	234 万方	930
回填土	8.6 万方	6
干砌块石	1.7 万方	31
浆砌块石	8.5 万方	258
2. 公路桥和机耕桥	9 座	664
其中：公路桥	5 座	397
机耕桥	4 座	153
公路桥接线		114
3. 铁路桥	1 座	362
其中：正桥	长 316 米	144

1　《秦淮新河船闸正式通航》，《新华日报》1980 年 10 月 6 日。

2　江苏省水利厅：《关于秦淮新河工程一些情况的汇报》，苏水基〔80〕60 号。

工程项目	数量	投资（万元）
铁路接线	4.5 公里	145
拆迁配套		73
4.江边枢纽		1567
其中：节制闸、翻水站	闸宽 2 米，翻水 40 立方米 / 秒	857
船闸	10.4×160 米	570
输变电		140
5.农田排灌		234
其中：机电排灌	1350 千瓦	70
排灌涵洞	19 座	115
其他		49
6.上下河道土方		1911
其中：土方	1302 万方	1257
石方	23 万方	106
工灶棚运杂费	25 万人	414
格子桥护砌		35
水下方、绿化、管理		99
7.拆迁赔偿		1286
其中：挖压土地	13718.5 亩	469
青苗	6876 亩	
拆迁房屋	5268 间，另民房 3800 平方米，全民 18150 平方米	189
移民安置		330
工业拆迁		298
总　计		7695

　　在 1973 年规划中编报的工程概算为 3510 万元。因为争取列入中央投资未成，改为省投资，省计委核定在省财政中补助 2800 万元。现在全部工程费用为 7695 万元，比计委核定数多 4895 万元，超支严重。超支的原因主要有两点：一是对丘陵地区开河的难度认识不足，没有充分考虑工程地区的地质情况，如施工中在切岭段发现蒙脱石（崩解性的膨胀石），被迫修改河道设计，因此增加了大量工程量；二是对大城市近郊施工所面临的赔偿问题认识不

足，缺乏深入细致的调查研究，拆迁赔偿、征地费、桥梁和枢纽工程经费都超支严重[1]。具体超支情况见下表：

秦淮新河经费超支分析表

工程项目	工程数量			工程经费（万元）			超支分析（万元）				说明
	原概算	实际数量	增加数量	原概算	实际投资	增加投资	增列或漏列项目费	工程数量增加经费	政策调整	管理不当增加经费	
一、切岭段工程				639	1445	806		781		25	铁斗轨车20万元，凿岩机5万元
土方	424万方	437万方	13万方	220							
石方	124万方	214万方	90万方	930							
回填土		8.6万方	8.6万方	6							
干砌块石		1.7万方	1.7万方	31							
浆砌块石		8.5万方	8.5万方	258							
二、九座公路、农桥				263	664	401	114	287			
五座公路桥	桥面面积5148平方米	桥面面积9061平方米	桥面面积3913平方米	211	397	186		186			
四座农桥	2712平方米	3544平方来	831平方米	52	163	101		101			
公路接线				114	114	114					
三、铁路桥	桥长140米	桥长216米	桥长76米	280	362	82	63	19			
正桥		4.5公里		144							
接线				145							
配套				10							

1 江宁县秦淮新河工程会战指挥部：《秦淮新河工程情况汇报》，1980年12月。

上
篇
⋮

续表

工程项目	工程数量			工程经费（万元）			超支分析（万元）				说明
	原概算	实际数量	增加数量	原概算	实际投资	增加投资	增列或漏列项目费	工程数量增加经费	政策调整	管理不当增加经费	
附属工程					23		23				
拆迁					40		40				
四、江边枢纽				599	1567	968	710	238		20	输变电基础不实加固，拆近不落实窝工，工作桥板设计错误
节制闸、翻水站		行洪800立方米/秒流量，翻水40立方米/秒		599	857	258		258			
船闸			10.4米×160米船闸	570	570	570	570				原概算未列。后省决定增加项目
输变电					140	140	140				
五、农田配套工程				109	234	125		125			
机电排灌改造		1350千瓦			70						
排灌涵洞		19座			115						
其他					49						
六、上下段河道土方				510	1911	1401	141	353	900	7	坍方整修7万元
上段土方（万方）	528	629	161	510	603			254	486	7	
下段土方（万方）	490	673	183		654						
石方（万方）		23	23		106		106				

续表

工程项目	工程数量			工程经费（万元）			超支分析（万元）				说明
	原概算	实际数量	增加数量	原概算	实际投资	增加投资	增列或漏列项目费	工程数量增加经费	政策调整	管理不当增加经费	
工灶棚运杂费					414				414		25万人上下工路费，工棚灶具等
格子桥护砌					35		35				
水下方、绿化、管理处					99			99			
七、拆迁赔偿				220	1286	1066		736	330		
移民安置					330				330		省委专项研究下达
挖压土地（亩）	7200	11440	4240		469						
青苗（亩）	2220	6876	465								
拆迁房屋（间）	2500	5268	2768		189						
工业拆迁					298						
八、机械购置				180	220	46				46	总队机械队多支
总　计				2800	7695	4895	1028	2539	1230	98	
土方（万方）		1930万方									
石方（万方）		240（万方）									
干浆砌块石（万方）		10.2万方									
挖压土地（亩）		11440亩									
拆迁房屋（间）		5268间									
公路桥		5座									
农桥		4座									

第二阶段是对各期经费开支情况的详细统计，结果于 1982 年正式公布，相关数据见于《关于公布秦淮新河工程经费的报告》[1]。

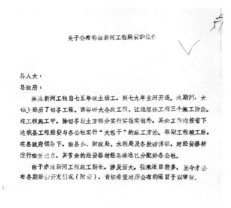

《秦淮新河切岭工程经费收支情况》

《关于公布秦淮新河工程经费的报告》　《江宁县秦淮新河会战指挥部、枢纽工程团经　《江宁县秦淮新河会战指挥部、枢纽工
　　　　　　　　　　　　　　　　　　　　　　费收支平衡表》　　　　　　　　　　　　　程团费用开支明细表》

1　江宁县水利局：《关于公布秦淮新河工程经费的报告》，1982 年 2 月。

第三阶段是在前两次统计的基础上再次校对了秦淮新河分项完成数量及经费,并补充了工程耗用主要(三大材)材料统计,统计结果见于《江宁县水利志》[1]。

二、后续工程

秦淮新河自建成通水之后日益成为南京城市的重要"血脉",发挥着"舒筋活血"的作用。时至今日,秦淮新河又以其人文风貌与自然环境优势,扮演城市"风景线"的独特角色。为维护好秦淮新河水清岸秀、山水相连的格局,打造宜居、宜游、宜业环境,做好"水文章",服务城市整体规划,历年来南京市政府做了很多工作,主要围绕河道整修与堤防加固、改建桥梁及枢纽工程、沿河环境整治与风光带建设、水污染治理、便民配套设施等展开。经过多年努力,秦淮新河旧貌换新颜,变得更加年轻且富有活力,继续为城市发展贡献力量。

1. 水利设施的维护与整修

秦淮新河的核心职能是防洪排涝,为保证这条"血脉"的通畅,政府部门十分重视沿线水利设施的维护与整修。1998年冬,江苏省有关部门考虑到秦淮新河水利枢纽自建成后每年汛期超负荷运行,特别是在当年抵御特大洪涝灾害中为南京地区防洪做出了重大贡献,为确保南京城在今后的防洪中万无一失,决定对水利枢纽进行加固改造。在加固改造中,施工单位认真施工,监理单位严把质量关,改造工程顺利完工[2]。2002年,又先后对秦淮新河水利枢纽中的节制闸、抽水站进行了除险加固和改造。2003年5月,南京总投资近3000万对秦淮新河抽水站进行加固改造。该改造工程也于当年被视为江苏省水利基本建设重点项目,为南京城市度汛安全、城市水环境的改善发挥了重要作用。2005年,南京市对秦淮新河启动汛前清障,保障汛期正常泄洪。2010年1月,经江苏省水利厅批准,对秦淮新河水利枢纽中的抽水站工程进行加固改造,更换全套5套水泵机组[3]。

位于秦淮新河下游段的船闸建成于20世纪80年代,为长江干线和南京内河航道连通的唯一船闸,是南京市水上交通的重要基础设施。随着社会经济发展对内河航运的要求不断提高,一段时间以来船闸始终处于超负荷运转状态,多次出现严重的安全隐患,大型船舶难以通过,航运效益不断降低。

1 江宁县水利农机局编:《江宁县水利志》,河海大学出版社,2001年,第82—84页。
2 李明、王铭、剑飞:《南京加固改造秦淮河水利枢纽》,《中国水利报》2001年6月20日。
3 贺云翱、景陈主编:《南京秦淮新河流域文化遗产研究》,江苏人民出版社,2015年,第37—38页。

上
篇

秦淮新河船闸

　　2011 年，为确保船闸运行安全和畅通，满足沿线地区经济社会发展需要，经江苏省交通运输厅航道局批复和南京市政府批准，决定以养护改善形式对原船闸进行原址建设。秦淮新河船闸于 2012 年 4 月开工，于 2013 年年底顺利竣工。建成通航后的秦淮新河船闸通过最大船舶吨级由之前的 300 吨级提高到 1000 吨级，年货物通过量也由之前的不到 600 万吨提高到 2000 多万吨，大大提升了运输效率，也促进了秦淮新河沿线企业和地方经济效益的发展，收益显著。如 2014 年首个季度的船舶通过量达 169.97 万吨，货物通过量达 87.35 万吨，开放闸次为 1022 次，通过船舶 3001 艘次，通行该闸的船舶平均吨位为 566 吨 / 船，分别为 2011 年第 1 季度的 102%、103%、71%、72%、143%。截至 2014 年 3 月底，在船舶和货物通过量与 2011 年第 1 季度基本持平的情况下，2014 年第一季度开放闸次下降近 30%，可见船闸运行效率明显提升[1]。

　　在城市经济迅速发展的大背景下，秦淮新河的功能日益多样。有鉴于此，各种便民配套工程在新河沿线出现了。在 1992 年江苏省石油公司江宁支公司致江宁县计经委的函件中就提出，随着秦淮新河水运业日趋繁忙，往来的机动船只早已代替了原先的人力船，柴油、润滑油用量加大，船民加油只能来县里的公司购买，再到油库提货，十分不便，且太多油料

1　南京航道管理处：《秦淮河船闸扩容改建后运行效率明显提升》，南京航道管理网，2014 年 4 月 30 日。

放置在船上容易造成安全事故。为了方便往来船只，提升服务质量，开拓市场，同时开发秦淮新河航运潜力，江苏省石油公司江宁支公司经考察论证后，决定利用秦淮新河岔路油码头原有场地和消防设备，增设加油站，主营柴油、润滑油脂，计划于1992年底建成投产，此站点命名为"江宁石油支公司秦淮新河水上加油站"[1]。这项建议于1993年1月得到了江宁县计划经济委员会的认可[2]。

2002年，秦淮新河曹村桥发生险情，桥体出现裂缝且桥面严重破损，已经属于严重危桥，在对桥梁进行交通管制后，南京市水利局要求考虑两岸居民通行便利的需要，建议江宁区尽快对曹村桥进行除险加固[3]。

2012年9月，中共南京市委、市政府批准建设滨江大道跨秦淮新河大桥工程项目，建成通车后将进一步改善区域交通环境，为市民出行提供便利[4]。

2. 环境治理与优化

秦淮新河落成不久，管理部门已经着手河道周边环境的治理与优化。1980年，依据《中华人民共和国森林法（试行）》和宁革发〔74〕17号《南京市林木保护管理办法》，按照统一规则、分期实施、群办公助、专业管理、收益分成的原则，成立了相应的苗木基地和绿化专业队伍，对秦淮新河进行了绿化工作，完成绿化

河定桥东秦淮新河滨水平台

站东路桥段秦淮新河南岸滨水平台

曹村桥段秦淮新河南岸滨水平台

---

1 江苏省石油公司江宁支公司：《关于成立秦淮新河水上加油站的申请》，宁石支字〔1992〕第47号。

2 江宁县计划经济委员会：《关于成立"江宁石油支公司秦淮新河水上加油站"的批复》，1993年1月5日。

3 南京市水利局：《关于处置秦淮新河曹村桥险情的复函》，宁水管〔2002〕88号。南京市江宁区人民政府：
   《关于秦淮新河曹村桥禁止载重车辆通行的紧急通告》，江宁政发〔2002〕8号。

4 贺云翱、景陈主编：《南京秦淮新河流域文化遗产研究》，江苏人民出版社，2015年，第37—38页。

曹村桥

2100 亩林木[1]。1998 年冬，江苏省有关部门在秦淮新河加固改造中对河道周边环境再次进行了美化，种植了草坪、花木等。同样在 1998 年，雨花台区旅游局在向上级单位的项目报告意见中，提出建设"秦淮新河河滨公园"的建议，并得到了上级单位的认可，这标志着对秦淮新河沿线的环境整治与功能开发更进一步[2]。

2005 年，在南京市启动秦淮新河汛前清障和环境整治工作期间，江宁区对河定桥至新城段沿线景观进行了改造，希望通过景观带的建设以"营造良好投资环境"，提升城市形象。考虑到秦淮新河"是秦淮河流域的一条重要分洪道"，水利部门明确规定新河沿岸景观建设的限制条件：必须满足河道行洪、堤防安全稳定和水利工程管理的有关要求[3]。

2005—2007 年，江宁区持续推进秦淮新河景观改造工作。在 2005 年 12 月 21 日召开的秦淮新河景观改造协调会上，市水利局、秦淮河管理处、区规划局、区水利局、区国土局的工作人员就相关问题达成了一致意见，提出秦淮新河已经成为东山新市区的内部河段，亟须对其进行景观化改造，以提升河堤及周边地区形象；该河道的改造必须符合东山新市区

1　南京市革委会：《南京市林木保护管理办法》，宁革发〔74〕17 号。
2　南京市旅游局：《关于秦淮新河河滨公园项目报告的意见》，宁旅局〔1998〕145 号。
3　南京市水利局：《关于在秦淮新河河定桥至新城路段建设景观带的复函》，宁水管〔2005〕240 号。

规划及秦淮河改造的有关规划，满足防洪要求，距河堤 30 米以内的改造以保持自然状态为主，可在不影响防洪的前提下建设少量景观小品；30 米以外地块可适度建设商业、旅游设施，以平衡景观改造资金，但严禁进行房地产开发[1]。至 2007 年末，江宁区还于秦淮新河北侧河定桥以西段建设绿化隔离带[2]。同年 2 月，南京市将秦淮新河综合整治工程列入当年"绿色南京"建设计划，预计投入 500 余万元，对秦淮新河流域

秦淮新河京沪高铁大桥航拍

堤防实施全面绿化与封闭管理，以使秦淮新河成为一条绿色生态景观河。2008 年，秦淮新河清障绿化工程完工，共铲除违章种植 450 亩，清运垃圾 1 万立方米，整治关停黄砂、竹木、砖瓦、建材码头 13 座，拆除违建建筑 6000 立方米。2009 年 11 月，南京市秦淮河河道管理处启动秦淮新河格子桥下游河段左右岸地方维修绿化整治工程，整治河段总长 4000 米，于当年年底完成。

3."明外郭—秦淮新河百里风光带"建设

2010 年 5 月，南京市人民政府决定成立南京市"秦淮新河—土城头百里风光带"建设领导小组，推动秦淮新河百里风光带建设。领导小组下设建设指挥部，以一名副市长为总指挥，统一指挥协调各项工程进度[3]。2010 年 12 月，建设指挥部报送的《秦淮新河—土城头百里风光带示范段建设可行性研究报告》得到批复，示范段建设社会价值、建设范围、建设内容及投资与资金来源得到了确认[4]。相关文件中指出，秦淮新河百里风光带的建设可以进一步推动文物发掘与保护、改善生态环境、完善城市功能、提升城市品位。

秦淮新河百里风光带示范段范围包括两个部分，涉及秦淮新河的为宁丹路—凤渡路段，

1　南京市江宁区人民政府办公室：《关于秦淮新河景观改造的会议纪要》，2006 年 1 月 17 日。
2　南京市人民政府：《关于建设秦淮新河北侧河定桥以西段绿化隔离带的请示》，宁府办文〔2007〕2083 号。
3　南京市人民政府办公厅：《市政府关于成立南京市秦淮新河—土城头百里风光带建设领导小组的通知》，宁政发〔2010〕84 号。
4　南京市发展与改革委员会：《关于秦淮新河—土城头百里风光带示范段建设可行性研究报告的批复》，宁发改投资字〔2010〕1145 号。

此段河道长 2.6 公里，规划范围总面积 83 万平方米，工程主要内容是：岸坡整治 11.54 万平方米、生态景观绿化 36.4 万平方米。工程沿线设立一系列连贯的景观节点，其中包括规划面积 2.1 万平方米的体育公园、1000 平方米的切岭石壁和山石浮雕、一座长 180 米的景观桥、426 平方米的亲水码头、8000 平方米的生态停车场等，此外还有管理及服务用房 1.2 万平方米。沿线的地下管线、游客服务中心等基础设施与配套服务设施也纳入规划中。批复文件特别提及，需在风光带示范区秦淮新河段新栽植大树 10 万株。

2010 年 10 月，"秦淮新河—土城头百里风光带"规划名称变更为"明外郭—秦淮新河百里风光带"，项目指挥部也相应更名。在 10 月 30 日召开的会议上，市政府提出要进一步挖掘明外郭与秦淮新河沿线的历史文化资源，塑造南京的人文走廊、生态绿廊、休闲长廊，与明城墙要相得益彰，成为申报世界文化遗产的一个重要亮点。市文物部门需要主动配合，保存并整理好明外郭、秦淮新河及周边历史文化遗迹，展示南京重要的历史信息、历史记忆。市政府还强调，包括秦淮新河在内的风光带沿线进行绿化景观建设时，要尊重历史，保存历史信息，通过不同的方式展现相关遗址、遗迹内容；整合景点资源，并与周边绿色环境相串联；重点打造节点公园，把节点建设作为亮点，其余地段以森林为主，以自然和生态的手法保护沿线遗址、遗迹及景观；在交通路网设计、建筑风貌把控、项目投资平衡及征地拆迁等方面都要考虑秦淮新河及整个百里风光带等特殊性质与独特风貌，沿线现有的乡土树木植被要尽可能地加以保护 [1]。

2011 年上半年，百里风光带秦淮新河示范段的建设工程逐步开工 [2]。在 2011 年 4 月 8 日召开的会议中，南京市政府提出，百里风光带全线工程建设按照"统一规划、统一设计、统一标准、统一监管、统一验收、分别施工"的原则开展工作，划定各区建设任务范围，明确拆迁任务、建设标准、时序进度等工作要求。百里风光带建设沿线各区要参照示范段标准建设，确保按照统一的规划要求和标准，高质量地完成各项建设任务。百里风光带各节点公园要尽可能地多种大树，增加花卉色彩点缀，优化树种配置，"提高绿化、香化、彩化水平" [3]。

"明外郭——秦淮新河百里风光带"秦淮新河段的建设以《南京市秦淮新河—土城头百里风光带规划》，及南京市政府会同东南大学城市规划设计研究院提出的《南京明外郭——秦淮新河百里风光带（凤渡路至入江口）详细规划》为主要指导性文件。秦淮新河部分总

1　南京市人民政府规划项目审批小组：《关于明外郭—秦淮新河百里风光带等规划设计方案审批的会议纪要》，2010 年 12 月 17 日。

2　南京市明外郭—秦淮新河百里风光带指挥部：《关于尽快移交明外郭—秦淮新河百里风光带示范段建设项目施工场地的函》，宁凤指字〔2011〕15 号。

3　南京市人民政府办公室：《关于明外郭—秦淮新河百里风光带建设有关工作的会议纪要》，2011 年 4 月 15 日。

秦淮新河切岭段

长 20 千米，其中凤渡路至入江口规划河道总长 8000 米，规划范围跨越南京南部新城和河西新城两大行政区。规划文件提出秦淮新河因原定位为防护功能，其两岸一直保持驳岸植被的基本保育养护状态，局部零散设有滨水平台，交通人车流线混合交叉，滨水景观缺乏整合提升。而秦淮新河原本的行洪排涝、通航等功能需要完整保留。在此基础上，规划方案提出以秦淮新河慢行景观步道的建设为中轴，沿线各地块依照各自特点和功能需求灵活布置空间功能，塑造秦淮新河滨水空间"整中有散，散而不乱"的有机空间组合群。在重要掌控点设计以地块的自然人文特色等因素作为触媒，来改变地块的现有条件或内在属性，带动其后续发展。在秦淮新河河岸景观设计上，规划者把握生态化、自然化、整体性原则，充分发挥自然环境优势，将自然景观与人文景观高度结合，造园方式依地就势，追求自然古朴，体现野趣，同时把城市河流作为一个有机整体，各段相互衔接、呼应，各具特色，联成整体。通过选用南京乡土树种，做到乔灌木结合，林缘线变化多样，季相景观丰富[1]。

1　章国琴、刘红杰：《面向实施的城市运河活力复兴整合设计研究——以南京明外郭至秦淮新河百里风光带设计为例》，《建筑与文化》2016 年第 9 期。仟丹丹、蒋招明：《百里风光带秦淮新河段景观配置的创新实践》，《现代园艺》2014 年第 4 期。

秦淮新河入江口

4. 监督检查与整治处理

在持续优化提升秦淮新河河道整体环境的同时，相关部门还积极对秦淮新河河道及河堤情况予以监督检查，对违规违法行为及时予以处置。

2007 年 2 月，建设部驻南京—杭州城乡规划督察员注意到，江宁区内双龙路西侧秦淮新河南岸一公里多长的防洪堤岸绿化隔离带被住宅开发项目蚕食，其中"水月秦淮"项目越过防洪堤保护范围，侵占秦淮新河防洪堤约 5 米，同时也侵占了秦淮新河的绿化隔离带。"左岸名苑"同样侵占了秦淮新河绿化隔离带，侵入防洪堤保护范围，更为严重的是该项目将秦淮新河河堤全部圈入小区，违反相关法律法规[1]。

南京市江宁区政府在接到督查建议后迅速行动，勒令规划部门暂停秦淮新河两侧项目的规划审批，房产部门暂停发放秦淮新河两侧项目新的房产销售许可证[2]。江宁区政府在 2007 年春节后上班第一天就召集有关部门负责人，到现场进行调查，研究下一步处理意见。在查明存在房地产公司未经审批进行建设的事实情况后，江宁区政府责成房地产公司在 3 月前拆

1　建设部城乡规划督察员：《关于对江宁区内侵占秦淮新河防洪堤岸及绿化带建设项目的规划督查建议》，
　　2007 年 2 月 2 日。
2　南京市江宁区人民政府：《关于对建设部督察员规划督察建议反映问题初步处理意见的报告》，2007 年 2
　　月 15 日。

除阻断河堤的隔离栏及占用河堤建设的相关配套设施，打开通道，让出堤岸；责令房地产公司在小区与景观堤岸间设立景观隔离栏；对房地产公司的不规范建设行为向各部门通报；责成水利、规划部门对秦淮新河涉事河段进行全面检查，拆除对河道行洪有影响的建筑物或景观小品，确保河道防洪通道的畅通，以满足防洪要求；责成有关部门对东山新市区范围内各水系、水体两侧的开发建设行为进行全面检查，坚决杜

今日秦淮新河水岸休闲的人群（蔡震绘）

绝违法违规项目的审批和建设，确保城区河道防洪安全[1]。

除了对河堤违规违章建筑及时拆除外，环保部门还对河道沿线新建的各个排污闸口进行实时监督，处理污染问题。1999年3月、2000年5月及2008年7月，秦淮新河闸口、麻田桥、河定桥等地先后发现污染问题，县（区）环保局迅速派人前往采样调查，排查污染河段，确定污染物来源，对污染防治提出针对性意见[2]。

1　南京市江宁区人民政府办公室：《关于对江宁区内侵占秦淮新河防洪堤岸及绿化带建设项目的规划督查建议处理情况的报告》，江宁政发〔2007〕58号。

2　南京市环境检测中心站：《秦淮新河水质情况跟踪监测报告》，宁环监快〔99〕字04号。江宁县环境保护局：《关于秦淮新河江宁段水质调查的报告》，江宁环字〔2000〕第037号。南京市江宁区建设局：《关于秦淮新河河定桥下水污染情况的调查汇报》，江宁建字〔2008〕128号。

秦淮新河的多重价值与功能

◎　张智峰　陈祖滢

　　秦淮河流经镇江市的句容和南京市的溧水、江宁和部分市区，具有典型的"小流域，大防洪"的特点。因而，秦淮河流域的治理工作，受到了党和政府的高度重视。1974 年，为进一步统筹全域的灌溉防洪工作，秦淮河流域治理规划形成，开挖秦淮新河提上议事日程。1975 年 12 月 20 日，秦淮新河工程提前开工。为建设秦淮新河，国家投资达 7695 万元，工程征地 1.3 万多亩。南京市的雨花台、江宁、江浦、溧水、高淳、六合，以及镇江的句容、丹徒、扬中，常州的溧阳、金坛、武进等地的 20 余万民工参与了施工，工程历时 4 年多。

　　1980 年 6 月，秦淮新河工程竣工通水，秦淮河下游行洪流量由原来的 400 立方米 / 秒，提高到 800 立方米 / 秒，行洪、抗旱能力显著提高。秦淮新河建成后，在防涝、抗旱、航运等诸多方面发挥了积极作用，也对维护社会稳定、经济发展和文化交流，起到了促进作用。

秦淮新河

如今，秦淮新河的多重价值与功能，越来越受到人们的重视。

一、秦淮新河的主要功能

1. 交通运输

秦淮新河除了水上航运功能外，在建设过程中曾规划桥梁 11 座，其中 1 座宁芜铁路西善桥铁路大桥，由铁道部第四设计院设计，上海铁路局施工；5 座公路桥，由省水总一队负责施工；4 座机耕桥、1 座人行便桥，由江宁县土桥乡建筑队施工。1982 年前，11 座飞跨秦淮新河的桥梁陆续建成，它们由东到西依次排列：东山桥、河定桥、曹村桥、麻田桥、铁心桥、红庙桥、梅山桥、红梅桥、宁芜铁路桥、西善桥、格子桥[1]。这些现代化的桥梁是开凿秦淮新河时新建和改建而成的，由此也开辟了更多的道路。1984 年，秦淮新河上的桥梁，入选"金陵四十景"，又被誉为"十虹竞秀"。如今在秦淮新河上，又架起了多座桥梁，在方便两岸居民生产生活的同时，形成了四通八达的交通网，发挥了重要的交通运输功能。

2. 排涝灌溉

江宁区境内秦淮河沿岸有大量圩田，排涝灌溉是每年的重要工作。秦淮新河的开挖，使得该区域多了一条入江通道，洪水时可以分洪，干旱时可以抽引江水灌溉农田，基本解决了旧时秦淮河洪涝灾害问题，同时也促进了沿河地区航运事业的发展。特别是 1991 年，南京遭遇百年未遇的特大洪涝，秦淮新河充分发挥了强大的排涝灌溉功能，保障了沿河地区人民的生命财产安全。

3. 工农业水源

秦淮新河开通后，沿河两岸工矿企业生产用水和农村灌溉有了新的补给，从而节约了大量管道运输用水的成本。可以说，秦淮新河不仅成为农业农村安全的重要基础，更是沿河企业工业用水的重要水源。

---

1 南京市水利史志编纂委员会编：《当代南京水利》，内部资料，1988 年，第 48 页。

二、秦淮新河的多重价值

进入新时代，秦淮新河的核心功能有了较大的调整提升，其生态景观、传承历史文化记忆、旅游休闲等方面功能在其功能体系中占据越来越重要的位置，人们对秦淮新河价值的认识也逐渐深刻。

1. 文化遗产价值

文化遗产属性是秦淮新河最重要的属性。秦淮新河是中华人民共和国成立以后，南京市投入人力最多、施工时间最久、开凿里程最长、对秦淮河水系影响最大的一项水利工程，为南京市水利发展史谱写了精彩动人的篇章。

秦淮新河新建枢纽工程 1 处，包括净宽 72 米 12 孔的节制闸（并设有鱼道），40 个流量的抽水站和通行 300 吨船队的 10.4 米 ×160 米船闸各 1 座。沿河两岸新建涵洞 34 座、电力排灌站 18 座，共 1350 千瓦。两岸河坡护砌全长 4.2 千米，包括切岭段块石护坡和梅山地段钢筋混凝土防渗护砌 15 万方，全河共完成土方 1848 万方、石方 244 万方。挖压征用土地 1.3 万余亩，拆迁 1507 户农，居民房屋 5200 多间；拆迁煤气、自来水管道 10 条，长达 1.5 万多米，各种电线、电缆 141 条，长达 100 多公里。

由于新河工程量大，地形复杂，涉及面广，任务艰巨，工程技术上要求较高，在工程设计方面，牵涉到工程地质、水文地质、防洪工程、水工结构、土壤力学、爆破工程、水工机械等多种学科和河道、水工、水港、桥梁、公路、铁道、地质等专业。为使设计符合经济合理、实用、美观的要求，有关节制闸、抽水站、鱼道、船闸、桥梁等建筑物工程，分别委托有关设计单位和大专院校进行设计。先后参加设计和施工的有十几个单位，加上承担河道土石方工程任务的南京市和镇江地区的 13 个县区。在施工中，各有关单位大力协作，互相配合，因而新河工程汇集了各方面的专业队伍，是各方技术力量大协作的结果。

在秦淮新河建设的过程中，江苏省、南京市、镇江专区各有关部门和驻宁部队，在人力、物力和交通运输等方面，都给予了大力支持。南京军区通讯兵部、工程兵学院、铁道部第四设计院、南京工学院、华东水利学院、南京市设计院、凤凰山铁矿、铁道部南京桥梁工厂等单位，主动支援，为攻克开挖秦淮新河的技术难关，付出了辛勤的劳动。所有这些付出都是秦淮新河的宝贵精神财富，是留给后人的一笔重要文化遗产[1]。

1　江苏省秦淮新河工程指挥部：《江苏省秦淮新河工程工作总结》，1980 年 12 月。

秦淮新河鱼嘴航拍

2. 文化景观价值

秦淮新河工程东自江宁县小龙圩（今河定桥），经雨花台区铁心桥、西善桥，直至双闸金胜村入长江，全长 16.8 公里，河宽 130—200 米不等，两岸堤防 36 公里，是一项集防洪、灌溉、航运于一体的大型水利工程。如今，秦淮新河的文化景观价值尤为突出，沿河有秦淮新河风光带、韩府山风景区、梅山铁矿工业旅游区等。

秦淮新河的生态景观功能，是指秦淮新河沿线山水相依，冈峦起伏，植被丰茂，风景秀丽，景观风貌多样的自然环境。经过系统整治，特别是对沿线山水自然景观的全面恢复与营造，可以大大改善沿河人居环境，使之成为江宁民众宜居生活带，成为"美丽江宁"建设的绿色生态景观廊道。

（1）秦淮新河风光带

随着南京主城区的不断扩容，秦淮新河变成了市区内一条重要的河道。近 3 公里的秦淮新河风光带，已成为融生态、旅游、运动、娱乐、商业、文化于一体的生态廊道。2021 年，南京市建委与南京市规划资源局提出《南京明外郭—秦淮新河百里风光带规划整合》方案，提出加强城市蓝绿空间与百里风光带的融合，并衔接城市绿道，沿途打造包括"小三峡"在内的 16 处重点地段[1]。秦淮新河沿线分布有若干文化资源富集区，通过进行旅游功能分区与定位，可以精心打造秦淮新河沿线具有不同风格与特色的文化休闲娱乐体验区，使秦淮新河真正成为充满魅力的文化休闲旅游廊道。

（2）韩府山风景区

韩府山，原称岩山、龙山，海拔 150 米，长数里，岗岭逶迤，溪壑重叠，因明韩宪王朱松葬于此而更名。该山位于江宁区秣陵街道秦淮社区境内，跨雨花台区铁心桥街道，秦淮新河自东向西绕其北麓而过。韩府山文化底蕴深厚，有着丰富的历史文化遗存，静明寺、龙泉寺、岳飞抗金故垒（韩府山段）是韩府山景区内重要的历史文化资源点。景区内还保存有较好的自然植被和水体，如静明寺水库、安堂凹水库、龙泉寺水库以及若干水塘，是不可多得的生态旅游区。韩府山上的孙吴晚期《天发神谶碑》则具有雄伟奇特的艺术风格，对后世影响极大，在我国古代书法艺术发展史上具有特殊的审美价值和重要地位，与立于孙吴天玺元年（276 年）的宜兴禅国山碑一起被誉为"天下二绝"。因此，开发好、利用好韩府山的这些历史文化遗存，可以丰富秦淮新河的文化内涵，使得秦淮新河的文化景观价值得到最大限度地显现[2]。

（3）梅山铁矿工业旅游区

梅山铁矿是秦淮新河沿岸的工矿企业，成立于 1961 年 12 月。该铁矿占地面积 210.78 万平方米，建筑面积 31.06 万平方米[3]。据媒体报道，自 2019 年 12 月起，扎根南京半个世纪的梅山铁矿将陆续关闭，并在几年内迁出南京。现有的梅山铁矿区域将建成产业新城，打造集高档生态住宅、文化、休闲、旅游、商业配套的城市综合体[4]。梅山铁矿的搬迁既是南京调整优化产业结构的一个缩影，也是新中国冶金工业发展的历史见证。搬迁后的梅山铁矿，将留下大量的工业遗存，保护好、利用好这些工业遗存，并将其融入秦淮新河风光带规划之中，主打工业旅游，形成工业旅游区，将会为秦淮新河的景观开发增添新的亮点。

3. 历史价值

秦淮新河的地理坐标为北纬 31° 56′ 55″—31° 58′ 20″，东经 118° 39′ 11″—118° 49′ 06″[5]，

1　《明外郭—秦淮新河百里风光带添新景》，《新华日报》2023 年 3 月 30 日。

2　中国人民政治协商会议南京市江宁区委员会编（王志高、吴德厚主编）:《江宁非物质文化遗产资源集萃》，南京出版社，2022 年，第 1599 页。

3　南京市地方志编纂委员会编:《南京冶金工业志》，方志出版社，1996 年，第 49 页。

4　《梅钢搬迁背后：江苏产业退江进海的空间腾挪术》，《现代快报》2019 年 12 月 24 日。

5　丁蕾:《水体旅游可持续发展评价研究——基于"主客"感知的实证与应用》，东南大学出版社，2014 年，第 34 页。

起自江宁区东山街道的河定桥。东山街道，原为"东山镇"，旧称"土山镇"，以境内土山（亦称"东山"）得名并名闻天下。民国时期，土山镇已为江宁县大镇之一。2002年，东山镇改称东山街道，所在地东山新城是南京新的城市建设中快速发展的区域，是今江宁区政府所在地，为江宁区政治、经济、文化中心。

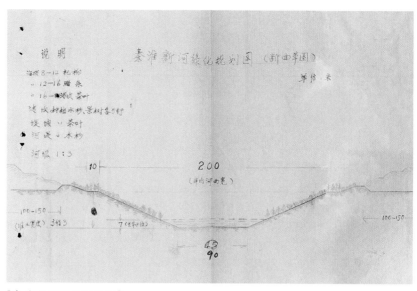

《秦淮新河绿化规划图》

据《东山镇志》介绍，土山周围旧有跑马埂、谢公井、谢公泉等地名，与谢安或谢玄有关。"东山秋月"不仅为江宁八景之一，也是著名的"金陵四十八景"之一。自2007年以来，东山街道连年蝉联南京市综合实力首强镇街，并先后获得全国安全社区、全国学习型社区示范街道、江苏省文明单位、江苏省创新型街道、江苏省和谐社区建设示范街道、江苏省科普示范街道等一系列荣誉，被誉为南京第一镇街。目前东山建有谢公祠、秋月楼等，还建有东山休闲公园，凸显了东山（土山）脍炙人口的文化感召力及其巨大的历史文化价值。

秦淮新河沿线历史文化遗产及文化资源异常丰富，其中不少涉及历史名人及重大历史事件或传说，如岳飞抗金故垒、沐英家族墓地、抗金英雄杨邦乂等，可以说秦淮新河是传承江宁历史和文化记忆的纽带。通过认真开展对沿线重点文化遗产及文化资源的有效保护与展示利用，秦淮新河就可以成为穿越历史与当下的时空廊道，从而将秦淮新河传承历史文化记忆的功能得到充分发挥。

4. 爱国主义教育价值

秦淮新河开通至今，已经有40多年的历史。在20世纪70年代中后期物资相对匮乏、机械化程度相对不高、生产工具相对简陋、工程技术条件相对落后的历史条件下，广大民工发扬了自力更生、艰苦奋斗的革命精神，凭借坚强的意志，夜以继日，顽强奋战在工地上，终于成功开出一条长达16.8公里的秦淮新河。作为历史的见证，秦淮新河真实记录了20世纪70年代中后期社会发展历程，具有重要的历史价值、教育价值和经济价值，是爱国主义和历史文化教育的重要资源。因此，我们需要更加深刻地理解先辈们的伟大壮举，讲好秦淮新河故事，传承好老一辈开挖新河不畏艰险、坚韧不拔、顽强拼搏、攻坚克难的奋斗精神，并以此引导广大人民群众热爱家乡，热爱南京，热爱祖国，继续创造出无愧于新时代的辉煌篇章。

今天，我们可以自豪地说，秦淮新河是一条绿色生态的美丽之河，是一条承载历史记忆的文化之河，是一条体验休闲娱乐的旅游之河，更是一条具有城市发展规划战略意义的幸福之河。总之，新时代的秦淮新河具有多重价值和功能，需要得到进一步的挖掘和开发利用。

第三单元　口述调研

食茶卧棘　追忆荣光

——秦淮新河工程建设者访谈录

◎ 宋菁蕾　陆煜欣　韩颖　余洋等

李英俊

（中共南京市委原副书记、常务副市长，时任中共江宁县委书记、秦淮新河项目总指挥）

问：这些年来，您怎么看待秦淮新河这项工程的？

答：秦淮新河的开通，已经快 50 年了。在这 50 年当中，部分参与开挖工程的人员已经被遗忘了，有的人则把秦淮新河当成一条自然河。我认为秦淮新河的开挖，极大造福于两岸人民，是一个利国利民的好工程，这是不可否认的。

问：您了解开挖秦淮新河的原因吗？

答：为什么要挖秦淮新河呢？这个话可长可短。要想长的话呢，要讲很长的时间，短的话呢，很简单的道理。秦淮河流域面积大概是 2500 多平方公里，句容、溧水、江宁境内的绝大部分水都要经过秦淮河。秦淮河的上游有两条河流，一条叫句容河，一条叫溧水河，它们在江宁的西北村汇合，汇合后的河流称秦淮河。溧水河分为三个部分，分别是三干河、二干河、一干河。一干河最长，联通了胭脂河、石臼湖，是明代人工开凿的一条河流。句容河发源于汤水河和茅山，经赤山，到湖熟。因为当时号召"农业学大寨"，各地纷纷都把河道裁弯取直，把一些囤水滩都改成了粮田、养鱼塘，种植粮食、养鱼。当时句容县就把赤山湖原来一个一两万亩囤水的地方变成了良田。新河开挖之前，雨水到达江宁的时间需要七八个小时，现在已缩短为 4 个小时。假如上游下大水，4 个小时就直接下来了。而秦淮河的出口只有一个，就是中华门长干桥。它的流量号称是 800 个流量，实际上只能流四五百个流量。因为当时南京市秦淮河两岸有许多码头、障碍物，影响出水的速度。整个 2500 多平方公里来水，最大的流量是 1100 个流量，这样就流到四五百个流量，还有六七百个流量的水就囤在句容、溧水、江宁等地圩中，所以这些圩区经常破圩。江宁地势最低，而江宁境内秦淮河地区的耕地约占江宁县总耕地面积的三分之二，水直冲江宁之后，造成江宁县年年有大面积耕地受水灾，所以当时的老百姓生活是很苦很苦的。因此，过去江宁地区冬天开始做圩堤，用来防止夏天的洪水，但收效甚微。当时江宁县领导很重视防范水灾，想尽自己一点努力，改善江宁人民、秦淮河地区人民生活的环境，所以下定决心开挖秦淮新河。

当时秦淮新河最好的开挖方案是走上坊、麒麟到栖霞山。为什么这个方案最好呢？因为在栖霞山长江下，它的江水水位比较低，秦淮河下去，水的速度比较快。但是京沪铁路在这无法回避，故第一方案废止。第二个方案，就是现在落成的这个方案。经过专家们论证，这个方案的路线中，虽然下长江水位比在栖霞山要高 80 厘米，但是这里江面比较宽，水下去

秦淮新河大会战场景 2

213

速度也是可以的。第三个方案是在老秦淮河上拆迁，把老秦淮河扩大一倍，这个对南京市的损失太大，故没有采用。所以选择了双闸金胜村下江口的这个方案。这个方案虽然好，但是要穿过韩府山一带的山脉。韩府山山头不高，30-40米高，但是全是石头，当时开挖石头主要靠爆破，这个速度又慢又危险。于是，当时我们集中了几个大的公社，让有开挖石头经验的民工来主攻这块。

那个时候要全靠自力更生。我们江宁这一点还是能做到的，任何时候都不怕。开挖之后，我记得光土方就扒到300多万方，底下还有约400万方石头。那时候每个乡的民工都来了，老百姓吃住都在一线，人是相当艰苦的。

问：您觉得什么方面比较苦呢？

答：那个时候生活很艰苦，吃饭问题都没有完全解决，能填饱肚子就算不错了。只要到工地上来，一天补贴2毛钱；还有粮食补贴，但各个公社标准不一，穷的公社补贴半斤，好的公社补贴八两。老百姓还是能吃苦的，只要能填饱肚子，再苦再累都愿意干的。住的地方也是很苦的，当时还编了一个顺口溜：房子一丈三，里面睡的人十三，翻身还要喊一二三。底下铺的是稻草，冬天还好，睡稻草还暖和一点。到了夏天，地上潮湿，还上霉，特别是蚊虫叮咬，让人难以入睡。

那时候生活很苦，肉要凭票供应。我们江宁人都把好吃的东西送到工地上来，都想把这条河尽快开好。当时的劳动强度比较大，特别在挖石头的时候，手指头掉了、伤了很多，甚至还有人在工地上去世的。想起这些事来，思

秦淮新河大会战场景 3

中共江宁县委领导在秦淮新河工地上

想上感到很痛苦，很对不起他们。

在我印象当中，秦淮新河通水之后，就没有破过圩了。假如没有秦淮新河的开通，也谈不上有江宁这么大的一个开发区，所以南京市的安全得到保障，秦淮新河的好处在不断地显示出来。开通秦淮新河是造福于人民，造福于我们家乡的，实际上也是造福我们自己。所以想起来心情还是很舒畅的，或许也是自我安慰。

问：那么您知道开挖这个新河大概花费了多少？

答：当时中央拨款一亿元，主要用于修建桥梁、拆迁等，其余由江宁县自筹。现在几百亿我估计都挖不成了，所以开挖新河还是早动手好。有的时候，我走到秦淮新河边上，看到秦淮新河里面水清清的，这个新挖的秦淮河当时是规划的，除了泄洪以外，还有旅游和饮用两个功能，现在保护得蛮好的，没有被污染！

问：我看这个资料上讲，切岭下面石头挖完了，有一种石头叫龙科石，好像一见水就会变成土的那种，对此您有了解吗？

答：那个石头质量最差，它很硬，打开之后它会风化，弄的时候蛮难的，它是一层一层叠的，斜坡叠的，要是全是硬石头，你爆破还好。那种石头一爆破之后就散掉了。你从上头慢慢朝底下弄才安全，硬从底下掏，它会塌下去，这类石头是最难处理的。

问：秦淮新河工程中，您看见过伤亡事故发生吗？

答：有死伤。新河通水之后，原来想在秦淮新河旁竖个碑的，纪念开挖新河死去的民工。后来一直有想法，没有机会了。

问：那个地方大概死了多少人？

答：死的人不多，伤的人多。死的几个人，有的是病死，伤死比较少，当时安全抓的还是比较好的。但是，缺指头、伤胳膊的人比较多，有两三百人。工地上的卷扬机运转速度比较快，我们的民工有的反应慢一点，搞得不好在钢丝绳里面一绞，手指就断掉了。有的是被钢丝绳带下去的时候，把手一擦就擦掉了。

秦淮新河开通前后，我记得江宁又疏通了铜井河、江宁河、谷里河，谷里河之后又先后疏通了板桥河、梁台河、黄梅河、土桥河、解溪河、梅岭河，整理了十几条秦淮河和非秦淮河的支流，包括九乡河、七乡河，江宁河道就这样一起整理完成了。现在河道都很漂亮了。

问：听说参加秦淮新河工程中，有一个老同志得了肝癌？

答：对的。这个人叫顾中，做过江宁县人委办公室主任，做过江宁县计划委员会主任，做过淳化公社书记，我是他的副手。像顾中这样的老同志，有很多很多，他们为开挖新河付出了很多，为江宁人民作出了巨大贡献，大家十分怀念他们。

顾中同志当时已肝硬化住在医院，那个时候他身上已经没肉了，肝很硬。他走到秦淮新河边上，让我扶他起来看一看，看看秦淮新河开通了。当时挖秦淮新河的时候，后勤工作全部是他负责。他是计划委员会主任，那时候要毛竹，要木头，要铁锹，要铁器、钢钎，都是他准备的。他进来之后，不久就去世了。所以江宁人民对开挖秦淮新河感情真深。只要是江宁人，都知道这条河来之不易。

李英俊（左）和盛义福（右）在切岭工程开工前合影　　2022 年李英俊（左）、盛义福（右）合影

问：您对秦淮新河工程中的梅山铁矿的事有了解吗？

答：梅山铁矿的事是民工与冶金部门发生纠纷，假如梅山的石头塌下去，水会把矿工淹掉，所以冶金部门在底下搞水泥、钢筋把它护起来。秦淮河切岭工程底下是钢筋混凝土，并不是石头铺底的，一共花费了好几千万！秦淮新河项目方面答

时任中共南京市委、市政府领导到秦淮新河工地参加劳动

应了梅山铁矿的要求，在新河底部铺设了钢筋水泥结构，冶金部门也贴了钱。

问：那这一段就等于是整个秦淮新河最难的？

答：是的，这段最难啃，最后啃通了。到了沙洲圩也挺难弄的。因为沙洲圩是冲击洲，底下有芦柴、树干，挖了之后会冒出土锈水。而且你今天挖好了，明天它又被流沙填充，又涨上来了。

问：沙洲圩上的土是软的吗？

答：其他地方是挖不动，沙洲圩是挖着长着，所以挖完之后还要垫，压住底部，不给流沙再冒上来，并将挖出来的土运远一点。所以说，这边虽然好挖，但流沙又带来了新的难度。沙洲圩底下的水，里面含有有害成分，人是不能直接饮用的，一冒上来，那个水会生锈。另外，南京市还解决了当地民工的很多问题。

问：解决当地民工什么问题呢？

答：因为新河工程占用了农田，有一部分人失去了土地，没事做了。

问：南京市给农民工解决户口问题了吗？

答：不单是户口，还解决了工作问题。南京市在沙洲圩办了纺织厂，纺织厂是密集型的行业，为失地农民提供了不少的工作岗位。

问：当地失地农民，从农民身份变成工人了吗？

答：是的，变成工人，是城市户口了，找对象都好找了。

问：您对沙洲圩的地理位置熟悉吗？

答：沙洲圩属于现在的沙洲、西善桥、双闸、江东和雨花公社的一部分。

问：您对秦淮新河的感情如何？

答：我从小就生活在秦淮河边上，喝秦淮河水长大的，秦淮河养育了我们这一代人，所以我对秦淮河的感情很深。过去我们江宁人将秦淮河视为母亲河，但这个母亲有时候会发火，现在的秦淮河很温柔。

问：秦淮新河开挖以前，江宁水灾严重的时候是什么情况？

答：1954 年，我刚刚 10 岁，什么东西都没有的吃，都被水淹光了。那时候没有机械排水，圩内圩外水位都是一样高，我们差点沉下去被淹死。1969 年 7 月 13 日、14 日，当时下了一夜的雨，大概有 400 多毫米水，满山遍野都是水。那一年的日子十分难过，江宁的圩破了一半。秦淮新河开挖之前，江宁一两年就要发大水。1969 年之后，1972、1975、1991 年江宁地区都发了大水。

问：您了解秦淮新河的开挖计划吗？

答：秦淮新河是 1974 年正式列入国家基建项目，1975 年开挖秦淮新河。

问：您能总结一下您对秦淮新河开挖的感受吗？

答：秦淮新河是江宁人民的历史性杰作，虽然开挖过程很艰辛，但取得了巨大成功。中国有句古话叫"前人栽树，后人乘凉"。所以我认为，不要辜负人民，人民是真正的英雄。最后，我要向为开挖秦淮新河作出贡献的老领导王一香（时任中共镇江地委书记）、汪海粟（时任江苏省副省长兼省计委主任）、陈克天（时任江苏省副省长兼省水利厅长）、华子泉（时任中共镇江地委副书记）等同志表示感谢，向江宁父老乡亲表示感谢，向开挖秦淮新河的县乡同事表示感谢，十分感谢。

万槐衡

（原江宁县人大常委会主任，时任中共江宁县委常委、县革命委员会副主任、江苏省秦淮新河工程指挥部副总指挥）

问： 开挖秦淮新河之前，秦淮河流域的洪涝灾害您是否有印象？

答： 秦淮河是南京的母亲河，流域面积 2631 平方公里。它的源头在句容和溧水，在江宁的方山西北村汇流。历史上的秦淮河水患频繁，秦代以来就是洪水走廊。解放以后，比较严重的洪涝灾害有 6 个年头。比如 1954 年 7 月，江宁集中降雨 442 毫米，造成山洪暴发，长江水位顶托，东山马墩圩决口，淹没良田 9000 多亩，从东山到岔路口一片汪洋。南京步兵学校学员秦嗣武同志防洪牺牲，为了弘扬纪念他，葬在土山山头上，后迁移到竹山。当时我在县委办公室工作，参加了抗洪防汛战斗。防汛相当辛苦，机关干部在防洪中手拉着手，手一放松，人就倒下去了。1954 年，因洪水倒圩的还有禄口的万寿圩，现在的张桥社区和成功社区，淹没良田 1 万亩。

问： 秦淮新河工程是在什么情况下决定的？您还记得在秦淮新河挖掘期间，当年秦淮河工程的组织架构是什么样的？

答： 开挖秦淮新河，是江苏省政府于 1975 年在江苏饭店召开的省水利工作会议编制的秦淮河流域规划确定的。我参加了这个会议。秦淮新河工程于 1975 年 12 月 20 日正式开工。开工现场，标语上书写着人们的决心："立下愚公移山志，誓把山河重安排！"以逢山开路、遇水搭桥的奋斗精神覆平地、挖深沟、引活水、开新河。1980 年 6 月 5 日竣工通水，历时 5 年。

秦淮新河工程从江宁东山河定桥开始到雨花金胜村流入长江，全长 16.8 公里，另有报道为 18 公里。工程分两期进行，第一期工程是从铁心桥到红庙的切岭工程，总共挖掘土方

万槐衡在民兵师会上讲话

437.3 万方、石方 231.5 万方，由江宁组建民兵师承建。第二期工程从 1978 年 11 月至 1979 年冬，江宁县组织 10 万大军，加上镇江 12 万大军，组成六大兵团挖掘主河道。一共挖掘土方 1569.1 万方。后期还有一个防护工程，江宁组织 6000 人的专业队伍，对切岭段的坡面用浆砌石块护理，共用混凝土 8.2 万立方米，浆砌和干砌块石 10.2 万立方米。护面高 15 米，长达 3 公里，工程量之大，令人惊叹。

关于当年秦淮新河的组织框架。我记得在工程前期，南京市组建了江苏省秦淮新河工程指挥部。总指挥是方明同志，时任市委副书记，后来调到苏州当政协主席，最后又返回南京任政协主席。方明调到苏州以后，南京市副市长徐彬同志担任总指挥。常务副总指挥是南京市水利局局长刘宗铨同志。

江宁县在县委的领导下组织了秦淮新河民兵师，民兵师师长是县委常委、共青团江宁县委书记盛义福同志，副师长是县人武部副部长王德富同志。1977 年 7 月，县委发文，民兵师改称民工指挥部，指挥是县计经委副主任顾治平同志，副指挥是王德富等同志。

秦淮新河工程还有一个工程组和一个后勤组。工程组以水利局为主，当时工程组有县水利局局长张仁美，副局长王雷，还有老革命王虎山。王虎山是山东人，在 1949 年 4 月渡江时是接收江宁的排长，也是一位老水利，在秦淮新河工程以前任县水利局局长和江宁县副县长。

后勤组主要领导人是顾治平。还有一个机械修理厂、一个医务室也在后勤组。

问：当时秦淮新河工程的民兵师（民工指挥部）一共集中了多少人？秦淮新河的工程量有多大？

答：当年秦淮新河工程期间，江宁县民兵师（民工指挥部）集中了全县 3 万名优秀民兵。全县 26 个公社，每个公社组建一个民兵营，后改称民工营。

秦淮新河切岭工程从铁心桥到红庙这段，是难度最大的工程。工程长 2.9 公里左右，要切挖 4 个小山头，挖深 10—20 米，河道最高的深度是 42 米，共挖土方 437.3 万方，石方 231.5 万方。这个切岭段工程一共花了从 1975 年到 1979 年四年时间。

秦淮新河工程的全部土方一共有 1930 万方，1978 年的时候还有 1569.1 万方没有挖，所以 1978 年组织了更大规模的土方挖掘工程。当年江宁一共出了 10 万人，镇江出了 12 万人。

问：在秦淮新河工程期间，您印象最深的人和事有哪些？

答：在这里我要特别提到的是中共镇江市委原书记王一香同志。1953 年 8 月，省委确定江宁县为农村工作的基点县，王一香同志从 1953 年 8 月至 1955 年 6 月，任中共江苏省委农村工作部副部长兼江宁县委第一书记。在镇江工作时，深明工作大义，层层统一思想，在 1978 年 11 月，动员镇江地区 12 万人，自备粮草，奔赴南京，开挖秦淮新河，彻底解决了困扰南京与镇江两地的秦淮河流域水患。

王一香同志离开江宁后，调任省农林厅厅长，任命书是国务院总理周恩来签署的，当时的厅长是中管干部。王一香同志从中共镇江市委书记退下来以后，任省委党史工作委员会主任、省委顾问委员会常委。2006年3月4日谢世，3月8日我参加了王一香同志的追悼会。参加的人特别多，告别厅容纳不下，主持人宣布，请镇江的同志到外面去，请外面的同志进来。大家赞扬王一香同志是楚州俊才、为人楷模，是一个真正的好人。

县委书记孙济民等同志到工地视察（右五为孙济民，右四为万槐衡）

我还有一件印象最深的事，是在1977年12月，中共江苏省第六次代表大会部分代表曾到工地上进行劳动和参观。

问：当时秦淮新河工程期间农民的生活环境和交通情况怎么样？在秦淮新河工程期间农民每天的任务量多少？待遇如何？

答：我们民工很苦。开始都借宿在当地群众家里，都是在地上打地铺，一个地铺睡十几个人，一个人靠着一个人，大家挤在一块。晚上翻身都很困难，翻身要齐喊一二三，大家同时才好翻身。后来我们才用毛竹盖工棚，虽然住宿宽敞了一些，但四面通风，夏天像火炉，冬天像冰块。

当时整个工地上都没有什么好的交通工具，唯一的交通工具就是拖拉机。那时很多农民住的地方离工地比较远，主要靠拖拉机来运输。拖拉机上工地的时候，人山人海，根本走不动。当年我骑自行车上工地，遇到人多的时候，把自行车扛着走。有一天没注意，自行车就被拖拉机包了饺子。

那个年代机关就县委有一辆吉普车，指挥部配备一辆三轮马达车。这辆三轮马达车领导是不坐的，主要给后勤组用来做运输工具，当时的驾驶员我还记得姓傅，是交通局的驾驶员。

当时的民工，土方挖掘工作量是有定额的，总指挥部规定一天的定额是0.9368方，完成一个定额，给5毛钱，发给各公社民兵营，安排生活，刚够吃饭。另外给45%的间接费，由民兵师统一掌握使用，用于看病、修建工棚、雨雪天气生活补助等。劳动报酬由生产队负责计工分发放。所以说农民是秦淮新河工程最大的贡献者、牺牲者、受益者。

问：秦淮新河工程期间是怎样施工的？感受如何？在秦淮新河工程开掘期间是否有过伤病？

上
篇
∶
∶

万槐衡接受采访

答：对切岭段工程，首先要集中力量把表土挖掉，然后就开始半机械化施工。河堤下面配备空压机，一台空压机带三台风钻打孔眼，在孔里放炸药，每天定时放炮。河堤上每个公社民兵营（民工营）配备一台爬坡机，上面装有 12 匹马力的发动机，上下装有两个轮子，两个轮子中间装上钢丝绳，通过钢丝绳把装有土石的板车拉上来。秦淮河的河底很深，靠人是挑不上来的，只能依靠爬坡机拉上来，挖上来的土石方堆成了一个个小山头。我站在山头上能看到铁心桥，能看到整个秦淮新河的面貌。江苏省老省长惠浴宇同志的墓就在铁心桥附近的秦淮新河山头上，真是一块风水宝地。

那个时候开爬坡机非常危险，不小心就会割掉人的手指头，割掉手指头的人数非常多。我们干部里割掉手指头的也有，方山公社革委会副主任刘庆法，他上爬坡机掉了一个手指头。为什么会掉手指头呢，就是因为这个爬坡机是原始的机械，从河底上来的时候要用爬坡机将板车通过挂钩挂在钢丝绳上面，人顺着钢丝绳爬上来，一不小心就会被爬坡机的滑轮割了手指头。当年挖秦淮新河的干部都参加劳动，上坊公社的领队陈本根亲自开爬坡机。我还记得营防公社贫协主任张家保，没有戴安全帽，被爆破炸开的石头砸到头牺牲了。当时给他家属"农转非"，就是将农村户口转为城镇居民户口，在当时是政府抚恤家属的最高待遇了。江宁在秦淮新河工程中共伤残 600 余人。

江宁各公社民兵营长在民兵师合影（第二排右五为万槐衡）

问：您当时是如何看待秦淮新河工程的呢？现在回过头来再看秦淮新河开掘工程，包括工程之后的这几十年，您有什么感受？您认为秦淮新河工程对整个南京及周边地区的影响又有哪些？

答：开挖秦淮新河，是发扬大禹治水精神，根治水患的根本举措；是为人民谋幸福，功在千秋的最大民心工程；是确保农业稳产高产和经济稳定发展的命脉工程。1980年6月12日的《人民日报》头版，以《秦淮新河建成通水》为题，盛赞这是一个"幸福渠"。这个工程的意义非常重大。第一点，可以根治秦淮河的水患。开挖秦淮新河，新增流量800立方米/秒，比老河增加了两倍的流量，大大缓解了上游的来水压力。1991年特大洪水，江宁未破一个万亩大圩，新河功劳很大。完全可以毫不夸张地说，没有秦淮新河，就没有今天江宁开发区的改革开放，就没有今天江宁人民美好幸福的生活。第二点，可以减轻南京主城区的洪涝危险，有利于保障人民安全和促进经济建设。南京从武定门到赛虹桥，一路过来都是工厂、居民区、商贸市场等密布的新市区，城市建筑密集，没有条件拓宽秦淮河，无法满足排洪要求，只有选择在郊区开挖秦淮新河，才能改善南京的防洪条件。第三点，在没有开挖秦淮新河之前，上下游的矛盾和邻近区县之间的矛盾很大。尤其是江宁和句容的矛盾，江宁说你句容修建了赤山湖，主要功能是蓄水，调节水位，现在是一片良田。句容说你江宁存在严重肠梗阻，湖熟和渡桂老桥严重阻水，洪水不能畅流而下。开挖秦淮新河以后，加上整治了句容河，这一矛盾自然得到化解。

庞顺根

（原江宁县政府县长、南京市交通局局长，时任秦淮新河项目麒麟公社指挥部总指挥）

问：作为亲身经历者，您能谈谈您对秦淮新河工程意义的理解吗？

答：开挖秦淮新河我是参与者，也是秦淮新河开发以后的得益者。秦淮河在我们南京区域贯穿着江宁、雨花，还有溧水、句容，整个秦淮河流域泄洪期有一千五六百个流量。但是没开秦淮新河之前，只有老秦淮河的600多个流量，一旦遇到这个洪水季节，它就有七八百个流量无法流入长江。在这个流域当中，滞洪在这里，就会给南京、江宁、雨花地区造成洪涝灾害，特别是我们江宁，那个时候深受秦淮河流域洪水的灾害，1954年发大水，1969年发大水，好多个公社、乡镇，都破堤被淹，白浪滔天。

开挖秦淮新河是江宁乃至南京人民多年的一个愿望。这个愿望在1970年代中后期得以实现。秦淮新河的开挖，我知道的大概是有800多个流量，加上原来老河的600多个流量，这样就可以基本解决整个秦淮河流域的泄洪问题。秦淮新河开挖以后，禄口机场就能坐落在

秦淮新河大会战场景 4

我们江宁；反过来，若是禄口国际机场先坐落在我们江宁，秦淮河水患问题不解决，一到丰
水期，机场就会被淹没。由于开挖了秦淮新河，江宁也就能够顺利地进行江宁开发区的建设，
使我们江宁的经济总量跻身苏南前列。这个秦淮新河的开挖，对我们整个江宁区、整个南京
市，包括雨花、西善桥、板桥，乃至上游的句容、溧水都发挥了重要的作用。我曾经在人民
公社当书记，参与了秦淮新河的开挖，后来又当了江宁县的县长，深感秦淮新河开挖以后给
我们江宁乃至南京人民带来的福祉。现在沿河两岸可以说歌舞升平，我想开挖秦淮新河，确
实是功在当代、利在千秋。

问：是什么样的精神，在物质并不充裕的时代鼓舞人们进行如此大规模的工程呢？

答：我所感知的，在秦淮新河开挖当中，它有好几种精神。一个精神就是我们南京人民、
江宁人民战天斗地、一不怕苦、二不怕死的精神。在整个秦淮新河的开挖中，我们牺牲了好

几位干部，有不少民工就遇难在开挖秦淮新河的工地上。还伤残了很多人，特别是在雨花台区的切岭工程中，在西善桥、板桥这一带，有一些施工人员断指、断臂，就是因为下面卷扬机提升土石方时，用挂钩挂上去的时候，疲劳的工作人员一不小心，手指就会被切断。你看我们南京人民、江宁人民，乃至镇江地区来支援我们的人，为此做出了多大的贡献。秦淮新河工程中还有大协作的精神，全市一盘棋，全县一盘棋，乃至全省一盘棋的这种精神。因为秦淮新河的开挖，有些地区不是受益者，比如当时还在江宁板块的营房、花园、长江公社，比如我们的一些丘陵山区，像丹阳、陆郎这些地方，它不是秦淮河流域的直接受益者，但是他们响应市里的号召，响应县里的号召，不讲条件地投入秦淮新河工程。这就是一盘棋的精神。这种精神是值得发扬的、难能可贵的。还有全省各地的支援，在开挖秦淮新河的时候，当时的镇江专区来了 11 个县，10 多万民工，参加秦淮新河的开挖。广大民工背井离乡在南京帮助我们挖秦淮新河，只要党需要，指到哪里，干到哪里。这些精神值得我们发扬光大。

后来我离开江宁以后，又当了南京市交通局局长，我也深感当时的水运交通对我们南京、对雨花、对江宁这个地方的作用之大，秦淮新河确实是一个功德工程。我们不能忘记那些为秦淮新河做出牺牲的干部、民工，我们不能忘记在秦淮新河开挖当中致残的干部和民工，我们不能忘记那些远离家乡来到南京帮我们开挖秦淮新河的镇江专区的民工，他们有的长眠在南京的土地上，有的在我们这个地方致残。秦淮新河的开挖是整个南京水利建设史上的一件大事，我们的子孙后代不能把它忘记，要弘扬当时开挖秦淮新河的战天斗地的革命精神，以及互相帮助、友好协作的龙江精神，还有一种顾全大局的共产主义精神。在整个开挖秦淮新河的过程中，南京人民、江宁人民、雨花人民，乃至当时老镇江专区的 11 个县都做出了重大贡献，做出了重要的牺牲。

问：秦淮新河开挖后，主要发挥了哪些作用？

答：秦淮新河的开挖，除了防汛功能外，还有抗旱的作用。遇到大旱之年，我们可以从长江引水来抗旱。还有个重要作用就是航运。在当时铁路、公路交通还不是太发达的时候，水运运量大、运费低。所以我们发展水运，也是我们开挖秦淮新河的一个重要方面。秦淮新河贯通以后，我们在雨花台区造了一个节制闸，通过船闸调节可以把水运问题解决了。

问：我觉得你们这些战斗过的人，对秦淮新河都有着很深的感情。

答：对。我们知道，在秦淮新河的开挖中，有的人就牺牲在秦淮新河了。我记得好像是营房还是花园的一个带队干部，就是在切岭工程中，一个巨石砸下来以后，受伤到医院抢救，没抢救过来就牺牲了。

问：其实那时候对您来说挺震撼。在工程施工过程中最困难的是哪一部分？

答：震撼，是的。感到为了子孙后代的福祉，我们一定要把秦淮新河开挖好。秦淮新河的开挖中，有两段是非常困难的、艰苦的。一个是切岭工程，就是铁心桥这一段的切岭工程。我们的惠老，惠裕宇老领导的墓，就葬在切岭的小山上了，他看着这个秦淮新河。另外一个是在入江口，过去叫沙洲圩，这里是流沙，今天挖的河道，隔一两天又流平了。它是移动的流沙。后来采取了其他措施，才把这个问题解决掉。

问：您还记得切岭工程时的一些情况吗？刚开始生活是如何的艰难？然后劳动是如何的辛苦？

答：切岭动工时，我在麒麟公社。我带民工参加到切岭工程当中，在几十米的深坑底下，把土挖上来以后，用小板车把它拖上去。当时用一个卷扬机把土方用挂钩挂上去。所以我刚才说了，有好多的民工手指头断掉了，就是在挂卷扬机的时候，一不注意，指头就被挂上去了。现在再看红旗渠工程，看看我们的秦淮新河工程，确实是给子孙后代的一本历史的教科书。

秦淮新河大会战场景 5

劳动肯定是辛苦的。切岭工程中有土方工程，有石头要爆破。土方还好办，就用那个锄头、钉耙、洋镐来挖。但是石头可要打钢钎，钢钎下去以后埋炸药，然后再爆破。一到爆破的时候，喇叭就要响起来，哨子就要响起来，告诉民工要隐蔽起来。但就是这样子，仍然会有一些清除不及时的石块滚落下来，把人砸伤。有一个干部被石头砸中后到医院抢救，没醒而牺牲了。清运石块时，人就是从作业坑底下爬上去都很不容易。当时唯一的机械设备是一个小卷扬机，挂钩挂上去以后，那个板车拉着石块直向上爬去。现在人爬个坡算是锻炼身体，那个时候民工一天多少遍，可是个苦力啊，是真不简单。

问：刚开始去，生活上是些什么样的状况？

答：生活上当时提供给我们土方米。所谓的土方米就是粮食，主要是有点米饭。绝大部分时间是素菜，荤菜很少。

问：当时施工是住在西善桥的民房吗？

答：是住在西善桥。有些老百姓腾出来的一些房屋，有的是仓库，有的就是牛棚。因为那么多的民工来了以后，哪有地方住呀！还有的实在找不到地方住，就在野外搭帐篷。夏天闷热，冬天寒冷，但是这些苦，南京人民、江宁人民都挺过来了。

问：住在民房，跟当地老百姓关系如何？

答：那个时候的老百姓都很淳朴，知道是在开挖水利工程，他们都非常支持。有的人家腾出大灶来，民工劳累了一天以后，就烧开水给我们民工泡泡脚啊解解乏。这当中，涌现了很多的好人好事。特别是镇江专区民工背井离乡参与工程，当地群众对他们都是很热情的。有的小伙子就在这里找到了终身伴侣，有的多年来还一直有来往。

问：想请您讲讲秦淮新河开挖之前，水患给江宁带来的灾难。

答：1954年，我们那个时候还小。听老人讲，洪水白浪滔天噢！1969年大水我是知道的，我当时刚好插队回来，就参与了土桥五城圩抢运粮食。因为洪水把圩堤冲垮了，水冲下来以后威胁到粮库。那时候我在上峰公社，到土桥去抢运粮食，看到洪水都淹到了老百姓的房顶，有些狗在房屋上面不肯离去，庄稼是全部淹掉了。

问：对于参与秦淮新河这样一段人生经历，您的感想是怎样的？

答：秦淮新河工程的精神值得我们子孙后代发扬。就是不畏艰苦、人定胜天，一不怕苦、二不怕死的这种精神，以及互相团结协作的龙江精神，还有一种顾全大局的共产主义精神。对我们来说，有过这样的经历和没有经历过也是完全不同的，我很珍惜。

秦淮新河开挖以后，为南京和江宁带来巨大福祉。前面我已经提过机场的问题了。还有，如果没有开挖秦淮新河，我们江宁开发区能建起来吗？大的工厂和一些外资企业，来落户的时候，首先要了解这个地方有没有淹过水呀？淹过水以后，你们有没有采取过工程措施呀？秦淮新河开挖后，这个地方就不淹水了，有些项目就可以顺利引入。

我在江宁当县长的时候，我们开发区的头十个项目中，其中有个化妆品公司，本来要落户江宁，后来他们知道 1954 年、1969 年这个地方有洪灾，就有些犹豫。我一再给他们解释，秦淮新河开挖以后，洪灾就没有了。后来"花枝"企业把"旺旺"介绍过来，"旺旺"又带来了好多企业，福旺、喜旺，旺上加旺，金旺什么的都来了，9 个企业一起在这边弄起来了。好多台资企业、外资企业，就在江宁落户了。

盛义福

（原中共江宁县委政法委副书记，时任中共江宁县委常委、团县委书记、秦淮新河项目民兵师师长）

问： 您在秦淮新河工程中主要负责哪些工作呢？

答： 1975 年下半年，为了开挖秦淮新河，我们江宁县组建了秦淮新河工程民兵师，我任民兵师师长，并配有民兵师政委、副师长等领导，各有分工。民兵师的主要任务是开挖从铁心桥桥边至西善桥红庙段的河道。这一段是 3 公里的 4 座小山头组成的一片丘陵，我们称之为"切岭工程"，也是开挖秦淮新河工程中最复杂、最艰难的一段。

我在民兵师首先做两项工作：第一，抓队伍，落实人员。当时组织的 4 万人是从各个公社抽调的，上工地的人有早有迟，有时候上的人数不够。民兵师的民兵大多是年轻人，我们抓队伍，抓组织纪律。第二，抓教育，稳定思想。因为每个人的想法都不一样，比如这一段河开在哪个地方？不在我的家乡江宁，为什么要我去开？这些疑问可能会存在。所以我们要抓教育，回答大家的疑问，要团结治水、艰苦奋斗。总的来讲，这条新河开后，解决了我们江宁的一些大问题，比如洪涝灾害等。宏观上讲，开挖新河也是功在当代、利在千秋的一件好事。我们来开河，需要艰苦奋斗，要一不怕苦，二不怕死，要有这种精神。

问： 您在秦淮新河工程切岭段是怎么艰苦奋斗的呢？

答： 首先是生活。我们先是住在老百姓家，后来住自己搭建的草棚，吃饭也在草棚里面。有时候到草棚外面吃，我们一人一碗饭、一碗汤、一碟子菜，突然遇到一阵风来，那个菜上面、汤上面都飘了一些树叶子和灰。没办法，这样也要吃，要艰苦奋斗。睡觉的草棚，既不隔热，也不挡风，夏天热得要命，冬天冷得要命。当时也没有空调，也不烤火，所以大家的生活都很艰苦。施工就更辛苦了，一开始是人工挑土往堤上爬，后来是用车子往上拉，

时任民兵师师长的盛义福作工作总结

秦淮新河挖掘工地现场 1

为了赶工程进度，人和车子上坡、下坡速度飞快。当时我们叫这个工作是：上坡犹如龙吸水，下坡好像虎下山，倒土速度燕子飞。

问：您能解释为什么倒土速度燕子飞呢？

答：倒土燕子飞是形容倒土动作速度快。挑上一担土后，不能歇下来再倒，要两手分别抓着两头土筐的绳子，将土筐一掀，就将土掀走了，速度非常快，掀走时的那个形象就像燕子飞。倒土燕子飞要动作快，所以非常艰苦。

问：那下山如虎怎么解释呢？

答：下山指的是下坡，比上坡要快，有的是推车子，有的是挑筐下坡。下坡本身就是要速度快，特别是推车子的，有时候刹不住，很快就下去了，像猛虎下山一样。工作熟练之后，民工下坡像飞一样，呼啦一下子就下去了。我们用的是卷扬机，上面有绞桩、轱辘。我们称它为"爬坡机"，用钢丝绳和小板车拉土，板车上面有个钩子，土装满以后就把车子推到钢丝绳附近，然后将板车钩子钩住钢丝绳，用钢丝绳将车子往上绞，人扶着车子的两个把手就行。下去时就不用钢丝绳了，人直接抓着车子的两个把手将车子推下来，像飞一样。当时这项工作年轻人非常熟练。

问：在秦淮新河工程中，您看见的什么伤最为常见？

答：手指头断了是最为常见的工伤，主要是民工将车子挂钩挂到钢丝绳的时候，手要抓着钩子，一不小心，手就会压到这个钩子和钢丝绳之间，这样会切断手指头。当时万主任（县长）在竣工大会上做的总结报告，就专门讲了这个断手指头的问题。他讲着讲着，就流泪了。万县长说，我们江宁有几百人受伤，7人死亡，被绞断的手指头有一箩筐。当时我在西藏，没有参加这个竣工典礼，万县长在竣工大会说的话是后来别人告诉我的。后来我还听说，我们江宁死亡的 7 个人中，有个人叫张家保，是营防公社来工地的带队队长，也是民兵团的团长。当时他负责的地方有一个哑炮，他组织了几个高手去排哑炮。因为排哑炮的高手没有戴安全帽，于是他把自己的安全帽给了排哑炮的人。结果哑炮一响，一个飞石打到张团长的头上，直接导致他牺牲了。

问：你们吃住都在铁心桥、西善桥老百姓的家里吗？

答：我们江宁来的 4 万人一开始住在铁心桥一带的老百姓家里，后来盖了工棚，逐步转移到工棚里住。

问：当地老百姓对开挖新河工作支持吗？

答：很支持的。一开始我们没有工棚的时候，当地老百姓给我们住宿，关系很融洽，后来时间长了，几乎成为亲戚了。我们来的多数是男孩子，部分还和村里的小姑娘产生了感情，处上了。有时我们民工出粮、菜，就在老百姓家的锅里烧饭，和老百姓一起吃饭。所以我非常感谢西善桥、铁心桥的老百姓。

问：您作为秦淮新河开掘工程的民兵师师长，是如何处理与当地老百姓之间的关系的？

答：处理好与当地老百姓关系是我主抓的工作之一。当时我们在铁心桥韩府山一带开山挖土，但铁锹锹把比较少，正好山上有好多树，有的人就到山上去锯树做锹把。当地老百姓发现此事后不高兴，告到市政府。我们教育民兵，树不能砍，并要求市里多给我们一些工具。

还有我们 4 万人从住处到工地，一天要走几个来回，有人不小心将老百姓自留地的蔬菜踩平了，老百姓会不满意，就到我们师部来告状。这时，我们要跟当地老百姓说好话，协调好与当地老百姓的关系，该赔的就赔给人家钱。

当时我们还要处理好本县 26 个公社之间的关系。工作时，我们在土方上画分工线，每个公社负责一块区域，各挖各的，各区域之间会留一个很高的土堆，我们管它叫作"私字埂"。土堆高了以后容易倒下来伤人，所以有时还要将土堆挖平。矛盾处理不好，工程进度就上不去。我们是 1975 年 12 月开工的，到 1976 年的 6 月底，一定要把土方全部拿掉，不能超过这个时间，这是给我们的任务。当时是抓定额包工，落实到人头，每个人每天一定要挖多少，才能拿工分粮，才能拿经济补贴，这样才可以保证 6 月底开石方。我们最后留了 6000 人在那个地方开石方。

问：您知道这 6000 人是什么人吗？

答：留下的 6000 人主要工作是开石方，个个是身强力壮

《关于盛义福等同志任职的通知》

的年轻人。因为开土方和石方不是绝对的，今天开土方，明天可能要开石方。有时开土方后，有的石头暴露出来了，就要开石头了。在这个过程当中，会训练出很多对开石头有经验的小伙子。开土方工作结束后，师部工程组在其中挑选出六千人专门开石方。因为开石方的队伍专业化，组织办法就不一样了。这个时候民兵师撤销了，开石方的 6000 人归入工程指挥部管理。

问：您可以谈谈开石方和开土方的区别及两项工作的难点吗？

答：首先，从性质上来讲，石和土硬度、高度不一样。土在表面，相对来讲平一些，就是往下开了，也不是很陡。石头在下面，高度通常不一样，下面的坡度也不一样。其次是开的方法不一样，土方绝大多数都是人工开挖，用锹挖，用洋镐筑，石方则是半机械化开挖，机械化程度更高一些，开石方时还要打眼放炮，危险性大。放炮时要用高音喇叭放警报，叫当地老百姓一起离开。我刚才讲的张家保就是放炮的时候牺牲的。

问：您回顾参加秦淮新河开掘工程的那段日子，有什么样的感受？您认为在目前的人生中，参与秦淮新河的开掘对您的人生产生什么样的影响？

答：在秦淮新河工程民兵师工作的那段经历，是我终生难忘的。一是感到我们江宁人民是能干的、能吃苦的，是不怕困难的。只要我们依靠人民群众，什么样的困难都能克服。二是党的领导是我们战胜任何困难的保障。当时，中共江宁县委、县政府非常重视秦淮新河工程人力、财力保障，县委书记亲自挂帅，一名常委分管指导，一名常委带队施工。三是感到人的一生，一定要经历几次艰苦环境磨炼。我在秦淮新河工程民兵师工作一段时间后，被选调进入援藏工作组。在西藏非常艰苦的条件下，有前面在秦淮新河的工作经历，自然顺利地完成了援藏工作任务。

问：您现在如何看待秦淮新河工程呢？

答：秦淮河是我们江宁、南京的母亲河。开挖秦淮新河是利在当代、功盖千秋、造福人民的大事。秦淮新河开挖通水后，实现了秦淮河沿岸农田"旱能灌、涝能排"的初衷，保障了沿岸几十万亩农田旱涝保收，保障了沿岸上百万人民的生命财产安全，保障了秦淮河河道航运畅通无阻，繁荣了沿河两岸的经济。

李成荣

（时任江宁县秦淮新河工程指挥部政工组干部）

问：您是什么时候参加秦淮新河工程的呢？

答：1975 年 12 月 30 日，我接到江宁县委组织部通知，要调我去江宁县秦淮新河民兵师

李成荣与邹冷（中）、陈德保（左）在指挥部旁树林

指挥部工作。31日上午，我与江宁县级机关所抽调的各部委办局人员，以及从禄口工作队抽调的2名同志，一同乘车前往雨花台区铁心桥乡大定坊村落住，后来被指挥部安排到一工区锻炼。

问：在秦淮新河工程里，您在工区的工作大概是怎么安排的？

答：1976年1月，根据计划安排，中共江宁县委动员了全县近5万民工前来参加"切岭工程"的土方会战。大家经过近20天的艰苦决战，胜利完成土方任务。

土方会战结束后，我们进行了石方工程会战。在此期间，工人们所开采的石块需要卷扬机运输，就是用卷扬机上的钢丝绳拖拽着载有石块的铁板车经陡坡运上河埂。在当时，这是一项技术活，所有参战民工虽然都是第一次接触，但再难再硬的活，都没有一人退却。

问：您所在的工区，发生过什么事故吗？

答：在这几年的石方会战中，几乎每天都有钢丝绳绞断民工手指头的伤人事故。据当时不完全统计，在石方工程中，被钢丝绳切断的手指数量以筐计，想来令人痛心不已。此外，因工期较长，民工从村庄到工地来回换班比较常见，在换班途中，因遭遇车祸，部分民工失去了鲜活生命。我在指挥部值班期间，还发生了一件令我至今难忘的事情。某天凌晨，我接到某民兵营营部电话，电话那头报告有3名民工意外死亡，经医生初步判断，他们可能是被传染鼠疫致死，这样的伤亡报告后续还有几例。

问：在秦淮新河工程中，您印象最深的是什么事？

答：最让人悲伤的是在石方会战中，营防乡民兵营长的牺牲。据说，因他在工地负责时间太长，乡党委决定第二天派人来换他。傍晚时，为了站好最后一班岗，同时心里还舍不得离开一起奋战几年的民工和工地，他坚持站在龙门架旁边，等炮手放完最后一炮后离开工地。可万万没想到，最后一炮崩出的石块一下砸中他的头顶，顿时他被砸倒在地。尽管他戴着安全帽，但伤势仍然严重。事情发生后，他被火速送往南京某医院，在医院抢救治疗了数月，终因伤势过重无力回天，令人无比惋惜。

问：这些年来，您对这项工程切身实际的感受是什么样的？

答：在整个切岭工程会战期间，我们江宁县民工付出了非常大的代价。秦淮新河开通的历程，是江宁人民与天奋斗、与地奋斗的可歌可泣的壮丽诗篇，展现了江宁人民能打胜仗、敢打硬仗的英雄本色，它将世世代代铭记在江宁人心中。

童树林

（原江宁区禄口镇党委书记，时任秦淮新河禄口民兵营营长）

问：您主要参与了秦淮新河工程的哪一部分呢？

答：整个秦淮新河工程，从 1975 年 12 月 20 日我们进驻切岭工程开始，一直到 1980 年前后通水，一共经历了大概 5 年的时间。我带队参加过 3 次任务：最早的一次是切岭工程，1975 年 10 月 20 日进驻切岭工段；第 2 次是 1978 年 12 月初，进驻沙洲圩工段，就是现在南京河西那一段；第 3 次是在小龙湾，就是现在江宁高新园到开发区之间天元路桥附近，这里涉及修改老河河道，将水导入新河。这一工程最为困难，换了包括我们禄口在内的 3 个公社施工，我们作为第 3 个公社才完成这个任务。因为老河道里的淤泥太深了，土一堆上就滑走了。水利局就跟禄口商量，说你们搞水利有经验，可以啃硬骨头，就将我们调去完成这个任务。

问：您当时带了多少人投入切岭工程？刚开始去时生活怎么样？

答：我一开始带了 600 多人，他们都是农民。切岭的时候，就我跟张主任 2 个人带队，下面有工程组，有王道兴、徐景孝等人。有政工组，那时候很讲政治。还有后勤组，保障后勤供应。这样组成一个队伍。开始到切岭工程的时候住在铁心桥的道班，指挥部也在道班。公路上不是有个扫马路的道班吗，就住在那个地方。民工住在铁心桥某个生产队的老百姓家里，一户人家住二三十个人，一个大队住一家或者两家。居住条件比较困难，也比较拥挤。一户人家的一个堂屋 20 个平方米，用稻草铺平以后，被子一起放上去住。当时有个口号："一间房子三十三，睡起觉来弯套弯，翻身要喊一二三。"就是说民工住的地方比较挤。

秦淮新河挖掘工地现场 2

问："一间房子三十三"是什么意思？

答：睡 33 个人，很拥挤。要有一个人起来小便，或者一个人要翻身就很不方便，就喊"一二三"，大家一起翻身。就是这个样子。

问：工地饮食条件怎么样？

答：吃饭呢，一开始我们三顿全部吃萝卜干子，没有其他菜吃。那时候粮食还有点紧张，我们大概一天一斤半米左右，后来增加了一点。正常的时候会供应大白菜，像猪肉很少见。所以我跟张主任好几天大便都很困难，更别说民工了，生活非常困难。但是那个时候带队的干部，每天都要起得比民工早，你吃过晚饭，还要到各家各户去看望民工，看谁生活还有什么困难啦，缺什么东西，那真是跟群众打成一片，没有差别。那时候不会有一点点特殊。

问：民工住在老百姓家里，会产生矛盾吗？关系好不好？

答：没有矛盾，关系很好。因为当时我们对民工有教育，对各个大队带队的人有要求。你住在老百姓家里，要保证老百姓家里水缸要挑满。被子卷起来以后，地要打扫干净。不跟老百姓争。有时候我们吃剩下的饭菜就给老百姓，让他们用来养猪、养鸡，不会有任何矛盾。

问：施工又是怎样的情况呢？讲讲最难的切岭工程吧。

答：切岭段应该是最困难的时候。切岭工程全长是 2.9 公里，河道要求开挖深度达 30 米。切岭段丘陵表层是黄土，再往下介于黄土跟石头之间，十分坚硬，钉耙是筑不动，要放炮爆破，可能是所谓的"蒙脱石"。然后，再往下深挖，人力挑担，爬不上高坡，就设置了一个爬坡机。往下深一些，那个钢丝绳就放一点，往下深一点，放一点，一直到河底下 30 米。爬坡机钢丝绳上可以挂个小板车，板车在河底装满土，用一个钩挂在这个钢丝绳上，钢丝绳把板车上的土带上来。到坡顶，人要把钩子拿下来，再把小板车里的土推到要堆土的地方。所以切岭段是比较苦一点的。

问：切岭段出现事故的情况，希望您讲一讲。

答：出事就是使用爬坡机的时候，民工需要将板车把上的钩子挂到钢丝绳上，板车运到坡顶后再从钢丝绳上取下。如果思想不集中，一下没有把板车取下，人手就随着钢丝与电动机绞盘压在一起去了，手指头就被切掉了。我们禄口出的一个事故，就是小板车没及时取下后翻掉了，把民工的肋骨打断了。

这个受伤的民工是我背着送医的。那个时候他自己不在乎，为什么不在乎呢？人在刚受伤的时候，还不知道疼，他还站在那儿说，他没及时解下这个钩子，还在争辩。我一看这个情况，觉得不行，赶快背他走，然后叫拖拉机把他送到指挥部的医生那里。民工送去以后就开刀做手术了，后来救过来了。

问：请您讲讲工地上"坦克"这样的小发明吧。

答：那个小发明当时也是逼出来的。那时我不在切岭工程，在沙洲圩这个工程，就是离船闸不远的地方。那一段工程开始的时候不要紧，人能站上去。到后来挖到 3 米深、4 米深的时候，就成了吸沙土。人站上面，土壤跟豆腐样的会往下沉。再加上人挑 100 多斤的担子，土壤下陷的不能走路。这个时候逼得没办法，一天一个人要完成一方任务，任务完不成怎么办呢？他们就想到一个办法，发明了这个小链条，跟坦克链条一样。做法是收集一些树棍，树棍像一条小路一样宽，弄绳子把它编起来，从河心一直铺到堤顶上，人走在树棍上面就不会下陷了。这个小发明，后来每一个大队都编 2 条，分别一来一回。

这个小发明是禄口人搞出来的，后来江宁其他二十几个公社，一起来我们禄口学习，都觉得这个办法好，就推广了。

问：当时切岭工程是不是特别辛苦？他们说站着就能睡着，有这种情况吗？

答：辛苦呢总归是辛苦一点，站在那地方睡觉倒没听说过。主要是生活上的苦，吃饭没有油水。一斤半米是不够当时的体力劳动者吃的，像民工一顿要吃两大碗饭，早上还要吃稀饭。

问：施工人员工作时间多长？

答：施工人员早晨 6 点钟之前就要到工地，中午有后勤人员把饭挑到工地上，吃完后继续干活，干到太阳落山回来。具体工作时间可能有十几个小时吧。

王道兴
（时任江宁县秦淮新河项目工程禄口公社技术员）

问：您当时是怎么参与秦淮新河选址的？

答：我最初是参加测量秦淮新河东线的选址，路线是先走麒麟门，然后走栖霞出口入长江。我大概有 3 个月住在麒麟门，住在其他地方有一两个月。后来测量到栖霞出口，我的任务很重，因为秦淮新河要走两山夹一凹，开挖的工程量太大，石方太多。表面上看是土方，但钻井往底下打发现都是石头。后来看相关地质资料，秦淮新河栖霞段的石头太多，所以这个方案就终止了。于是，秦淮新河改走中华门，接着又进行测量。因

秦淮新河挖掘工地现场 3

秦淮新河挖掘工地现场 4

为这个方案属于南京市管，我们就没参加了。秦淮新河是走天宝闸出去，我们沙洲圩切岭工程一直往底下走，直到天宝桥。

问：您当时没有参加测量秦淮新河的新路线吗？

答：参加了测量，但是因为后来选址大多是平地，测量工作很有限了。

问：三个方案算起来，这个其实是最优方案吗？

答：是的，目前这条路线最好开，工作量小。

问：作为水利工作人员参与切岭段的时候，您当时主要承担什么工作呢？

答：当时每个公社都要配一个工程技术人员，我主要负责按图施工，测量平台、坡度，按文件要求做这些事，有时还处理一些纠纷，比如工伤等问题。

问：您当时住在什么地方？

答：我们跟两个主任一起住在营部，同属一个指挥部。他们是领导，我们是工程技术人员。

问：您刚才说有民工和当地姑娘谈恋爱，后来结婚了。

答：我记得高伏地区有个叫高生林的年轻人，他的老婆就是他在测量秦淮新河时从当地带回来的。

问：像这样的情况多吗？

答：比较多。禄口这边大概有五六个姑娘是开挖秦淮新河时，与民工恋爱后嫁到禄口。因为年代太久，还有很多例子记不得了。

问：那时候是铁心桥、西善桥地区的生活条件好，还是我们禄口这边条件好呢？

答：当时都差不多，因为铁心桥、西善桥是山区，不会淹水，我们是圩区，有时候会被水淹。

问：除了切岭段，您还参加了哪些工作呢？

答：很多，在秦淮河的龙都段、洋桥段和虾子墟都参加了工作，最精彩的是在东山大队虾子墟打坝，虽然很艰苦，但是很有干劲。

问：您说的是秦淮新河吗？

答：是的。开秦淮新河时，遇到老河道，就在老河道打一道坝，把老河道水引到东山镇去。当时打坝的地点没有勘察，恰巧打到一个虾子坛。虾子坛就是大沼泽地，这个有多深呢？以吴淞零点为标准，它是负七，大约有 10 米深，秦淮河老河道一般只三到四米深。虾子坛多年累积淤泥，不好清，之前有两个公社清过，没有成功，埂做不下去。圩堤做了后，也是不断出现问题。比如说今天做到了 12 点的高度（要求达到 12.5），到明天早上来看，只有 10.5 了，坍下去了。原因就是这个虾子坛的淤泥清不掉，新圩堤的分量压上去就滑坡。之前方山公社进行清泥，是用竹编带孔的秧担清理。这样清泥就跟竹篮打水差不多。

后来我们公社去虾子坛清泥时正好赶上汛期，再不把这埂做上去，后面工作就更难开展了。最后，我们用了土办法完成了清泥工作：就是在农民打起坝来的同时用夹子夹沼坛里的淤泥，然后再用长盆把淤泥翻过去。第一道坝打了 100 多米远，第二道坝打成后，还打了第二道副坝，清理第二道坝的塘泥时，我们用牵布把它传出去，人挑是挑不起来，因为塘底没路走。我们一共用了一个月零几天，终于将圩堤的高度打到 12.5，并在那儿蹲了 3 天，圩堤不塌方了，才宣告成功。后来水利局对我们禄口的清泥打坝工作给予表扬，并在经济上面给了补助。之后，我们还在东山电影院观看了朝鲜故事片《摘苹果的时候》，工作人员把几百张电影票交给我了，但我们一共就一百来个人。

问：是什么类型的朝鲜电影呢？

答：这是一部老电影，可能你们没有看过。

徐景孝

（时任江宁县秦淮新河工程建设指挥部技术员）

问：您在秦淮新河工程中有使用器械工具进行开掘吗？

答：就目前的技术水平来看，秦淮新河工程的施工技术比较简陋。当时主要的施工机械被民工叫作爬坡机，就是一种卷扬机，用来从坡底向坡顶运送土石方的。在切岭工程中用的是电动爬坡机，我们用的是拖拉机改造成的爬坡机，是将拖拉机前面的盘（飞轮）卸下，另外用车床做一个大铁盘，再制成一个铁架子，接好后，把铁盘套上去，然后再用装土方的板车把钩子往上面一挂，就可以了，使用这种机械又省力又省工。

问：在秦淮新河工程中，您的具体任务是什么，如何开展相关工作的呢？

答：当时我们成立了一个劳动小组，有四五个人，没有四五个人设不起来的，既需要防止钢丝绳断裂，也要随着工程的推进挪动机器设备，劳动小组一天到晚就忙着这些工作。再就是排水，工程做下去之后，沙洲圩里要一直排水，不排水整个工地就会淹。之后民工要挑圩，不排掉水，工作无法开展。有一天，我们大意了一点，那个排水管结了冰，大家急得没

秦淮新河挖掘工地现场 5

办法，硬用火烧化冰，然后把水排出去。

问：在秦淮新河工程期间，您在工作中遇到过哪些困难？

答：我们的工作很关键，没有我们排水，工程不好开展。我跟我们站的一个书记，专门在那里负责排水，晚上不回家。我们主要负责爬坡机和工地的排水，领导要求我们把这两件事做好就行。爬坡机比较麻烦，工作几天后需要挪机子，挪底下机子的时候，它一深下去，你就要下去，你不下去，拖拉机拖不起来。工地上最多的时候，安装了 15 部爬坡机。

问：是您一个人管 15 部爬坡机吗？

答：不是，我们成立了一个专门管理爬坡机的工作小组。

问：小组一共几个人呢？

答：有四五个人。没有这些人，工作无法开展。我就天天负责这个小组的工作，只要电话来了，我马上就去现场。

问：那时还有电话是吧？

答：是的，要不就是人来喊。我负责解决爬坡机摆放的位置等问题。

问：要将爬坡机往下挪吗？

答：要降下去，专门做这件事。

问：调试？

答：对，调试。

问：您刚才说，一开始的时候，有民工手指头被弄掉，是不是这个样子？

答：是的。一开始的时候，工人挂上钢绳后没来得及抽手，手指顺着钢绳到拖拉机的铁盘后，就把手指弄断了。

问：许多人受了伤之后，其他人就注意了吗？

答：发生这种事情后，我们经常到爬坡机面前，跟民工讲如何安全操作，提醒他们一定要注意提脱钩，不要等快碰到拖拉机后再脱。

问：是你们管机子的人先提醒，还是上去之前就提醒？

答：上去之前和上去之后都会提醒。我们在工地就负责排水、爬坡机两项工作，最主要的就是这两件事。

问：您刚才说的是什么东西拿火烘，然后把水放了？

答：是被冻住的水管。冬天太冷了，水管都结冰了，管子摆不起来，所以用火烧化冰，然后把水排出去。

张业钊

（时任江宁县秦淮新河指挥部禄口民兵营教导员）

问：您才去的时候是什么情况？

答：刚去的时候条件比较艰苦，一般后勤人员先去工地，然后民工进入。那个时候，大家都是自己带被子，带草，一般挑着带去。没有车子，一个大队顶多用一部拖拉机送去物资。我们当时的指挥部设在铁心桥人民公社，营部设在路边，施工用的板车、铁锹等各样工具都放在营部。

问：营部等于是个工具仓库吗？

答：等于是仓库。当时我们营部只有10多个人，房子比较空，能放工具。

问：营部只属于你们干部住的吗？

答：营部主要是干部开会研究工作、分派任务用的。

问：民工都住在哪呢？

答：民工就住社员家里，老百姓家里，当时来了很多民工，所以住房很紧张，大多集中在铁心桥一带。

问：住的、吃的都很艰苦吗？

答：那是很艰苦的。实事求是地讲，刚去很艰苦。住下来之后，你只能煮点饭，煮点粥，弄点萝卜干吃吃。作为教导员，我们主要

秦淮新河挖掘工地现场 6

做做大家的思想工作，了解了解情况。工程一般都是营长管，但上工地我俩都一道去。我俩不分什么政工，什么工程，相处得很好。那时候他当武装干事，我是分管副业，都是这样子的。

问：您说民工和住家的老百姓关系都挺好，有的还成了亲家，具体情况您了解吗？

答：有的，我们的王工程师就属于这种情况，但具体情况我不大了解。

问：您管政工的为什么不了解情况呢？

答：这是不方便了解的。因为有关规定，不允许这样子做，所以一般要等工程结束之后，才能将亲事谈成。做工程期间，要搞好与老百姓的关系，不能在这里找人家姑娘谈恋爱，这里不是谈恋爱的地方。那时候讲串人家小姑娘，就是讲不要犯错误。

问：您认为在切岭工程的那一段工作非常艰苦，是整个秦淮新河最难的一段吗？

答：最难的一段还是刚开始的时候，各个方面比较乱，一旦工作时间长了，就按班如规的了，天天上班下班，上班下班。

问：您觉得一开始难在什么地方呢？

答：第一个是难在处理与当地群众的关系；第二个是这个工程刚开始时，先组织人工会战，然后又搞爬坡机，过程比较难。特别是爬坡机的使用，刚开始操作的时候比较难，30米多高的爬坡机，是半自动化的机械，它将土石带上去之后，不好控制，容易发生事故。

问：爬坡机是我们自己制造的吗？

答：是在别的地方学来的。我们工地的老徐去别的地方学习，在那儿学的。

问：你没有亲眼看过发生的事故？

答：没有，发生事故时我不在场。

问：那您的工地发生的事故多吗？

答：在我们禄口好像不太多，很少发生。

问：切岭工人一共有4万多人，除了你们禄口公社，整个切岭还有多少公社参加？

答：很多，我们江宁县大概有二十几个公社参加。

问：当时切岭工程的工作场面如何，您能跟我们描述一下吗？

答：蛮壮观的。现场人来人往，车水马龙。

陈才平

（时任江宁县铜井公社谢桥村民工营队长）

问：您从哪个村子前往秦淮新河开挖项目的呢？您参加这个工程多长时间？您在秦淮新河项目工程中主要是做什么的？

答：我是谢桥村人，当时属于铜井公社。那个时候我二十二三岁吧，1976年左右到秦淮新河工地。我在秦淮新河开挖工程中算是一线工人，负责把土方用卷扬机绞上去。大约第二年我开始带队了，被任命为生产队队长，一个生产队大概二三十人。

陈才平接受采访

问：您去秦淮新河工地时处在一个什么样的状态？您对秦淮新河开挖的第一印象是什么？

答：当时我还没结婚，印象呢也没什么大印象，就是去干活嘛，我们就是去干活的，服从命令，听从指挥。

问：您在参加秦淮新河开挖之前有什么准备？在项目里的工作时间、生活作息是什么样的？

答：没什么准备，到那就干活，都是统一安排的，一般的挑土工具就是用竹子编的筐。工作时间是从早上7点干到下午6点，中午休息个把小时。来干都是有任务的，一个人每天要挑两三方土，也没有放假的说法。

问：你们工作中就寝环境和伙食的情况是什么样的？

答：伙食一般都是大锅饭，一点点肉加芹菜煮，都是自己生产队带的米和菜。住的地方是当地老百姓家里，就是大通铺，睡在地上，没有床，下面铺的稻草，一个大队几百人呢，怎么可能给床？！

问：开挖秦淮新河过程中有没有举行劳动竞赛？

答：我们没有，就是刘方，一个人一天挑3方土，工作量蛮大的。我是队长，我早上先量土石方，每个人任务完成了，你就休息，任务一般是大队指挥部下达的。我在那里干得蛮好的，后来就给我当个片长，就是那一片的工作由我来管理，一共6个队让我来带。片长相当于现在的项目经理，任务是早上量土石方，比如30个人，我就量90个方。90方土量好以后，分给工人，晚上检查队员任务完成了没有。

问：你们在挖秦淮新河的时候有没有受过伤呢？

答：有啊，有受伤的，有的把骨头都摔断了。用吊机的时候，钩子没勾住，说翻就翻，掉下来就摔伤了。我之前在一线负责卷扬机，后来当片长就没干了，但是我没受过什么伤，而且我们工地也没出过人命，还算比较安全的。我们公社派有医护人员，受伤了就包扎一下。

上
篇
:

问：您当时挑河挑的哪一段？

答：往南边，就是切岭那一段。当时我们负责的那一段本来就有一个小河沟，我们是顺着河沟挑开的，用吊机钩子勾住板车往上吊。我年轻的时候就喜欢在外面干活，挑秦淮新河一年可挣二三百块钱，差不多干了五年。

问：您和工友在一起挑河的时候有没有发生让您印象深刻的事和人？

答：最深刻的就是累吧，咋不累呢？我们这里有个队友和当地的姑娘结婚了，其他的想不起来了，毕竟几十年了。因为坡比较陡峭，有时候挑不上去，板车也会翻车。那时候苦啊，一天到晚干的时间长了就疲劳了。当时我们一个生产队去几十个人，后来我当队长带队。由大队下任务，我们曾经负责一个墩子，1米多高。我是正队长，要亲自带队挑秦淮新河，最终把墩子拿下来，干了10天。

问：在开挖秦淮新河的过程中，您有没有遇到什么困难？其他单位有过来帮过忙吗？和当地老百姓相处得怎么样？

答：因为工程量很大，有时候压力很大。没有单位来帮过忙，我们挑河都是自己的任务。我们在那里长期住，平时和当地百姓相处得还不错。烧饭也是借老百姓的房子，十几个人烧大锅饭，有时候我们吃饭的时候也会盛一些送给他们尝尝。

问：工程结束以后，您和当年的工友联系多吗？

答：没怎么联系，回到家后，我还是当生产队的队长，干了5年，后来分产到户单干，我就没干了。他们叫我当村长，我也没干。我不识几个字，去当啥村长？

问：您当时去秦淮新河工地，家里的兄弟姐妹有没有跟着？有妇女参与挑河工程吗？

答：我家的兄弟姐妹当时还小，都是十几岁，没有参加挑河，堂兄弟也没有去的。妇女也有参与的，和我们差不多，也是去挑河的。我当时还没结婚嘛，和当时的对象一块去的。

秦淮新河工程挖河现场 1

她和我一个生产队，去之前我们就认识，当时她还是生产队妇女队长。在去工地之前，我们就谈对象了。我们还曾去禄口河挑土，在工程结束之后结婚了。

问： 您参与挖河工程的时候，生产队的情况是什么样的？

答： 那时候条件困难，有的生产队条件好，能有个拖拉机。我们队刚开始是没有拖拉机的，我当队长后条件好点，生产队就买了一个手扶拖拉机。有一年，生产队搞突击，白天过去挑河，晚上就用拖拉机拉人回来，中午就在工地煮一点吃的。我当队长的时候，困难户有困难找我们，我们只有批十块钱的权力，超过十块就不能批。

问： 在晚上下班之后，你们有没有什么娱乐活动？有没有露天电影给你们播放？

答： 娱乐活动没有，我们白天干完活累得要死，哪里还有精力打牌，露天电影也没有，那时候苦啊，没搞这些，我们吃完饭休息一会儿就睡觉了。

问： 秦淮新河工程结束以后，您有没有回到当时干活的地方看一看？江宁这里因为这条河的开挖有什么大的变化呢？

答： 也去看过，现在秦淮新河整修后漂亮得不得了，我经常从那过。我们江宁街道地势高，下大雨的时候不怎么淹水，但是地势低的地方会经常被淹。开挖这条河后，江宁的洪涝灾害大大减少了。

陈贵富
（时任江宁县谷里公社赵林大队吴庄村民兵营技术员）

问： 您当时是从哪个村子（生产大队）来到秦淮新河开掘工程的？您那时多大？正处于一个什么样的状态？

答： 我当时每年在秦淮新河工地上差不多要待两个多月，去的时候大概22岁。当时工程队从每个生产队抽两个人，选拔的条件就是这两个人比较会干活。我那时候是在赵林大队吴庄生产队当技术员，主要是开拖拉机，也做一些插秧等庄稼活，可能因为活干得不错，就被抽选去秦淮新河工程了。

问： 您在秦淮新河工程里主要进行什么工作呢？加入秦淮新河开掘工程之后的初步印象是什么？

答： 到了工程队，我主要进行挑土的体力劳动——挑河。我参与了两批，第一批在泰山大队，位于铁心桥一段；第二批在西善桥一段。刚加入工程的印象就是这个工程很大，人也很多，有附近4个县的民工参与。我们农忙的时候回村里种田做庄稼活，在工程队的时候主要就是挑土。

陈贵富接受采访

问：农忙的时候，您在工程队的时间大概是怎么安排的？您在工程队里除了挑河有没有从事过别的工作？

答：以前农忙的时候，比如说人们种稻子、油菜这些农作物，大概从春天种到秋天，一年的活就差不多忙完了。到了冬天，没有事情做，就去秦淮新河的水利工程干活，一直干到第二年的清明节。清明节过后又是一年农忙了——正好能这样衔接起来。所以秦淮新河水利工程解决了我在农闲时无工作问题。

秦淮新河开掘工程大概进行了4年，我参与了2年。我前期在那里挑河，后来就开始烧饭了。之所以去烧饭有两个原因：一个是这个工程一开始人少，后来人多了，需要烧饭的人员也多了；另一个原因是，那时候烧饭要烧煤，煤是上级部门供应的。当时的煤不好烧，会烧煤的工人也不多。我当时正好会烧煤，于是就被大队安排去厨房烧饭了，当时每个大队一般有两个人负责烧饭。

问：您来到秦淮新河开掘工程后每天的工作时间、工作量和日常作息大概是什么样的？您说您后期还去烧饭，当时工人们每天的伙食情况怎么样？

答：我们那时候每天早上3点就起来干活了，吃过早饭就开始挑土，挑到11点吃中午饭，12点继续干，下午一般会挑到三四点钟。那时候挑土按立方算，刚开始挑土的时候，从最上面起步，随着不断往下挖就不断地挑。一开始每个人一般是一天挑2.5立方米。随着挑的土越来越多，坡越来越向下，逐渐不好爬，越挑越深，路越来越难走，难度加大，就渐渐变成了每个人一天挑1.5立方米。每个人每天定量的任务都要完成，任务由每个大队按照个人进行分配。1个人挑2.5立方，10个人就要挑25立方。干活的时间每个人也不一样，有的人力气大，挑得快，早早挑完就没事了，可以先走，早点下班。有的力气小的挑得慢，下班就迟。

伙食方面，每个人每天会分到2斤2两米，我们当时就着大白菜、青菜和黄芽菜吃，差不多一个星期才能吃上一次肉。伙食是每个大队负责，都是从每个大队所属的乡镇政府拨下来的，不同的乡镇负责不同的大队，按照国家的粮食调拨制度，每个人分到饭和菜都是一样的。不过，有的大队条件好一些，会适当地补贴一些饭菜，这样一来就能比别的大队多吃点肉。我们大队是最穷的，本来大队也小，所以吃的可能没有人家好，但尽管这样，对我来说也是很不错的了，至少在工程队能保证每顿都有饭吃，而且能吃饱。如果在家干农活的话，不一定顿顿有饭吃——因为那时候干活主要是赚工分，赚来的工分可以换口粮吃，在工程队干活赚的工分会更多，在家里干活赚的工分就比较少。我当时虽然不识字，但干活却是最能干的，当时父母年纪也大了，赚不到工分。我兄弟姐妹一共7个，我排行老三，那时还没有成家，也没心思成家，满脑子想的就是先解决温饱问题，去赚工分。如果我赚不到工分的话，一大家子都没粮食吃。以前吃饭困难，不像现在直接花钱就能买到粮食，当时是计划经济，买粮食需要粮票，衣裳要布票，棉花要棉花票……什么都要票。我记得小时候遇到灾荒，实在没吃的了，只能吃树皮，后来长大一点，条件好一些，有点口粮会掺着水吃糊糊，一天大概能吃到2两米，最多4两。后来来到工程队以后赚的工分多了，拿到的口粮多了，家里的日子比起以前来说也好多了。

问：您当时在工程队里每天心情和状态怎么样？住宿的环境如何？和工友还有周围的村民们相处得怎么样？有没有什么印象深刻的记忆？

答：现在回头再看自己以前参加的这个工程，真是不得了。现在做水利工程，都要用各种机械才行，但我们那时候什么都没有，全是靠人力，一担一担挑出来的。那个工程量大呀，条件也艰苦，这个工程死伤的工友也有很多。我们大队还好，工友们的身体素质还不错，而且都能干，也吃得了苦，累也不抱怨。偶尔闲暇了，或者遇到雨天休工了，还能洗洗澡，看看电影，工程队也给提供这些场合。那时候没有电，电影是通过发电机看的。那时候看电影的人太多了，除了我们工程队的，还有附近的村民们。

那时候，我们和当地的村民们处得都挺好，当时我们没有地方住，就借住在村民家。在工程开始以前，村民们就会把一些空余的房子腾出来给我们住。我们也会礼尚往来，当时村

秦淮新河工程挖河现场 2

民们粮食也短缺，吃不上饭，我们分到了吃的，也会给他们一些。那时候的人们都很淳朴，心眼好，讲义气。我们每天挑挑土，吃吃饭，洗洗澡，看看电影，和邻居们相处得挺好。现在回想起来，那段日子挺充实快乐的。后来离开工程队之后，我回家种西瓜，西瓜成熟了经常回那里卖西瓜。回去的时候，那里的老百姓们都认识我，因为之前在工程队的时候认识了，大家也有情义，都来买我的西瓜。现在觉得那时的人们都很好，干活也一起干，没有什么私心，工友间、邻里间不分你我，常常互帮互助。

后来工程逐渐大了，人手也多了，周围村民的住房住不下了，我们就另搭了临时的工房。搭毛竹房，铺稻草，上面再铺上油毛毡。那时候是冬天，外面很冷，但是人们挤在一块儿，睡在稻草上，一堆稻草上面能睡几十个人，也不觉得冷，而且那时候直接睡在从地面堆起来的稻草上，比睡在架在地面的床上还要暖和。

问：您在来到秦淮新河工程之前和离开秦淮新河工程之后，对秦淮河的认识有没有发生什么变化？这些年来，您对这项工程切身实际的感受是什么样的？

答：这个工程结束以后，老百姓们的生活逐渐变好了。在秦淮新河工程以前，一到汛期就会有庄稼被淹，粮食收成也不好，农民生活受到不小的影响，甚至整个南京城也会因此受到影响。我记得在这个工程建好前，每年发大水的时候，中央都会发预告，让大家做好准备应对洪水灾害。秦淮新河工程建好后，洪涝灾害防治了，汛期的时候水淹不了庄稼了，粮食收成逐渐好了，经济也逐渐发展起来了。

现在跟年轻人讲秦淮新河是人挑出来的，年轻人都不相信我说的话。他们会说，怎么可能是人工挑出来的。这么大的一个工程，真是难以想象。现在再看我们以前挑的河，河道多么深啊。我记得以前挑土的时候，一直往下挖，不知道挖了有多深，还能挖出古代不知什么朝代的木头。木头在河底下，年代应该很久远了，可能因为地震运动等一些原因留在了那里。当时在秦淮新河工程干活的时候还没有什么感觉，思想也简单，想的就是好好干活，干完活拿工分，吃饱饭。但是现在回过头来再看，这么大的一个工程，放在今天，终于有了一种自豪感。我可以非常骄傲地说，秦淮新河就是人工挑出来的。只要人们一讲到秦淮新河，我就会想到，这是我挑出来的河！

陈明宝
（时任江宁县陆郎公社转塘村民工营技术员）

问：您当时是从哪个村子（生产大队）来到秦淮新河开掘工程的？您那时年龄有多大？当时正处于一个什么样的状态？

答：我是从转塘村来的，我 1977 年参加挖掘秦淮新河工程，当年去的时候只有 25 岁，距离当初挖秦淮新河到现在已经有 47 年了。当年挖秦淮新河的时候，我还没有成家，那时我的家庭条件比较差，之前我主要在家里耕田。秦淮河工程对我们来说就是一场突击战，当年组织要求每个村推选十几名到二十几名勤快的民工参加。

陈明宝接受采访

问：您在秦淮新河开掘工程中的具体工作是什么？

答：当年我们在秦淮新河工地的日子非常辛苦，当初我在转塘村是开拖拉机的，我 17 岁就会开拖拉机，那个年代会开拖拉机的人少。我被选拔到了秦淮新河的工程队后，具体的工作就是用拖拉机运草、运米、运粮油之类的物资，将粮油运到秦淮新河的工地以后，我就开始在工地上用担子挑土方。

问：您来到秦淮新河开掘工程后每天开拖拉机的时间和日常作息大概是什么样的？

答：秦淮新河工程期间，我一般早上 4 点钟就要起床干活，我要赶在民工起床之前工作，起来后就开拖拉机到指定地方装粮油，路上要花费大概 1 个小时的时间，早上 6 点左右就要到秦淮新河工地干活。晚上也是在秦淮新河的工地上休息。当年我们在秦淮新河工地上，一般都以生产队为单位，在秦淮新河那边搭了个棚，一个生产队都住在临时搭建的棚里。那个时候，如果工地上的粮油草用完了，我就要加班，有时晚上 10 点还在外面开拖拉机运粮油。

当年在秦淮新河工程的时候，我们工地上吃饭一般是在中午 11 点到 11 点半。关于休息，一般情况下，我们都要等天黑看不见了才休息，也就是 5 点到 6 点左右下班，有时我也会加班到晚上 11 点。那时候秦淮新河的流水量不大，为了不影响第二天的施工，要一大早喊农民起来排水。

问：秦淮新河工程期间，您每日的工作量大概有多少？您是怎么安排休息时间的？

答：当时每天的工作量大概在 10 个小时左右。秦淮新河工程期间，我早上 5 点钟就要起床吃早饭了，吃完不到 6 点钟，就要开着拖拉机到秦淮新河工地。中午 11 点半左右吃午饭，吃完可以休息半小时，下午要一直干活到晚上 6 点钟才能休息，吃过晚饭直接就睡觉了。你不及时休息，身体会受不住，第二天早上干活没有精神。

问：您当时在工程队每天心情和状态怎么样？您在秦淮新河开掘工程期间是否有相处好的工友？工程结束之后是否还和曾经的工友有过联系？

答：秦淮新河工程的任务对我们来说非常艰巨，我当时没有交友的心思，除了尽快拿下工程分配任务以外，没有时间和精力去思考交友相处之类的问题。那时候秦淮新河工程任务重、战线长，我们早上4点天不亮就要起来，晚上有时还要加班排水、运粮油，不排水就会影响工程的进度，那个时候我和大部分民工一样没有这种交友的想法。工程结束以后，也没有联系曾经的工友，也不曾再到工地上看过。

问：在秦淮新河工程期间，您作为参加工程的民工，在工作中遇到过哪些困难？

答：我在秦淮新河工程最困难的时候，是在五六月份农忙结束后，那时候家里的农田收获刚结束，我们就要到工地上劳动挑土。对我们来说，当时秦淮新河工程就是一场战斗，那时我和大多数工友一样只想赢下这场战斗，拿下秦淮新河工程任务，其他根本没时间去想。那时候家里农活比较忙，秦淮新河工程任务又重，我们的想法是只要多干一天就是多干一点。

问：您回顾参加秦淮新河开掘工程的那段日子，有什么样的感受？您认为在目前的人生中，参与秦淮新河的开掘对您的人生产生什么样的影响？

答：讲句实在话，我现在回忆秦淮新河工程的那段日子，实在是太艰苦了，那段艰苦的日子让我更加享受现在的生活。我们那时候真的辛苦，吃不好，住不好，每天还需要干大量的重活和累活。如今我在想，年轻人和我们老一辈不一样，我们那个时候什么都没有，现在社会发达了，年轻人要跟着时代的潮流走，我们老一辈吃了这么多苦，就是为了造福下一代。现在老一辈只想把家里卫生搞搞好，让年轻人出去闯荡。我们要让下一代年轻人知道这个秦淮新河是我们这些老一辈，用肩膀挑出来的。每次我回忆挖秦淮新河的时候，我都忍不住要掉眼泪。

问：当时秦淮新河工程里住宿的环境和伙食情况怎么样？

答：关于住宿方面，当时住的都是大通铺，以生产队为单位，一个生产队全部住在一起，男的住在一起，女的隔开住一起。我们当时和当地老百姓吃住都在一起。

谈到伙食方面，我就心酸，我们当时是在大食堂一起吃饭的。那个时候食堂只有大米饭，大米饭当时是管够。肉

秦淮新河工程挖河现场 3

的话，偶尔才能开一回荤。那时候工地上吃的是大锅饭，蔬菜的话，一般情况下只有大白菜和青菜，其他什么都没有，但是我们晚饭还是能吃饱的。那时我们早上也要吃米饭的，不吃饭一整天干活都没有力气。

我 17 岁就开始开拖拉机了，今年 72 岁，开拖拉机已经 50 多年了。当年挖秦淮新河的时候苦得不得了，现在生活好了，政策又好，老一辈能挣到钱，小孩又让人放心。

问：您现在是如何看待当时的秦淮新河工程的？您和您的家人在工作和生活中是否有明确感受到秦淮新河工程的影响？

答：当初在挖秦淮新河的时候，我们从早到晚用担子挑河挖土，肩膀和腿上全是老茧，现在科技发达了，和那个时候不一样了。我经常跟我儿子讲，这个秦淮新河是我们挑出来的，我儿子他一开始还不信，他不信这么大的秦淮新河是人挖出来的。我跟他说，我曾经参加挖秦淮新河的工程，你妈妈也参加过。当时我们家里姊妹一共有 6 个人，我的大妹和二妹都参与了秦淮新河工程，她们在工地上挑土挖河，三妹没怎么参加。对于我们来说，秦淮新河工程是一场突击战，那时候江宁县所有力量都放在了这一工程中，村里和家里的劳动力全部要去帮助挑河。秦淮新河工程持续了大概 2 年左右的时间，我们成功拿下了这个任务。秦淮新河这个工程任务实在是苦，但你不挖不行，你不挖秦淮新河，江宁就会闹水灾。因为挖了秦淮新河，江宁这里就不怎么闹水灾了。

问：您是否能明确感受到秦淮新河工程带来的影响？您在参加秦淮新河工程的过程中，是否受过什么伤？

答：我明确感觉到江宁的水灾变少了。当时我开拖拉机将粮油草运到秦淮新河工地后，再用工地上的担子一担一担将粮油挑到各个食堂去。粮油送完以后，我就拿工地上的担子挑土。刚开始用担子挑的时候，我的肩膀痛得不得了，肩膀上的皮都挑破了，挑了几天的担子后，等挑担子的肩膀压出了老茧，再挑担子肩膀就不疼了。还有就是在挑河的时候，河底有的硬，有的软，硬的地方就要爆破，软的地方就要人去挑。挑河就是需要人挑着土从河底往上爬，一步一步往上蹭，那个肩膀的皮和大腿都受不住，等到膝盖、肩膀和大腿长出老茧，再挑的时候就不疼了。

马大成
（时任江宁县秣陵公社秣陵民工营队员）

问：您从哪个村子前往秦淮新河工程项目的呢？您参加这个工程多长时间？

答：那个时候参加秦淮新河工程，由公社下属的每个生产队派社员参加。我是一名

马大成接受采访

普通社员，就是比较年轻一点，比较有力气。那时候我 28 岁，到今年已经过了 46 年了，有些事已经记不太清楚了。那时候是按照一二三四五来命名，我们是十四队，上属公社是秣陵公社。我 1976 年参加秦淮新河开挖，工程结束是 1979 年，我 31 岁，前后大概有 3 年时间。

问：您在秦淮新河这个项目中主要是做什么的？您对秦淮新河开挖的第一印象是什么？

答：我是一名普通队员，在开挖第一线。当时作为一名社员，必须要服从生产队的安排，他们派我去我就去。

问：当时一个大队大概有多少人？

答：当时有 16 个生产队，我这个大队是 2000 多人，一个生产队挑 1 个，每个大队挑 16 个人。大队上面是公社，现在叫街道，一个公社大概有 3 万人左右。

问：您在去挖河之前有什么准备？在秦淮新河项目里的工作时间、生活作息是什么样的？

答：不需要什么准备，唯一要准备的就是自己的衣服、被褥。当时江宁县是以师部来管理，公社作为营部，我们的起居都有规定时间，就像军队一样军事化管理。因为都是年轻人嘛，都是按时上班，按时下班。那时候上下班分冬夏季，一般就是春夏季 6 点走。如果是冬天，就可能推迟一点，具体几点我记不太清楚了。中午我们会休息一个多小时，吃饭时间一般半个小时，然后再休息半个多小时吧。比如说 11 点左右吃饭，就是下午 1 点左右上班。下午几点下班，记不太清楚，反正工作时间最起码在 9 个小时以上。因为秦淮新河工程比较难，我说句良心话，这个工程比较急，那你不能说想要工作 8 个小时，那是不可能的。还有一个，遇到什么下雨天、下雪天就歇一会儿。雨一停，马上就要干，没有休息天。

问：在秦淮新河开挖工作中就寝环境和伙食的情况是什么样的？

答：我们当时的宿舍就是以前公社统一盖的宿舍、食堂，用毛竹搭起来的。现在来讲，如果遇到地震，普通的房子就毁了，而竹子撑起来的宿舍比较安全，它上面没有重瓦。大概 1977、1978 年有一场地震，我们这个地方就安全，一点震感也没有。食堂是几个公社集体搞的。

问：开挖秦淮新河的过程中有没有举办劳动竞赛？

答：那肯定有啊。是我们领导派发下来的，你只能超一点，不是说会有表扬，给你的任务必须要完成，除非你有特殊情况，身体不舒服。我们有医护人员，干活时经常碰破皮，有医护人员来处理。

问：您在挖秦淮新河的时候有没有受过伤呢？

答：有啊。在用板车运大石头的时候，当时大拇指就被砸到了，医生给我包扎完了，就继续去干活了。如果是现在的话，起码得休息两三天。那时手破了以后，衣服、鞋子什么的还是要自己洗。当时条件那么艰苦，不像现在这么舒服，没有人来干这些，只能自己上。除非你确实病重不能干，头疼发热，那你才休息。只要没有发热，没有什么头疼，那还是要继续上工的。因为你休息了，就没有人来代替你了。

问：您和工友在一起挑河时有没有发生让你印象深刻的事和人？

答：当时大家在一起生活，一个排二三十个人住在同一个宿舍里面，是根据公社情况搭配起来的。我们当时是 7 个排，用板车拉土方。还有一个排是用以前那个开煤的轨道车来拉土。有一个人印象还算比较深，就是我们西旺大队的，姓史的，叫史有横。他和我们住在一起，有一年夏天，我们拉土下来的时候，因为坡很陡，拉着车不方便走，就把脚翘在上面，抓着车把滑下来。他呢，不巧滑下来的时候，车倒了，下面有些石头，他的屁股就被划了一个大豁口。受伤后，他休息了一段时间，休息好了，就又回来干活了。现在他还在，我们现在还是一个街道，有时能碰到。他在西旺社区，你如果想找他，可以到这个社区里找。

问：有没有让您觉得心生敬佩的模范人物？

答：当时，说良心话，我们是一个营，就是我刚才讲的一个公社形成一个营，选出 2 个模范人物，就是思想等各方面比较好的。

问：在开挖秦淮新河过程中，您有没有遇到什么困难？

答：哈哈，那个时候它（困难）不存在，那个时候谈困难和现在比起来肯定没法比。没有困难，除非生病了，医生讲休息一天就休息一天，没有生病就干活。

问：您觉得这个工程最艰难的时候是什么时候？挖河的过程是什么样的？

答：最艰难谈不上，在那种情况下，我们刚开始还算好一点，到后来坡度越大，难度就越大。当时把土层挖掉后，下面是岩石，就是大石头。挖这个岩石，在我们开河过程中是比较难的，任务重，危险性大。当时没有现在的大车把土层运走，就把土方堆积在开挖的河岸上。那时候找一部自行车都困难，更别说大卡车了。当时也有机械参与的，就是一部搅拌机带齿轮的在那钻，我们用板车把土石运上去。

问：您现在回顾在秦淮新河开挖工程的那段日子，会如何看待它？那段特殊时间在您的人生中占据什么地位？

答：在那个年代，国家比较困难，我们吃点苦是无所谓的。我们参与这个工程也是为后代造福。秦淮新河挖成后，长江水可以进来，洪涝期的水也可以排进长江。我们没有其他想法，就是听指挥，响应号召。

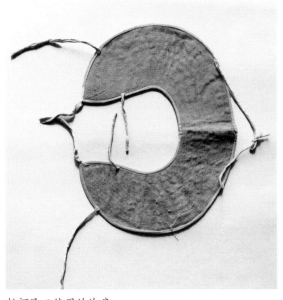
挑河民工使用的坎肩

问：在开挖秦淮新河时，您和当地的老百姓相处得怎么样？有没有您的亲友生活在那里？

答：我干活的地方是现在的雨花台区，大概有 25 公里。我们当时住的地方是和当地老百姓分开的，没什么交集。我们是江宁县统一安排的，集中管理。我的亲人没有住在雨花台区的，除了战友，其他的都没有。

问：在秦淮新河工程结束以后，您和当时的工友联系多吗？

答：工程结束以后，我们不像在部队一样还在一起。现在有时候碰到当年的工友，我们会聊一些以前的事，问问对方的子孙怎么样，简单地寒暄一下。在 40 年前，我们与工友一起干活那时候年轻能干，现在都老了，都是这样一些简简单单的话。

问：秦淮新河工程结束以后，您有没有回到当时干活的地方看一看？时隔多年，您回想当时在民工营里的时光，现在有什么感受？

答：也去过，比如说我有时候到亲戚那里去，离秦淮新河比较近，就会去看看。现在看变化太大了，以前那个地方基本上没什么房子，现在河两边全部都盖上了房子，河岸上种上了花草树木。最大的感受就是我们那个时候年轻有力，现在的年轻人，我可以讲没我们当年能干，就算一天给你个两百三百的，他也不愿意干，危险性太大。那个年代，只能按照那个年代来办事。像我们那个时候，你必须要去，尤其是在条件那么艰苦的情况下。你看现在基建多好，那个年代哪里有啊，没有。那个年代你必须要靠人力来干。

问：您的子孙辈他们知道您曾经参与这个秦淮新河工程吗？

答：他们多多少少也知道，虽然也不是什么惊天动地的事，在那个年代是必须要去干的事。就和在部队当兵一样，当了两年三年只是一个记忆。

问：在您心中，秦淮新河是一个什么样的存在呢？因为这条河的开挖，江宁区有什么大的变化吗？对江宁、对南京未来的发展有什么大的影响？

答：秦淮新河从开挖成功到现在 40 多年了，这条河的意义是比较大的。在那个时候挖一条河不容易，任务重，困难多，是要下大决心的。这条河的开挖对江宁区抗旱防涝都有好处，我们干了这件事无怨无悔，我们不去，别人还是要去。江宁地方比较大，这条河开挖后，能把江宁和长江紧密联系起来。现在这么多年，我们江宁不管遇到什么大水或者旱情，秦淮新河都能缓解。对南京有什么影响，我就不大清楚。秦淮新河可以排涝，如果只靠老秦淮河排水是不够的，多开一条河，就能减少南京城区排涝的压力，不然一起集中在秦淮老河的话，夫子庙那里就会被淹到河里了，所以不管是对江宁，还是对整个南京，在排涝上都是有好处的。

孙新伦
（时任江宁县丹阳公社丹阳大队书记）

问： 您当时是从哪个村子（生产大队）来到秦淮新河开掘工程的？您那时正处于一个什么样的状态？

答： 我叫孙新伦，最开始是在双湖大队，在秦淮新河工程之前是当兵的，1976 年 3 月 22 日退伍。退伍回来后，本来组织上计划把我调到公安局的，但当时公社有任务，就把我调到丹阳大队当大队长。1977 年秦淮新河工程开始，当时公社直接任命我当丹阳大队的书记，负责管理大队。

问： 您在秦淮新河工程之前有参加其他水利工程的经历吗？

答： 在挖秦淮新河之前，1975 年 1 月 5 日，我们在江宁和句容边界做过土方工程，这个工程持续了一个多月，赶在过年前，我们回到了丹阳。1975 年年底，政府就开始组织开展秦淮新河工程项目，江宁县当时的县委书记和农业大队长负责对我们开展秦淮新河誓师大会，就是动员大会。因为当时秦淮新河工程任务非常艰巨，工程战线长，总共持续了 3 年左右。

由于那个时候秦淮新河路线长，组织上把秦淮新河分成几段，然后分配给各个公社，公社又把任务分配给各个大队。但秦淮新河底部不全是土方，有时候是石方。土方可以用担子挑土，石方需要用爆破。像石方这种艰巨的任务，对农村来说是非常艰巨的。当时政府组织专业队，每个公社分配一名专业人员，专门针对秦淮新河石方爆破。

那个时候江宁县主要的力量全部投入到秦淮新河工程中，农村的主要力量当时基本上都在搞水利工程。那个年代也不只有秦淮新河一个工程，江宁县周边各个水库都在搞水利工程。那个年代南京年年下暴雨，一下暴雨就会闹水灾。

问： 秦淮新河开掘工程期间，您觉得当时的住宿环境和伙食情况怎么样？当时伙食经费

孙新伦接受采访

是从哪里来的？

答：秦淮新河工程期间，我们平时吃住都在工地上。住宿方面，生产队都是要住在一起。吃则以行政村为单位，吃的都是大食堂。伙食经费由各个行政村负责。秦淮新河工程期间，相较于其他大队，丹阳大队的伙食条件还算好的。那时候我们生产队养猪，村里池塘又有鱼，所以我们大队平时的伙食条件相对不错了。

问：秦淮新河工程量大，任务艰巨，当时是如何分配任务的？您当时又是如何管理秦淮新河工程的民工？

答：秦淮新河工程量相对较大，当年大部分江宁人民都参与了，你在白天来看秦淮新河工地，工地上是人山人海。因为当时土方的工程量相当的大，不像现在有机械干活，那个时候上面分配的任务，主要是靠人，挖秦淮新河就是要靠人来挑。县里给我们丹阳公社分配一段河道，公社就把任务分成段，分配给我们丹阳大队。

秦淮新河工程的任务非常艰巨，如果要把秦淮新河河道的土方都挑上来，就要配合水利部门测算，我们要按着比例挑，河底的宽度要和河面宽度呈一定比例。我们大队领了任务回来后，大队的领导到现场给每个人分配任务，任务分配要落实到各个生产队。根据任务量和每个生产队的人数分配，男同志数量不够的话，女同志也要参加，甚至用拖拉机把小孩接到工地上，劳动一个小时左右，下午再把他们接回来。

由于工作任务重，任何人未经允许都不准回家。当时如果有什么事情的话，请假是请不到的，有些人请不到假就偷偷跑回去，大队长就在路口抓人。当年我们行政村就在路口检查，有人会从路口跑，但是拖拉机又带不走，偷跑的人跑不了多远的路。秦淮新河工程量非常大，你土方没有人挑，没有人挑土方就完成不了工程任务。

问：当时您加入的是民兵营吗？每个乡都有一个民工营吗？

答：没有民兵营，有民工营。东善桥镇有一个武装营，武装营人数少，工作量不大。当时每个公社都有一个武装部，我们每个行政村都有个营，每个大队都有个营长，民兵排叫突击排。那个时候如果有什么突击任务，就由营长带队，工程量不大的任务就是他们干。工程量大的任务，主要是挑土、挑水库，秦淮新河这些工程都是全员皆兵，除了老弱病残都要参与其中。

问：现在回忆秦淮新河开掘工程，您有什么感受？您认为秦淮新河工程对整个南京及周边地区的影响又有哪些？

答：秦淮新河是江宁最大的水利工程，秦淮新河的开挖对南京，尤其是江宁有非常大的好处。秦淮新河工程开挖之前，那个时候只要下暴雨，就会闹水灾，尤其是我们江宁降水量比较大，无论是江宁的汤山、湖熟都在闹水灾。当时我感受最深的就是，修秦淮新河之前，丹阳老发水灾，等水退了以后，其他的乡镇纷纷支援丹阳，他们带着粮食、秧和种子到灾区进行援助。这就是所谓的"一方有难，八方支援"。那个时候闹水灾，大家都是互帮互助的。秦淮新河开挖以后，一直持续到今天，像以前那样的水灾，现在已经不常见了。秦淮新河工程对现在有很大的意义，当年秦淮新河工程不做不行，江宁老是发水灾，整个秦淮新河都是人挑出来的。

问：您来到秦淮新河开掘工程后每天的工作时间和日常作息大概是什么样的？在工程开掘期间，具体工作是什么？

秦淮新河通水典礼大会 2

答：我们早上到工地，天一般还不怎么亮，大概5点左右。我是丹阳大队的书记，作为带队的，要比民工还要早1个小时。人懒是人之常情。秦淮新河工程是在下半年开挖，天冷，民工们爬不起来，我们喊起床要喊好几遍。如果我们要6点钟出门，5点钟就要开始喊起床了，一般情况下，喊3遍民工们都会起床了。当时吃午饭的时间是统一的，午饭时间大概有一个半小时左右，因为秦淮新河工地到我们吃饭的地方，还有一段路程。那个时候，我们作为带队的5点钟要起床，当干部4点钟就要起来了，他们起来还要检查后勤。秦淮新河工程，每天一般工作到下午五点半左右，一天的工作时间大概在12个小时左右。那时吃饭、休息都是统一吹号，有吃饭的号，有休息的号，行政村严格按照作息时间执行，全力以赴干活。

张友发

（时任江宁县谷里公社赵林大队吴庄村民兵营营长）

问：您当时是从哪个生产队调到秦淮新河开掘工程的？您在工程里主要进行什么工作？您那时多大？正处于一个什么样的状态？

答：刚被调到工程队的时候我20多岁，已经成家了，有了孩子。我在工程队一共经历了1977年、1978年、1979年3年的冬天到春天。当时这个工程是每个大队挑2个人，我们大队是副主任和民兵营营长被挑选到那个地方带队，我当时是民兵营营长，赵林大队的带队人。

问： 您来到秦淮新河开掘工程后每天的工作时间和日常作息大概是什么样的？每周、每月的工作量大概有多少？

答： 当时在工程队，我们每天早上4点就起来了，我记得那时候一个人一天挑3方土，换算到斤数的话，一担土100斤，一人一天将近要挑1万斤土。我们这边挑的土是软土，而且越往下挖就越软。当时挖的时候通常会取一个测量点，这个测量点就是测量大概挖了多少的标记，挖得越深，就说明挑的土越多。当时规定每人每天挑3立方土，3立方土挑完了就可以下班休息了。力气大的人干得快一点，干完就可以早点休息；力气小的人干得慢一点，就会晚点休息。但每个人一天挑3立方土是确定的。干活也不是必须各干各的，也可以三五个人搭班，互帮互助，一起干活。我因为是带队，每天除了挑土，还要拿着尺子量方，等人们干完活就去测算每个人一天的工作量，最后把测量的结果公布——这个过程是必须的，哪个人挑的多，哪个人挑的少都会公布。

问： 当时工程队就寝的环境和伙食情况怎么样？

答： 当时的伙食就是米饭，早上、晚上就着小菜吃，中午是就着青菜、黄芽菜吃，一周左右才能见到一次荤腥。当时住宿的地方主要是村民家，一间房子睡33个人，人挤人。早上4点开工，一直干到下午五六点。偶尔放松的时候也能看看电影、洗洗澡。

问： 您作为秦淮新河开掘工程的大队带队人，在工作中遇到过哪些困难？这些困难是如何解决的？您和您的工友一起工作时有什么印象深刻的事情？

答： 碰到的困难还不少。当时有的大队条件好，会有一些慰问的东西，工人们干起活来相对也起劲。我们大队穷，条件不好，作为当时的带队，碰到不想干活的工人，就会比较困难。记得有一次睡觉的时候，棚子突然着火了，也不知道是因为有人抽烟，还是因为什么，棚子整个被烧得很厉害，工程要用的生产工具、睡觉的被子都被烧坏了。这样一来，那个棚子的人就不能干活了，其他人看到他们可以不干活，于是也闹着不干了，这可怎么办。当时我就想办法，赶紧去南京市区买各种东西修补，又购置了被烧坏的工具，一直到3天后才恢复正常生产。后来调查了一下这个火灾的情况，发现这个事情其实是人为的，当时大家觉得太累太苦了，有的人不想干了，于是就想了个极端的方法，就是烧棚子，以为把棚子烧了，就不用干活了——可

张友发接受采访

见不好带队。这是一例。

还有一例。有两个年龄小一点的工友，其实当时这两个人每天挑得也不多，挑得不多，当然就不能收工休息。于是这两人就偷懒，想办法把测量的数据作假。当时工人们挑河挖土，不停地向下挖，土层会有不同的高度差。我一般会在测量的地方放个凳子来记录，后来他们想偷懒了，就会做点手脚，悄悄地把凳子抬高一些，或者做个假凳子。这样一来，看起来土方挖了很多，能多算工分，实际上任务量却小了。当时我就发现有蹊跷，但是找不到证据；找不到证据的话，工人们也得理不饶人，于是我就在标记的地方走来走去，后来终于发现原来是凳子有问题。

问：那段时期还有什么印象深刻的事情或记忆？当时的具体感受如何？

答：感受就是那个班不好带，真不好带。我在秦淮新河工程待了那么长时间，跟着大队走了很多水库：从一开始的公塘水库，到箭塘水库，再到后来的梁塘水库、谷里水库、周村水库、萧家桥，一直到人字桥的河道，都是我带队挑的。我也没有助手，就我一个人带队，其他大队带队的人一般是一个主任加一个副主任，但是我带的队一直就我一个人，带队的工人一般在60到70个人。当然不只是我苦，大家都很苦，有伤病，也有人会装病，装病也是为了少干活。记得那时候有个知青，下放到我们村，当时秦淮新河工程从每个大队抽人的时候抽了几个知青。这些知青本来也不是村子里的人，没有归属感，不听你的，也不想干活。有的知青在干活前跟我说身体有病，当时我们每个队都有乡镇派过来的医务室，我跟那个知青说，你去医务室看看，有病就要看。但是他不去看，我后来想想才发现他可能是不想干活，于是我就跟他谈心，讲道理，通过做思想工作去引导。渐渐地他听进去了，后来开始干活了。

问：您在秦淮新河开掘工程的时候与当地老百姓相处如何？您当时所在的工程队要借住在当地的村民家里，是否需要主动和当地村民搞好关系？

答：一定要和当地的村民搞好关系，我当时和那里的村民关系很好呢。有时候，我们干完一天活，晚上没事了，就会去周边村民家串串门、唠唠嗑，村民们也经常喊我一起喝酒。记得有一次，请我喝的还是村民家里埋了18年的好酒呢。跟村民搞好关系也不容易，毕竟我们借住在人家家里，搞不好关系的话，就会热脸贴到人家的冷屁股。记得有一次在一个村民家，人家提供我们房子住，但是又享受不到什么福利，有一天突然说不给我们住了，这可怎么办。后来我想了个办法，就是收工的时候给村民们干干活，倒倒淘米水、喂喂猪什么的，平时分到吃的了，也会多多少少给村民们分一些，这样一来跟村民的关系又融洽起来了。

问：您作为工程队带队人遇到了这么多困难，肩负了比别人更多的责任，是否也和工友们一样有过放弃的想法？

答：虽然遇到了不少困难，那么长时间我又得带队，又得干活，我一个人带队，等于又

《南京郊区道路图》中的秦淮新河（1982 年 10 月）

干了大队主任的活，又干了副主任的活，但是我没有抱怨过，主要是自己习惯了带队的工作，即使吃苦吃尽了，也一直干着。我 20 岁就入了党，很早就开始做各种党务工作，从不缺席。从小就被党教育，觉得这些都是应该做的。

问：您当时是如何看待秦淮新河工程的呢？您或者您的工友在秦淮新河开掘工程期间进行劳动时是否有过伤病？当时的感受如何？

答：当时干工程的时候，大家心里都明白，这个河，我们挑的时候苦一点，但是对我们的后代是有好处的。我们在一起干活的时候，也会这么互相鼓励。那时候工程量那么大，人那么多，大家你一担子我一担子，成群结队地挑着土。如果从一个高一些的地方看过去，工程队密密麻麻干活的人群就像蚂蚁一样，而我们也正是像蚂蚁一样一直忙碌着。当时挑河的坡很陡，每天挑担子爬坡，负了伤落了病根的工人不在少数。好在我们大队主要是人工挑土，没有发生严重的死伤事故。有的大队需要机械操作，当时安全意识比较少，利用机械带土的时候，一个不小心，人的身体就会被卷进去——那时经常会发生类似这样或死或伤的生产事故。

问：您在工程结束之后又做了什么工作？秦淮新河工程对您之后的职业生涯是否产生什么影响？

答：工程队结束后，我也一直没有闲下来，退休后也在找活干，这几年在银杏湖做过农工，主要是修剪绿化。我从年轻时在我们大队干技术员，然后当了民兵营营长，后来又当了大队主任，该干的活也都干了。哪个生产队需要我，哪个村子更困难，我就会接受安排去哪个队。虽然一辈子都在忙忙碌碌，但是看着秦淮新河工程那一段，自己也觉得不可思议，觉得自豪。对于秦淮新河工程，我们这一批工人最有切身体会，一直到今天，我常常会想到当时开誓师大会的样子，谁能想到我们能做出这样的工程，以至于今天把那些事情说出来，人们都不相信。

问：现在回过头来再看秦淮新河开掘工程包括工程之后的这几十年，您有什么感受？您认为秦淮新河工程对整个南京及周边地区的影响又有哪些？

答：现在这个工程对内对外，都有很大的好处。水路比旱路可方便多了，有这么一条水路，不仅防洪，人们也能进来或者出去，对整个经济发展都大有好处。看看现在人们的生活水平，和过去简直是天壤之别；但是转过头来也会觉得，我们当时真是苦啊。

陈维银

（溧水县东屏公社爱国大队民兵营陈孝元之侄）

问：您对当年秦淮新河的开挖有什么认识吗？

答：秦淮新河于1975年12月20日正式开挖，南京、镇江，包括当年属扬州地区的六合县都派人参与。当时镇江地委顾全大局，动员下属的溧水、句容、高淳、武进、丹徒、扬中、宜兴、溧阳7县，共调集民工12万人参加秦淮新河会战工程。我们溧水县16个公社共派出10120人参战，完成土方34万立方米，占总工程量661.2万立方米的5.14%。

问：您了解溧水民工参加秦淮新河开挖工程的具体情况吗？

答：当年溧水县东屏公社参加秦淮新河会战的人员由武装部部长陈年青总负责，我们爱国大队则由民兵营长方忠喜带队。1975年，东屏公社有14个大队，共195个生产队，总人口22700余人。为完成下派的秦淮新河土方任务，东屏公社的每个生产队都派遣了5名强壮男劳动力参加，共派出975人。我们爱国大队是东屏较大的大队，共22个生产队，派遣110个劳动力参加了秦淮新河会战。我们大队内部又分两个大组在工程中相互竞赛，一个大组55人，每组有9个劳动竞赛小组，每组又分6人接龙挑土方。挑土方的劳动力15天轮换一次，共轮换了3次。以大队为单位，10人乘一部拖拉机。拖拉机主要用来拖人、米、行李、工具等，当时11部拖拉机浩浩荡荡开往指定的雨花台区铁心桥公社一带，非常壮观。

溧水县的挑河工段，被分配在铁心桥以西的地段。铁心桥以西地段是秦淮新河全线最高处，原始地表到河底垂直高度约42米，加上挑河土方所堆堤埂，垂直总高度50米以上，相当于18层楼房的高度。铁心桥以西的地段属于雨花台区铁心桥公社，当年秦淮新河两岸完全是农村。

问：当时民工的吃、住条件怎么样呢？

答：我们东屏公社参与工程的民工被安排在尹西大队王家凹村，大多住在施姓等农民家里。我们大队以打地铺的形式分住在5户农民家里，食堂设在一户农民家的空房子里，房子内砌了有两口灶眼的大灶，灶上有一口大锅，专门用木蒸笼蒸盒饭，另一口大锅炒菜。

当年还没有自来水，吃用水都取自村里一个大水塘，塘水颜色泛绿，很脏，按照现在饮用水标准，是完全不能饮用的。当年还没有施工机械，所有的水利工程都是人海战术，都是一平二调，农民做水利工程没有一分钱报酬，主要是生产队记工分。而且农民在水利工地挑土方，是端自己的碗吃饭，饭也是自家锅里的。在水利工地挖土方，是民工自带4个齿钉耙、一副秧篮、1根扁担，没有任何工具补贴。民工们就是凭着铁肩膀和满手老茧的双手挖出了新河。

问：听说您的小叔叔陈孝元当年参加了秦淮新河工程，可以谈一谈他当时的工作情况吗？

答：我小叔叔陈孝元当年参加挑河工程时，刚30岁，正是身强力壮。据小叔叔回忆，当年挑秦淮新河的土方非常辛苦，起早摸黑不说，主要还是吃不好。当时没有自来水，吃用水都是在一个大水塘里。村里淘米洗菜，刷马桶，甚至牛饮水、拉尿都在这个水塘里，塘水泛绿，有一股很浓重的霉味。我们大队住宿、吃饭都在一起，一般用铝盒子蒸饭，分发给大家吃，顿顿饭菜都极难下咽，每天吃不饱，这是最苦的事情。

问：他当时主要负责什么工作呢？

答：他主要的工作是挑土方。由于从挖土到倒土点，距离在100米至250米以上，中间需要接龙挑土，他们6个人一个小组，每组中1个人挖土、上土，另外5个人接龙挑土。接龙挑土的具体情形是：两人交接时，接土方担子的人上前一步，从左边走到交土方担子人的后面，两人背靠背，然后交土方担子人右肩上的土方担子要交给接土方人的左肩上。与此同时，接土方人左肩上的空担子要过到交土方担子人左肩上，两人同时转弯回头，一瞬间完成交接，两人迅速分开朝来的方向而去。这就是接龙挑土方。

接龙挑土周而复始，土方担子一直往上传，每个土方担子都在 150 斤以上。挑土方开始走的是平路，随着河道越挖越深，河坡越来越陡，最后河坡达到 1：2.5。民工肩挑 150 多斤的重担，再登如此陡的河坡相当艰辛。挑土爬坡时，大家相互拉秧子绳子，奋力向上攀登。

问： 他在秦淮新河工程队的时间大概是怎么安排的？

答： 那时我的小叔叔每天约凌晨 5 点起床，每天挑土方至少 10 个小时。为了鼓起干劲，溧水县还在工地上搞竞赛，公社与公社比进度，大队与大队比进度，大队内部二个大组也进行竞赛。广播里天天播放革命歌曲、工地新闻，给 20 万民工鼓劲打气。

参加新河工程的半个月中，我小叔叔每天挥汗如雨，没有澡洗，没有理发。15 天轮班结束后，他在寒风中乘坐拖拉机返回家里。之后，我小婶婶告诉我，小叔叔回家时又黑又瘦又脏，真是可怜，在任何挑河工地回来，也没有在秦淮新河工地这么脱了形的瘦过。

段进
（中国科学院院士、明外郭—秦淮新河百里风光带总设计师）

问： 秦淮新河之于南京城市的意义，您在规划"明外郭—秦淮新河百里风光带"时应该有很多思考，可否谈一谈？

答： 秦淮河是南京母亲河。城市发展有一定的规律，一般城市选址都要靠河，像南京的石头城就修筑在秦淮河旁。随着社会经济的发展，南京城市规模不断扩大，于是人工开挖的外秦淮河应运而生。至 20 世纪 70 年代，因为南京外秦淮河的淤积比较厉害，再加上防洪及运输等各方面的要求，南京开凿了秦淮新河。秦淮新河的开凿真的是体现战天斗地的精神。回到城市空间发展的规律，南京城市一层一层向外发展是一个必然的现象，秦淮新河的开凿在这一进程中起到非常重要的作用。其他城市也存在这种现象，比如常州运河发展，随着运河外移，城市发展到新的运河沿线，城市随着一道道运河向外发展。

问： 在打造"明外郭—秦淮新河百里风光带"前，秦淮新河是怎样的状态？您在规划设计风光带时秉持的是一种什么样的理念？

答： 秦淮新河的建设在当时是一个非常成功的案例，《人民日报》曾有"幸福河"的报道。秦淮新河建成后解决了周边地区排污、排洪的问题，同时也解决了防涝与运输的问题。随着城市的发展，河道周边逐步建设大量的工业，排污问题又严峻起来，还有一些新的环境问题。所以到了 2010 年的时候，南京市政府提出对秦淮新河重新规划和整治。我们调查发现，河道里面的水都是乌黑乌黑的，整个是一条臭水河，都是周边的污染排放造成的。

秦淮新河邮戳（2013 年）

秦淮新河邮戳卡（2020 年）

2010 年，我们按南京市政府的要求，重新规划河道沿线景观，本着以下几个方面的理念：首先是环境生态理念，就是一定要把搞好地方环境放到最优先位置，要把水变清，周边的绿化以及整体环境都要进行改善。这个生态环境的理念这么多年下来，是符合现代生态文明发展这种取向的。

第二个理念是文化。我们认为这个地方有战天斗地的痕迹，沿线的一些文化遗迹都要保护，这条河有很重要的文化意义，再加上与明外郭连在一起，那就形成了一个非常好的一个文化带，一条生态带。

第三个理念是因地制宜。因地制宜是说尽管这条河已经被污染，但是我们还要跟其他高校合作，进行那个植被、生物调研。我们发现，秦淮新河里面还能够成长一些植物，和河边上的植物形成一个生态链。如果把这些破坏了，全部改造成其他树种，我觉得这是不合适的。我们没有像其他城市大拆大建，建立大广场、大草坪，然后做硬质驳岸等等。我们觉得应该根据当时的周边环境、土地使用情况进行一些建设，需要的我们就建，不需要的把它预留下来。这是一个非常重要的理念，就是我们针对南京的实际情况，不去学当时最时髦的东西。

第四个理念非常重要，就是我们一直认为一条河的环境改造和景观改造，不是为了看的，是为生产、生活服务的，所以我们一直强调要把周边重要的创新元素，跟它连在一起。比如说，从东面开始，有南部新城的创新，到了南京南站有商务的，再往前有雨花软件谷，再往前就是鱼嘴那边。这几个都是非常大的节点，都要把活力引进。同时呢，我们还要把这种体育活动、休闲活动引进，希望不完全是一个景观，而是一个活力带，这个也是我们非常重视的理念。

问：您说的活力，就是充满活力对吗？

答：对。现在我们已经知道活力是一个非常重要的事情，就是不做这种大广场、硬质地等等。2010 年，那时候活力还是个非常新的理念，各地都在做那种硬质驳岸，强调这种景观风貌。在这种情况下，我们觉得景观风貌虽然也是需要的，但是更重要的是人能够用起来，是一个充满活力的风光景观带。

问：这就是一个未来的可持续发展的目标吗？

答：对。所以我刚才讲的，就包括这个建设是有序的建设，而不是为了一时让大家看。整个秦淮河，有将近 40 公里长呢，如果我们认为非要让它起到一个景观风貌的作用，然后让政府投入大量的钱，把这个地方全部进行改造，可能会引起一时轰动。但事实上对老百姓生活的改善，以及对经济运行的这种周期，实际上是没有太大好处的，所以我们采取了长远规划，就是逐步实施、因地制宜、按需推进。

问：您再给我们讲一讲，在全国范围之内，秦淮新河有什么独特性？

答：我们在做调研的时候，就发现秦淮新河的独特性：第一，秦淮新河的河道有宽有窄，有的地方像断崖，有的地方比较开阔，有的地方跟城市接触比较紧密，有的地方比较疏朗。不仅如此，最大的一个特色，我觉得从整个南京城市发展的大的结构和框架来说，大家知道，南京的城墙在全世界非常有名，而且有特色。有什么特色？就是有个外郭，这个外郭很大，将近100里，所以叫百里风光带。秦淮新河可以与它组合在一起，在城市当中起到结构性的作用，这在其他城市是没有的。那就是说，我们这一条秦淮新河风光带，和明外郭结合在一起，对南京整个城市形成一条很大的绿色项链，这在

今日秦淮新河西善桥段西岸滨河步道上的帆布亭子长廊（蔡震绘）

今日秦淮新河河岸的动漫雕塑作品（蔡震绘）

一般城市当中是没有的。一般城市可能会建一个风光带，但这条风光带在城市的结构中发挥的作用是没有的。

第二，整个秦淮新河与文物古迹明外郭结合在一起，这是一个城市文化的定位。从规划的角度来讲，我们的规划理念非常新。我们强调利用自然，把这一条景观、文化的带变成一道活力带。从更远的角度来说，我们已经逐步在实施，要把它改造成一条南京人休闲度假的景区，就是可以到这个地方进行体育健身。体育健身的方式，可以沿河有各种不同的景观。这些不同的景观，可以有不同的活动。我们可以有攀岩，有竞赛跑步，有打球，有滑板。我们还会有水上旅游，可以把这些结合起来，而且这种水上旅游可以一直到长江口，这有很大的潜力。对于南京来说，将来会在这个地方形成一个绿带，会像串珍珠一样，串上很多创新的节点。有商务节点，也有各种休闲节点，所以这是一条非常好的绿色项链，上面还有很多

的珍珠。未来的秦淮新河应该是整个南京的活力之源，是可以提供市民休闲、娱乐活动的珍珠项链。

从中央政府对城市建设和整个城市发展的目标来说，我觉得秦淮新河非常契合：其一要做好生态文明建设，秦淮新河完全符合生态文明理念，是保护环境，然后利用环境；其二是以人为中心，在秦淮新河建设中，要以人的休闲、生产、生活的要求为基本前提；再者就是要面向未来，把整个城市变成一个科学的美丽的，能看得见山，望得见水，这么一个有乡愁、有红色记忆的人间仙境。我觉得秦淮新河一定可以做出自己的特殊贡献。

重重艰辛　历历在目

——秦淮新河开挖亲历者访谈札记

◎ 苏润　程明

秦淮新河是20世纪70年代中期开凿的一条人工河，具有防洪、灌溉、航运等综合功能。它从江宁区的河定桥向西，切铁心桥分水岭，经西善桥，穿沙洲圩至双闸镇金胜村入江，全长16.8公里。根据资料记载，当时有20多万大军奋战在治河一线，其中江宁县动员近10万民工，从1975年12月20日开工，到1980年6月5日建成通水，历时近5年。40多年过去了，当时最年轻的治河参与者如今都年逾60。寻访当年的参与者，本以为是件非常不容易的事，结果出乎意料，身边就有参与秦淮新河工程的亲历者：家人、亲戚、邻居、朋友……挑河成为他们最深刻的回忆。当年江宁县农村几乎每个家庭都曾参与过这项宏大的工程，寻访、记录，让历史画卷重新打开。

一、铁姑娘挑河险误嫁期

芮实兰，女，1955年出生。江宁区殷巷人，现居住在殷巷东苑5栋2301室。

芮实兰娘家在殷巷公社成墟大队排塘（音）生产队。家里兄弟姊妹5人，她排行老四。她7岁放牛，没上过学，13岁就在生产队上工，15岁参与殷巷附近小水利工程的挑河任务，15岁就能每天挣得11个工分，是成年男劳动力挣的工分。20岁时，担任生产队农业技术员，且是生产队里不多的女团员。

1979年冬月，秦淮新河工程进入大会战阶段，公社派任务给各个大队，再由大队分配给各生产队。当时成墟大队分配给排塘生产队的民工人数大概是27人。芮实兰回忆，当年生产队出工的对象，首选是单身男劳力，其次是单身女劳力，如果人数不够，再选成家的青壮年，带队的干部除外。芮实兰所在的生产队女青年比较多，当时生产队成立有铁姑娘队，所以这年去秦淮新河参加挑河的单身女劳力大概有6到8人。芮实兰家当年劳动力少，大哥当兵，二哥腿有残疾，大姐出嫁，五妹还小，只有她去挑河。由于人数不够，她父亲也被挑选参加挑河工程。这一年，芮实兰24岁，腊月二十四是她出嫁的日子。

排塘生产队工地在沙洲圩，生产队用拖拉机将参加挑河的社员送到工地现场。20多人

秦淮新河工程大会战场景 1

秦淮新河工地来自江宁县铜井公社洪幕大队的"铁姑娘排"

借住在沙洲圩附近的农民家，女社员住在里屋，地上用稻草铺就，自己带被子，是大通铺。男社员住在堂屋，好几排大通铺，很拥挤。农户家离圩埂工地比较远，走路要半个小时。做饭就用房东家的厨房。早晨五点半吃完早饭，6 点赶到工地。工作量由公社下达，一般一个生产队一段，怎么堆土，怎么算土方，怎么测量，现场都有专门技术人员监督指导。中午饭在工地上吃，吃完继续挖土方。下午要挑到天擦黑，才能收工。

芮实兰最初到工地上也是跟大家一样挑土方，男劳力每天按 12 分算工分，女劳力按 11 分算工分。当时负责烧饭的社员，没有煮大锅饭的经验，连续几天饭煮得夹生，大家很有意见。芮实兰就被调整做炊事员。早晨要起得很早，烧好早饭。中午将烧好的饭菜、汤、开水，用稻箩挑到工地上。生产队隔三五天就用拖拉机送米、油、蔬菜、柴草等到工地上。一般个把星期才能吃点荤菜，平时基本是两个蔬菜一个汤，还有萝卜干、辣条、大头菜、腌菜等小菜。有时候没有做汤的菜，就用酱油、小葱做点神仙汤将就。吃饭不限量，大家因干体力活，每个人饭量特别大。

芮实兰说，每天上工地的社员，到了工地第一件事是把棉衣、帽子、头巾放在圩埂上，只穿两件单衣。几趟泥土挑下来，每个人都是汗流浃背。河道越挖越深，泥土黏湿，每晚回去鞋子、裤子又脏又湿。

这次挑河持续近一个月，到腊月二十三才结束。芮实兰的婚期是腊月二十四。腊月二十三晚回到家，妈妈、嫂子、姐姐妹妹，已经帮她准备好了嫁妆，她差点连待嫁酒都赶不上。她妈妈白天在家急得哭，无法联系她，不知道她什么时候回来，误了婚期可不得了。当时村里的人都对芮实兰竖大拇指，婆家也是殷巷的，知道这是个能干的铁姑娘。在对芮实兰采访时，问及当时为什么不请假提前回来。她说，家里穷，总想多挣点工分，再说自己也是团员，那时候的人集体观念很强，不好意思为自己的事请假。

后来大队在参加挑河的社员中评选先进，芮实兰被大家推选为先进。她至今印象深刻，大队做了一块先进的牌子，钉在她家门头上，发了一条毛巾床围，算是奖品，她非常高兴，家里人也高兴。

芮实兰说，挑河真的辛苦，她在生产队上班，后来又到岔路口手工业社上过班，没有哪份工作的辛苦能比得上挑河。

二、新河历练文化新兵

汪令平，男，1957 年出生。退休前系禄口街道政协工委主任，现居住在禄口集镇。

1976 年 6 月 20 日，汪令平参加工作，是陶吴公社文化站站长。那时文化站只有他一个人，既是兵，又是将。秦淮新河开掘工程从 1975 年开始，每年秋收过后，各地民工陆续上堤。汪令平工作后，作为公社的宣传员，跟随公社水利指挥部上河堤，他的主要任务是写宣传稿件，每天 3 篇。晚上工地收工后，要把当天的宣传稿件送到县水利指挥部。陶吴公社的水利指挥部是租用当地农户的房子，而县水利指挥部就在河堤搭建的工棚里。每天晚上送稿件到县指挥部都要走 6 里多路，风雨无阻。除写稿件外，汪令平还要在公社指挥部里负责宣传板报专栏，专栏主要宣传工地上的好人好事，另外也要将工地上出现的问题反映出来。

汪令平每天早晨都到各个大队的工地上，收集材料。每个公社的工段很长，虽然不是挑河挖泥，但也是非常辛苦。在工地上奔忙，给他印象最深的是每个工段分工标记的"私子埂"，从河堤上望去，"私子埂"蔚为壮观，但也是最危险的存在。所谓"私子埂"，就是每个工段的划分界限，大家按指挥部分工的顶端地方开工，土方越挖越深，自然就留下了埂墙，高处可达2米多。埂墙失去支撑，加之地面泥土松软，随时会坍塌，造成人员伤亡。这也是各公社宣传员在走访宣传中常常反映的问题。

汪令平清晰地记得，当时江宁县水利指挥部有3篇著名稿件：一是防"溏心蛋"，二是"撕狗皮膏药"，三是推"私子埂""。这3篇都是写如何消除工地安全隐患的稿件，来源于基层宣传员的现场调查。

汪令平回忆，他自己写过的报道中，印象比较深刻的是宣传陶吴公社钟村大队民工胡平宏。胡平宏力气大也肯干，在工地上表现特别突出。一般民工挑土都用秧箕。秧箕轻巧，装土不多，适合长时间劳作。胡平宏却带着一副大箩筐来工地干活，1趟抵别人2趟。汪令平以《一副大箩筐》为题，采写了稿件，在工地的广播里播诵。后来，大家伙就戏称胡平宏为"大箩筐"。

汪令平说，当时工地上民工非常多，西善桥、铁心桥一带的很多妇女到工地上给民工补袜子、补衣服，赚点钱。他记得自己的一双丝袜破了，找到一个补袜的妇女织补，补好了一

秦淮新河工程大会战场景2

只先拿回来，还有一只没补好。第二天这个妇女换了个织补点，他非常着急，问了很多人，在工地的另一头找到这人，就怕袜子给她拿跑。那时候物资匮乏，一双破洞的袜子也是金贵。

工地上生活艰苦，每天干活都是汗流浃背，稍微讲究的民工就会到铁心桥找个澡堂子洗把澡。汪令平偶尔也去铁心桥澡堂子。他说，澡堂子的大浴池人多，身上都很脏，最后水成了泥巴浆子水，脏得不得了，但没办法，去洗澡的民工只能自嘲：人脏水，水不糟脏人。

1954 年的江宁农业社六郎水利工地

汪令平回忆道，当时陶吴民工团的领队名字叫张超，只要有水利工程，都是他带队，大家给他取了个外号"老河尚"。当年陶吴公社水利站站长陈传树，在工地上负责测量、划片、分工。那时候上级一下达新的任务，陈站长就会到工地上用测绘仪进行测绘、分配。民工就编了个顺口溜：小老头，尺子一靠、镜子一照，我们一夜睡不着觉（陶吴音读 gao）。

每个公社的水利指挥部，都下设很多小组，一般有工程、宣传、治安、后勤、医疗等，每个小组工作任务都很多。工地人员多，又是来自全县各地，相互间难免会有矛盾。治安组一般由各公社派出所与武装部的人员负责。汪令平回忆说，有时候为分界线，工地上两拨人员会有矛盾，起哄时就用泥巴团子相互砸，这时候治安组必须出面解决纠纷。

汪令平从开始工作就进入水利建设的一线写稿子，高强度、高速度的工作要求，让他得到了很好的锻炼。同时，在工地接触到最基层的民工，采访过程中深入了解到农民的思想状况，让他了解到基层工作的复杂。他之后从文化站调到公社当秘书，再走向领导岗位，这段工作经历为他打下了做群众工作的基础，对他影响非常大。

三、挑河工地的农先集体

程学保，男，1945 年出生。曾任陶吴甘村大队书记。现居住在横溪街道石塘人家社区。

程学保，1978 年入党。1970 年代担任陶吴公社甘村大队石东、石西两个生产队的会计，后担任石东生产队队长、甘村大队书记。他印象中 1970 年代到 1980 年代初，挑河、挑水库是每年农闲时的既定工作。1976 年到 1979 年，基本是在秦淮新河工地挑河。在秦淮新河挑河时，他就担任石东生产队队长了，都是他领着本队社员参加新河会战。

程学保回忆，挑河摊派土方工作量，各个大队或生产队领到公社的任务后，各有各的做法。当时派土方任务，按生产队大小分配，一般有几百个立方。石东生产队算比较大的基层生产队，领的任务多，生产队派到工地上有 40 多个劳动力，女劳动力约占三分之一。生产队按在队里的工分算每天的出勤工作量：男劳力 12 分一天，即 1.2 个工，女劳力 10 分一天，即 1 个工。生产队长按大队分配来的土方量分工，采取自由组合的办法，一般 3 个人一个组。劳动力在组合过程中，会出现强强联合的状况，弱劳力没有人要。此时生产队长就要合理搭配劳动力，以保证按时完成工作量。程学保回忆道，当时生产队的"小银子"，虽然是个女的，但她肯出力、能干活，每个组都抢着要她。

石东生产队每年挑河的地点基本都是在铁心桥周边。程学保说，他们当时是住在工地附近农户家，男女各一间屋，地面铺稻草，自己带被子。石东队的人基本是 2 个人睡一个被窝，1 个带盖被，1 个带垫被，这样既能御寒，又节省被子。晚上地铺人挨着人，翻身都很困难，民工还流传一个顺口溜："睡觉弯套弯，翻身喊一二三。"程学保回忆道，当年一道挑河的同伴严福兴，躺在睡床上喜欢给大家讲古论今，说故事，经常讲着讲着就没下文了，同伴们还在追根呢，他已经呼声震天了。

早晨 5 点多起床，吃完早饭就上河堤，住宿地离工地较远，一般要走 30 分钟。工地上的土方工作量也是不断变化，离河堤近时，土方量定的就多。随着河埂越来越高，离河堤越来越远，土方量就会相应减少点，因为要爬坡。石东队当时分的土方量大概是每人每天 1 立方土。生产队记分员记土方，方坑挑完了，程学保与另一名社员收方。为了防止偷工减料、工作量扯皮，负责收方的人要在工地上放记号，记号有时用纸、用棍子，有时会用豆子之类的做。工作量分配上也会有差异，有的地方泥土松好挖，有的地方土硬，有碎石，不好挖，这时需要生产队长协调工作量。

秦淮新河工程授奖大会

程学保介绍说，"私子埂"作为工作量的分界线最容易扯皮，大家都怕多承担工作量，但也有大度不怕吃亏的生产队。程学保说，当时陶吴公社的西章大队，就把"私子埂"挖成私子沟，自己出力方便大家，受到挑河民工的赞扬。除了"私子埂"的危险外，工地上还有其他一些意想不到的安全隐患，以及民工的突发状况。程学保记忆最深的有两件事，一是甘村大队渣塘生产队的方真荣肚子疼，他本人以为是受凉胃疼，其实是急性肠梗阻，幸亏工地上的医疗队及时将他转到大医院，脱离了生命危险，但最后还是切掉了一大截肠子。二是有一段老河道裁弯取直，用一万多方土回填，土堆得很高。一些民工站在土堆上操

秦淮新河工程大会战场景 3

作，因老河道下陷，一万多方土迅速坍塌，一个民工还在土堆上面，场面惊心动魄。还算好，那名民工从土堆上滑下来了，有惊无险。

　　程学保担任石东生产队队长时，生产队的农业、副业在全公社名列前茅。队里有 2 台拖拉机，农闲时，接运土方、石方业务，还组织社员去附近的矿山、林场挑土方搞建设，生产队集体积累比一般队高很多，所以生产队的工分分值很高。他还规定，参加挑河社员拿的工分比在生产队高，比如男劳力在生产队最高工是 1 个工，挑河能拿 1.2 个工，社员积极性调动起来了，大家都乐意去挑河挣工分。当时一般生产队一个工在 3 角到 4 角，低的只有 1 角。那时有句形容工分低的顺口溜："一包烽火，两个糖果。""烽火"香烟当时大概是 0.24 元一包。石东生产队的一个工，分值高达 1 元，甚至更高。生产队积累好，挑河的社员伙食也比一般生产队好很多。程学保说，石东生产队的挑河劳动，社员们很踊跃，任务完成得好，经常受到表扬。

上
篇

四、弱肩知青亦承重担

钟道燕，女，1957年出生，江宁区财政局退休公务员，现住通淮街111号高尔夫西花园。

1976年，19岁的钟道燕在江宁县陶吴中学高中毕业，1977年冬天参加挑河。钟道燕家是三年困难时期的下放户，从东山镇下放到老家江宁县陶吴公社钟村大队钟西生产队。高中毕业后的钟道燕自然就成了一名回乡知青。她家里有6口人，父母、2个哥哥、1个姐姐。1977年的挑河任务下达后，生产队安排劳动力是以家中人口作为基数，像他们家至少要4个人挑河。女的年龄50岁以下，男的年龄55岁以下，孩子满18岁，都是挑选的对象。当时基层生产队计划生育工作是个难点，每年的水利建设项目摊派劳动力也是个难点，所以基层干部流传一句话："一怕肚子高，二怕扛大锹。"各个基层生产队分配任务各有办法。钟道燕虽然最小，但那年姐姐要出嫁，不能参加，妈妈没有干过重活，也无法参加，所以挑河任务就由父亲、2个哥哥和她承担。父亲在工地上做会计，大哥挑土方，二哥负责排水，她自己也要挑土方。

钟道燕回忆道，当时队里参加挑河的社员有30多人，女劳力有6人。挑河地点在铁心桥。大家坐生产队拖拉机前往，说是坐，其实人多，只能站着，人抱着人以保持平衡。钟西生产队租用了当地农户的2间房子，1间做厨房，1间当宿舍。男女共用一间屋子，生产队带了稻草，地面铺稻草，个人自带垫被、盖被。大通铺，用一根木头分隔男女睡眠区。女队员晚上上厕所，至少是两个人一道，晚上不敢喝水，以减少起夜的次数。

钟道燕记忆最深刻的是吃饭问题。她吃饭比较慢，每天早晨要比别人早起半个小时，即使这样还是吃不过其他人。虽然米饭是管够，但并不是按每人的定量分发，还是吃大锅饭，吃多吃少看各人的速度。钟道燕盛饭时会用饭勺使劲捺实，但因为速度慢，吃到最后，米饭

秦淮新河工地现场1

都冰冷，尤其在河堤上吃饭，天寒地冻，最后米饭都结冰。有时吃着吃着泪水就流下来了。因为吃不好饭，又是重体力劳动，挑河回来，人瘦得皮包骨头。原本 90 多斤的体重，瘦到 70 斤。

钟西生产队当时规定，每个参加挑河成员 10 天左右可以休息一天。但钟道燕不敢休息，一是因为回去休息，再回头劳动，人会一时不适应。二是土方每深挖 1 米，堤埂就会长高 3 米，坡高路陡反而适应不了。她基本是穿着袜子挑土，虽然队里是总包干，没有单独分给她硬性土方量，但她不敢偷懒，拼尽体力。每晚回去都不能用热水洗脚，只能用温水，脚上全是血口子。因为体力小，她拿的工分也少，别人 10 分，她只能得 5 分。

钟道燕回忆，她那年挑河，正是甲肝大流行。钟西生产队有七八个男劳力得了甲肝，同去的女民工也有 4 人传染了甲肝。一是人的体力消耗大，营养差，扛不住，容易被病毒入侵。二是民工卫生习惯很差，互相之间乱用毛巾。钟道燕因平时生活习惯好，只要天晴有太阳，她总会将被子、毛巾拿到室外晒，吃饭前习惯用开水烫一下碗筷，虽然她体单力薄，很幸运扛过了这轮甲肝传染。

钟道燕高中毕业后，一直准备着参加高考，虽然几次落榜，但经历了挑河工地的磨砺之后，她觉得自己在农村无法适应这种体力劳动，一定要改变自己的命运。1978 年初，陶吴雷管厂的知青会计上调回城，钟道燕就到了雷管厂做出纳会计，对这份工作她十分珍惜。虽然是出纳会计，但每次县、乡两级财税学习班，她十分认真刻苦，考试成绩都名列前茅。1981 年，县财政局面向社会招聘，钟道燕为了这次考试，拼尽全力。采访中她说，想想挑河的苦，看书复习这都不能算苦。她找省财政厅的老乡，帮忙找专业书；找老会计帮助出试卷让她做题目，15 天几乎没睡过好觉，她做了 63 张试卷。最后她以年龄最小、会计阅历最浅、全县第六名的成绩被县财政局录取为正式干部。

钟道燕说，挑河的经历她一辈子忘不了，也正是那段经历，磨砺了自己的意志力，特别珍惜通过自己奋斗而来的工作岗位，也找到了自己存在的价值。更巧合的是，她工作的单位，就在秦淮新河边，每天午休时都能到河边散步。现在的河堤花开四季、步步美景，回想起治河的历史里，也曾留下自己单薄的身影，钟道燕的心底会泛起苦尽甘来的甜蜜。

五、工地舞台气冲霄汉

周维林，男，1955 年出生。江宁区博物馆原馆长，现退休，居住在江宁区东山街道东新北路 188 号紫峰公馆

1972 年底，高中毕业的周维林被选拔到江宁县京剧团。当年能够去京剧团唱戏，是很

秦淮新河切岭工程开工典礼 1

多男女青少年的梦想。从 1976 年起，县京剧团连续几年都参加了秦淮新河的挑河任务。

周维林回忆道，当时挑河工程，是一项大的政治任务，每个公社、单位都要出人出力，县委县政府机关也不例外，剧团当时被列入机关范围。京剧团那时有 60 多人，以 20 到 30 多岁的年轻人居多，县委县政府机关领到任务后，下达给剧团的工作量很大，每次约需 30 到 40 人参加。剧团不仅要挑河，还要在工地上宣传鼓劲。剧团与各级基层公社挑河任务不同：第一，没有硬性的土方指标；第二，早出晚归，不住在工地上；第三，不影响团员的正常排练；第四，每天需要准备宣传节目。

虽然没有硬性的土方任务，但一般的男青年每担土还是要挑到 100 多斤，女青年负责装土，男青年负责挑土，没有一个人敢偷懒，干活的热情很高涨。周维林说，挑河工地场面宏大，人山人海，非常震撼。大家从来没有见识过这种大场面，在现场氛围的烘托下，剧团年轻人干活的劲头十足。他记得，大家挑土往堤上爬坡要有 100 多米，人多，各人速度也不一样。开始大家动作不一致，前后的秧箕总会碰擦，后来看到干活娴熟的民工担子都是挑一边，换肩也是一道换，剧团的年轻人很快也就学会了。

1976 年有挑河任务时，周维林等进剧团时间不长的年轻人练功任务也很重。他记得当时剧团请了苏州的杨老师，专门教新学员基础的形体训练。训练非常辛苦，每天早晨 5 点到练功房"耗腿"，像周维林这样 20 岁左右才进剧团的青年，身体客观条件受限，老师常常用铁砣挂在腿上压腿。像正腿、侧腿、飞腿、偏腿、虎跳等基本动作，每组至少要做 100 次以上。训练到 7 点半结束，然后上工地劳动。

剧团按照上级要求，要准备一些宣传节目。民工中途歇盼的时候，剧团演员就在工地上唱上一两段。有时候时间紧，就在工地上做一些"吊猫""窜猫""虎跳"等基本功给民工看，也会带乐器在现场演奏。演出结束，继续挑土。

周维林回忆，有一次剧团一位省戏校毕业吹小圆号的同事，听说第二天要在工地上演出《智取威虎山》杨子荣的那段经典唱段《迎来春色换人间》，这个唱段的前奏是小圆号独奏，也算是小圆号的表演。这位同事头天晚上非常兴奋，把小圆号擦拭干净放入袋中，准备次日一鸣惊人。第二天到工地准备表演时，怎么也找不到小圆号的号嘴子，无法表演，被带队领导狠狠批评了一顿。这件"小圆号丢嘴子"事件一直被剧团同事当作开心的笑谈，传了很多年。

秦淮新河切岭工程开工典礼 2

周维林是江宁汤山人，挑河过程中，老家的小伙伴会结伴到剧团看他。那时候生活条件差，连开水都没有，大家就是干聊天。小伙伴们十分羡慕剧团的人，看他们在工地现场表演的翻跟头、虎跳等武功敬佩得不得了，他们以为剧团青年人出去打架肯定厉害。小伙伴们告知周维林，在挑河工地还是很开心，因为粮食可以不限量地吃。当时他们村的规定是，分派任务不来的生产队社员，要用粮食抵。让周维林吃惊的是，这些小伙伴每天的定量是 6 斤米饭，早晨 2 斤饭、中午 2 斤半饭、晚上 1 斤半饭。而他自己当时的粮食定量是每天 1 斤 2 两到 1 斤半。

周维林说，当时在河堤上的劳动，剧团领导还给每个年轻演员布置任务，让他们体验生活，写剧本。他说，虽然记不得写了什么，但当时的劳动现场确实是演员最好的生活体验场。那种宏大的场面、民工劳动的劲头、劳动的姿态，还有现场的劳动号子、硪歌等，后来都不经意间揉到舞台表演、舞台布景设计、音乐创作、身段设计等方面。

周维林 1991 年从剧团转业到了江宁县博物馆工作。江宁县博物馆办公楼就在秦淮河的外港河边，这也是当时他们剧团参加挑河的工地之一。外港河那些年一遇大水，河堤渗水严重，临近的金箔路经常被淹。因为参加过挑河，他很清楚当时河堤的弊端所在，当时外港河里泥沙、石头多，挑上来的都是砂石，堆在河堤上，肯定会渗水。江宁当初有 10 万大军战斗在秦淮新河工地上，治理外港新河大堤的工程技术人员也大都参加过当年的会战。1990 年代外港河治理时，他们采用最传统的办法，用糯米浆灌注堵漏，成效显著。

江宁博物馆后来的新馆，依然建在秦淮河的外港河边。周维林站在窗前就能看到当年自己战斗过的河堤，峥嵘岁月再回首，苦与累烟消云散，留下的是最美好的青春回忆。他说，在剧团当演员是演绎生活，而博物馆是保留历史记忆。秦淮新河挖掘，是我们这代人曾经热烈的生活，最终又成为珍贵的历史，而他有幸亲历，又有幸参与讲述记录。

六、重疾突发，何以为托

方玉香，女，73 岁，现居住在横溪街道甘泉湖社区渣塘村。

对方玉香的寻访纯属偶然，我们真正要寻找的是她大哥方真荣。方真荣当年挑河突发肠梗阻疾病，命悬一线，在当地家喻户晓。时隔 40 多年，当年的记忆逐渐模糊，费尽周折打听到方家人，得知方真荣已去世多年。偶遇他的大妹妹方玉香，方玉香比大哥方真荣小 2 岁，当年发生的事她基本记得。

方真荣一家当年居住在陶吴公社甘村大队渣塘生产队，他们方姓一大家族，住在渣塘村的南边山脚下，村里人习惯称他们的聚居地为"方各"（"各"是家的意思）。方玉香记不得具体是哪一年，大哥方真荣腊月二十六结婚，过完年就去挑河。当地农村有个习俗，新人结婚一个月不能空房，即小两口不能分开，俗称满月。渣塘生产队按上级要求抽调社员挑秦淮新河，渣塘生产队队长陈以发（音）当时并没有安排方家的人去河上劳动，也是考虑到农村婚俗。方真荣兄弟姊妹 6 个，他是老大，老二是妹妹方玉香，三弟弟有残疾，下面几个弟弟更小。后来生产队人手实在不够，队长就与方真荣父亲方崇修协商，看看能不能让方真荣去挑河。当时方家的成分是富农，队长既然指派了任务，方崇修也不敢回绝，他也认为新社会，不讲究老规矩了，就同意让大儿子去挑河。

方玉香回忆道，当时渣塘生产队的副队长刘子富（音）是生产队挑河的领队。一天，刘队长与方真荣一道劳动，发现方真荣的脸色不对，就很关心地问他哪里不舒服，方真荣说自己肚子有点痛。刘队长就让方真荣回宿舍休息。第二天早晨，刘队长问方真荣感觉好些没有，方真荣觉得疼痛感有缓解，就是不想吃东西，他向队长请求，不能挑土，就让他铲土。到了工地上，方真荣就替同伴们铲土，干了没多久，方真荣体力不支，脸色发白。刘队长赶紧一边召集社员照看方真荣，一边向工地的医疗队求助。医疗队赶到后，发现方真荣的情况比较严重，怀疑是肠梗阻，工地的医疗队无法解决，需要到正规医院治疗抢救。民工们向附近村民借了竹床，将方真荣抬到附近的梅山铁矿医院。

具体抢救的细节，方玉香也记不清楚了，知道后来从梅山医院转到了鼓楼医院。她哥哥的情况很严重。当时交通与通讯都落后，工地上发了电报到甘村大队，大队将电报交给了方真荣的父亲方崇修。父母接到电报非常着急，以为这次大儿子凶多吉少，方崇修赶到了鼓楼医院。驻秦淮新河工程指挥部的市里领导也知道了这个情况，方玉香回忆道，当时市里有个方领导，不知道是市长还是副市长，专门下了指示，要求鼓楼医院不惜一切代价抢救民工兄弟。方家人知道这个消息非常感动。因为领导也姓方，所以方玉香记得比较清楚。

经过医院的全力抢救，方真荣脱离了生命危险。方玉香回忆，她哥哥的肠子被切了只剩下一尺，腹部留了个切口排便。由于方玉香没上过学，她对哥哥病情的描述可能不是很准确，但方真荣突发的肠梗阻十分严重，他在鼓楼医院住了4年进行治疗康复，方崇修也在鼓楼医院陪了4年。期间，方玉香多次去医院探望、照料哥哥，这些，她都记得很清楚。当时农村也没有什么经济补偿的政策，大队对方家父子采用靠工的办法进行补助，即每天按在生产队上班的工分计算父子两人的工酬，一直持续到出院。

秦淮新河工地现场 2

出院后，方真荣得到了集体及乡亲邻里的帮助。当时甘村大队成立了一个织毯厂，考虑到方真荣丧失了田间劳动能力，就安排他去织毯厂做一些轻巧的活。但他不能久坐，无法完成工作。后来邻村长库村的一位乡亲成立了一个砂厂，让方真荣去记记账，做了一段时间，还是因为伤口的原因，不能胜任工作。方真荣因为这场大病彻底丧失了劳动能力。

方玉香说，当时大哥住院时，大嫂也年轻，大嫂娘家顾忌到方真荣的病情严重，怕有不测，把大嫂接回了娘家。甘村大队的领导班子了解到这个情况后，大队妇女主任毕秀英想了办法，找到她娘家的大队负责人，动员方真荣的爱人回到方家。集体生产时，农田的活，生产队不安排他，后来联产承包后，家里的田地耕种就成了问题。好在方家兄弟姊妹多，农忙时，兄弟姊妹亲戚先帮方真荣家把农活做好，免得他操心着急。父母在世时，也是帮着他多点。在鼓楼医院的4年里，医生、护士对方真荣照顾得非常细致，为了让他多活动恢复机能，医生、护士让他在病区为各个病房病人订餐，既锻炼了机体，又能让他分散注意力，缓解病痛。方崇修有竹编手艺，是大队有名的竹匠。在鼓楼医院照顾儿子时，他感受到医院医生对他儿子的关心，回家后扳凉床、打凉席送给医护人员。

当时方真荣父母非常担心儿子后续生活问题，经常问医生儿子能否生育，医生非常肯定地说，这个病不影响生育，家里人以为是医生的安慰。后来，方真荣夫妇生育了一子一女，方家一大家子非常高兴，总算是不幸中还留下了未来生活的希望。方玉香告诉我们，大哥得了这么严重的疾病，如果不是工地村民及时报告，各级政府关心，第一时间抢救，后续康复跟上，如果是在家中发生这样的事，大哥肯定就没了。

方真荣当年的遭遇，成为十里八村那一代人的集体记忆，他们说到挑河，就能想起他。方真荣已去世多年，他当年劳动过的秦淮新河两岸，风景秀美，河水安澜，新河不光汇聚了人们的汗水，更有人为之付出了健康的代价。

七、医者仁心守护大堤

黄正龙，1940 年出生，江宁区陶吴卫生服务中心退休医生，现居住在江宁区东山镇新亭路天元城小区。

黄正龙医生，镇江人，老镇江医专毕业的专业人才，1963 年参加工作。黄医生工作以来，在江宁很多医疗单位工作过，毕业后的第一站是防疫站，参加了 1960 年代最著名的防疫战疫——消灭血吸虫病，在长江边查螺灭螺。后来又在营房卫生院、东善桥卫生院、陶吴卫生院等医疗机构工作。他对自己参加挑河工地服务时间记得很清楚，是周总理逝世那年。1976年，他被抽调到秦淮新河工地服务时，他的工作单位是东善桥卫生院。

当时东善桥公社由公社副书记余福庆带队，租用了大定坊一农户家，作为秦淮新河东善桥公社指挥部。指挥部里有很多部门：后勤、财务、宣传、医疗、水利技术等。东善桥卫生院那年抽调了 3 名医生参加：黄正龙（内科）、周传文（外科）、胡宗仪（女，护理），医疗配置齐全。黄正龙作为工作十几年的老内科医生参加指挥部的医疗保障，可以看出，当地政府对这项水利重点工程的重视。

医疗队 3 人，当时是乘坐公交车前往工地的。东善桥集镇离大定坊不远，且都在宁丹公路沿线上，交通比较便利。东善桥当时有 20 多个大队，河堤上的民工人数很多。黄医生回忆，当时工作量很大，白天要到工地巡诊，各大队生产队住宿地经常有发烧感冒的民工，晚上还要到各个工棚送医送药。工地除了挑土挖土的纯手工劳作外，为了提高劳动效率，还自制了半机械半人工的拖机，就是将板车装到有滚轴的机械上，从河底将土输送到河堤，卸土时，板车平衡不好，需要人为扶正，经常会伤及操作的民工。

黄正龙经历了一次很严重的工伤事故。一天，一个民工被送到指挥部的医疗室来。黄医生发现他的头部有异常，头中间没有头发，估计是拖板车的机械惹的祸，整个头皮掀翻了一大块。当时医疗队的3个人合计，必须进行消毒缝合。黄医生的从业资历最深，其他2位医生有些心慌，他安慰2位同事，让他们冷静，先准备缝合器械。他先给民工进行消毒，发现虽然头皮掀翻一大块，但出血量不多，伤口不深，只要消毒到位，应该没大问题。那位外科医生在黄医生的鼓励与协作下，顺利给民工进行了缝合手术。

在工地的几个月，民工的腰部扭伤、手腿碰伤比较多，还有就是天气寒冷，干活时要脱棉衣，感冒发烧的人多。但很多民工有点小问题，一般不来医务室。黄医生介绍，那时候人们思想单纯，所谓轻伤不下火线，在施工现场真的就是这样。他记得晚上到工棚给民工送药时，大家在一起非常开心。民工们会苦中作乐，霞辉庙的几个民工，从家里带来桐油熬成胶，在工地边的树上粘麻雀，回到宿舍让炊事员用油炸了吃，改善伙食。

秦淮新河工程结束后，黄正龙医生参加过江宁很多水利建设工程，他深切感受到，水利基础建设对当地农业、人民生活的重要作用。他感叹道，过去的建设，可谓是前人栽树后人乘凉。采访时，黄医生的女儿也在场，她说如果不是这次采访，她都不知道秦淮新河是人工挖出来的河，也不知道她父亲是当年的亲历者。她更希望秦淮新河历史档案整理好后，能给她一本，让更多人了解当年的壮举。

八、虹桥卧波明珠接江

陶洪才，男，1952年出生，现为南京润盛建设集团董事长

秦淮新河当年的工程设计，需要建造10座桥梁，其中公路桥3座、铁路桥和矿山用桥各1座、农用桥5座。5座农用桥中有3座是当年江宁县土桥建筑队承建的，陶洪才就是当年这3座桥的工程技术员，他亲历了曹村桥、麻田桥、格子桥的诞生。

陶洪才回忆道，秦淮新河开挖之前，要首先完成桥梁建设。当时新河建设指挥部将10座桥分别交给江苏省水总一队、上海铁路局南京工程段、江宁县土桥建筑队、六合县桥队承建，要求在1979年全部建好。土桥建筑队1977年首先开工建设曹村桥，建筑队组织了80多人，吃住在施工现场。工棚用芦席搭建，也称芦席棚子，漏雨漏风，工人吃饭简单，每人蒸一饭盒饭，吃大白菜、萝卜干、神仙酱油汤，偶尔改善下伙食。生活的艰苦，建筑工人尚能克服，建桥过程中的技术难题，则困扰、考验着建筑队。曹村桥是双曲孔桥，打桩要打灌注桩，深度要求达到20—30米。当时整个建筑市场都没有相应的机械设备，技术人员只能

麻田桥旧影

要求工人用最原始的办法打桩，如人工推磨一样，一点一点往下打，效率极其低下。

陶洪才说，如果一直用这种原始的办法建桥，无法在规定的时间内完成工作量，必须要想办法。他们就自己画图纸、计算，设计打桩机、吊桩设备，以及建桥过程中需要的其他设备。为此，土桥建筑队当时组建了建筑机械设备专业团队，边干边学边改进。曹村桥建好后，土桥建筑队研发设计的造桥机械设备在建麻田桥、格子桥时派上了用场。麻田桥也是双曲孔桥，因为有了曹村桥的建造经验，又有了新的建筑机械打桩机、吊装机等，麻田桥的建造比曹村桥建造速度快很多，这也是当年江宁地区造桥史上的突破。

陶董事长介绍，这3座农桥，建造难度最大的是格子桥。秦淮新河工程从江宁的河定桥开始，往西直至雨花台区双闸金胜村入江口，共10座桥，格子桥是最后一座。新河开挖到入江口，河面逐渐宽阔，格子桥的长度是这几座桥中最长的，近300米。格子桥属于梁式桥结构，土桥建筑队从1966年成立以来，梁式桥的建造都是小跨度的，而格子桥单孔跨径达到32米，对陶洪才他们来说，是一个挑战，也是一次技术飞跃。作为桥梁技术人员，只有初中学历的他，在格子桥的建造中，也让自己得

格子桥旧影2

到了一次飞跃。桥的预应力问题、回弹问题、主梁承重问题等很多专业难题，如果不能百分之百处理好，就不能施工。他找到省建筑设计院专家、南京市政设计研究院专家、南京工学院建筑系专家邵教授等虚心请教，共同研讨，反复论证，出现一个问题解决一个问题，一次次修改设计图纸。他不知道熬了多少夜晚，计算了多少数据。最后的图纸出来后，他在自己家的打谷场，将图纸放样、制模，当时建筑队的负责人都为他捏把汗，预制做好后，到了现场无缝对接，那个场面至今难忘。

陶洪才印象深刻的是，为了建格子桥，土桥建筑队当时花了大价钱，5万元购置了一台日本进口的经纬仪。这台经纬仪能下到水下测量，方位坐标精确。经纬仪就由陶洪才一人保管，一人使用。他宝贝一样对待这部高档仪器。一次，仪征有单位要借用这台仪器，他从格子桥工地坐车到仪征，对方派人来接他，接的人骑了一辆自行车。陶洪才一看是自行车，没敢上车，怕自行车颠簸摔坏了仪器，自己硬是步行十几里赶到对方工地。

陶洪才回忆，当时在建造3座桥时,80多名工人日夜奋战，大家非常辛苦。建格子桥时，有2名工友负伤比较严重，后来还落下了小残疾。不过，土桥建筑队工人的薪资在当时是让人羡慕的，工人每月能拿到30多元的工资。陶洪才自己是主要技术人员，按5级技工待遇拿工资，建曹村桥时，他就能领到100多元的工资了。工人除了工资外，那时还有额外奖励，虽然大家在工地上十分辛苦，但干劲十足。

经过2年多的苦干，土桥建筑队胜利完成秦淮新河三座农桥的建设，受到了省、市有关部门表彰。1980年12月，江苏省秦淮新河工程指挥部在《江苏省秦淮新河工作总结》中，对江宁县土桥建筑队的工作给予充分肯定，高度评价。

陶洪才说，土桥建筑队成立时间早，1966年成立，当时叫建筑站，乡办企业。他是1969年进入建筑队的，从一个初中生成长为建桥专家，是土桥建桥的第三代传人。他说，土桥建筑队第一代传人潘老先生是窦村的老石匠。坐落在青龙山麓的窦村是南京地区有名的石匠村，南京保存最好的明代古桥七桥瓮，就是窦村石匠的杰作。窦村石匠造桥技艺代代相传，土桥建筑队就是窦村造桥技艺的传承。土桥建筑队称得上是江宁建桥路政的黄埔军校，培养了大批专业人才。他现在所在的南京润盛建设集团有限公司，前身就是江宁土桥建筑队，经过改制、重组而来。公司自创建以来，先后承建各类桥梁300余座，道路近万公里。但最让他难忘的还是秦淮新河的3座桥，是这3座桥，让土桥建筑队完成了自身的飞跃，也完成了从传统桥梁建造到现代化桥梁建造的过渡，同时更让他自己迅速成长，学习新知识，掌握新技术，成为江宁这一领域的带头人。

在采访陶洪才董事长的前夕，我特地寻访了这3座桥：曹村桥、格子桥仍横跨秦淮新河两岸，麻田桥被将军路大桥替代。曹村桥北面，明外郭—秦淮新河百里风光带繁花似锦，游人如织，巨大的泰山石阴刻"烟笼秦淮"几个大字正对着曹村桥桥头。格子桥是当时秦淮河入江的最后一座桥，现在格子桥边又架起了2座现代化的跨河大桥岱山路桥和中兴路桥，格子桥北岸是滨河公园，滨河公园风光带一直延伸到秦淮新河的入江口——滨江鱼嘴公园。我把拍的照片给陶洪才董事长看，他很激动，似乎回到当年。我们都有一个共同心愿，就是希望尽量保存这2座老桥，它当年连通了秦淮新河两岸的通衢，见证了秦淮新河开掘的宏大场面，现在或以后，它将承载着更多的历史记忆。

九、新河波起青春祭歌

侯光英，女，1941年出生，江宁区东善桥林场退休妇女主任，现居住在东善桥林场康和欣居小区17栋402室。

对侯光英的寻访不属于计划内，只是缘于一次朋友间的聚会。我们聊起秦淮新河的挑河往事，在座的侯光英阿姨感慨万千，她回忆起自己爱人的小弟弟、她的小叔子将年轻的生命定格在24岁、定格在秦淮新河上的悲伤往事。

1977年6月24日夜，一阵急促的敲门声将侯光英一家从睡梦中惊醒。敲门的是谷里公社梁塘大队书记、梁塘大队大泉村三队队长等人，他们告知侯光英，她的小叔子尹邦和在西善桥挑河工地出事了。此刻离天亮还有些时候，侯光英请来人稍微休息下，等天亮再出发。此刻，侯光英心里清楚，弟弟尹邦和很可能凶多吉少了。

侯光英爱人家是谷里公社梁塘大队大泉村人，家中兄妹4人。尹邦和，1954年出生，在家是老小，上面有2个哥哥、1个姐姐。当时谷里公社梁塘大队大泉村的工地现场在西善桥。侯光英说，小叔子当时在工地现场是做什么样的工作，干了多长时间，没有多少人记得了。年轻生命的瞬间消失，当年的同伴或村里人都不太愿意提及，家里人更不愿提及，这是个痛苦的集体记忆。

侯光英回忆，小叔子在工地现场是被电死的。工地上当时用自制的土卷扬机拖石料，尹邦和负责卷扬机的开关及运输，因卷扬机漏电，被电击而死。我也查阅了当年的一些历史资料。有关资料记载，在秦淮新河西线工程中，新河要贯穿韩府山大小4个海拔30米左右的山头，穿越长度为2.9公里。从1975年12月20日破土动工，至1979年11月正式竣工，这段工程被称之为切岭。在切岭段工程的4年中，有7人牺牲，300多人受伤。年轻的尹邦和是否就是这7人之一？现在考证其实也无必要，他将年轻的生命定格在秦淮新河了。

侯光英当年是东善桥林场的妇女主任，办事有能力有主张，又是家中长嫂，所以大队及生产队负责人，第一时间将噩耗先告知她。但大队负责人在她家中一直没说出尹邦和已经离世的消息，只告诉她出事了，还很严重。她当时分析小叔子人应该没有了，那天早晨还没到

6点，她与来人乘车去了五台山殡仪馆。她记得当时车子还在五台山边转悠了好几圈，带队的人难以启齿直接说出噩耗。她对大队负责人说，就不要转悠了，我猜到他人肯定不在了，总是要处理的。在殡仪馆，她见了小叔子最后一面，尹邦和的双手被电击变形发黑，她强忍着悲伤，处理尹邦和的后事。殡仪馆遗体告别后火化，尹邦和的骨灰由大队派来的车子接回老家。在大队部，谷里公社牵头为尹邦和举行了追悼会，大队、生产队里的干部，村上的同伴、社员、家人参加了追悼会。侯光英的大儿子侯明生，只比小叔叔尹邦和小4岁，平时叔侄俩关系最好。尹邦和出殡这天，侯明生捧着骨灰盒，哭得死去活来，在场的所有人无不潸然泪下。

侯光英说，现在已记不清当时政府是按什么给尹邦和定论的，但她记得当时政府给家里的抚恤金是1000元人民币。她说那时候的人思想单纯，因公殉职觉得是光荣的事。几十年过去了，家中哥哥姐姐时时刻刻都怀念这个最小的弟弟。尹邦和，一个永远年轻的名字，与秦淮新河碧波同在。

"屈曲秦淮济万家"，这是自古以来人们对秦淮河的治理理想。直至20世纪80年代初，16.8公里的秦淮新河开掘成功，终让聚居在秦淮河两岸的民众安居乐业。9位亲历者，只是江宁10万治河大军洪流中的几朵浪花，却让我们看到了一代人的理想与奋斗。谨以此篇致敬每一位秦淮新河开凿的参与者！

上
篇

沿溯一河凿千古　汗青彪炳秦淮新

——秦淮新河踏察记

◎ 韩颖　李佳璇

　　源于句容、溧水，汇聚于江宁，一路自西向东蜿蜒而下的秦淮河，如一笔挥洒的娟秀墨迹，带着十里珠帘，带着六朝金粉，缓缓流过古都南京。六朝的十里秦淮，在烟波浩渺中回荡着六朝风雅故气，那时文人荟萃，商贾云集，在这里书写着魏晋风雅；隋唐的十里秦淮，灯火通明下是李白的"礼乐秀群英"，斜阳草树畔是刘禹锡的"旧时王谢堂前燕"，画舫临波处是杜牧的"隔江犹唱后庭花"；明清的十里秦淮，那《桃花扇》戏曲声声中有道不尽的千年沧桑："俺曾见金陵玉殿莺啼晓，秦淮水榭花开早……残山梦最真，旧境丢难掉……"，也有承自六朝的迷离气："一带妆楼临水盖，家家粉影照婵娟。"一梦千年，世事变迁，如今的秦淮依旧是朱自清笔下的桨声灯影，夜幕垂垂地下来时，那黯黯的水波里，依旧逗起缕缕的明漪。

秦淮新河切岭段航拍

河定桥至站东路桥段秦淮新河南岸观景平台

秦淮河，古称龙藏浦，相传秦始皇东巡会稽，过秣陵，看到此地上空有紫气升腾，以为"王气"，于是下令在今天的方山、石碉山一带，凿断连岗，导龙藏浦北入长江，由此开河。唐人根据这一传说，改称秦淮河。传说遥远，今天的古秦淮河哪段是自然形成，哪段又是人工开凿，已不可辨，但在并不遥远的20世纪70年代开凿的秦淮新河，却是真真实实再现了传说中以人工之力凿通秦淮河道入长江的一大壮举。

"衔山抱水建来精，多少工夫筑始成。"时光的帷幔缓缓拉回了到20世纪70年代，由于河身日渐淤塞，且河道年久失修，苍老的秦淮河已经难以支撑起南京快速的发展。每逢汛期，肆虐的洪水如猛兽般涌入两岸，当地百姓的生命和财产安全都受到了严重的威胁。在这危机的情况下，一条全新的河流应运而生——秦淮新河，这是一条集泄洪、抗旱、通航为一体的人工河。全长16.8公里，河面宽130—200米，行洪800立方米/秒的秦淮新河，一路浩浩荡荡从江宁东山镇的河定桥向西经铁心桥、西善桥二镇至双闸金胜村入江。隐藏在这一巨大工程背后的是一串串震撼的数字：工程前后历时近5年，动用20万民力，征用土地1.3万余亩，拆迁居民房屋5200多间，沿河两岸新建涵洞34座，电力排灌站18座……今天的秦淮新河已经平静地流淌了多年，这些数字背后的故事也被尘封于历史，早已鲜为人知。

2023年5月14日和6月2日，作为南京师范大学文博系在读的研究生，在完成前期档案资料搜集整理，以及秦淮新河亲历者口碑采访等工作后，为了能够更深入地接近当年那场

上
篇
：

人定胜天的壮举，重温河道开凿的荣光，我们决定徒步从秦淮新河的起点出发，一路走到秦淮新河的工程终点，一点一点去追寻、感受那段灿烂的记忆。

《庄子·天下》记载大禹治水的故事曾描述："腓无胈，胫无毛，沐甚雨，栉疾风。"秦淮新河开凿之艰险又何尝不是一次大禹般的劳作？遥望雄关漫道真如铁，而今，我们迈步从头越。

站在秦淮新河的起点河定桥向西望去，我们看到眼前的秦淮新河好似一条雄远的天路，蜿蜒伫立在城市之中。踏着坚固的堤坝，我们仿佛感受到当年数万把铁锤共同发出的震颤，听到了数万人在同一片工地上齐心协力发出的劳动号子，一声又一声，高喊出不屈不挠的信念，回荡着金石为开的决心。想起在这次出发前我们探访的那些亲历的老人讲述的故事，那些画面在今天的秦淮新河两岸好像又一次上演。

在今天这个机械化高度普及的年代，人们也许很难想象一场靠人挖肩挑的工程该如何完成。更何况，当年的开河工人在食宿条件极其匮乏的情况下，每天仍要工作长达 10 小时之久。有人病倒，有人受伤，但没有人退缩。今天回想起来，叫人无法不为之动容。

继续往前走，两岸的景观逐渐柳暗花明、赏心悦目，一座座观景台屹立在河边，清透的河水也在沉静地流淌。微风吹拂着，和煦的阳光掠过微微皱起波纹的水面，我们行走在岸上，感受着河水带来的包容与浑厚，今天的风平浪静也无法掩盖昔日的热火朝天。我们想起当年挖河的工人说过，开挖秦淮新河很累、很苦，食荼卧棘，历历苦辛。但他们从来没有后悔过，只因为心中时时刻刻想着，这是造福后世的事业。如此简单且朴素的话语，让我们明白，为

参加踏察的南师大研究生合影

格子桥到入江口段秦淮新河北岸河塔

什么越是艰难，他们越能创造奇迹。"下定决心，不怕牺牲，排除万难，去争取胜利！"望着微波粼粼的河面，一个个挥舞着石锤的厚重背影仿佛又鲜活地出现在我们面前，他们的身躯组成一面飘扬的旗帜，上面映出一句话：你们的名字无人知晓，你们的业绩永世长存。

"万瓦鳞鳞若火龙，日车不动汗珠融。"六月的南京已是盛夏般炎热，我们在烈日中更能体会到当年工人们热血的劳作。一路沿河前进，不知不觉已到达切岭段，这里位于秦淮新河中游，缓缓流淌的河水早已不是当年险峻艰难的模样。

切岭段全长 2.9 公里，海拔接近 30 米。在当时，工人们就已意识到，开挖切岭段是关键一仗，在整个秦淮新河开凿的"攻坚战"中，攻下这个"碉堡"，凿通河道"咽喉"，就能为秦淮新河全线开工铺平道路。在秦淮新河开挖以前，这里大部分地区筚路蓝缕，丛林密布，10 米以下的土层布满岩石，坚硬无比。

三十年河东，三十年河西，今天行走在两岸的我们可能无法想象，1975 年到 1979 年的短短 4 年时间里，这里是如何从山地变为河流，那些层层的荆棘如何变为宽广的大道，沧海桑田的变迁可称之为当代的"愚公移山"。

我们难以忘记，切岭工程这一仗打响后，江宁县 3 万多工人仅用 4 个月便清理完 10 米深的表土，随后，6000 人的专业队伍开始向岩石层开战。开山的工人，一锤接着一锤；挖石的工人，一锹接着一锹；运输的工人，一车接着一车……虎口震碎了，胳膊拉伤了，肩膀磨破了，但没有人因此放弃。不管是烈日当空，还是数九寒冬，工人们依然是一锤锤、一锹锹、一车车前赴后继地英勇奋战。所有的艰难困苦在这些充满希望的劳动者面前，都转化成了巨大的动力。

当我们认真检阅这段往事时发现，真正的秦淮新河精神，并不是简单的自力更生、艰苦奋斗，这背后还蕴含着中国劳动人民求真务实、严谨细致的科学精神。开凿秦淮新河的工人们"勤"且"巧"，为了能够减轻工作负担，加快工程进度，广大民工对劳动工具进行了改进：他们制作了大量的土爬坡机和铁板车，用半机械化取代了人挖肩挑，这不仅提高了工程效率，更为国家节省了经费开支。在物资并不发达的当时，用劳动的智慧书写着高效的奇迹。披荆斩棘，奋斗不息，至 1979 年 11 月，切岭段工程正式竣工。

回望那些日日夜夜，工人们总共完成土方 437.3 万方、石方 231.5 万方。泥泞的土地，坚硬的岩石，就这样化为大川，这些让人震撼的数字之下凝结着无数工人的血汗——因为地势特殊，开挖难度巨大，短短 4 年间发生安全事故死伤者不在少数，甚至是珍贵的生命。一个个鲜活的数字出现在我们面前，岁月仿佛随着河水又回到了历史深处，眼前这条用意志和生命开凿的河流又发出当年的怒吼，这是在告诉我们："为有牺牲多壮志，敢教日月换新天！"

秦淮新河入江口鱼嘴公园

秦淮新河入江口天后大桥

　　"长风破浪会有时，直挂云帆济沧海。"从清晨到黄昏，我们一直走到鱼嘴入江口——秦淮新河的终点。这次踏察我们只用了 2 个日夜，当时工人们一寸一寸开挖的艰辛又是一段怎样的历程？夕阳西下，日落为秦淮新河披上了一层橘色的薄纱，红色的货船开始涌向远处的夕阳，呈现着一如古时"孤帆远影碧空尽"的画面。两岸的树木逐渐隐去，万家灯火依次点亮，秦淮新河的繁盛开阔不同于古秦淮的桨声灯影，更显出一种新时代的磅礴力量。

　　站在鱼嘴，我们回溯历史，自 1975 年开挖至今，秦淮新河为南京人民带来了难以估量的利益。原本千疮百孔的秦淮河终于迎来了新时代焕然一新的整治和新生，若遇洪水，秦淮新河可以进行分洪，干旱时能随时抽引江水。1991 年南京遭遇百年未遇的特大洪涝，秦淮新河发挥了至关重要的分洪效用。除此以外，在秦淮新河河道工程竣工后，河定桥、麻田桥、铁心桥、红庙桥、梅山桥、西善桥、秦淮新河大桥、格子桥等 10 座跨河桥梁陆续建成。一座座雄伟的桥梁跃过河面，万千车辆在其中川流不息，被誉为"十虹竞秀"，被列入"金陵新四十景"，更成为南京运输网络中不可分割的一部分。这些桥梁因秦淮新河的诞生而得以腾飞，一同腾飞的还有南京的城市经济与人们的生活。

　　"千古兴亡多少事？悠悠，不尽长江滚滚流。"河流，人类文明诞生的源泉，世界上所有伟大的文明都在河流两岸孕育而生。对南京而言，长江尽管拥有一泻千里的气势，但真正孕育南京古代文明的河流，是秦淮河。这条母亲河不仅延续着南京文明的血脉，更见证了千年来的变迁与流转。穿过历史的云烟，当年连绵不断的铁锤声早已消逝，在这个急速发展的世界里，秦淮新河始终在悄无声息地日夜流淌。但无论如何，秦淮新河都是中华民族自强不息、团结奋进的真实写照，它不仅是南京人民的精神财富，更是我们国家和民族的历史记忆。

疾风知劲草，困难显英雄。重新回顾新中国成立的历史，我们曾感动于自力更生、艰苦创业、团结协作、无私奉献的红旗渠精神；我们曾震撼于不怕牺牲、不畏艰险、百折不挠、英勇奋斗的太行精神。但是在今天，我们再次折服于秦淮新河精神。秦淮新河精神不仅有着同红旗渠精神、太行精神相似的艰苦奋斗、百折不挠，也有着新时代被江河水系养育下所迸发出的求真务实、严谨细致。在考察完秦淮新河的全部工程后，我们不由得感慨：秦淮新河中流淌的不仅是南京的发展与未来，更是一种生生不息的中国精神。流淌了千年的秦淮河，水患的侵扰，财产的损失，这一幕幕可叹可惜的悲剧在两岸一直上演。直到新中国成立，在中国共产党的统筹规划下，大量的人力、物力、财力得到有效集中，秦淮河水患才得到根治，两岸人民的幸福生活才有了保障。在这一过程中，如果没有中国劳动人民不惧艰难险阻、不向命运低头的坚韧性格，那么这样浩大的秦淮新河工程就无法如期如愿地完成；如果没有党的坚强领导、励精图治的正确指引，秦淮新河工程这一场攻坚战也无法取得全面胜利。

习近平总书记曾说："对历史最好的继承，就是创造新的历史；对人类文明最大的礼敬，就是创造人类文明新形态。"今天我们提起秦淮河，难忘的依旧是六朝迷离的烟雨、唐人朦胧的诗意、明清繁华的乐曲，但除此之外，我们也不能忘记创造秦淮新历史的秦淮新河，更不能忘记它背后那些值得我们永远铭记的最可爱的人，以及那些人身上闪耀的光辉熠熠的秦淮新河精神。作为新时代的青年，秦淮新河精神将激励着我们在学业和事业中不畏艰苦，勇攀高峰；作为新时代的青年，秦淮新河精神将激励着我们在人生的历程中冲破迷雾，坚守初心；作为新时代的青年，秦淮新河精神将激励着我们在新时代新征程中不断前行，最终成长为可以承担民族复兴重任的骨干栋梁！

下篇

- 重要档案资料辑录

秦淮河流域水利规划报告（初稿）

一、基本情况

秦淮河河道源出句容、溧水两县，经江宁县绕过南京城至三汊河入长江。流域面积二千六百三十一平方公里，四周为丘陵山区，占总面积的百分之八十，其余为低洼圩区和湖河水面。

秦淮河自西北村以下为干流，共有大小十六条支河汇入，主要为句容河、溧水河两大水系。句容河水系包括解溪河、索墅河、汤水河，以及赤山湖上游的西、南、中、北河，占秦淮河流域面积的百分之四十八；溧水河水系包括横溪河，溧水一、二、三干河，占流域面积的百分之二十六。

流域内包括江宁、句容、溧水三县的大部分和南京市郊的一部分。共有五十五个公社，六百六十六个大队，七千九百三十五个生产队。农业人口一百零一万人，整半劳力有四十五万人。共有耕地一百五十三万亩，其中水稻田一百二十一万亩。

建国以来，秦淮河流域的治理，在毛主席革命路线的指引下，大搞水利建设的群众运动取得了很大成绩，丘陵山区修塘筑库，蓄水拦洪，兴建中小水库一百七十一座，总库容已达五亿方。腹部圩区整修圩堤，发展机电排灌。全流域已有机电十万四千马力。西北村以下干河进行河道裁弯取直和退建堤防，疏浚了干支河道，扩大改建阻水桥梁。兴建武定门闸和武定门、陈家边翻水站，提高了引排能力；疏浚天生桥河并建套闸，沟通了秦淮河、石臼湖两个流域。山丘区进行了治坡改田，绿化部分荒山荒地，初步建成旱涝保收、高产稳产农田五十三万亩。二十六年来共完成土石方四点八亿方。这些工程的建成，对改变流域内易旱易涝、低产受灾面貌，促进农业增产发挥了积极作用。全流域解放初期单产每亩二百至三百斤，总产约三点六亿斤，一九七四年平均单产八百九十七斤，总产十一点七亿斤，较之解放初期增长二点三倍。

秦淮河流域虽经初步治理，但对照农业高产稳产的要求，还有一定差距。主要是水旱灾害还未得到彻底根治，农田基本建设标准不高，水土资源潜力还未充分发挥，需要积极进行整治，水利上存在的主要问题是：

1.农田基本建设标准不高，改土治水的任务很大。流域内全都达到高产稳产、旱涝保收

292

基本农田六条标准的只有十一万亩，小农经济的地头零散，耕地不成片，一塘几亩田，灌无渠，排无沟，串灌漫排的旧面貌需要彻底改造。流域内有二十二万亩坡地要改梯田，有一百万亩耕地需要平整土地，还有二十四万亩荒山需要绿化和做好水土保持工作。

2. 抗旱能力低。流域内丘陵山区耕地一百零四万亩，目前有库塘灌溉率容三亿九千万方。但蓄水很不平衡，丘陵塘坝灌区每亩蓄水量仅二三百方。特别是一些冲口开阔、坡度平缓、上不靠大山、下不近湖河的实心丘陵区，灌溉水源尤其困难。流域内有六十九万亩农田还不能抗御七十天不雨的旱情，其中有十多万亩旱谷还处于望天收的状态。今后随着农业生产的进一步发展，耕作制度的改变，作物高产品种的推广，供水、用水的矛盾将更加突出。

3. 洪水威胁大。秦淮河流域为长宽各约五十公里的范围，各支河呈扇形向干流汇集。大部均为山丘河道，源短、坡陡、流急、汇流快，造成水位陡涨。下游河道出口仅有一个。既受江潮顶托，又经过南京市区，拓浚不易，排水出路不足。一九六九年暴雨后，武定门闸最大泻量三百七十秒/立方米，仅占来量的百分之四十左右。圩堤防洪能力较低，六九年破圩十点五万亩。破圩水量有二点五亿方，对南京市的防洪安全和保障铁路、公路、机场的正常运行影响很大。

4. 圩区涝渍重。流域内有圩田四十八万亩，由于水系和工程不配套，有三十三万亩的耕地不能抗御日雨一百五十毫米。地下水位不能控制，多数圩区不能予降，能降的也达不到要求。一些圩区山圩不分，加重了洪涝灾害。

5. 流域内大部分运输均依靠陆路，水运通航里程很少，并受季节限制。工业、矿山的发展，污染问题亦较严重，均需结合解决。

由于以上情况，这个地区水旱灾害仍很频繁。建国以来，出现全流域的大水有一九五四、一九五六、一九六二、一九六九等四年，受灾面积均在三十万亩左右。一九七二、一九七四年流域北部均出现局部特大暴雨，最大一日暴雨达三百七十七毫米。旱情出现机会更多，一九五五、一九五八、一九五九、一九六一、一九六六、一九六七、一九六八、一九七一等八年均有不同程度的灾情，大旱年受灾面积约三十至六十万亩。

为了加快发展这一地区的农业生产，保障南京市城区、工矿、机场的防洪安全以及保证铁路、公路的畅通和发展水运事业，迫切需要进行秦淮河的治理。

二、治理原则和标准

在毛主席关于学习理论，反修防修、安定团结和"把国民经济搞上去"的三项指示指引下，在全国农业学大寨会议精神的鼓舞下，秦淮河的治理要认真贯彻"三主"治水方针、充分依靠群众，大搞群众运动，发扬自力更生、艰苦奋斗的革命精神和团结治水的龙江风格，抢时间、夺速度，大干三五年，尽快地改变秦淮河流域的水利面貌。基本解决洪涝旱，建成高产稳产、旱涝保收田。在这个基础上，进一步进行彻底根治，从根本上改变农业生产条件，促进农业高产稳产，把全流域建成社会主义农业基地。

治理原则：统一规划，全面安排，山水田林路综合治理，大中小工程密切结合，灌溉做到蓄引提调相结合；洪、涝水的安排要上下兼顾、蓄泄兼施，遇超标准的特大暴雨有措施；充分利用水利资源，做到一河多用，一水多用，发展航运、水产养殖，改善城市环境卫生。

治理标准：灌溉按建国以来最早的一九六六年型（相当于百日无雨）保证农田灌溉和城市用水；排水第一步按三日雨量三百毫米设计，今后再提高至三日雨量五百米的标准；特大洪水要有对策，在任何情况下确保水库防洪安全，按省革委会提出的建设高产稳产、旱涝保收基本农田的六条标准，加快农田基本建设，做到遇旱有水，遇涝排水，更好地为农业增产和发展国民经济服务。

三、工程规划和措施

秦淮河流域的洪水治理，在丘陵山区要大搞蓄水工程，对现有的和新建扩建的水库都要做到标准高，质量好，效益显著，对塘坝要进行彻底改造，增加蓄水能力。大力进行改土治水，修建水平梯田和平田整地，积极开展水土保持，绿化荒山，中游整治干支河道，巩固堤防，增加蓄泄能力；下游扩大排洪出路，力争洪水尽快安全泄入长江。

在已有水库调蓄洪水的基础上，续建、扩建和新建库容五百万方以上水库，增加总库容一点一六亿方。按三日雨量三百毫米的标准，产水量七点一亿方，需要安排入江出路一千八百秒立方米。除将秦淮河干河从现有排水能力约四百秒立方米提高到六百秒立方米外，另辟秦淮新河，设计排水能力为八百秒立方米。经演算，河定桥最高日平均水位十点九米，为对付特大暴雨留有余地，堤防超高至少留足二点五米。今后将老河排水能力再提高至九百秒立方米，河定桥最高日平均水位可降低为十点四米，与建国以来最大洪水年一九六九年出现的最高水位相近。如按三日雨量五百毫米的标准校核，河定桥最高水位将达十三点二米，因此，近期还需要采取有计划的滞洪措施。今后老河排水能力提高至九百秒立方米时，河定桥最高水位可降低为十二点六米，力争安全度汛。

洪水治理的工程措施是：

（1）五百万方以上水库及环山河工程

流域内已建库容五百万方以上水库共十三座，其中句容县九座：北山、茅山、二圣桥、句容、虬山、李塔、潘冲、固江口、马埂。溧水县三座：方便、中山、卧龙。江宁县一座：赵村。控制山丘区面积四百四十五平方公里，总库容二点三四亿方。对已建水库继续进行兴建溢洪闸、库区拆迁等配套工程，可以增加库容零点四六亿方。

近期续建、新建五百万方以上水库十一座，其中江宁县七座：唐家村、佘村、驻驾山、邵村、汤泉、坛山、红星。句容三座：小夹子、红旗、寨里。溧水县一座：西横山。控制山丘面积一百五十三平方公里，总库容零点九四亿方，其中新增零点八亿方。

今后在汤水河、横溪河等支河上再建上峰、安山等水库，面积三十平方公里，增加总库容零点二亿方。

开挖主要环山河三条：一是从西巷经大伏村至北山水库沿六十米等高线开环山河，全长十六公里，集水面积四十九点五平方公里，环山河沿线逢凹筑库，修建小水库九座，总调洪库容可达一千万方；二是从汤山镇向南到黄龙堰水库，沿五十米等高线开环山河，以案子桥水库为中心，南北两路汇水，全长十四点六公里，集水面积四十点七平方公里，环山河连同沿线水库总库容可达一千五百万方；三是中山、方便、姚家水库串联工程，计划扩大姚家水库，增加蓄水库容八百四十万方，调蓄方便水库来水与中山水库两侧山丘区二十点八平方公里来水，环山河全长十八点四公里，旱年并可由新桥河翻水补给溧水东部地区灌溉水源。

(2) 干支河治理

干河。西北村至河定桥段干河，经比较，在干河两岸沿十五至二十五米高程开河，将老河改道走高地的方案，土石方数量大，仍以拓浚干河较为经济合理，两岸山丘区的排洪，采取分段分级拦截。

河定桥至西北村段干河按底宽一百一十米，河底高程二米至二点五米拓浚，两边青坎各留十米，堤顶宽六米，堤顶高程超过设计洪水位二点五米。

河定桥以下干河，由于经过市区施工、出土都较困难，近期按现有桥梁建筑物的排水能力，适当整治河道，清除障碍和阻水建筑，扩大干河引洪能力达六百秒立方米，两岸码头建筑物控制在行洪九百秒立方米的河口线以外兴建，为今后拓宽提高标准留有余地。

支河。各支河按三日雨量三百毫米的六小时平均洪峰流量设计河道断面。

句容河自西北村至陈家边，计划河底宽六十至四十米，河底高程自二点五米至三米。现有河道标准较低，市镇桥梁束水严重。河道拓宽原则上按北堤一边退堤，经湖熟镇一段河道改道由南边绕过。

溧水河自西北村至乌刹桥，上段现有二支河道，东支滩面较宽，按引水、航运要求，河底拓宽至十五米，河底高程自二点五至三点五米，西支维持现状。在秦淮河排水出路没有比较彻底解决以前，该段河道槽蓄量不宜降低。

关于赤山湖的控制运用，在句容河和西北村以下干河整治后，赤山湖仍应保持现有水面八点八平方公里，汛期尽量腾空，调蓄洪水。赤山湖闸控制下泄流量不超过三百秒立方米。

（3）开辟秦淮新河

近期除充分利用老河并适当整治，使老河排水能力达六百秒立方米外，增辟秦淮新河。

秦淮新河设计流量八百秒立方米，河线进行过若干方案比较，主要有东、西线两个方案。东线由上坊桥经其林门、西沟至长江，全长二十八点七公里。西线由河定桥经铁心桥、西善桥至金胜村入长江，全长十六点九公里。比较如下：

工程量。西线石方一百二十三万方，较东线多三十七万方，其余工程量东线均较西线为多。东线土方三千一百六十万方，约为西线的二点五倍，挖压堆废土地一万二千八百余亩，约为西线的二点二倍，劳动工日三千五百五十万工日，约为西线的二点三倍。

出口长江水位：排水东线较西线低约一米左右，但因河线长度东线为西线的一倍。在设计标准的条件下，河道水面比降基本相同，西线短、出水快，东线河长、出水慢。

如遇长江一九五四年型高潮，同时秦淮河流域出现暴雨，这种情况超过设计标准，秦淮河水位不可能不抬高。按三日雨量三百毫米的情况，河定桥水位西线要比东线多抬高约五厘米。

灌溉引水西线较东线水位高零点六米左右。

沿河土质：西线经沙洲圩一段，长五千四百米，挖深六米，其中有五米是淤土。东线有三段烂淤土，总长三千一百米，其中有一段长一千一百米，挖深十四点五米，有六米是淤土，施工较难解决。

水源污染：西线河道出口位于南京市北河口自来水厂上游，已属第二防护地带，且河口建闸可以控制。通过抽水、引水等措施，并可改善城市环境卫生条件。

与矿区关系：东线经过一些小煤矿，问题不大，西线经梅山铁矿附近，初步勘探，河底有四五米以上的亚黏土不透水层，但矿区认为理论最终崩落线距河线太近，并顾虑河水可能通过灰沙砾石与基岩缝隙连通补入矿区地下水。

经有关方面研究，大都认为西线较优，计划在近期予以实施。经梅山铁矿附近的河段，需进一步进行钻探，根据河床土质情况，确定采取必要的工程措施。

秦淮新河全长十六点九公里，其中铁心桥以西至红庙长三公里为切岭段，最大切岭深约三十米，沿线主要建筑物：于河口建节制闸一座，穿越宁芜铁路和梅山铁矿专用线需建铁路桥各一座，跨河有公路桥五座和农桥七座等。

秦淮河流域的灌溉水源要贯彻以蓄为主。积极兴建和扩大蓄水工程，充分利用地面径流，就地拦蓄解决，遇干旱年份辅以抽、引等补水措施。灌溉补水以干河设站抽引江水为主，并在有条件的地点设站适当分散解决，保证及时灌溉，方便管理。根据流域内已有灌溉水源和考虑今后发展双季稻占水稻田百分之八十等情况，按一九六六年型作物需水九点四亿方、利用库塘蓄水和调节本地径流后，尚缺水六点八亿方；保证率百分之七十五的年份，作物需水七点九亿方，尚缺水四点四亿方；保证率百分之五十的年份，灌溉水源基本解决。

灌溉补水措施如下：

（1）引水抽水工程

按一九六六年型，武定门闸以上需引水、抽水补给一百二十一秒立方米，工程措施是：一路是在秦淮新河河口建四十秒立方米抽水站一座，连同已建的武定门红旗抽水站，共计抽水能力为八十六秒立方米。在句容河陈家边和黄泥坝分别设二级抽水站送水，抽水流量为二十一和十秒立方米。今后赤山湖常年蓄水后，陈家边翻水站可减少为十秒立方米，因此近期抽水流量不足部分，采取设临时机解决。另一路是利用天生桥河引水，遇一九六六年型石臼湖水位，可引水三十九秒立方米。如石臼湖水位低落、在新桥河设站，抽水流量为十二秒立方米，通过姚家、中山、方便水库补给溧水东部山丘区用水。再一路是在下蜀沿江引水，经二级翻水入北山水库，抽水流量八秒立方米，补给句容北部地区和太湖湖西地区的仑山水库灌溉用水。

（2）英王河工程

天生桥河现有河底宽十二米，切岭段长七点五公里，最高地面高程约五十米，险石多，陡弯多。英王河全长七公里，切岭段长一点五公里。地面高程约二十五米。大部分经过十米左右的低地。为扩大行水能力，增加南京市冲污水源和沟通溧水县城航运，以开挖英王河较为有利。

秦淮河流域的农田基本建设必须认真贯彻小型为主、配套为主、社队自办为主的治水方针，参照已有治山、治圩经验，因地制宜地采取各种有效措施，加快建设步伐，实现农业高产稳产。

丘陵山区蓄引提并举，山水田林路综合治理，安排解决好灌溉水源，消灭洪水冲刷、串灌漫灌和冷浸田，做到小水不下山，洪水不冲田，旱天不旱地，低产变高产。大搞蓄水工程，层层拦蓄，以冲补岗，低水高蓄，扩大拦蓄能力，计划新建库容五百万方以下水库一百一十一座，扩建续建八十五座，改造塘坝三万二千个，增加蓄水库容一亿方。分级开沟，长藤结瓜，排灌分开，沟渠路林统一规划，建立山区水利网，计划开环山沟九十九条，沟渠配套一百一十六万亩。开发利用地下水，计划打灌溉井八百眼，民用井六千六百六十眼。修建水平梯田二十二万亩，平整土地七十万亩，做好绿化荒山和水土保持工作。

圩区要根据四分开两控制的原则，整修加固圩堤，对千亩以下的一百零三个小圩，在山圩分开的基础上，适当联圩并圩，搞好圩内排灌系统和建筑物工程配套。圩区按每平方公里零点七秒立方米的排水规模，配备动力，并逐步增加机动马力，防备特大暴雨的袭击，进一步提高抗御洪捞的能力。

计划发展机电三万五千八百马力。其中山丘区一万零九百马力，圩区二万四千九百马力。

四、工程数量和分期实施意见

上述治理工程总需完成土方五点二亿方，其中骨干工程七千四百万方；石方六百八十九万方，其中骨干工程一百九十九万方。投资六千四百四十万元（不包括农水补）。

按照集中力量打歼灭战的原则，工程分批分期进行，达到做一项、成一项，配套一项，发挥一项效益。土方工程由地方自筹，干河和跨县支河适当补助。劳动力负担除秦淮新河由全流域统一调度外，其余按所在县、社各自动员劳动完成，力争在一九八〇年前建成高产稳产、旱涝保收的农业基地。

"五五"期间，骨干工程完成秦淮新河、英王河，整治干河和句容河、汤水河、溧水河、溧水一干河等主要支河。兴建秦淮新河抽水站，黄泥坝套闸、抽水站。续建、新建唐家村、佘村等十座水库和已建水库的配套工程，每年完成一至三座、"五五"期间共需做土方五千七百五十万方，石方一百六十万方。国家投资五千万元。农田水利工程继续进行以改土治水为中心的农田基本建设，搞好山丘和圩区的治理，计划完成土方四点四亿方，石方四百九十万方。

其余工程均在"六五"期间予以完成。

秦淮河流域的治理，在各级党委的领导下，通过总结经验，调查研究，进一步制订好县、社、队的水利规划。动员三县和市郊的广大贫下中农团结战斗，以大寨为榜样，抓路线，促大干，依靠社队集体力量，完全能够在较短时间内改变秦淮河流域的水利面貌，更好地为农业增产，为城乡社会主义建设的发展服务，为中国革命和世界革命作出新的贡献。

一九七五年十二月五日

关于报送秦淮新河工程初步设计的报告

江苏省南京市革命委员会文件，宁革发〔1975〕118 号

省革命委员会：

在全国农业学大寨会议精神的鼓舞下，为了根治秦淮河，加快农业生产的发展，尽快建成大寨县（区），保障我市城区、工矿、机场的防洪安全，经省水电局规划，于今冬开挖秦淮新河。现将"秦淮新河工程初步设计"随文报送，请予审批。由于工程艰巨，时间紧迫，请早拨经费和材料，以便及早施工。

江苏省南京市革命委员会
一九七五年十一月二十四日

抄送：省计委、农办、水电局、基建局、财政局，市计委、农办、秦淮新河工程指挥部、水利局。

秦淮新河工程初步设计

一、提要

秦淮河流域有江宁、句容、溧水三县和我市郊区，流域面积 2631 平方公里，共有 55 个公社，666 个大队，7935 个生产队，农业人口 101 万人，整半劳力 45 万人，共有耕地 153 万亩。

建国以来，在毛主席革命路线的指引下，这一地区的广大干部和群众大搞农田水利建设，兴修了许多水利工程，取得了很大成绩，对改变流域内易旱易涝、低产受灾面貌，促进农业增产，发挥了积极作用。但是，由于干河没有彻底根治，面上农田基本建设标准不高，因而水旱灾害仍很频繁。解放以来，曾出现过四次大水（一九五四、五六、六二、六九四年），受灾面积均在 30 万亩左右。一九七二、七四年流域北部还出现过局部特大暴雨，最大一日雨量达 377 毫米。旱情出现机会更多，一九五五、五八、五九、六一、六六、六七、六八七一八年受灾，面积达 30 至 60 万亩。这不仅影响这一地区农业生产的发展，而且严重威胁我市城区、机场和城乡广大人民生命、财产的安全。

根据省水电局"秦淮河流域水利规划报告"，按照三日降雨 300 毫米计算，产水量达 7.1 亿立方米，除了充分发挥现有工程效益，并续建、新建水库，扩大拦洪蓄水外，要求入江泄量 1700 秒立方米，而目前秦淮河只能排泄约 400 秒立方米，尚差 1300 秒立方米。这是秦淮河流域的主要矛盾。由于老河经市区一段，两岸工厂、企业和民居房屋密集，河道不易拓宽。经省规划，除将老河排洪流量扩大到 900 秒立方米外，必需另辟洪水出路，开辟秦淮新河，分洪流量 800 秒立方米，才能基本解决洪涝灾害。

在全国农业学大寨会议精神的鼓舞下，为了加快这一地区农业生产的发展，尽快建成大寨县（区），保障我市城区、工矿、机场的安全以及铁路、公路的畅通，开挖秦淮新河，已成为迫切需要解决的问题。

新河起于江宁县河定桥，经雨花台区的铁心桥、西善桥，至金胜村入长江，全场 16.8 公里，其中铁心桥至红庙为切岭段，长 2.9 公里，最大切岭深 30 米，设计流量 800 秒立方米。全部工程，包括新河起点处的干河小龙圩裁湾工程，共计 1448.8 万立方米，石方 123.7 万立方米，桥梁 12 座，涵洞和跌水 20 座，节制闸 1 座，翻水站 1 座，南河涵洞 1 座，节制闸 1 座，总计工日 2015 万工日，共需国家投资 3510 万元，供应水泥 15510 吨，钢材 1529 吨，木材 2933 立方米，炸药 382 吨，雷管 146 万个，导火线 243 万米，钢钎 80 吨。

二、工程规划

（一）方案比较

秦淮新河的线路，省水电局在规划中曾进行过多方案比较（先后有七个方案），主要有东、西线两个方案：东线由上坊门桥经其林门、西沟村至长江，全长 28.7 公里；西线由河定桥经铁心桥、西善桥至金胜村入长江，全长 16.8 公里。两个方案比较如下：

1. 工程量：西线除石方较东线稍多外，其余工程量东线均比西线为多，东线土方 3160 万立方米，约为西线的 2.5 倍，挖压堆废土地 12800 余亩，约为西线的 2.2 倍，劳动工日 3550 万工日，约为西线的 2.4 倍。

2. 出口长江水位：东线出口处长江水位比西线低约 1 米左右，河线长度东线为西线的一倍。经计算，在 69 年型情况下，因西线短，出水快；东线长，出水慢，河道水面比降基本相同，如遇长江 1954 年型高潮，同时秦淮河流域出现暴雨，这种情况超过设计标准，秦淮河水位不可能不抬高，按三日雨量 300 毫米的情况，河定桥水位西线要比东线多抬高仅五厘来，因此西线排水是有利的，而从灌溉来考虑，西线长江水位却比东线水位高 0.6 米左右，对引水更有利。

3. 土质：西线经沙洲圩一段长 5400 米，挖深 6 米，其中有 5 米是淤土，东线有三段烂淤土，总长 3100 米，其中有一段长 1100 米，挖深 14.5 米，有 6 米是淤土，施工较难解决。

4. 水源污染：西线河道出口位于北河口自来水厂上游，已属水源第二防护地带，有利于农业取水。新河河口建闸控制，由于还可以通过抽引江水，冲洗老河及内秦淮河，改善城市环境卫生条件。

5. 与矿区关系：东线经过一些小煤矿，问题不大，西线经梅山铁矿附近，初步勘探，河底以下有厚约五米以上的亚黏土不透水层，但矿区认为理论最终崩落线距河线太近，顾虑河水可能通过灰沙砾石层与基岩裂隙连通补入矿区地下水。该处省勘探队正在进行详细钻探，根据河床土质情况，确定河线和采取必要的工程措施。

综上所述，经各方面比较，规划中认为西线较为经济合理，确定采用西线方案。

新河出口处曾研究过三个方案：一是在分龙村（龙王庙）入夹江，二是在金胜村（二里半）入长江，三是在大胜关（板桥河口）入长江。经反复研究决定采用第二方案，于金胜村入长江。

（二）河道情况

秦淮新河从河定桥起经铁心桥、西善桥至金胜村入长江，全长 16.8 公里，河道基本行于丘陵地区，地形起伏较大。河定桥至铁心桥段（简称上段）长5.8公里，一般地面高程8—14米。铁心桥至红庙为切岭段（简称中段）长2.9公里，地势较高，最高处高程31米。红庙至入长江口段（简称下段）长8.1公里，一般地面高程8—10米，其中西善桥以下到长江口长5.4公里为沙洲圩地区，地势平坦，地面高程6米左右。地质情况：由于沿河地形起伏较大，地质情况甚为复杂。据省水电局勘探队初步勘探资料，土层情况：上段一般为黄色夹灰白色粉质黏土或重粉质壤土，下层为灰色重粉质壤土含泥质结核和褐黄色粉质黏土或重粉质壤土。中段（切岭段）的覆盖土层，表层为棕黄色夹灰白色粉质黏土或重粉质壤土，下层夹有雨花台砾石层分布，接近岩层处有一层强风化层，土质坚硬。此段岩石以火成岩系安山岩、安山玢岩及安山角砾岩为主，亦见凝灰岩，节理发育，表层风化严重，呈碎状或砂砾夹泥状，对构成河坡不利，且无建筑使用价值，下部岩石风化较轻，基本保留岩石的完整性及强度，施工较难。下段中红庙到西善桥，表层为黄色重粉质壤土夹薄层粉土、粉砂互层，下层为黄灰色重粉质壤土和黏土质淤泥，西善桥以下沙洲圩地区因无钻探资料，据了解一般为淤泥或粉沙，易于塌方，开挖较为困难。

（三）河道规划

秦淮新河规划流量为800秒立方米。河口处入长江水位按1969年长江最高水位时七天高低潮平均值定为9.3米。河定桥水位按三日降雨300毫米的标准，在今后老河扩大到900秒立方米的情况下，经演算河定桥最高日平均水位为10.4米（与1969年出现的最高水位相近），定为设计水位。如老河近期扩大到600秒立方米，则河定桥最高日平均水位将抬高为10.9米。如按三日雨量500毫米的标准校核，新河开挖后，近期老河走600秒立方米，河定桥最高水位将达13.2米，今后老河扩大到900秒立方米时，河定桥最高水位将降为12.6米。为对付特大暴雨留有余地，堤防超高至少2.5米，堤顶高程：河定桥定为13.5米，长江口定为12米，以策安全。

（四）建筑物规划

1. 桥梁：根据交通和生产的需要规划桥梁共有12座，其中：宁芜铁路桥1座，梅山铁矿桥1座，公路桥有东山桥（宁溧公路）、河定桥（宁溧公路）、铁心桥（宁丹公路）、西善桥（宁芜公路）等4座，农桥6座。

2. 涵洞及跌水：凡筑堤段，在水沟入河处建涵洞。地势较高，不筑堤段，在撇水沟出口修建跌水，以免冲淤河道。计需修建涵洞12座，跌水8座。

3. 节制闸：为平时拦蓄河水和旱时抽引江水发展灌溉，并防止长江汛期高潮倒灌，计划在金胜村附近修建节制闸，闸址需经钻探后在技术设计中确定。闸为开敞式，设计流量800秒立方米，孔径为12孔。每孔净跨6米，闸上设计洪水位9.4米，闸下设计潮位9.3米，上下游水位差0.1米，闸底高程0.0米。

4. 翻水站：为解决秦淮河流域广大农田灌溉水源，除充分利用现有水库、塘坝等蓄水工程和武定门翻水站，并续建、新建中小型水库外，根据规划，需在新河节制闸旁兴修翻水站1座，设计抽水流量 40 秒立方米，设计扬程 3.5 米，装机 9 台，每台 280 瓦，共计 2520 瓦。

5. 南河涵洞及节制闸：由于新河截断了南河，需在新河左岸建涵洞 1 座，并在南河出口赛虹桥建闸 1 座。

三、工程设计

（一）河道设计

1. 设计分洪流量 800 秒立方米。

2. 设计洪水位：河定桥 10.4 米，长江口 9.3 米。

3. 设计水面比降：上段和下段为 1/28000，中段（切岭段）为 1/5800。

4. 设计河底高程：下段 0—0.5 米，中段 0.5—1 米，上段 1—2 米。

5. 设计堤顶高程：下段 12—13 米，上段 13.5 米，切岭段不筑堤。

6. 设计河槽断面：

河床糙率：上下段采用 0.0225，中段（切岭段）0.025。

河底宽度：上段为 68 米，中段为 40 米，下段红庙至西善桥(南河)为 63 米，西善桥(南河)以下沙洲圩地区为 60 米。

河道边坡：中段（切岭段）石方部分，岩石层边坡 1：0.5，半风化层为 1：1.5，两层之间每边设 3 米宽平台。土方部分，边坡 1：3，在土石分界处考虑施工中石方开挖和运输以及覆盖层土坡的稳定，每边设 10 米宽的平台。上下段边坡均采用 1：3，开挖过深者，在高程 8 米处每边设 3 米宽平台。沙洲圩地区因土质较差，边坡采用 1：3.5。青坎宽度：一般每边青坎 10 米，沙洲圩地区为防止坍塌滑坡每边青坎 15 米。

7. 设计堤防断面：堤顶宽度不小于 6 米，内外坡一律采用 1：3，堤工质量要求用履带式拖拉机碾压三遍。两堤中心距：上段为 170 米，下段红庙至西善桥（南河）为 164 米，西善桥以下为 180 米。

（二）建筑物设计

本工程开挖石方多，建筑物工程应尽量就地取材，多用石料，以节省经费。

1. 桥梁：宁芜铁路桥的设计标准按铁路部门规定，请南京铁路分局设计和施工。公路桥荷载标准干线按汽 -20 设计，挂 -100 校核，桥面宽 8.5 米和 9.5 米；支线桥按汽 -15 设计，挂 -80 校核，桥面宽 7.5 米；梅山铁矿桥按汽 -30 设计，挂 -100 校核，桥面宽 11 米；农桥考虑今后农业机械化，荷载标准按汽 –10 设计，履带 –50 校核，桥面宽 5 米。桥梁结构形式，下部为铨灌注桩，上部为双曲拱桥，沙洲圩地区农桥上部采用铨 T 形梁。

2. 涵洞及跌水：涵洞采用浆砌块石拱形涵洞或管涵，钢丝网水泥闸门，用手摇螺杆式启闭机。跌水采取浆砌块石槽形跌水。

3. 节制闸：闸底板采用铨底板，网墩为浆砌块石，闸墙和乙墙为砌块石连拱岸墙，门槽部分为铨，闸上游设交通桥和工作便桥，闸顶设启闭台，均为铨结构，采用上下两扇闸门，均为铨平面，直升闸门用卷扬式启闭机。闸上游设铨铺盖和浆砌块石护底、护坡，下游设铨消力池，浆砌块石和干砌块石海浸及护坡。由于闸基土质较差且深，需进行基础处理。

4. 翻水站：采用武定门红旗抽水站的结构形式，装机容量为电动机 9 台，每台 280 吨。水泵 9 台。

5. 南河涵洞及节制闸：参照新河涵洞及节制闸进行设计。

以上建筑物工程的设计另报。

（三）干河小龙圩裁湾工程设计

小龙圩裁湾工程位于秦淮新河的起点处，此段必须与新河同时施工才能发挥新河的作用，故列入新河工程计划内。裁湾段自江宁化肥厂东南起至河定桥，长 0.9 公里。该段设计流量 1700 秒立方米，设计洪水位 10.4 米，设计河底高程 2.0 米，设计河底宽 110 米，边坡 1：3，每边青坎宽 10 米，设计堤顶高程 13.5 米，堤顶宽 6 米，边坡 1：3。

四、工程数量、投资及材料

秦淮新河工程共有土方 1429.8 万立方米，石方 123.7 万立方米，铨及砼方 39700 立方米，浆砌干砌块石 34300 立方米，总工日 1960 万工日，挖压及堆废占地 7280 亩，青苗赔偿 2220 亩，房屋拆迁 2580 间，公路改线 1 公里，高压线改线 12.1 公里，导航线路拆迁 1 处，煤气管道拆迁 300 米，变电站拆迁 1 处，电灌站拆迁 3 处。土方工程民工工资按每工日 0.35 元，石方常备民工工资按每工日 0.8 元计算，包括建筑物工程在内，共需国家投资 3510.72 万元，补助粮食 2156 万斤，供应钢材 1529 吨，木材 2933 立方米，水泥 15510 吨，炸药 382 吨，雷管 146 万个，导火线 248 万米，钢纤 80 吨。

干河小龙圩裁湾工程：

土方 19.0 万立方米，工日 55 万工日，房屋拆迁 100 间，挖压堆废占地 290 亩，高压线改线 500 米，江宁化肥厂供水站拆迁 1 处，需国家投资 45.8 万元，补助粮食 60.5 万斤。

以上工程总计土方 1448.8 万立方米，石方 123.7 万立方米，铨及砼方 39700 立方米，浆砌干砌块石 34300 立方米，总计工日 2015 万工日，挖压堆废占地 7570 亩，青苗赔偿 2220 亩，房屋拆迁 2680 间，公路改线 1 公里，高压线改线 12.6 公里，导航线路拆迁 1 处，煤气管道拆迁 300 米，变压站拆迁 1 处，电灌站拆迁 3 处，供水站 1 处，总需国家投资 3510 万元，补助粮食 2216.5 万斤，供应钢材 1529 吨，木材 2933 立方米，水泥 15510 吨，炸药 382 吨，雷管 146 万个，导火线 243 万米，钢钎 80 吨。

五、分年实施计划

全部工程计划两年完成。

（一）一九七六年工程

集中力量完成秦淮新河切岭段土石方工程和宁芜铁路桥、东山桥、河定桥、梅山铁矿、西善桥等六座桥梁工程以及拆迁、改线工程。计有土方 424.4 万立方米，石方 123.7 万立方米，铨方 11100 立方米，浆砌块石 5000 立方米，工日 1007 万工日，挖压堆废占地 2220 亩，青苗赔偿 2220 亩，房屋拆迁 870 间，高压线改线 2 公里，公路改线 1 公里，导航线路拆迁 1 处，电灌站拆迁 1 处，共需国家投资 1765.6 万元，补助粮食 1107.7 万斤，钢材 486 吨，木材 1089 立方米，水泥 4250 吨，炸药 382 吨，雷管 146 万个，导火线 243 万米，钢钎 80 吨。

（二）一九七七年工程

完成秦淮新河上下两段工程和干河小龙圩裁湾工程，以及桥梁 7 座，涵洞 12 座，跌水 8 座，节制闸 1 座，翻水闸 1 座，南河涵洞 1 座，节制闸 1 座，并完成全部拆迁，改线工程。计有土方 1005.4 万立方米，铨及砼方 28600 立方米，浆砌干砌块石 29300 立方米，工日 1008 万工日，共需国家投资 1745.1 万元，补助粮食 1108.8 万斤，水泥 11260 吨，钢材 1043 吨，木材 1844 立方米。

六、工程效益

秦淮新河的开辟，将使秦淮河增加一条新的排水出路，分洪流量可达 800 秒立方米，河定桥以下的排洪能力将由目前 400 秒立方米，提高到 1200 秒立方米。今后老河扩大到 900 秒立方米，新老河共可排泄 1700 秒立方米，可以解决三日降雨 300 毫米的洪水问题，由于堤防超高较多，即使遇到三日降雨 500 毫米，河定桥水位抬高到 12.6 米时，即可得以宣泄。因此，秦淮新河工程实施后，将为流域内普及大寨县（区）创造有利条件，结合面上农田基本建设的大规模开展，山区水库的修建，干支河的整治和配套工程，预计约有35万亩农田免受洪水灾害，40余万亩农田的排涝条件得到改善，并可抽引江水灌溉农田40万亩，这对加速发展农业生产，建成旱涝保收、高产稳产的农业生产基地，保障我市城区、工矿、机场的防洪安全以及保证铁路、公路的畅通和发展水运事业，都将发挥重要的作用。

七、施工计划

秦淮新河工程较大，地形复杂，动员民工多，涉及面广、工程艰巨，必须建立强有力的施工指挥机构，负责全面施工。计划成立秦淮新河工程指挥部，市委一位副书记挂帅任指挥。镇江地区一位负责同志和市计委、市农办等单位负责同志任副指挥，江宁、句容、溧水县、雨花台区等单位负责同志为指挥部领导成员。指挥部下设办公室和政工、工程、后勤三科，由我市和镇江地区抽调80名干部组成，各县相继建立施工指挥机构。

一九七六年工程：切岭段土方工程采取冬春突击，集中力量打歼灭战的方法施工。计划动员民工60000人，于12月中旬开工至明年3月下旬完成。石方工程采取专业队伍常年施工，计划在土方工程完成后，挑选精壮民工1万人组成专业队紧接施工，于明年底前完成。桥梁工程请省水利工程总队施工，今冬备料，明春三月开工，至年底前完成。

一九七七年工程：土方部分于七六年冬开工至七七年春完成，建筑物工程于七七年汛前全部完成，发挥效益。

开工前要做好民工组织动员，拆迁赔偿、粮煤调运、物资购运、工棚搭盖、安锅立灶、施工测量放样、分工划段和施工排水等各项准备工作。由于切岭段开挖较深、工程量大，工作面小、土质坚硬，因此，必须搞好工场布置，划好开挖和堆土范围，妥善安排好施工现场，尤其要修好运土道路，避免互相干扰，并要配备一定数量的铁镐、铁钎、抓钩等特种工具，以备开挖难方之用。还要配备爬坡机、板车、抽水机、推土机、柴油发电机组、空压机、风钻、吊车等施工机具，以减轻劳动强度，加快工程进度。

施工中要做好政治宣传鼓动工作，开展社会主义劳动竞赛，推广交流先进施工方法，进行施工工具改革，安排好民工生活，注意劳逸结合，强调安全施工，加强治安保卫，搞好环境卫生和防疫医疗工作，保证工程顺利施工。

要严格掌握工程质量标准，河槽要按标准挖够，筑堤要分层碾压，选用好土上堤，不宜筑堤的土不得上堤，废土的堆弃要按指定地方堆放，并尽量结合造田、还田，堆高一般3—5米，出土过多地段可以超过5米，尽量少占耕地。堤顶要平整成路，堤身以外两边各植浅根树两行，堤身植草皮进行绿化，竣工时要做到河成、堤成、路成、林成、田成。

工程竣工时由各县负责逐级进行验收，写出竣工总结，绘制竣工图报指挥部，经指挥部复验后报省。

八、工程管理

秦淮新河全部工程完成后，拟建立专门管理机构，制定管理办法，负责河道和建筑物工程的管理、养护、维修和防汛工作，以保证工程效益的充分发挥。

秦淮新河一九七六年工程施工组织设计

（切岭段土石方工程）

一、工程概况

秦淮河流域有江宁、句容、溧水三县和南京市郊区，流域面积 2631 平方公里，共有 55 个公社，663 个大队，7935 个生产队，农业人口 101 万人，整半劳力 45 万人，共有耕地 153 万亩。

解放以来，在毛主席革命路线的指引下，这一地区的广大干部和群众大搞农田水利建设，兴修了许多水利工程，取得了很大成绩，对改变流域内易旱易涝、低产多灾面貌，促进农业增产，发挥了积极作用。但是，由于干河没有彻底根治，面上农田基本建设标准不高，因而水旱灾害仍很频繁。为了根治秦淮河，加快这一地区农业生产的发展，尽快建成大寨县（区），保障南京市城区、工矿、机场的安全以及铁路、公路的畅通，经省规划决定开挖秦淮新河。

新河起于江宁县河定桥，经雨花台区的铁心桥、西善桥至金胜村入长江，全长 16.8 公里。全部工程计划两年完成。一九七六年先开挖铁心桥至红庙的切岭段，长 2.9 公里。该段河道行于丘陵地区，地形起伏较大，最大切岭深 30 米。地质情况甚为复杂，上面复盖土层表层为棕黄色夹灰白色粉质黏土或重粉质壤土，下层夹有雨花台砾石层分布，接近岩层处有一层强风化层，土质坚硬。土层以下为岩石，以火成岩系安山岩、安山玢岩及安山角砾岩为主，亦见凝灰岩，节理发育，表层风化严重呈碎状或砂砾夹泥状，对构成河坡不利，且无建筑使用价值，下部岩石风化较轻，基本保留岩石的完整性及强度，施工较难。

二、工程设计标准

秦淮新河设计分洪流量 800 秒立方米。切岭段设计标准如下：

（一）设计洪水位：铁心桥（Cs69，桩号 5+799）10.19 米，红庙（Cs118，桩号 8+700）9.69 米。设计水面比降 1/5800。

（二）设计河底高程：铁心桥 1 米，红庙 0.5 米。

（三）设计河槽断面：设计河底宽 40 米。设计河道边坡：石方部分，岩石层边坡 1：0.5，半风化层为 1：1.5，两层之间每边设 3 米宽的平台；土方部分，边坡为 1：3，在土石分界处，考虑施工中石方开挖和运输以及覆盖层土坡的稳定，每边设 10 米宽的平台。

（四）青坎宽度：每边 10 米。

（五）渐变段：根据地质钻探资料，在土质河槽与石质河槽接头处设三处渐变段，呈喇叭形渐变。

1. 从 Cs115（8+570）渐变至 Cs116（8+630），河底宽 40 米不变，河槽边坡由石质边坡渐变为土质边坡（1：3）。再由 Cs116（8+630）渐变至 Cs118（8+700），河底宽由 40 米，渐变为 63 米，河槽边坡均为 1：3，以便与下段设计断面衔接。

2. 从 Cs114（8+548）渐变至 Cs112（8+488），河底宽 40 米不变，边坡由石质河槽边坡渐变为土质边坡（1：3）。

3. 从 Cs104（8+000）渐变至 Cs（8+128），河底宽 40 米不变，边坡由石质边坡渐变为土质边坡（1：3）。

三、土石方堆放位置

挖河出土和石方应结合当地农田基本建设，填平沟塘和洼冲造田、还田，在距河口 10 米以外堆放。堆放范围划分为十个堆区，堆置宽度和高度，根据各区开挖的土石方数量，折算成松方（土方乘 1.2 系数、石方乘 1.4 系数），考虑填洼和尽量少占耕地、少拆迁房屋的情况而定。堆放坡度，外坡 1：3，内坡 1：1—1：2。

土石方的堆放，应按照施工程序，先堆土方，然后堆风化石，最后堆岩石。风化石堆在土方的后面，岩石堆在风化石的后面。堆土高度根据出土数量和堆土范围确定，石方应运至堆土的后面居高临下倾倒，因只能倒一定的宽度，故堆石高度应比堆土高度低 1.5 米左右，然后覆盖一层土，再继续往外倾倒，直至全部堆完。为了结合造田，堆土应力争平整，堆风化石上面的覆盖土厚度一般应不少于 1 米，以利耕种。岩石因考虑今后运出作建筑材料，故堆放时复土应尽量减薄。在村庄附近堆放土石方应注意距房屋至少 10 米。堆放区两边各植树两行，间距 2 米，进行绿化。

四、工程任务

切岭段土石方工程从断面 Cs70（桩号 5+895）起到 Cs118（桩号 8+700）止，长 2.8 公里。为避免切断宁丹公路，Cs69 至 Cs70，长 100 米一段暂不挖，留到明年施工。本期工程计有土方 416.2 万立方米，石方 134.1 万立方米，工日 968.5 万工日(其中土方工日 514.9 万，石方工日 225.1 万，附加系数工日 222.0 万，杂项工日 6.5 万)。挖压堆废及工棚、道路占地 2900 亩，青苗赔偿 2900 亩，房屋拆迁 392 间，高压线拆迁 4 公里，公路改线 1.6 公里，军用导航台拆迁 1 处，军用电缆拆迁 1 处，电灌站拆迁 3 处，土方工程民工工资按每工日 0.25元，石方常备民工工资按每工日 0.8 元计算，共需国家投资 1274.8 万元，补助粮食 1065.4万斤，煤 5388 吨，毛竹 40471 根，钢材 3321.7 吨，木材 443.2 立方米，水泥 650 吨，生铁200 吨，炸药 578.74 吨，雷管 176.56 万个，导火线 323.8 万米，钢钎 33 吨，钢丝绳 23 吨。

全部工程由江宁县负责施工，土方工程组织民工四万人于 12 月 20 日开工，至明年 3 月底完成。石方工程计划在土方工程完成后，挑选民工一万人，于四月初开工，至明年年底完成。

五、施工组织领导

为了加强领导，安排全面工程，"江苏省秦淮新河工程指挥部"已于十一月建立开始办公。指挥部设在西善桥。由南京市委一位副书记任指挥，镇江地区一位负责同志和南京市计委、农办等单位负责同志任副指挥，江宁、句容、溧水县和雨花台区等单位负责同志为指挥部领导成员。指挥部下设办公室和政工、工程、后勤三科，由南京市和镇江地区抽调 80 名干部组成。

江宁县建成民工师，负责具体施工，师部设在大定坊，下设政办、工程、后勤三组。民工师以下为团、营、连。以团为作战单位，连为伙食单位。师部并设门诊部，轻病在门诊部治疗，重病送江宁县医院或南京市第一医院治疗。

六、施工准备工作

开工前应做好以下各项准备工作：

（一）民工组织动员：首先要做好政治宣传和思想发动工作，宣传开挖秦淮新河工程的重要意义，参加治河工程是农业学大寨的光荣任务，树立为革命挖河，为实现大寨县（区）贡献力量的思想，然后组织自愿报名。经民主评议、党委批准，并经过体格检查，挑选政治思想好、身体健康的青壮年民工参加施工，民工到工地后还要进行体格复查，做好精工工作。

（二）民工生活安排：民工到工地前要安排好吃住和生活供应。民工住地尽量借住民房，不足部分搭盖工棚，每 150 人左右搭盖伙房一处，由民工自力更生搭盖，国家给予适当补助。工棚尽量利用空地高地，不占耕地，要离开土石堆放区 20 米以外，节约整齐，四周开沟，做到保暖防寒，不潮湿，遇雨雪不漏。还要做好粮煤调运和一切生活日用品的供应工作。要教育民工搞好与当地群众的关系，执行"三大纪律，八项注意"。

（三）生活食用水：因施工地段为丘陵地区，当地群众饮水用水均以沟塘为主，冬春季一般地下水位低，沟塘蓄水量有限，吃水用水均较困难，因此，要注意节约用水，要遵守当地群众饮水、用水分开使用的习惯，注意卫生，预防疾病。沟塘较少的地方，可在附近洼地挖土井取水。必要时用机器翻水补给。

（四）拆迁赔偿工作：工段内凡需要拆迁的房屋、茶树、竹园、树木、花房、果树、坟墓、电灌站、水闸等由雨花台区负责做好动员和拆迁安置工作。挖压堆废占地和青苗应分别进行丈量，按照规定予以补偿。高压线、电缆线、导航台、电话线的拆迁，由指挥部与有关单位联系解决。所有拆迁工作都必须在开工前全部完成，以免影响施工。

（五）施工测量放样：开工前要做好施工测量放样和分工划段工作，订出河底、河口和堆土桩，并在青坎处各设固定控制桩一个，以控制河线和各部高程。要进行技术交底，使每个干部和民工都明确工程标准，施工程序、施工方法和土石方的堆放位置，自觉地掌握好工程标准。

（六）工地外围来水导流：为保证工地正常施工，工区外围来水必须灌导出工区，导流工程应在开工前完成。施工段南岸外围基本没有来水，北岸主要有尹西冲、杨家冲、王家冲和小塘冲四处山冲来水，面积约有 2 平方公里，计划开挖导流沟，自小塘冲起经王家洼沿公路至铁心桥宁丹公路止，长 2.5 公里，使四个冲来水经导流沟下泄入先锋河。小塘冲以西的两个小冲，面积约有 0.8 平方公里，来水可顺公路往西排入太山河。

（七）筑坝截流：施工开始时，利用挖河出土在工段两头各筑坝一道，坝顶宽 3 米，坝高 2 米，边坡 1：3，以防外水侵入工区。

（八）抽水站机的设置：为排除工区内施工期间的雨雪水和地下水，除在施工中分级开挖龙沟外，计划在工段两头和 Cs81（6+733）附近、Cs102（7+789）附近、Cs111（8+400）附近，安设抽水机站 5 处，每处配 40—54 马力柴油机和 12—20 马力柴油机各一部，配套高扬程水泵，龙沟内水多时用大机器抽排，水少时用小机器抽排，分别排入先锋河和太山河。

（九）施工供电和电话架设：工地施工机械和照明用电由南京供电局解决电源，江宁县供电所负责架线和安装，要保证工地用电。工地沿线架设临时专用电话线路，江宁民工师设电话总机一台，与指挥部电话接通，并与各团建立通讯网，要保持电话畅通。

（十）工具配备：铁锹、挑筐等普通工具一律由民工自带，要求尽量多带小板车。铁镐、抓钩、四齿叉、铁锹等特种工具由县统一配备。

七、施工程序和方法

本工程由于工段短、民工多、地形起伏大，开挖较深，运距较远、工程艰巨，因此，必须遵照毛主席关于"在战略上我们要藐视一切敌人，在战术上我们要重视一切敌人"的教导，集中力量打歼灭战，有计划、有组织、有秩序地进行施工。土方工程以人力施工为主，辅以机械；石方工程以机械化、半机械化为主，辅以人力。

（一）土方工程：

1.开挖方法：开工时要先修好运土道路，挖平工作面，然后自河口往下采取阶梯式下挖方法，逐层下挖，每层挖深1.5—2米，每层开挖时要先挖好排水龙沟，龙沟要分段挖通，分别由五处抽水机站抽排。龙沟的位置：两面均匀出土者可挖在河槽中间，单向出土或一边出土较多者，则龙沟可偏在另一边。龙沟的沟底要按比降挖到一定高程，底宽1.5—2米，边坡1：1—1：2。龙沟是河道施工的关键措施，各级领导要高度重视，必须在当天集中力量突击完成。龙沟挖得好，可变难方为易方，大大提高工效，如挖得不好，会形成水下涝泥，增加施工困难，所以龙沟一定要坚决按计划完成。龙沟挖成后要有专人负责维修，保持排水畅通，最后龙沟的沟底要低于设计河底0.5—1米，使民工能穿鞋挖到底。

龙沟挖好后，两边挖土区应挖横向小沟，使地下水由横沟排入龙沟，工作面可始终保持干燥无水，便于施工。

每层开挖时分界处要保持进度平衡，一律不得留界埂，如进度不平衡时一定要变界埂为界沟。施工中应根据不同土质，采取不同的施工方法和工具，一般土质可用铁锹开挖；如遇坚硬岗土，可用四齿叉开挖或采用抓钩、铁镐劈土法，但应注意劈土不能太陡太高，以防塌方伤人；特别坚硬的土质用铁锹打入土中撬挖或用炸药爆破法施工。工区内的池塘，应先用小机器将塘水抽干，如有淤泥应先用干土垫路，加强排水，待水渗排后，由塘边向内分块突击抢挖，切不可乱挖乱踩，变成稀淤，造成施工困难。

由于冬季天气寒冷，施工中应注意土层防冻，民工每天下工前要普遍挖松一层，使夜间下层土不致冻硬。建议组织一部分拖拉机，在民工下工后将土层普遍深耕一遍，既松土又防冻，变难方为易方，可大大提高工效，加快工程进度。

2.运土方法：本工程由于开挖深，运距远，要尽量多用小板车运土，既灵活轻便，工效又高。运土必须按指定堆土范围堆放，较平坦地段，可先远后近，减少爬坡，如需爬过小山头往洼地堆土时，可先爬到小山头居高临下倒土。人力挑土应分来回路有秩序地运送，用小板车运土爬坡时，可采用爬坡机带小板车运土，爬坡机处应修成 1：4 的坡道，以充分发挥爬坡机的效能，使用爬坡机必须事先培训技术力量，注意安全操作，小板车挂钩脱钩时更应注意安全，防止发生工伤事故。

（二）石方工程：

1.爆破准备：石方爆破必须确保安全。首先要对参加施工的全体人员和当地群众进行安全施工的宣传教育，讲解安全知识。爆破前要做好充分准备工作，要组织好爆破材料的安全储存和运送，爆破材料需经公安部门检查合格才能使用，雷管、炸药、导火线要分库存放，妥善保管，要有民兵警卫，并要有保安措施。在危险区边界要设立警告标志、信号、警戒哨、爆破前要利用广播、警报器或鸣号通知所有施工人员和当地群众一律撤出危险区，爆破准备工作的完成情况应作出记录。

2.石方爆破：石方爆破要指定专人指挥，明确分工负责，爆破工应由受过爆破训练和安全知识的人员担任，爆破的次数、时间应明确规定，要统一指挥、统一步调、统一行动。石方应分层开采，先在中间开出一条运石通道，通道中间要有一条排水龙沟，然后逐层开石，每层厚度不大于 2 米，采用炮眼用空气压缩机带风钻打眼，人工装药，人工点火，炮眼的间距、深度、装药重量、炸药种类，根据岩石的性质和开采的深度而定，炸碎石块的大小应适宜人工装运的要求，如需同时起爆若干炮眼时，应采用电力起爆法或用传爆线起爆。导火线长度应根据爆破员在点完全部炮眼和避入安全地点所需的时间采用，导火线的燃烧速度要事先经过试验确定，导火线最短不得少于 1 米，在同一导爆网内禁止采用不同牌号的传爆线、导火线和雷管。在潮湿条件下进行爆破时，炸药、雷管、导火线均应用防水材料加以保护，露于地面的传爆线在气温高于 30°C 时，应加遮盖，以防日光直接照射。爆破一切准备工作完成后，经指挥员检查爆破准备确实完成后，下令爆破，在爆破规定时间内任何人不得进入现场。如产生瞎炮，要禁止掏孔取药，更不许点火重爆，应在未爆药孔附近 20—30 厘米处打一新的药孔，装入炸药销毁或灌水将药冲出。

3.石渣运送：石方经爆破后，石渣用轻轨斗车或小板车运至规定堆放地区，小板车爬坡时亦可用爬坡机带，机处坡道也应修成 1：4 的坡度。运石渣时应注意将风化石和岩石分开装运，分别运至指定地点堆放，不要混杂，以便今后将可用作建筑材料的石料外运修建桥涵闸等建筑物工程。

八、施工机械的配备

本工程土石方量大，工期较长，而施工段短，民工不宜太多，因此，建议尽量多用机械，以加快施工进度。指挥部计划购置、租用或借用一部分爬坡机、推土机、铲运机、自卸汽车、小型翻斗机、空压机、风钻、吊车、轻便铁轨、斗车等施工机械，并购置一部分小板车。江宁民工师要发动团、营、连多带小板车，以减轻劳动强度，提高工效。抽水机和水泵由江宁县自己解决。

九、工程进度

本月 20 日前完成开工前一切施工准备工作，春节前要求完成土方任务的 40%，春节后至明年三月底完成全部土方工程。石方工程在土方施工时先在小村南小山头搞石方施工试点，摸索经验，待土方工程完成后，石方工程全面开工，至明年年底前完成全部石方工程。为了掌握工程进度，各民工团要固定专人每周向师部和指挥部汇报一次工程进度和施工情况，包括民工政治思想、学习、生活情况，出勤率、劳动结合、工程进度、先进事例等，写成书面材料并填好工程旬报表，于每月 5、15、25 日分别报师部转报指挥部。

十、施工管理

本工程采取大包干制。指挥部将土石方工程任务、工程标准、完成时间、施工要求和工程经费、粮食、材料等全部包给江宁县民工师，包干完成。江宁民工师也应下包给各民工团，以明确工程任务，充分发挥各级施工单位的积极性。要做好政治宣传鼓动工作，开工时要召开誓师大会，施工中要运用广播、小报、电影、文艺等各种形式进行政治宣传教育工作，表扬好人好事，深入进行思想发动，开展社会主义劳动竞赛，掀起比学赶帮超的热潮，鼓足干劲，力争上游，多快好省地完成工程任务。

各级领导干部要带头参加劳动，深入连队蹲点，不断总结交流施工经验，开展工具改革，安排好民工的学习和生活，注意劳逸结合，强调安全施工，加强治安保卫，搞好环境卫生和防疫医疗工作，保证工程顺利完成。

十一、工程检查验收

江宁民工师和各团都要建立有领导干部、工程技术人员、民工代表参加的三结合的工程检查组，定期检查，交流经验，要严格掌握工程标准，工程竣工时要逐级进行验收鉴定，不合格的补做，没有验收合格证民工不能离开工地，最后由江宁县师部进行全面验收，写出竣工总结报告，绘制竣工图表，报指挥部复验。

检验标准：宽度容许限度 ±0.2 米、深度 ±0.05 米，做到河成、田成、路成、林成。

江苏省秦淮新河工程指挥部

一九七五年十二月

附表

表一　秦淮新河切岭段施工机械设备需要量表

名称	规格	单位	需要量	备注
推土机		部	10	
铲运机		部	10	
空气压缩机	10 立方米 / 分	部	24	
风钻		台	72	
合金钻头		个	8000	
爬坡机		部	100	
钢丝绳	Φ12.5-Φ13.5	吨	23	
空心钢		吨	6	
钢钎		吨	33	
自卸汽车		辆	10	
小型翻斗车	团结牌 73 型	辆	30	
板车	胶轮加重	辆	5000	
变压器		千伏安	2000	包括配电设备
吊车		台	10	
轻便铁轨	轨距 610 毫米	米	10000	
轨道铁斗车	V 型 0.6 立方米	辆	2000	
发电机	移动式柴油机 50 千瓦	部	6	

表二 秦淮新河切河岭段挖填土石方平衡表

分区	桩号	开挖土方(M³)	开挖石方(M³)	折合松土方(M³)	折合松石方(M³)	南岸 土方 A(M²)	H(M)	V(M³)	南岸 石方 A(M²)	H(M)	V(M³)	北岸 土方 A(M²)	H(M)	V(M³)	北岸 石方 A(M²)	H(M)	V(M³)	合计 可填土方(M³)	可填石方(M³)
I	5＋895-6＋100	327020	30752	392436	43053	9250	7.0	64750				45790	7.4	338846	7710	5.8	44718	403596	44718
II	6＋100-6＋400	551175	82300	661410	115220	58550	5.9	345445	14700	4.5	66150	40660	7.8	317148	7340	6.4	46976	662593	113126
III	6＋400-6＋680	588408	157403	706090	220364	63000	7.4	466200	28500	5.8	165300	28005	8.5	238043	8745	7.0	61215	704243	226515
IV	6＋680-7＋018.67	643096	196813	760915	275538	88250	6.0	529500	45250	4.5	203625	35900	6.5	233350	17350	5.0	86750	762850	290375
V	7＋018.67-7＋450	919476	260874	1103371	365224	46100	6.8	313480	26400	5.3	139920	115650	7.0	809550	40600	5.5	223300	1123030	363220
VI	7＋450-7＋700	228781	169267	274537	236974	17500	6.0	105000	14250	4.5	64125	32000	5.5	176000	45000	4.0	180000	281000	244125
VII	7＋700-8＋000	355710	153269	426852	214577	37000	6.2	229400	20000	4.8	96000	31650	6.5	205725	23350	5.1	119085	435125	215085
VIII	8＋000-8＋350	431050	44381	517260	52133	35980	6.1	219478	7020	4.6	32292	53000	5.6	296800	7500	4.0	30000	516278	62292
IX	8＋350-8＋480	126310	31388	151572	43943	22400	4.8	107520	7600	3.3	25080	8330	5.8	48314	4420	4.3	19006	155834	44086
X	8＋480-8＋700		215117		301164				27250	5.5	149875				30250	5.0	151250		301125
总计		4162026	1341564	4994443	1878190			2380773			942367			2663776			962300	5044549	1904667

说明：1. 表中：A-堆填面积 H-平均堆填高度 V-可填体积　2. 松土方=1.2×开挖土方　松石方=1.4×开挖石方

秦淮新河水泥土护坡试验报告

一、前言

秦淮新河格子桥上下游 400 米范围内，局部河坡已发生冲蚀坍塌，预计放水后将产生严重冲刷，计划做护坡工程。为了节省工程投资，推广新建材，该段准备采用水泥土护坡，并于 1979 年 9 月中旬提出了试验任务，要求在冰冻前完成试验工作。由于时间和技术力量的限制，工作分两个阶段进行。

第一阶段：搜集资料，现场踏勘取样，做水泥土击实试验、现场小块夯实试验和小面积护坡试验，研究适宜的夯实方法，测验不同含水量条件下的抗压强度以及其他有关项目。

第二阶段：进一步做干湿试验、冻融试验、渗透试验和塑性成型试验的各项试验。由于设备和人员条件的限制，第二阶段试验的部分工作，在明年 4 月份后进行。

二、试验过程和试验成果

（一）踏勘取样

9 月 24 日到格子桥上下游踏勘，查明该河段堤防系用粉砂土和粉质壤土填筑，极易冲刷。但土料易于粉碎，比较干燥，目测粉砂含水量不超过 10%，无须晾干，因此粉砂可用为水泥土的土料。踏勘时选取了粉砂和粉质壤土两种试样。由于河道全线下蜀黏土很多，因此亦选取了下蜀黏土试样。全部试验工作以粉砂为主要对象，粉质壤土和下蜀黏土仅做少量的室内试验。

（二）室内击实试验

委托南京水利科学研究所进行，选用 400 标号的普通硅酸盐水泥，水泥含量 10%，即水泥和烘干土的重量比为 1：9。水泥土制备方法参照：ASTMD558-57，击实试验按工土试验操作规程。考虑到施工时使用的夯实工具的能量可能较小，因此除按操作规程规定的 25 击外，又进行了 15 击的击实试验。

最优含水量为 Won=20.7%，比外单位资料中的最优含水量偏大较多。如以此最优含水量作为水泥土护坡标准，是否影响水泥土强度？因此在水泥土护坡试验之前又进行了现场小块夯实试验。

（三）小块夯实试验

1979 年 10 月 21 日在格子桥工棚内进行小块夯实试验。目的为了解施工夯实性能，含水量和水泥上的强度关系，以便确定护坡试验时夯实的方法和加水重量。小块夯实试验分四块，每块面积 2 米 ×2 米，并有相应的室内试验配合进行。

（甲）野外试验

在平地上挖 2 米 ×2 米，深 0.2 米的坑四个，粉砂土料用 10 毫米筛过筛除杂，测定过筛后的土料含水量 $W_{吸}$。灰土比采用 1：9（水泥含量 10%），每包 400 号硅酸盐水泥配干粉砂 450 千克，实称土重为 450（1+$W_{吸}$）。人工干拌三遍。

先后按含水量 W=12%、15%、18%、21% 计算加水重量。计标时扣除土料中的含水量 $W_{吸}$，加上估计拌和夯实过程中的水量损失（估计 2%）。

加水湿拌三遍后铺土夯实，每坑铺水泥土 1000 千克，先用平板震捣，震平一次（因土太松，蛙夯难以夯打），蛙夯三遍，再用平板震平层面，随即从上至下挖取试样测重量、含水量求干容量。

填实取样孔后覆盖湿草包，24 小时后浇水养护 7 天。期后 16 天时再从各坑中挖取试件，供室内试验。

野外小块夯实试验，说明以下几点：

1. 试块不宜太小，否则夯实比较困难。2、3 号试块连在一起夯实，工作较正常。

2. 含水量过低，不易夯实，rd 下降。1 号块 γd 仅 1.4g/cm^2。

3. 从已夯实的水泥土切出新鲜断面上即可发现豆状团粒，人工拌和不易破碎，将削弱抗压强度、抗冻融、抗干湿性能。

4. 人工拌和的均匀程度较难保证，特别是土料和水泥颜色相似，拌和质量更难以掌握，因此应尽可能采用机械拌和。

5. 挖开养护期 16 天的试块时，发现有明显的分层现象。因此每层水泥土尽可能一次夯实。如必须分层施工时，应先捣毛已夯实的层面，扫尽松土，并抹一层干水泥，然后再铺上一层水泥土。

（乙）室内试验

1. 土料分类试验。

2. 击实试验：用 400 号硅酸盐水泥，灰土比 1：9，击数 25 次。

3. 抗压强度试验：灰土比 1：9，试件尺寸 7.07 厘米 ×7.07 厘米 ×7.07 厘米。试件成型方法有三种：

（1）根据干容重、含水量计标试件的湿重，将计标湿重的水泥土一次装注入模，人工敲实到平模为止。

（2）粉砂水泥土用砂浆硬炼成型，击实 53 次。其他均与 A 相同。

（3）在小面积护坡试验中，铺水泥土时把模子埋在松土里，与铺层同时夯实，挖出模子，取出试件。

编号 E：用平板震一遍，木夯二遍，再平板震一遍，七天抗压强度 R7=8.4kg/cm^2

编号 F：用平板震一遍，蛙夯三遍，再平板震一遍，七天抗压强度 R7=10.7Kg/cm^2

4. 渗透试验：灰土比 1∶9 的水泥土渗透试验成果

小块夯实试验和相应的室内试验成果说明：

（1）粉砂水泥上的最优含水量为 17.2%，建议格子桥水泥土护坡采用含水量 17.2%。

（2）在灰土比相同的情况下，水泥上的性能因土料不同而异。用下蜀黏土制成的水泥土，抗压抗渗性能最好，壤土次之，粉砂最差。但因目前尚无粉碎和晾干条件，故秦淮新河护坡的水泥土以采用粉砂为宜。粉砂水泥土最大干容重小的原因，可能是由于颗粒细而均匀，不均匀系数 d60/d10=2.74，且与水泥相似，含云母片较多。

（3）粉砂水泥土的渗透系数约为纯粉砂的 40%，防渗性能的效果不突出。下蜀黏土的水泥土渗透系数 K=1.46x10^{-8}cm/sec，防渗性能良好，壤土次之，粉砂土最差。

4. 小面积现场护坡试验

（甲）试验计划

在秦淮新河格子桥东北岸，选取了三米堤段，从▽5.8—▽10.5 米，进行水泥土护坡试验。垂直厚度为 0.3 米，灰土比 1∶9，用 400 号硅酸盐水泥，土料用粉砂，过筛除杂用 5 毫米筛。每二包水泥配 900 公斤干粉砂（即 1000 公斤水泥土）平铺一层，松土层厚约 20 厘米，做成阶梯形。

施工步骤：

将原堤坡挖深 0.3 米（垂直厚度），顺流向共挖 5 米（其中两端超挖 1 米，供蛙夯操作掉头用，中间 3 米回填水泥土）。用蛙夯夯实，平整原坡（因原堤未经夯实）。

● 将挖出来的土料过 5 毫米筛，除杂备用。

● 配料前测定土料的含水量 W$_{吸}$。

● 每包水泥配 450 公斤干土，实称土重为 450×（1 ＋ W$_{吸}$）。

● 人工湿拌三遍，边洒水、边拌和，加水量 W$_{水}$＝500×（17.2%-W$_{吸}$＋2%*）。

---

* 2% 系估计施工过程中的水量损失。在小块试验中 2% 偏大，因在工棚内，蒸发量小。

● 分层平铺夯实，用平板震捣器振平，蛙夯三遍，再用平板震捣器振平层面。用湿草包覆盖洒水，养护七天。

● 两阶搭接部分先拉毛，扫除松土，然后重复以上步骤。每层从加水湿拌到夯实结束，不超过 2 小时。如超过 2 小时，应在搭接面上抹一薄层干水泥。

● 每铺三阶测一次夯实后的容重 r、含水量 W，计称干容重 γ_d。要求夯实后的 γ_d 不小于干容重 $\gamma_{d\,(max)}$ −0.08，即 1.53—1.61g/cm³ 之间。[†] 如小于此值，应改变施工方法，直到满足此标准为止。

每阶试验数量为左、中、右三对，每对上下各一个，共 6 个。

（乙）施工实况

基本上按上述计划进行施工。现将与计划不同之处分述如下：

1. 夯实问题：工程处为了制作阶梯形护坡，三面立模，蛙夯不能紧靠模板打夯，模旁的土拥高疏松，蛙夯无法掉头，因此改用人工木夯二遍，一共做了十八阶。由于人工木夯功能太小，干容重 γ_d 仅为 1.28—1.46g/cm³，总平均干容重 γ_d = 1.40g/cm³，显然施工质量不合要求。

因此从第 19 阶开始不立模板，按原计划夯实（即一次平板、三次蛙夯、一次平板）。结果：总平均 γ_d = 1.46g/cm³，γ_d 有明显提高，但仍不能达到施工质量要求，且层底 γ_d 均小于层面。

于是改为一次平板、八次蛙夯、再一次平板，结果，层面平均 γ_d=1.61g/cm³，层底平均 γ_d=1.57g/cm³，均达到质量要求。

由此可见蛙夯能达到 γ_d 的指标，但松土厚 20 厘米，夯实后层底 γ_d 均小于层面，故蛙夯前松土铺 20 厘米嫌厚，但改薄则增加层次，搭接面多。

2. 含水量问题，加水重量按：（水泥重 + 干土重）×（w_{on}-$w_{吸}$+0.02）计标。夯实后的含水量一般均与最优含水量 w_{on} 接近，在 17%—18.4% 之间，$w_{平均}$ = 17.7%，偏高 0.5%。但从 11 月 5 日下午至 11 月 6 日上午，含水量均偏高，且层面含水量均大于层底。层面 $w_{平均}$=19.1%，层底 $w_{平均}$=18.2%。产生这一现象的原因：①夯实后在层面上浇水过多；②以满箩筐估计土重；③新挖土料的含水量 $w_{吸}$ 比原测定的大。以上三点在今后施工中都可克服。

3. 筛子名义孔径与实际不符。购买 5 毫米孔径的筛子，实际买到的筛子孔径为 1×9 毫米。

4. 层面搭接处未经处理。

5. 下部 17 阶用碎土覆盖养护；自 18 阶以上的坡，在全部水泥上夯实结束后，铲平为 1：

[†] 此质量标准系参考《水泥土加固地基施工方法》。

45 坡的斜面，临时用湿草包洒水养护，草包揭去后，没有覆盖碎土。

三、体会和认识

这次试验是在一无经验、二少试验人员和设备的条件下进行的。虽有许多方面不够理想，但从中也得到不少体会和认识。现将一些主要的体会和认识分述如下：

（一）这次野外试验中影响水泥土质量的因素大致有下列几点：

1. 筛孔偏大，豆状团粒较大且多；

2. 人工拌和难以均匀，豆状团粒也难以破碎；

3. 人工木夯功能太小，不能达到质量要求；

4. 用满箩筐毛估土重，致配合比和加水量不够准确；

5. 层面搭接处理工作做得不够，有沿层面分离现象等等。

以上缺点除拌和问题外，在现有条件下均不难克服解决。至于人工拌和问题，如能添置强制式拌和机，则拌和均匀和破碎粉砂的豆状团粒问题也不难解决。

（二）通过这次试验认为在现有施工设备条件下，含水量能控制在误差不超过 1.5% 范围内，干容重能达到规定的指标 $\gamma_{d\,(max)}$ -0.08，即 1.53—1.61g/cm³ 范围以内；七天抗压强度 R_7 能达到 11—14kg/cm² 之间；抗冲效果：用废试块在自来水龙头下垂直冲刷一夜，无冲毁迹象，估计无问题；抗冻融性能，有待第二阶段进行冻融试验论证和现场时间考验。

（三）厚度 30 厘米、400 号水泥含量 10% 的粉砂水泥土护坡单价为 7.84 元 /m²。厚 30 厘米的干砌块石护坡单价为 14—11 元 /m²（包括滤层砂 10 厘米、碎石垫层 10 厘米）。水泥土护坡的造价为干砌块石的 55.6%，如接荆北放淤工程中水泥土护坡厚度用 15 厘米，则单价将更为低廉。因此可以认为水泥土护坡在经济上是节约的。

（四）最需要护坡的堤坝往往是粉细砂、砂壤土等松散土筑成，而松散土不需粉碎或易于粉碎，是水泥土的较好土料，便于就地取材。对于壤土和下蜀黏土，如有晒干、粉碎条件，同样可做水泥土土料，因其强度较大，渗透系数较小。

（五）水泥土的养护工作对质量很有影响。期令 37 天时目测上部没有松土覆盖的斜坡表面较松软，而下部有松土覆盖的 17 个台阶无此现象。用松土覆盖、长期养护是一个简便有效的好办法。

（六）我省境内有大面积的长江三角洲的粉细砂、砂壤土和废黄河冲积平原的粉细砂、砂壤土地面覆盖层。这些地区又往往缺少砂石材料。所以按我省的地理条件应积极推广水泥土。

（七）秦淮新河水泥土护坡施工，宜安排在明春化冻以后，因今冬尚需加高防堤。开工前要做好土料勘察工作，探明粉砂土的分布和储量、天然容量和天然含水量差。施工单位应及早培训施工质量检测人员。

江苏省水利局

一九八〇年二月

附录　单位初步分析

（一）工程数量：

从 11 月 4 日到 11 月 5 日上午 1.5 工作天共做 18 阶。11 月 5 日下午至 11 月 6 日上午即 18 阶以上，由于夯实方法等改变，工作比较紊乱，因此以 18 阶工程量计标。

1.18 阶水泥的干值：每阶用水泥土 1^T，共计水泥土 18^T。※

2. 水泥土体积：以干容值 $\gamma_a=1.55^T/m^3$ 计，$18^T/1.55^T/m^3$ $11.61m^3$ ※

3.18 阶护坡面积：$3\times8\times0.135\times\sqrt{(1+45^2)}$※   33.6 m^2 ※

4. 原坡土方开挖（挖深 0.3 米）33.6×0.3 $10.08m^3$

5. 原坡夯实（蛙夯三遍） $33.6m^2$

（二）18 阶水泥土工日数：   30 工日

过筛 2 人，称土抬土 5 人，拌和 6 人，浇水 2 人，夯实整坡 4 人，立模和电源开关 1 人，共 20 人。

1.5 工作天   30 工日 ※

（三）水泥土单价：   21.94 元 $/m^3$

水泥用量   18 @ 0.1^T @ 70 元，1.8×70 126 元

工资   30 工作日 @ 1.89 元   56.7 元

蛙夯电费折旧费   1.5 台班 @ 15.12 元   22.68 元

平板震捣器电费折旧费   1.5 台班 @ 10 元   15.00 元

养护费 $11.61m^3$ @ 0.1 元   1.16 元

$11.61m^3$ 水泥土工、料、设备费总价   小计 221.54 元

直接费 $221.54\times15\%$ 33，23 元

    合计 254.77 元

每立方米水泥土单价 254.77/11.61   21.94 元

（四）每平方米护坡单价   7.84 元

$11.61m^3$ 水泥土总价   254.77 元

原坡夯实（蛙夯三遍）$10.08m^3\times0.16$ 元   1.61 元

直接费（5.87+1.61）$\times15\%$ 1.12 元

$33.6m^3$ 护坡总价   263.37 元

每平方米护坡单价 $263.37\div33.6$ 7.84 元 *

（五）说明：

※18 阶水泥土实做干容值 $\gamma_a=1.4^T/m^3$，实际阶高 0.15 米，但 $\gamma_a=1.4^T/m^3$ 的水泥土在实际

工程中是不容许的，因此以 $\gamma_a=1.55^T/m^3$ 计，每阶高度为 $0.15 \times 1.4/1.55 = 0.135m$，施工时坡比为 1：4，经一年来沉实，现在实测坡比为 1：45。

＊为便于蛙夯掉头，实际原坡开挖时，两端各增加 1 米，所以实际原坡开挖为 $10.08m \times 5/3 = 16.8m^3$。

＊护坡工程实际施工时，工资和设备费有较大的潜力可挖。

例如只要有一只磅秤，则二人抬杠，一人打秤，一人计量，4 人的工作计只要 1 个人就能胜任；蛙夯和平板震捣器也不致停工的时间多，实际使用的时间少等，所以上列单价分析是留有充分余地的。

每平方米水泥土护坡单价 7.84 元是以垂直厚度 30 厘米计算的。如荆北放淤工程中水泥土护坡垂直厚度 15 厘米，自 1973 年到现在，经过 6 年考验后被证实安全可靠，则秦淮新河水泥土护坡的厚度也可改为 15 厘米，则单价也可降至 4 元 /m² 左右。

原坡挖方运距 50 米以内，土质 II，定额 0.232 日 /m³，10.08m³ × 0.3082 日 × 1.89 元。

（六）干砌块石护坡单价

干砌块石	24.21 元 /m³
滤层填砂	27.44 元 /m³
碎石垫层	22.66 元 /m³
干砌块石护坡每平方米单价	14.11 元
滤层填砂厚　0.1 米	2.74 元
碎石填层厚　0.1 米	22.27 元
干砌块石厚　0.3 米	7.26 元
小计	12.27 元
直接费　　15%	1.84 元

本实验参加单位有：本局基建处
省水利勘测设计院勘测总队
南京水利科学研究所
江宁县土桥建筑站

抓纲治河，团结治水

——开挖秦淮新河工程第一期任务初步总结

地委接受了省委交给我区开挖秦淮新河工程任务后，根据省委关于"一定要把秦淮新河开好，保证明年汛期发挥效用"的指示，决定动员我区宜兴、溧阳、武进、金坛、扬中、丹徒、高淳、溧水、句容等九个县的十二万青壮年民兵，集中精兵良将，在今冬打歼灭战，争取春节前完成六百万土石方任务。地委在七八年十月二十七日召开的各县县委书记会议上进行了部署，统一了思想，明确了任务，及时地成立了秦淮新河工程镇江地区指挥部，要求各县相应地成立了指挥部，十月三十日召开了各县分指挥部负责人会议，具体组织开工。经过短时间的紧张准备，从十一月八日起各县民工陆续上工，至二十一日止，全区十二万民兵，全部安全到达工地，全面施工。

在施工中，我们根据省、地委的指示精神，本着抓纲治河，团结治水，安全、优质、高速、节约地完成工程任务的指导思想，要求五十天任务，四十天完成来进行这项工程。由于我们对开挖大型河道缺乏经验，加之时间仓促，准备很不充分，因此，我们遵循从实践出真知、群众是英雄的观点，边上工，边施工，边学边干，在实践中及时总结群众中的经验，加以推广，解决碰到的矛盾，逐渐摸索开挖大型河道的施工规律。经过十二万民兵的艰苦奋斗，大家发扬"一不怕苦，二不怕死"的革命精神，抢晴天，战雨天，挑灯夜战，废寝忘食地奋战在秦淮新河工地上，终于四十余天的时间，提前、超额完成了秦淮新河的第一期工程任务。地区指挥部于七八年十二月三十一日召开了竣工授奖大会。这一期工程任务完成的速度是快的，质量是好的，标准是高的。我们的体会是：

（一）加强党的领导是开好秦淮新河的关键

实践证明，任务完成得好不好，关键在领导。这一次秦淮新河工程开得好，是因为从地委到各有关县委，从地区指挥部党委到各分指挥部党委，从所有参加会战的公社党委到广大基层干部，都非常重视这一期工程。一致认识到这是省、地委交给的一场攻坚战，速决战，总体战，一定要把它打好。所以从接受了任务起，就层层开会发动，反复讲明道理动员参战。

地委和各有关县委都有一名常委挂帅，迅速从各有关部门抽调得力干部，组织起指挥班子。工程中的许多重大问题，各级党委一把手都亲自参加研究，亲自部署落实，亲自检查指导。地委书记王一香同志以及各有关县委书记，都数次来到秦淮新河工地视察，听取施工汇报，帮助解决具体问题。为了促进工程的进展，地县都组织了慰问团，来到秦淮新河工地，向广大民兵表示亲切的慰问，给大家很大的鼓舞。各县县委主要领导同志都亲临工地第一线，调查研究，实地勘察，对广大民兵的晚饭、住宿、施工、医疗卫生、后勤供应等工作，一一作检查督促，帮助解决实际问题。他们都指出：开挖秦淮新河，这对我们各级领导班子是一个考验，对广大民兵是一个锻炼，要培养过硬的思想作风。这一仗只准打胜，不准打败，时间只能提前，不准拖后，一定要按照省地委的指示，高标准、高质量地完成任务。由于各级领导的重视，施工中碰到的许多困难都迅速地得到克服，为开好秦淮新河打下了牢固的基础。

（二）以民兵建制、集中精兵良将是开好秦淮新河的重要措施

开挖这项工程，需要远征，打攻坚战，各方面的条件都比较艰苦，因此，各县都派出了精兵良将，远离家乡，前来参加会战。地区由副专员罗明同志挂帅，各有关县相应地配备了干部，从上到下，各级指挥员都同广大民兵战斗在第一线。这一期工程，由于充分估计到困难性，艰苦性，所以组织来的民工都是青壮年民兵，并以民兵组织建制，层层狠抓三落实。在这个思想指导下，各县派来参加会战秦淮新河的民兵，一般都是身强力壮的年轻小伙子，他们能吃大苦，耐大劳，个个生龙活虎，干劲十足，精力充沛，夜以继日地战斗在工地上。金坛、丹徒、武进等县的不少民兵团，发现派来的民兵不精，有些是年老体弱，不符合要求，他们及时地进行了更换。金坛县指挥部对后方派来的民兵，还提出能挑壹百斤以上重担的条件，否则不能来工地。由于领导上重视这期工程中集中精兵良将，所以就为开好秦淮新河创造了有利条件。

（三）政治挂帅、思想领先是开好秦淮新河的有力推动

首先，建立了一支政治思想工作的队伍。从地、县指挥部到各公社民兵团，都成立了政工组。民兵团中还配备了政治指导员。这支由一千余人组成的政治工作队伍，在工地各级党委的领导下，抓紧政治教育，做过细的思想工作，起到了政治挂帅、思想领先的作用。并且运用简报、战报、广播、报告会、电影、幻灯、文艺、标语等形式，对广大民兵宣传鼓动，

深入开展政治思想教育。特别是团以下的政治工作人员，他们身体力行，不脱离群众、不脱离劳动，成为做好政治思想工作的基本力量。他们在工地上，及时抓住苗头性的问题，进行宣传，帮助广大民兵解决一些不正确的思想认识。例如：认为这是省里的工程，补助钱多、粮多、干活轻、生活好等等。及时端正他们参加会战的动机。地区指挥部下达了政治动员令，各分指挥部召开了誓师大会，层层进行思想发动。在施工中，狠抓了"三大纪律、八项注意"的教育，团结问题、安全问题的教育。各分指挥部都注意及时表扬好人好事，抓住一些违反群众纪律和公共秩序或闹不团结的典型，批评教育，个别情节恶劣的，还进行了严肃的处理。在强大的政治宣传鼓动下，广大民兵和驻地群众，都涌现了许多"兵爱民、民爱兵"的动人事迹。所有这些政治宣传工作，都有力地推动了秦淮新河工程的施工进度，保证了工程的胜利进行。

（四）科学施工，优质、高速是开好秦淮新河的基本要求

在这个指导思想下，我们在施工中逐渐摸索开挖大型河道的施工规律。开始施工时缺乏经验，把工程任务定到大队，由于工段狭窄，施工时界埂林立，人员拥挤，施展不开，工效不高，矛盾很多。如何搞好劳动组合，适应开挖大型河道的施工，是这期工程首先碰到的问题。如何解决，我们总结推广了溧阳县陆笪公社民兵团的经验，针对河面宽、工段狭、劳力挤的特点，采取工程任务到团（公社），土方任务到连（大队），劳动定额到班（劳动组）的办法，以团为单位，连、班不固定地段，由团部统一调度。这样就拉开了战场，取消了界埂，解决了由于进度不平衡而带来的积水问题。在河身逐步下降的情况下，如何解决排水问题，我们又推广了丹徒县高桥公社民兵团深挖龙沟、坡形取土的办法，解决了渗水大、地面烂的困难，大大提高了工效。溧阳县在推广高桥经验中又有了发展，提出了大河套小河、界埂变界沟，斜坡取土，排水畅通，工程无阻的一套办法，保证了顺利施工。在工程质量标准上，除了严格按图施工外，我们提出了三齐三平的要求，三齐就是河底线齐，河口线齐，堆土线齐；三平就是河底平，平台平，堆土区平。宜兴县按照三齐三平的要求，在堆土、运土方面进行了科学计算，做到了上土、近土远送，下土、远土近堆，成为全河三齐三平的样板，大大推动了工程质量。由于大家的努力，整个工程只用了四十余天的时间就胜利结束了，基本上达到了优质、高速，比较满意地开出了一段十四华里长的宽阔漂亮的大河。

（五）开展劳动竞赛、评比奖励是开好秦淮新河的重要环节

在施工期间，我们认真贯彻了华主席关于"四个一点"的指示精神，落实党的经济政策，采取物质鼓励的办法，奖励劳动竞赛中的先进单位和先进个人。地区指挥部组织了县与县、社与社之间的劳动竞赛，根据多劳多得的政策评工记分，并且提出了以"比思想、赛风格，比进度、赛质量，比纪律、赛安全，比管理、赛节约"为标准的竞赛条件，颁发了奖励制度。地区和县指挥部共拿出二十余万元的奖金给予奖励。我们采取地、县两级给奖和县里分段奖与总评奖相结合的办法，奖励先进单位和个人。地区指挥部根据这一期工程提前、超额完成任务的实际情况，给予县立功受奖。经过评选，宜兴县荣获一等奖；句容、武进、金坛、高淳、溧水、溧阳等六个县荣获二等奖；丹徒、扬中两县荣获三等奖。溧阳县陆笪公社民兵团、丹徒县高桥公社民兵团、宜兴县工务科、溧阳县茶亭公社民兵团炊事班荣获特等奖。宜兴县新街公社民兵团，荣获机械化施工单项奖。武进县湟里区和83个先进民团、连，130个先进个人荣获先进奖。整个工程于七八年十二月三十一日召开竣工授奖大会。会议开得隆重热烈，热气腾腾，喜气洋洋。实践证明，积极开展社会主义劳动竞赛，用精神奖励与物质鼓励的办法，采取经济手段来奖励先进，这是充分调动广大民兵积极性的较好形式，也是我们安全、优质、高速、节约地完成秦淮新河工程任务的一个好方法。

（六）搞好后勤供应是开好秦淮新河的基本保证

这一期工程，在地委和各个县委的领导下，在各有关部门的大力支持下，后勤供应工作做得是好的。地、县后勤人员约占十二万人的5%，及时安排了十二万人的宿食。由于工地周围民房紧张，约有七万左右的民兵住在临时搭建的工棚。在生活方面，各县粮食局都在工地上设立了战地粮站，动用了汽车40辆，为十二万民兵的粮油生活必需品日夜运送，起了先锋作用。据初步统计，整个工程供应了粮食1500万斤，食油5万斤，煤8814.9吨。圆满地完成了运输任务。为了满足广大民兵的生活需要，全工地还办起了工地商店27个。在时间短、任务紧的情况下，交通运输部门及时组织了车辆，把十二万民兵安全运到工地，又安全运送回家，发挥了先行官的作用。地、县有关物资部门、供电部门、邮电部门、农机配件部门，也都来工地做好后勤供应工作。保证了整个工程的顺利施工，使我们这一期秦淮新河工程，确实体现了地委号召打总体战的精神。

在十二万民兵指战员的共同努力下，秦淮新河工程任务完成得是好的，质量是高的。省、地、县的有关领导和广大群众都比较满意。为根除秦淮河的灾害，发展工农业生产，保证省

会南京市的安全作出了一定的贡献。但是事物总是一分为二的，我们还存在不少问题：

（一）这样大的工程，这样大的任务，动员这么多的人远征，加之仓促上阵，造成了思想工作做得不细，政策交代不够明确，使经济上、物资上造成了浪费。例如，少数社队群众思想来不及做，形成摊派、抽签、雇用劳力上工；在政策上，粮食、现金瞎许愿、乱开支。有的生产队花两块钱一天雇劳力，有的生产队给民工每人补100稻或补几十元钱，或帮助买胶鞋、球鞋等五花八门的办法动员上工。在物资上，工地砌灶砖来不及准备，溧阳等县从本县长途运输十多万块砖来工地砌灶，花费很大。由于准备仓促，地形不熟，情况不明，武进、宜兴、溧阳等县的部分工棚和住房，几经搬家，迁居搭棚，也造成一定的损失。所有这些，干群意见很大。

（二）现在干群的思想对开挖秦淮新河认为是不执行（37）号文件，有意见，还需要各级领导做好工作。对领导上关于实际所用的钱和劳动积累的解释，思想不通，如第一期工程结算，实用近七百万工日（还不包括10%左右的后勤工日），每人每天实用的伙食费八角左右，其中有三角钱要生产队负担，加之近七百万工日作为劳动积累，多数不受益的县，干群认为不符合（37）号文件的精神。

（三）我们在开挖大型河道方面，施工中缺乏经验，开始在劳动组合，导流排水，工程出土等方面也有些混乱。形成了局部地段翻工，造成了损失。施工中虽然加强了安全教育，但不安全的因素依然存在，终于造成了一些不应有的伤亡事故（塌方压死一人，伤三人），这是我们在今后的施工中值得严重注意的问题。

秦淮新河第一期工程胜利结束了，一条宽阔的秦淮新河展现在我们的面前，使人心情舒畅。我们要发扬继续革命的精神，把全部工作的着重点和全国人民的注意力转移到社会主义现代化建设方面来，总结经验，以利再战，为我区今后开出更多具有现代化水平的大型河道作出更大的贡献！

江苏省秦淮新河工程镇江地区指挥部

一九七九年元月一日

关于秦淮新河挖压土地后需要解决社员吃粮和安排劳力出路问题的报告

县委：

省委决定开挖秦淮新河，这对于秦淮新河地区排洪、引水、灌溉、运输，建立稳产高产农田，发展航运事业，促进城乡交流和农、副、工发展，加快农业现代化的建设都具有重大意义。

秦淮新河横穿我社，挖压土地面积约二千七百七十六亩一分六厘，涉及中前、胜利、翻身、红光、先锋等五个大队，二十四个生产队。八百八十一个劳动力基本上无田可种，三千五百六十七个人口粮没有来源。土地挖压与劳动力多余的矛盾，剩余土地生产粮食与社员口粮不够分配的矛盾无法解决。目前开河工程即将竣工，妥善解决社员口粮和劳动力出路的问题，已是迫在眉睫。请县委酌情考虑，并呈报市委安排解决。

我社设想，对于以上问题，通过以下办法安排解决。

（一）社员吃粮问题，用两种方法解决

1.调整土地，解决占被挖压面百分之五十的人口吃粮问题

我社党委研究，动员中前、胜利、翻身、红光、先锋等五个大队，内部进行土地调整。采用彼邻生产队互相划拨、推让的方法，可以调出土地三百五十亩，加上两岸圩堤内坡脚进行平整耕种，这样可以解决十个生产队一千三百五十三个人的口粮问题。

2.改种蔬菜，吃返销粮，解决剩余的十四个生产队二千二百一十六个人的吃粮问题

土地挖压后，翻身大队宋西生产队一百四十个人口，六十个劳力无田可种；宋东生产队一百六十个人口，六十四个劳力，无田可种；史前生产队二百四十九个人口，一百二十三个劳力，只有三十二亩九分四厘土地；河定桥生产队七十五个人口，三十个劳力，只有十二亩土地；红光大队曹一生产队一百六十八个人口，八十八个劳力，只有四十亩土地；曹二生产队一百六十一个人口，九十三个劳力，只有三十五亩土地；马一生产队，一百八十七个人

口，九十四个劳力，只有三十亩土地；马二生产队一百七十二个人口，九十二个劳力，只有二十五亩土地；先锋大队大姑塘生产队一百七十六个人口，九十五个劳力，只有二十亩土地；赵家村生产队一百五十四个人口，九十二个劳力，只有十亩土地；小荷塘生产队九十个人口，五十四个劳力，只有二十五亩土地；胜利大队严南生产队一百七十四个人口，六十五个劳力，只有五十亩土地；李家门生产队一百六十个人口，六十五个劳力，只有五十亩土地；大庄头生产队一百五十个人口，只有土地四十三亩；以上十四个生产队根据生产规模的大小、人口、劳力的多少，安排菜地面积。大的生产队可划蔬菜面积六十亩，小的生产队可划蔬菜面积四十亩，合计改种蔬菜约七百三十亩左右。土地来源，公社内部进行调剂，请市委批准，由市蔬菜公司与上述十一个生产队签订产、供、销合同，以保证蔬菜基地正常生产，口粮、户口转拨，吃返销粮。

（二）安排劳动力出路问题，也用两种方法解决

1. 发展社、队企业，安插劳动力。为了不减少社员经济收入，必须走农、副、工道路。利用多余的劳动力，安插到社、队、企业中去，发展社队企业，壮大集体经济，保证社员收入不受影响。

对于土地挖压所涉及的五个大队，根据原有社、队、企业的情况，需市委批准，与有关局、公司签订合同，解决产、供、销，进行扩大和充实，这样能安插劳动力六百人。

红光大队羊毛衫厂，通过厂社挂钩关系，由市羊毛衫厂帮助建立起来的队办企业，目前产、供、销没有保障，现该厂技术水平、产品质量基本合格。请市委批准，与外贸公司签订：每年产品不少于十万件，产值六十万元，利润保证百分之三十的合同，批拨机械设备，增加六针机四十台，摇毛机二台（资金约四万元，在土地挖压费中解决），这样可以安插劳动力二百人。

翻身、先锋两个大队的纸箱厂，已办多年，产品质量基本合格。近年来，找米下锅，托人销售，收入无保障。请市委批准，与有关公司签订合同，下达一百万元生产指标，保证队办企业收入，这样可以安排劳动力二百人。

胜利大队无线电仪器厂，由厂、社挂钩关系，为南京无线电仪器厂加工铆钉，由于机械老旧，业务范围太小，原材料、加工指标都没有保障。请市委批准，与南京无线电仪器厂签订产值达一百万元的产、供、销合同，批拨加工产品用的机械设备。

公社造纸厂，原生产包装用纸，请市委批准：增加生产文化用纸，批拨生产文化用纸的机械设备一套；与有关公司签订产值一百五十万元的产、供、销合同（机械资金由公社企业

积累中解决）。这样可以安插劳动力二百人。

公社服装厂，原与市友谊服装厂进行厂社挂钩，生产的产品质量，已符合出口标准。要求市委批准，与友谊厂脱钩，同外贸公司签订产值三百万元的产、供、销合同，保证社办企业的收入。

充实扩建上述社队企业，需要钢材、木材。请市委支持木材计划一百五十立方米，钢材计划一百五十吨，水泥计划四百吨。为了保证社、队企业的机械维修，请市委支持"呵六二"或"呵六〇"车床四台，"7618"车床四台，"665"牛头刨床四台，五吨、二十吨刨床各四台，铣床四台。

由于开挖秦淮新河，我社水系被打乱，有大量土方工程急待平整，请市委批准批拨一百马力推土机五台（资金公社自己解决），在没有解决推土机之前，请市委支持租用十台，以便及时平整土地，达到当年收益的目的。

为了发展副业生产，我社计划在新平整的土地面积上大种杞柳。请市委帮助解决栽插二百亩面积的杞柳苗。

2. 外出做工。尚有劳动力二百八十一人（主要是中前、胜利两大队的劳动力），通过外出做工进行安插。请市委批准，增加二百八十一人到南京做搬运工，由市计委下达计划，长期签订合同，每人每年产值保证达二千五百元。

以上报告当否，请县委批示，并转报市委批准。

江宁县东山人民公社革委会

一九七八年十二月十八日

四年苦战结硕果，人民功绩垂千秋

——秦淮新河切岭段工程总结

秦淮新河切岭段工程，是于一九七五年冬，在第一次全国农业学大寨会议精神鼓舞下，迎着"四人帮"掀起的阵阵恶浪上马的。四年多来，在县委的领导和省工程指挥部的指导下，我们组织广大干部民工认真学习党中央一系列重要指示，深入批判林彪、"四人帮"的极"左"路线，加强政治思想工作和工程管理，坚决落实党的多劳多得政策，广泛开展社会主义劳动竞赛，关心群众生活，注意工作方法，极大地调动了群众的积极性和创造性。经过四年多的努力，现已胜利完成了切岭段全部工程任务，并取得了很大成绩。一九七九年十月二十四日，经省工程指挥部会同省有关单位已对切岭段工程做了竣工验收。

一

切岭段是由四个大小山头连接起来的。它坐落在韩府山脚北麓铁心桥旁，位于秦淮新河中游，全长二点九公里，海拔三十米左右。原来，山上除了小部分是山地外，绝大部分地区都是杂草丛生，树竹密布，土层在十米左右以下全是岩石。

为了攻下这个"碉堡"，凿通河道"咽喉"，为秦淮新河全线开工铺平道路，开挖切岭段是关键一仗。于是，我们根据县委的指示和省工程指挥部的要求，于一九七五年十二月份，满怀信心来到切岭段工地安营扎寨，带领广大干部民工打响了向地球宣战，向切岭"开刀"的改天换地的战斗。在四年多的施工过程中，我们根据每期不同的工程任务情况分为三个战役来打的。

第一战役，为土方工程。从一九七五年十二月至一九七六年五月。当时，县委从全县二十六个公社抽调干部民工约四万人参加大会战，拉开了秦淮新河工程的战斗序幕。这些踊跃报名来到工地参加会战的广大干部民工，因饱受秦淮河水害之苦，省委决定开挖秦淮新河反映了人民的世代夙愿，所以他们一上战场就大干起来。在战斗中，他们发扬了自力更生的革命精神，自筹材料，自己制造土爬坡机一百二十六台，铁木板车一千六百四十部，用半机械化代替了肩挑人抬；许多民工营驻地分散，上工较远，他们起早带晚干，中午吃在工地不休息地接着干；天寒地冻，黄土坚硬，他们筑钉扒，虎口震裂，不叫一声苦和累；有时蔬菜供应不上，吃小菜加酱油汤，四五月份仍睡地草铺，他们没有一句怨言。为什么？大家有一个共同的想法：尽快拿下切岭段，早日开通秦淮新河。经过一个冬春的艰苦奋斗，将一百五十米宽的河面揭去土层十米至二十米深（挖到十米因见到了石头，挖到二十米因达到了标准），完成了土方：×××*万方，工日×××××××个，占总任务的百分之八十七。

第二战役，为石方工程。从一九七六年七月至一九七八年十月。这期工程是在继土方大会战结束后，经过整顿组织、调整人员机构，加强领导，成立约六千人专业队伍和做好各项准备工作的基础上进行施工的。为了完成开采石方的艰巨任务，广大干部民工心往一处想，劲往一处使。冬天，他们不顾寒风刺骨，雨雪纷飞；夏天，他们不管烈日当空，河下高温达40度左右，凭着一颗红心两只手，一锹锹，一车车，坚韧不拔，挖山不止。拖板车的同志，心怀"四化"大目标，在二三百米的高坡上，上下飞奔，一天要跑五六十华里，不避艰险，英勇奋战；打眼放炮的同志，靠着为"四化"争贡献的革命激情，一天要放几百炮。面对土石横飞，临危不惧。就这样，他们终于打掉石"老虎"，啃掉硬"骨头"，一举拿到河底，使三十五米宽的河床清晰地显现出来，完成了石方××万另×百×十×方，工日×××××××个。同时还完成了第一期工程遗留下来的土方×十×万×千方，工日××××××个。工程标准达到了"三平一深"，即河底平、边坡平、平台平的设计要求。

第三战役，为护砌工程。从一九七八年十月至一九七九年十一月。在这期工程即将开始时，正值江口枢纽工程上马，经县委决定，又重新调整布置，从切岭段工地抽调八个公社民工营的干部民工参加施工，切岭段只保留十八个公社民工营约四千干部民工，承担原二十六个民工营的护砌任务。护砌中，尽管工程情况复杂，工序较多，技术要求高，给施工带来不少困难，但广大干部民工没有被困难吓倒，不懂技术，就边学边干；以能者为师，质量难掌握，就不断总结经验；自上而下运放石头很危险，就动脑筋想办法。经过一年多时间的苦干加巧干，他们终于完成了护砌工程的下列任务：1.十三个民工营对工地上出现少见的蒙脱土（亦叫膨胀土），按照十四个科研单位专家会诊的处理意见，在护砌层垂直挖深两米，运走蒙脱土，拉进黄土，进行层层回填夯实，共做了×万多土方，工日××××××个；2.因工程数次改动设计标准，由边坡一比0点五，改为一比二，扩坡和整坡共做了石方××××××方，工日×××××××个，土方×××××，工日×××××××个；3.护好两岸十米高、二点六公里长的浆砌块石（因有0点三公里长是小山地段，两坡岩石坚硬、平削，故不需再护）和五米高、一点六五公里长的干砌石块（因切岭段河岸两头较低，雨水冲刷不大，故不需再砌）；4.在河坡两岸十五米和三十米平台上，砌好了纵向排水沟四

---

* 档案原文如此。下同，不另注。

条，计八千五百公尺，和间隔百米宽的横向排水沟五十条，计七百五十公尺，又在两岸浆砌河坡上，分段砌成了二十七条台阶。护砌工程，总共用去块石×××××方，垫层碎石×××××方，完成工日×××××××个。护砌质量，做到了垫层实，灌浆实，缝塞实。

在三期工程中，总共完成土方××××××××方，工日×××××××××个；石方××××××××方，工日×××××××××个；浆砌、块碎石护砌××××××方，工日×××××××个。省下拨经费×××××元；下拨各公社经费×××××元；实际结余上交县委经费为××××××元。省总批复补助粮食为×××××××××斤；下拨基层各公社水利工程粮食为×××××××斤；实际结余上交县水利局粮食×××××××斤。

另外，所有物资折价移交给县水利局共计××××××元，其中比较新的物资××××××元，还有其他设备××××××元。

二

切岭段工程所以能够取得这样大的成绩，一方面是各方面给予的支持，另一方面是我们做了一些工作。现归纳起来，主要有以下几点：

（一）县委的重视和加强了领导

在施工期间，县委主要负责同志曾多次亲临工地，检查指导工作，帮助解决问题。开始为了加强对工程的领导，县委抽调了县委常委、县革委会副主任二人来工地坐镇指挥，并成立了江宁县秦淮新河工程民兵师，后改为江宁县秦淮新河工程民工指挥部，还建立了工地临时党委。在这同时，县委又从县级机关和厂矿企业等单位抽调一批科局领导和一般干部、职工五十多人，充实了骨干力量。全县二十六个公社党委，根据县委的要求，也相应地成立了民工营，选派了党委副书记、公社副主任和人武部长等领导干部组成领导班子，下设班、排等组织，使各项工作层层有人抓。由于县委的重视和加强了领导，因而使切岭段工程上马快，人员上得齐，任务落实得好。

（二）各单位给予了大力支持

在切岭段施工的四年中，各单位在人力、物力等方面给予工程支持是很大的。大会战时，县工业部门在工地上设立了临时服务维修小组，专门负责修理机械和生产工具；县人民银行在工地上设立了临时服务部，方便群众存款取款；县人民医院派来了医疗队，于是在这个基础上我们建立了工地临时医院，给群众看病带来方便；南京市有关单位在物资和蔬菜供应上，也都能尽力给予保证供应；当地社队干部群众腾房让屋给会战民工住。后来，他们又把土地让出来给我们盖专业队民工住房。所有这些支持，对完成切岭段工程任务起了鼓舞和促进作用。

（三）建立与调整了领导机构

为了适应工程任务的需要，我们根据二十六个民工营工段分布情况，划分成立了四个工区，建立了党的核心小组。从营干部中，挑选了四人担任工区的领导职务。在这前后，我们又将原属工程组领导下的工具改革小组，改建为机电组；将原机械修配小组，改为修理所；将政办组一分为二，又单独成立了治安保卫小组，使工程安全生产得到管理。对新成立的办事机构，我们充实了管理人员，增添了技术力量，使之发挥职能作用，更好地为工地服务。此外，从工地施工以来，我们编印了《工程情况》简报八十六期和每月底印发一次工程进展表，沟通了施工情况，交流了工作经验。

（四）积极抓好机电配套和安装工作

怎样促使工程大干快上，我们采取了很多措施。特别是对机电配套和安装工作，我们把它当作一项主要任务来抓，并建立了管理制度，确定了专职人员管理使用。在施工高峰时，全工地拥有上海和淳化式爬坡机一百一十四台，铁板车和翻斗车三千五百八十多部，铁轨二万二千一百六十四米，风钻六十七台，潜孔钻一台，空压机十九台，大小变压器十六台，大小电动机二百四十五台，大型排灌设备四台套，高压水泵二十二台，风管和水管约三千米，电线杆二百一十三根，打夯机十三台，各种机床五台。由于有了这些机电设备，使工程速度大大加快。

（五）认真做好物资供应工作

施工以来，我们对物资供应工作抓得很紧，指定专人负责，组织力量，外出采购，做到兵马未到，粮草先行，工程未开工，物资准备好，主动当好工程的先行官。在开采石方方面，我们从县化工厂和徐州、溧水等地调进炸药××吨，雷管××××××只，导火线×××××××米。在搞护砌方面，我们从镇江等地五家水泥厂调进水泥××××吨，从本县等地十二家砂场购进黄砂×××××吨，从当地等八家采石场购买块石×××××吨（按每方石头为一点七吨计算），购买的块石折为×××××方，但实际用去×××××方，因此，这×××××方石头是动员群众，从河底运上来的乱石堆里扒拣出来的，本着节约的方针，在经济方面为国家节省了开支。在群众生活方面，我们从各地调运毛竹×××××根，芦席××××××张，建造了民工住房约一千五百多间，又建立了物资仓库和机电房一百五十多间。

三

回顾四年来的工作，我们深感既有经验，也有教训。例如，安全生产，由于我们抓得不够紧，措施不够有力，致使工伤事故不断发生。四年当中，全工地因公致伤致残共四百一十七人，因公死亡共七人。另外还有因病死亡四人，死因不明自杀的五人。再如，由于我们对物资管理和经费开支抓得不够实，也造成了一些损失和浪费。今后，我们将吸取这些教训，为党认真做好工作。

为了进一步做好善后工作，1. 必须与各公社清工结账；2. 与有关单位清理往来账目；3. 清理物资，办好移交；4. 做好工作总结。

四年来切岭段工程的战斗生活已经结束，让这一光辉历程载入史册吧！

江宁县秦淮新河工程民工指挥部
一九八〇年五月二十日

上报：省工程指挥部、县委
抄报：省水利厅、县水利局，存档

关于秦淮新河开挖后有关情况汇报提纲

一、情况

（一）秦淮新河主体土方工程主要是在一九七八年冬施工的。当时据说共有二十余万人参战。其中吃、住在我们东山公社范围内的就有十二万人之多，相当于我社总人口的六倍。这给当时社队的工作和生产带来了很大的压力。然而，我们广泛动员群众，充分依靠群众，克服了重重困难，保证了民工有秩序地生活和劳动，使工程顺利施工。

（二）开挖秦淮新河共挖压我社面积 2858 亩，直接受影响的主要有四个大队，23 个生产队，939 户，3687 个人口，1683 个劳动力，被挖压土地 2479.7 亩。其中：蔬菜队 2 个，61 户，247 人，91 个劳动力；产粮队 21 个 878 户，3440 人，1582 个劳动力。平均每人减少土地 0.67 亩，每个劳力减少 1.47 亩。

（三）挖河后进行土地调整，使 10 个生产队，306 户，1243 个人口，586 个劳动力间接受到影响。这 10 个队共被调出土地 293.8 亩。平均每人调出 0.23 亩，每个劳力调出 0.5 亩。

（四）这样开挖秦淮新河直接和间接受影响的共 33 个生产队，1245 户，4930 人，2269 个劳动力。其中直接受影响的 21 个产粮队，开河前每人实际占有土地 0.9 亩，每个劳力 2.4 亩；开河后每人还有 0.4 亩，每个劳力 0.8 亩。被调出土地的 10 个生产队，土地调整前每人占有土地 1.1 亩，每个劳力 2.4 亩；调整后每人还有 0.8 亩，每个劳力 1.8 亩（开河前后人口、劳力都有所增加）。

（五）开挖秦淮新河打乱了我社的水利系统，破坏了部分公用设施，造成了水、电、路、广播、电话"五不通"，一度影响了生产和各项工作。

二、开河后各级领导做了大量工作

（一）省、市

1. 付给房屋拆迁费、土地征收费、青苗费等共 170 多万元。

2. 拨给大批木材和钢材等物资。

下
篇

3. 拨款 60 万元，帮助社队办企业，安排劳动力出路。

（二）县

1. 及时向省市反映开河后出现的困难和问题。

2. 根据新河指挥部的要求，指示并帮助社队进行土地调整。

3. 一九七九年年终分配补助 10 万元资金，帮助人平分配 100 元以下的生产队解决部分困难。

4. 从领导和技术等方面帮助社队进行水利配套，恢复生产。

（三）公社

1. 做了大量的思想政治工作，稳定干部社员的思想情绪。

2. 根据省、市、县的指示，进行了生产队之间的土地调整。

3. 组织全社劳力，搞了三次大会战，还建立了一支专业队常年施工，共投工 44 万多个，动用土石方 66 万多方，帮助沿河大队完成新河的水利配套任务，解决了"五不通"问题，恢复正常的生产和工作。

4. 利用省拨款项，先后扩建了公社服装厂、拉丝厂、搬运队、建筑队、预制厂等，动手兴建第二窑厂、第二造纸厂等，以便解决部分劳力出路问题。

5. 帮助沿河大队利用新河堤埂发展杞柳、蓖麻等多种经营，一九七九年增加经济收入 3.5 万元，弥补了部分困难。

三、目前还存在的主要问题

（一）口粮紧张

由于土地被大面积挖压，粮食产量骤然下降。经过算账，直接受影响的 21 个产粮队中，只有三个队能自给口粮，其余 18 个生产队都不同程度地缺粮。核定每年返销粮食 97.61 万斤。返销最多的生产队达 13 万多斤。一九七九年，这 21 个生产队千方百计扩大面积争取多产粮食。尽管收成很好，但粮食总产还是比一九七八年下降了 44.1%，由 354.9 万斤减少到 198.26 万斤。社员吃返销粮 48.92 万斤，增产抵销 48.69 万斤。最多的队增产抵销 5.79 万斤，还返销 7.29 万斤。

（二）分配下降

减少粮食产量，必然减少经济收入，加上实行增产抵销，国家规定的粮食加价政策，这些队得不到多少好处。这样社员分配水平不仅不能和其他队一样随着粮食加价而提高，就连往年的分配水平也远远不能达到。一九七九年直接受影响的 23 个生产队共减少收入 21.1 万元，每人平均60.64元。幸好得到县补助10万元和其他补偿3.8万元，才勉强应付了分配。今年问题更为严重。预计这23个队每人将比一九七八年减少收入76.8元，按人平100元的分配水平计算，缺款16.67万元，加上间接受影响的10个队缺款4.86万元，共计缺款21.53万元。

（三）劳力过剩

这是土地大面积减少的必然结果。开河前，受影响的33个生产队有在队劳力2226人，近两年已安排进县、社、队三级企业做工的528人，现在在队劳力还有1698人。这些队现在集体实有耕地2528.76亩，每个劳力平均只有1.49亩，而且很不平衡。如果按开河前每个劳力种田2.4亩的情况计算，现在这些队还多余696个劳动力。现在社、队企业大多已劳力过剩，无法再安排。这些人在队无事可做，就只好有的专营家庭副业，有的搞贩运做生意，有的东游西逛不务正业，有的甚至搞歪门邪道，造成很不好的社会影响。

（四）社队企业没有保障

这两年，我们千方百计安排了一部分劳动力进社队企业，帮助这些队解决劳力和生活出路问题，确实尽了很大的努力。但是，社队企业供销无路，技术无门，生产不正常，经常处于停产状态。这样已经安排进社队企业的劳力也靠不住。尽管我们社、队两级组织力量到处苦苦求情，但没有多少效果。

（五）土地调整扩大了困难面

原来开河受影响的只有23个生产队，但是，搞了土地调整以后，10个生产队被调出了293.8亩土地。这样把受影响的面扩大到了33个生产队。当时搞土地调整阻力就很大，这些队土地少了以后，减少了经济收入，降低了分配水平，群众意见更大。大家反映说这样做不符合党的政策，是侵犯生产队的所有权，搞"一平二调"。

（六）增产抵销不利于调动群众的积极性

去年，被挖压土地的队千方百计增产粮食，总想争取在完成定产任务以后，多卖些超购粮，来增加收入和分配。但结果增产的粮食大部分被抵销作口粮。这样这些队土地被挖了，产量减少了，收入降低了，粮食提价的好处又得不到，因此反映强烈，意见很大。今年这些队种粮食的劲头有所减退。这种吃"大锅饭"的做法，不利于调动好群众的积极性，自力更生地解决开河后造成的困难。

四、解决问题的意见和要求

（一）分别每人占有土地多少的不同情况，切实解决劳动力出路问题

我们设想了四种方案：一是按土调后每人占有的计划面积计算，二是按土调后计划面

积加计划外面积计算，三是按开河后计划面积计算，四是按开河后计划面积加计划外面积计算。我们倾向按第四种方案处理，分以下三种情况：

1. 人平土地不足二分的 11 个生产队改居民，共 476 户，1861 人，1039 个劳动力。人口每年吃国家商品粮 62.5 万斤，油 8930 斤，供应煤约 476 吨。劳动力由政府统一安排，或兴办企业，或安排在附近厂矿企业。土地一般由大队安排给其他生产队。

2. 人平土地二分以上不足五分的 2 个生产队改种蔬菜，共 82 户，300 人，161 个劳动力（其中在队劳力 102 人），人口吃国家商品粮 11.1 万斤，油 1440 斤，供应煤约 82 吨，多余劳动力由社队安排，不足的土地在改居民队的土地中补给。

3. 人平土地五分以上的 20 个生产队仍然种粮食。对其中的 7 个缺粮队改变"增产抵销"的做法，而实行定产定销包干，定销口粮 18.86 万斤，超定产的卖超购，以增加收入和分配。

（二）妥善解决一九八〇年的年终分配问题

我们要求按人平 100 元的水平分配，不足部分政府应给予补助，以保证社员的基本生活。预计 33 个生产队共需补助 21.53 万元，但最后以分配决算结果为准。我们认为秦淮新河是省办工程，对开河后造成的群众生活困难问题，政府有责任帮助解决，我们社队企业在劳力过剩的情况下，安排几百个劳动力进去，这已经是压力很大，没有办法再来解决分配中存在的这种严重问题。

（三）落实三级所有政策

要求纠正原来调整土地的做法，10 个生产队被调出的 293.8 方土地应重新退还给这 10 个生产队，以便使社员稳定情绪，安定生活。

（四）帮助社队企业解决产、供、销问题

社办企业要求解决的主要问题：

1. 公社造纸厂劳力过剩，但还要求安排一部分劳力，因此需要扩建。扩建造纸厂共需占用土地 19 方多，其中需占用秦淮新河已征收过的土地 8 方，要求省市主管部门批准。

2. 公社拉丝厂生产能力为年产 400 吨（铜铝），现在销路只有 100 吨／年，还有 300 吨／年没有销路，这一问题要求领导上帮助解决。

3. 现在生产队强壮劳力大部分已安排进社队企业，剩余大部分都是女劳力和弱劳力。要求领导上帮助办点轻纺工业。我们出土地出劳力，省市出技术出设备，进行联办，以解决女劳力和弱劳力的出路问题。

队办企业要求解决的主要问题：

1. 红光针织厂原料和销路问题。该厂现有 106 人，63 台机子，每年生产能力为 30 吨毛线。自己派出几个人跑了全国 22 个省市只解决了 15 吨，占生产力的 50%，而且这 15 吨还没有保障。所以经常处于停产状态。要求省市帮助解决该厂的原料和销路问题。

2. 先锋纸箱厂的销路问题。该厂现有72人，13台机子，月生产能力为15吨黄板纸，8万元产值（利润率为15%左右）。但今年1—10月只生产22万元产值，平均每月2.2万元，只占生产能力的27.5%。主要问题是无人订货，没有销路。要求帮助解决，据说市外贸有业务。

3. 翻身大队

（1）现正在与县钢铁厂商谈办一钢窗厂，请领导上加强督促，尽快扶持上马。

（2）大队五金厂现有18人，11台机床，生产能力为年产值8.1万元。预计今年只能生产1万元，基本没有业务，要求介绍点业务。

（3）铜、铝、不锈钢铸造，生产阀门，要求领导上解决供销问题。

（4）窑厂燃料目前主要是与南京锯木厂和第五锯木厂，通过私人关系挂钩的，请领导上出面搞个长期的、合法的合同。

（5）县钢铁厂处在本大队范围之内，又征收了本大队大批土地。本大队的劳力和社员生活出路问题，该厂有责任帮助解决。该厂的劳务工应由本大队承包，外公社的应予清理。并与本大队签订一项合同，该厂劳务工由本大队长期包下来。要求省市县领导出面帮助解决这一问题。

4. 胜利大队

本大队通过"知青"关系，与南无仪"厂队挂钩"搞来大小15台机床，培训了7—8名技术工，花了三万多元。但现该厂已改行，与本大队业务"脱钩"，现人机都闲着没事干，要求省市领导帮助打打交道，把现有技术和设备的作用发挥起来。

县化肥厂地处本大队范围，也征收了不少土地，该厂劳务工应由本大队承包。另外征收土地时，合同上规定帮助本大队办厂，但没有落实。这两件事要求省市县领导帮助解决。

一九八〇年十月十八日

关于秦淮新河工程一些情况的汇报

江苏省水利厅文件，苏水基〔80〕60号

省农委：

　　秦淮新河工程已基本建成，今年汛期投入排洪，一九八一年收尾销号，发挥全部工程效益。

　　我们最近召集三县一市水利部门的同志进行了座谈，又组织力量到工地实际调查，并将有关情况整理了一份初步汇报材料。现随文附上汇报材料，如认为合适，请分发有关领导和部门参阅。

　　在秦淮新河建设过程中，由于受极"左"路线的影响，工程前期工作做得不深不细，规划设计变动较大；思想上急于求成，带来一些窝工浪工增加开支；施工管理不严、指挥不力，造成一些浪费，等等。对这些问题，我们正发动全厅同志发扬民主，进行揭发和批评，进一步吸取教训，改进工作和作风。

一九八〇年十一月二十二日

秦淮新河工程情况的汇报材料

一

秦淮河流域面积2631平方公里，耕地153万亩，其中圩区48万亩，丘陵山区105万亩。人口105万人。

解放前，秦淮河流域是一个低产多灾的地区，大雨大灾、小雨小灾、无雨旱灾。解放后，兴修了不少水利工程，但是没有得到根治，仍然灾害频繁。从解放初期到1975年，发生了大水灾五年（54、56、62、69、74年）。一般旱涝灾害九年（55、58、59、61、66、67、68、71、72年），大水年份受灾面积在30万亩以上。

1954年，三日降雨量115毫米，受灾39.3万亩，倒塌房屋22800间，减产1亿斤。这一年机场进水，停机场飞机被迫起飞上海，中华门外铁路、公路中断，南京市部队、学生、干部全面出动抢险。

1956年，三日雨量140毫米，受灾33.8万亩，倒塌房屋11590间，粮食减产0.8亿斤，机场飞机不得不飞走。

1969年，三日雨量241毫米，受灾面积37万亩，倒塌房屋20040间，粮食减少1亿斤，南京市邻区工厂、民房、仓库进水，汛情十分紧张。

1974年，三日雨量236毫米，暴雨中心在汤水河，句容县石狮公社、江宁县土桥公社一片汪洋，部队派水陆两用坦克到现场抢救群众。

秦淮河流域洪涝灾害频繁的主要原因是：流域的四周是丘陵区，汇流快，来水猛；腹部是低洼圩区，滞洪能力弱，汛期河网水位经常高出圩内田面2—3米；下游通江的老秦淮河，河床浅窄，阻水严重，仅能排洪水350—370秒立方米，按全流域面积计算，排水模数只有每平方公里0.13秒立方米，相当于每天排净雨11毫米，加上长江汛期高水位的顶托，雨水不能迅速排出，造成腹部河网成灾。

根治秦淮河是三县一市人民长期以来的迫切愿望，特别是1969年以后，五六年中接连发生三四次洪水，汛期动员大批民工上堤抢险，还要指定若干农圩准备滞洪，每年汛后又要动员民力修复堤防，挖去许多良田，群众负担很重。因此，省委和地市县委下决心要整治秦淮河。

1974年，省水利厅组织有关县市，修正流域规划，并于1975年冬完成。规划报告中提出的流域治理原则是：上游丘陵山区以蓄为主，扩建水库，洪水年滞洪，旱年蓄水灌溉；中游疏浚河网，整修圩堤，增加河网行排能力；下游扩大排水出路，结合引江。因为老秦淮河下段穿过市区，沿线房屋、厂矿密集，扩大拓浚不易实行，提出了增辟秦淮新河方案，增加排洪流量800秒立方米，使新、老两河总排洪能力达到1200秒立方米，流域的防洪标准提高到三日雨量200毫米左右。

秦淮新河有东、西两方案，东线向东切岭经七乡河入江，全长32公里；西线切铁心桥分水岭，经西善桥至金胜村入江，全长16.8公里，其中切岭段2.9公里。1975年11月份，省革委会批准了西线方案，明确了地、市的工程建设任务分工。批准西线的依据是，挖压拆迁的数量少，土石方任务少，投资较少，东线方案更涉及宁沪铁路的建桥问题，难度较大。

秦淮新河工程于1975年冬开工，今年已建成行洪，目前还有翻水站、船闸少量尾工，明年可全部投产。

秦淮新河是一项防洪、灌溉、航运，结合市区冲污的综合利用工程，建成后的效益是：

（一）提高了秦淮河流域的防洪标准

今年新河已发挥防洪效益。七月上旬一次降雨量120毫米，相当于54、56年三日雨量，江宁县大骆村水位8.5米，比54年、69年洪水位低近两米。今年新、老两闸最大排洪流量为600秒立方米（其中新闸400、老闸200），而1969年在大骆村水位10.48米的情况下，仅排洪370秒立方米，说明新河排洪的效果是很显著的。

群众反映，过去是来水快，退水慢，今年是来水快，退水快，如果不开新河，水位要高两米，防汛就很紧张。各县还反映，过去为了保证机场的安全，每年都要准备几个圩子，在防汛紧急情况下人为破圩滞洪，群众工作很难做；因为洪水出路没有解决，每年冬春扒河修圩，洪水还是解决不了，解放以后做的无效土方就有1.2亿方；现在扒了新河，治水的路子更加明确了，水利也就好搞了。

从经济效益上分析，一个大水年如54年、69年，损失粮食1亿斤（现在粮食单产提高，损失要增加），倒塌房屋两万间，加上对工矿、交通方面的影响，要损失几千万元。开挖新河，如果能减轻几个洪水年的灾害，防洪效益就很显著。

（二）补充流域灌溉水源

在全流域丘陵山区耕地105万亩中，有70%的耕地旱年水源不足要受旱减产。1978年大旱，省补助溧水县抗旱费300万元，句容县500万元，加上两县自筹600万元，共1400万元（以上均指在秦淮河流域范围内），农业受旱减产的损失尚未计算在内。

秦淮新河可以自流引江100秒立方米以上，如遇长江低水位不能自引时，可以抽水40秒立方米。新、老两河的引江能力，基本满足了流域的水源需要。

（三）沟通长江和内河航运

自秦淮河建武定门闸以后，长江与内河的航运中断，物资改为陆运，增加了运输费用。据南京市交通局提供的材料，在新河通航以后，每年将有200万吨货物由陆运改为水运，如每吨可以节省运费5元，一年可以节省运输费1000万元。沿河的梅山铁矿、西善桥钢铁厂等大型厂矿，还可以利用水运，降低成本。

（四）其他方面的效益

利用新、老两闸的调度管理，可以结合冲污排污、改善市区水质；鱼道工程有利于内河渔业发展；新河通过铁心桥丘陵区，改变了这些地区干旱的面貌；沿线桥梁公路的改建，发展了交通。另外还有利于南京市区的发展，增加了风景区，为发展旅游创造了条件。

二

秦淮新河的工程项目包括：新开河道16.8公里，其中切岭段2.9公里；桥梁10座，其中铁路桥1座，公路桥5座，机耕桥4座；江边枢纽工程，包括行洪800秒立方米的节制闸，40秒立方米的翻水站，10.4米×160米的船闸、鱼道各一座；农田排灌工程，包括排灌站迁建1350千瓦，沿岸排灌涵洞19座；拆迁赔偿，包括拆迁房屋6400间，挖压废土地赔偿13720亩，以及一批高低压线、自来水、煤气管道、军事设施等。共做土方1930万方，石方240万方，混凝土方8.2万方，浆砌块石、干砌块石10.2万方。

全部工程国家共需投资7695万元（包括81年350万元）。分项工程经费如下表：

工程项目	数量	投资
1. 切岭段	长2.9公里	1445万元
其中：土方	437万方	220
石方	234万方	930
回填土	8.6万方	6
干砌块石	1.7万方	31
浆砌块石	8.5万方	258
2. 公路桥和机耕桥	9座	664万元
其中：公路桥	5座	397
机耕桥	4座	153
公路桥接线		114

工程项目	数量	投资
3. 铁路桥	1 座	362 万元
其中: 正桥	长 316 米	144
铁路接线	4.5 公里	145
拆迁配套		73
4. 江边枢纽		1567 万元
其中: 节制闸、翻水站	闸宽 2 米, 翻水 40 秒立方米	857
船闸	10.4 米 ×160 米	570
输变电		140
工程项目	数量	投 资
5. 农田排灌		234 万元
其中: 机电排灌	1350 千瓦	70
排灌涵洞	19 座	115
其他		49
6. 上下河道土方		1911 万元
共中: 土方	1302 万方	1257
石方	23 万方	106
工灶棚运杂费	25 万人	414
格子桥护砌		35
水下方、绿化、管理		99
7. 拆迁赔偿		1286 万元
其中: 挖压土地	13718.5 亩	469
青苗	6876 亩	
拆迁房屋	5268 间, 另民房 3800 平方米, 全民 18150 平方米	189
移民安置		330
工业拆迁		298
总 计		7695 万元

以上各项经费, 是按施工预算分项审批下达各施工单位包干使用的。按工程实际完成的单价, 低于或相当于现行的定额标准。如切岭段土方每工日 0.25 元, 石方带各民工每工日 0.5 元; 河道土方每工日由 0.25 元调整到 0.5 元, 石方每工日仍然要负担 1 元左右。桥梁工

程和其中建筑物工程低于或相当于同行业的现行施工造价。因此，按秦淮新河全部工程数量，是需要七千多万元的投资的。社队劳动积累尚未计算在内。

秦淮新河的施工质量还是比较好的，五年施工期间没有发生重大的质量事故。切岭段蒙脱土处理经过放水考验，没有发生险情；十座桥梁经设计部门和管理部门的鉴定验收，一致认为质量是好的，没有什么质量上的遗留问题；江边枢纽工程的节制闸和翻水站土建已经完成，经过放水考验，未完成部分也能达到设计标准。

三

在 1973 年规划中编报的工程概算为 3510 万元。因为争取列入中央投资未成，改为省投资，省计委核定在省财政中补助 2800 万元。现在全部工程费用为 7695 万元，比计委核定数多 4895 万元。原因分析如下：

（一）对于在丘陵山区开挖大型河道的复杂性认识不足，缺乏经验。例如，秦淮新河切岭段，属于宁芜火山盆地蒙脱石地质，处理这种地质，在我省 30 年治水中还是第一次。蒙脱石具有强烈的膨胀性和崩解性，遇水就崩解成黏性粉末，能否处理好，关系到整个工程的成败。经与地质等部门共同试验研究，确定采取扩大边坡、黏土压重、浆砌块石护砌的处理方案，经过几年考验，效果很好。但工程经费增加了 781 万元；又如丘陵山区地质变化复杂，铁心桥上游河道，原规划为土方工程，施工中发现了 2.3 万方石方，增加经费 106 万元；格子桥附近又发现了流沙土，加做护砌工程，增加经费 35 万元。以上三项，共增加经费 922 万元。

（二）对于在大城市附近进行水利建设的特殊性估计不足，在市郊施工各方面的矛盾很多，很突出。如郊区地少人多，土地挖废后劳力难以安排，经省批准，劳力安置费就用去专款 330 万元。

（三）由于受极"左"思潮的影响，原定工资及间接费标准过低，后土方工资由每工日 0.25 元调整为 0.5 元，加上补助工灶棚和运杂费，增加经费 900 万元。

（四）原规划中对综合利用考虑不够。自建武定门闸后，长江和秦淮河上游水路交通断绝，开工后增列船闸项目，增加经费 570 万元。

（五）在编制流域规划和初步设计中，调查研究不够，漏列项目，少算工程量，或概算指标低。漏列的项目有公路桥接线 114 万元，枢纽输变电工程 140 万元，铁路桥配套工程 63 万元，以及水下方、绿化、河堤管理费、两岸农田配套工程等 224 万元。少算河道土方 344 万方，拆迁房屋 3860 间，挖压废土地 6520 亩，以及一大批工业设施的赔偿共 736 万元。十座桥梁及江边枢纽工程概算均偏低，增加经费 608 万元。以上共 2075 万元。

（六）施工中管理不善，指挥失灵，造成了一些浪费。如梅山桥段堆土太高，形成局部坍方，返工浪费 7 万元；调用省水利工程总队的翻斗车，增加运费 20 万元；购置开山设备未用，花去 5 万元：江边变电所基础未夯实，又用重锤处理，多用 20 万元；省水总机械化大队进场施工，由于设备不配套，窝工浪费 46 万元。以上共 98 万元。还有一些浪工窝工或不合理的开支，造成了一些浪费。

总的看来，省委和地、市委确定兴办这项工程是必要的，效益也是显著的。在各级党政领导下，广大群众的努力，有关方面的大力支持，工程质量还是比较好的。像这样规模的工程，所用经费也符合一般的投资水平。至于工程建设中存在的问题，固然由于当时的一些客观条件所造成，但从主观上讲我们的工作也没有抓好，全厅正进一步总结，吸取教训。

表一　秦淮新河经费超支分析表

工程项目	工程数量			工程经费（万元）			超支分析（万元）				说明
	原概算	实际数量	增加数量	原概算	实际投资	增加投资	增列或漏列项目费	工程数量增加经费	政策调整	管理不当增加经费	
一、切岭段工程				639	1445	806		781		25	铁斗轨车20万元，凿岩机5万元
土方	424万方	437万方	+13万方		220						
石方	124万方	214万方	90万方		930						
回填土		8.6万方	8.6万方		6						
干砌块石		1.7万方	1.7万方		31						
浆砌块石		8.5万方	8.5万方		258						
二、九座公路、农桥				263	664	401	114	287			
五座公路桥	桥面面积5148平方米	桥面面积9061平方米	桥面面积3913平方米	211	397	186		186			
四座农桥	2712平方米	3544平方米	831平方米	52	163	101		101			
公路接线				114	114	114					
三、铁路桥	桥长140米	桥长216米	桥长76米	280	362	82	63	19			
正桥		4.5公里			144						
接线					145						
配套					10						
附属工程					23		23				
拆迁					40		40				
四、江边枢纽				599	1567	968	710	238		20	输变电基础不实加固，拆迁不落实窝工，工作桥板设计错误

工程项目	工程数量			工程经费（万元）			超支分析（万元）				说明
	原概算	实际数量	增加数量	原概算	实际投资	增加投资	增列或漏列项目费	工程数量增加经费	政策调整	管理不当增加经费	
节制闸、翻水站		行洪 800 流量，翻水 40 秒立方米		599	857	258		258			
船闸			10.4 米×160 米船闸		570	570	570				原概算未列。后省决定增加项目
输变电					140	140	140				
五、农田配套工程				109	234	125		125			
机电排灌改造		1350 千瓦			70						
排灌涵洞		19 座			115						
其他					49						
六、上下段河道土方				510	1911	1401	141	353	900	7	坍方整修 7 万元
上段土方（万方）	528	629	161	510	603			254	486	7	
下段土方（万方）	490	673	183		654						
石方（万方）		23	23		106		106				
工灶棚运杂费					414				414		25 万人上下工路费，工棚灶具等
格子桥护砌					35		35				
水下方、绿化、管理处					99			99			
七、拆迁赔偿				220	1286	1066		736	330		
移民安置					330				330		省委专项研究下达
挖压土地（亩）	7200	11440	4240		469						

工程项目	工程数量			工程经费（万元）			超支分析（万元）				说明
	原概算	实际数量	增加数量	原概算	实际投资	增加投资	增列或漏列项目费	工程数量增加经费	政策调整	管理不当增加经费	
青苗（亩）	2220	6876	465								
拆迁房屋（间）	2500	5268	2768		189						
工业拆迁					298						
八、机械购置				180	220	46				46	总队机械队多支
总计				2800	7695	4895	1028	2539	1230	98	
土方（万方）		1930（万方）									
石方（万方）		240（万方）									
干浆砌块石（万方）		10.2（万方）									
挖压土地（亩）		11440（亩）									
拆迁房屋（间）		5268（间）									
公路桥		5（座）									
农桥		4（座）									

铁路桥	220米长，接线4.5公里	1座	制闸	净宽72米	1座
翻水站	抽水40秒立方米	1座	船闸	10.4米×160米	1座
小型涵洞		19座	机电排灌	1350千瓦	

备注：

本表（一）包括81年投资350万元；（二）梅山护砌中央投资700万元未列入内；

  （三）分年投资如下：73年620万元　77年714万元

                    78年1068万元　79年3743.4万元

                    80年1200万元　81年350万元

历年投资总计：7695万元。

关于秦淮新河工程的报告

省委：

根据省委在近二三年内加速治理秦淮河的指示，今年 3 月初省水电局主持组织我市、镇江地区及江宁、句容、溧水等县有关人员经过反复调查研究进行秦淮河治理的流域规划，并确定于今年即着手开挖分洪道。

秦淮河流经句容、溧水、江宁三县及我市郊区。流域面积 2631 平方公里。耕地 153 万亩，人口 105 万人。解放以来，在毛主席革命路线指引下，大搞水利建设，取得了很大成绩。现有大小水库塘坝 1.4 万座，库容 5 亿立方米，机电设备 10 万马力，初步建成旱涝保收田 53 万亩，共完成土石方 4.6 亿立方米。但是农田基本建设的标准不高。洪水出路不足，抗旱能力低，圩区涝灾重。航运受限制，污染问题大。解放以来出现过四次洪水（54、56、62、69 年），成灾面积都在 30 万亩左右，遇到过八年干旱（55、58、59、61、66、67、68、71 年），受旱面积 30 到 60 万亩。按照 69 年型洪水（三日降雨 241 毫米），要求秦淮河的泄洪能力为 1344 秒立方米，而目前秦淮河仅能排泄 376 个流量，相差 968 个流量。这不仅危害广大农田，而且严重威胁我市工矿企业和广大人民生命财产的安全。因此，必须迅速根治秦淮河，解决洪、旱、涝、溃、航、污等问题，为在秦淮河三县一市尽快普及大寨县，加速工农业生产的发展做出贡献。

目前秦淮河在市区段，两岸工矿、企业、居民房屋密集，完全靠扩大老河来解决洪水问题困难较大，必须从根本上解决洪水出路问题。在充分利用老河道的基础上，扩大泄洪量 900 个流量。提出三个分洪方案进行比较：

1. 西分洪道方案：自江宁县河定桥起经铁心桥、西善桥，穿沙洲圩开一新河。长 16.9 公里；

2. 东分洪道方案：自上方桥起经仓波门、其林门、东流镇接九乡河入江，长 28.7 公里；

3. 将老河拓宽浚深，并利用北河做分洪道。北河段长 5.5 公里。

对上述三个方案，市常委研究，决定采用西线为宜，至于分洪道出口，我们意见，在二里半金胜村入江为好。这样分洪道虽然出水口长江水位比原方案高一点，但工程量增加不大。由于直接入长江免冲刷江心洲，而且距北河口水厂较远（十公里），对防止可能的污染有好处。

秦淮新河按 800 个流量设计共有土方 1290 万方，石方 102 万方，节制闸 1 座，铁路桥 1 座，公路桥 5 座，农桥 7 座，占用耕地 5500 亩，拆迁房屋 2200 间。按省水电局规划，今冬明春，先进行切岭段工程，计有土方 350 万方，石方 102 万方，需动员民工 6 万人，建 5 座公路桥，1 座铁桥。土石方由我市和镇江地区共同施工，建筑物请省水电局工程队施工。我们意见按受益面积大小合理负担。秦淮河流域耕地，我市为 74 万亩，镇江地区为 79 万亩，而我市动员民工主要是江宁县，我们意见我们劳力分担 60%，镇江地区分担 40%。

由于这项工程量大，施工时间长（计划 3 年），上工人数多（今年 6 万人，明年 10 万人），牵涉面广，政策性技术性都较强，因此必须建立一个强有力的领导小组，承担这项任务。领导小组拟由我市、镇江地委、句容、溧水、江宁县委、雨花区委及市有关局、委负责同志参加，在工地成立江苏省秦淮新河工程指挥部，负责施工。指挥部下设政工、办事、工程、后勤四个组，共同抽调干部组成。并请省水电局派员参加指挥部指导施工。

以上报告当否，请批示。

南京市革命委员会

一九七五年十月廿五日

秦淮新河工程情况汇报

秦淮新河工程，在省委、省人民政府的领导下，于一九七五年十二月二十日开工，经南京市和镇江地区的广大民工、工人、干部和工程技术人员的共同奋战，在省、市、区有关单位的大力支持下，于一九八〇年六月五日建成通水，发挥效益，历时四年半。

一

秦淮河，南发源于溧水县的东庐山，北发源于句容县的宝华山，流经溧水、句容、江宁和南京市南郊，经三汊河入江。全长一百一十公里，流域面积二千六百三十一平方公里，总耕地面积一百五十三万亩，四周为丘陵山区，腹部为圩区，圩区有耕地四十八万亩。多年来，由于上游水系复杂，来水面积大，下游只有一条通道入江，每逢汛期，百流归总，水位猛涨，排泄不畅。历史上经常破圩决堤，给沿河两岸人民带来了深重苦难。两岸人民早就盼望着能彻底根治秦淮河流域的洪涝灾害。可是，反动统治阶级置人民于水火而不顾，把秦淮河当成灯红酒绿、纸醉金迷、鱼肉人民的场所。河道年久失修，百孔千疮，河身日渐淤塞，流水秽浊。历代有志之士，也曾想整治秦淮河，但未能实现。

解放后，在党的领导下，流域内三县一市人民，虽大力疏浚河道，逐年加高河堤，拓宽河床，建立了武定门节制闸，对防洪灌溉有所改善。但是，由于河道断面太小，洪水出路问题没有能得到解决，仍然不能摆脱大洪、大涝、大旱的威胁，一过较大的洪水，两岸人民的生命财产就面临严重威胁，如六九年降雨 241 毫米，武定门闸最大泄洪仅 376 个流量，只占来量的 40%。全流域二十多年来出现大水即有四次（1954、1956、1969、1974），受灾面积均在三十万亩左右。倒塌房屋万间以上。如 1954 年 7 月，全流域三日普降雨 115 毫米左右，全月降雨 462 毫米，受灾农田达 39.3 万亩，占耕地面积的四分之一，倒塌房屋 22821 间，飞机场被淹，市内工厂停产、交通中断；1969 年 7 月，上游局部地区三日降雨 241 毫米，受灾面积达 37.5 万亩，减产了粮食一亿斤，倒塌房屋二万余间，郊区蔬菜都遭受到很大损失，同时严重威胁了郊区的工矿、铁路、公路、机场的安全。多年来，每逢汛期都要组织大批干部群众，提心吊胆，日夜严防。仅江宁县常年用于排涝的经费都在百万元以上，给沿河两岸人民精神上和经济上带来了沉重的负担。

省委和省人民政府，对这条河很关心，一直就想方设法根治，一九七五年省委作出了根治秦淮河的决定。根据省委的指示，省水利厅专门组织有关县、市对流域进行实地勘探，制定规划，提出了几种治理方案，进行反复比较。（一）拓宽老河，但老河下段地处市区，两岸工厂林立，居民房屋密集，拆迁任务大，施工干扰多，出土十分困难，难于实现。（二）开辟一条新河，直接分洪入江。1.自上坊门桥起，经其林门、西岗至七乡河入江的东线方案。2.由江宁县东山镇与老河相接处开辟新河。经铁心桥、西善桥，至金胜村附近入江的西线方案。经反复分析研究比较，东线，线路长，要开挖三十多公里，切岭十多公里，土石方量大，同时要拆迁其林镇，影响西岗果牧场和二个煤矿；加之入江段有较长的粉沙段河床，堤防均需防护，并要穿越宁沪铁路高路基，改建铁路桥和铁路接线，都较困难。西线，路线短，投资省，土石方量小，施工较方便。报经省委批准，决定采用西线即现在开辟新河的方案。

二

秦淮新河工程是一项防洪、灌溉、航运综合利用的大型水利工程。全长 16.8 公里，宽 130—200 多公尺，其中切岭二点九公里，行洪八百秒立方米。新建枢纽工程一处，包括净宽 72 米十二孔的节制闸，四十个流量的抽水站。鱼道和通行三百吨船队的 10.4 米 ×160 米船闸一座。沿河两岸新建了涵洞三十四座，电力排灌站十八座共 1350 千瓦。完成切岭段块石护坡和梅山地段钢筋混凝土护砌十五万方，两岸护坡护砌全长四点二公里。全河共完成土方 1930 万方，石方 240 万方。挖压征用土地 13000 余亩，拆迁 1507 户农、居民房屋 5300 多间，拆迁煤气、自来水管道 10 条，长达 15000 多公尺；各种电线、电缆 141 条，长达 100 多公里。由于新河地处南京市郊区，沿河经过五个公社，二个集镇，十多个厂矿，串过宁芜铁路和宁芜、宁溧、宁丹、龙西四条主要公路干线，为方便和改善群众的生产、生活条件，保障省城的铁路、公路的交通，沿河新建了长 130—153 米，宽 12 米，汽 -20、拖 -100 的五座公路桥和宽五至七米五，汽 -10、拖 -70 的四座农桥，一座 216 米长的九孔铁路桥，铁路专用线四点五公里，公路接线六公里。

秦淮新河的建成，可以使秦淮河的排洪能力由原来的 400 流量，扩大到 1200 流量。纵有大暴雨，河水也能迅速入江，就是遇上大旱之年，新河也能引水灌溉，对加快实现沿河三县一郊 153 万亩田的现代建设，保障城乡人民生命财产和厂矿、企业、宁芜铁路、南郊公路的防洪安全，对战备和发展内河航运事业，促进城乡经济交流等等，都将发挥重要的作用。秦淮新河的建成，充分显示了社会主义制度的无比优越性，充分体现了党和人民政府对人民生命财产的极大关怀。

新河建成后，适遇今年大洪大涝，闸下水位一度超过设计要求 9 米的水位，达到 9.5 米，闸上水位在 9.26 米，超过警戒线。通过洪水考验，新河的枢纽工程及其他建筑，质量是好的，未发现什么异常情况。沿河堤防经省、市、区防汛指挥部检查，未发现什么渗水现象，质量也是好的。

新河通水后，发挥效益是显著的。今年入夏以来，我市连降暴雨，七月八日降雨量为 105.6 毫米，七至九日三天降雨量 141.4 毫米，七月月降雨量 320.6 毫米，三日降雨量超过五四年三日降雨量 26.4 毫米，月降雨量接近五四年月降雨量，在这种情况下，新河十二孔节制闸全部开闸放水，以每秒 450 立方米的流量向长江泄洪（老秦淮河武定门闸只排洪 200 个流量），及时排泄了句容、溧水、江宁三县和雨花台区秦淮河上游二千多平方公里的来水，大大减轻了圩区的防汛、内涝的压力，对保障我市南郊工矿、企业、机场、铁路、公路交通的安全，发挥了重要的作用。沿河的广大干群说："往年下这么大的雨，我们就要提心吊胆地在堤上日夜防守了，哪能在家安心生产呀！说不定房屋、庄稼都要泡汤了。秦淮新河真是一条子孙幸福河呀！"一些老农激动地说："这一下我们的愿望实现了，真是共产党好。社会主义好呀！""郊区的厂矿同志反映，过去一到汛期，就很紧张，特别像今年这样的连降暴雨，能安全无恙，省委决定开挖秦淮河的决心下得好呀！"

三

秦淮新河工程国家投资到 1980 年止为 7345 万元（不包括冶金部投资的梅山段防渗护砌经费 700 万元）。

该工程 1975 年原上报工程概算为 3510 万元，后因增加船闸工程项目，多开支经费 615 万元，由于征用土地涉及劳动力安排，专项安排劳动力经费 330 万元。党的三中全会后，由于政策变动，调整民工所得和间接费、拆迁征地费多开支经费 1053 万元；经省政府批准，建立秦淮河管理处，基建投资 66 万元。以上各项共增加经费 2064 万元。另外，河道超支 344 万元，公路桥和农桥九座超支 328 万元，节制闸、抽水站超支 226 万元，铁路桥超支 70 万元，两岸农田配套超支 97 万元，拆迁征地赔偿超支 605 万元，机械设备购置费超支 47 万元。共计超支 1771 万元。超支的原因，一是对丘陵地区开河认识不足，由于工程地质情况复杂，地层情况没有搞清楚，施工中切岭段发现蒙脱石（崩解性的膨胀石），因而修改河道设计，采取放缓边坡，挖去蒙脱石，回填黏土，并用块石护坡，因此增加了工程量。二是对大城市近郊施工认识不足，缺乏深入细致的调查研究。因而漏列了一些项目，拆迁赔偿和征地费、桥梁和枢纽工程经费都超支。

一九八〇年十二月

江宁县秦淮新河会战工程竣工验收情况报告

省指挥部：

　　我县承担的秦淮新河第二期会战工程，是由切岭段的8+630桩号开始至沙洲圩的入江口16+843.53止，长8213.53米。以及船闸引河工程，总的土石方任务为6673066方。除掉梅山桥、西善铁路桥、公路桥、南河堤、节制闸上下坝、江堤预留段和船闸中间引河不施工外，实际施工长度，主河南河以上的梅山段长2522.23米，南河以下的沙洲圩内至江边段长4850米。船闸引河上游由曲1至CS18，下游由CS48至P1，长1671.4米，共长9044米，土石方任务5568335方。这期工程，规模大，任务重，工期紧，标准高，场地复杂，难度很大。在新时期总任务和党的十一届三中全会建设的鼓舞下，在省、市、县委的正确领导下，在雨花区和驻地各单位的大力支持下，全县八万多干部民工艰苦奋战，从一九七八年十一月二十二日至一九七九年一月二十四日止，和春节后的扫尾，到三月二十日止，共完成土石方5568335方，占会战工程任务的99.9%。尚有东善公社尚在开采石方和扫尾外，参加会战的二十四个公社，已竣工验收二十三个公社。

　　通过验收，南河以上的梅山段施工的公社，均按省设计图纸执行的。设计河底高由0.31米至0.52米，河底宽52至60米，边坡1：2至1：4。达到的河底高0.3—0.5米，河底宽52—60米，边坡1：2至1：4.2，达到了省设计标准。梅山护砌段，按省局规定土质需要超深的，我们已经进行开挖（9+700至10+010），长290米。南河以下，沙洲圩的挖河工程，设计河底高0至0.31米，河底宽60米，边坡1：3.5至1：5。达到0至0.3米，其中淳化工段一段（10+950-11+070）长120米，偏高5公分。河底宽60米，边坡1：3.5至1：5，达到了省设计标准，大部分河底高都超深10公分左右。在筑堤工程上，由于沙洲圩内土质差，含水量大，一次施工确有困难，有造成坍方的可能。经请示省局和省指挥部通过现场研究，于一九七九年一月十三日省局负责同志批准同意，由原来设计堤顶高程降至10.5米，采取分期施工，确保堤防不坍方。根据省水利局批准原则，我们按照各段土质情况，因地制宜，实际做法是分段制定了标准，节制闸以上至南河段土质差一些，堤顶高程定位10.5米至11米，节制闸以下至江边段土质较好一些，堤顶高程为11.5米至12.5米，基本上按照设计高程进行施工。沙洲圩内筑堤长6644.7米中，堤防高程达到10.5米的有2406米，11米高程

1810 米，11.5 米高程 919 米，12 米以上的 1509.7 米。尚有筑堤土方 114130 方，其中以筑堤为主的土方 67585 方。

存在的问题：

1. 引河上段由 CS15 至 CS17，因土质差，堤身高，造成滑坡二段，长 200 米，将河底填平三分之二，河底抬高 2 米以上，需返工土方约 5 万方。

2. 梅山桥东的坍方段，工程任务重，施工难度大，谷里已经动工，有待抓紧施工。

关于预留段工程，我们从春节后就立即组织上马，现在施工的有江边坝、江堤两地平台、节制闸上下坝和船闸闸圹开挖等五处工程，土石方 31 万方，工人数七千一百多人，目前船闸闸圹已经完成，其余四处已结束二处，完成土方 29 万方，估计三月底结束。剩下还有江堤、节制闸上下坝和格子桥下土方，共约 20 万方左右。我们决心在省、市、县委直接领导下，进一步发动群众，认真抓好扫尾土石方工程和枢纽工程的施工，确保"七一"通水。

江宁县秦淮新河工程会战指挥部

一九七九年三月二十一日

关于秦淮新河工程验收的意见

江宁县秦淮新河工程会战指挥部文件，宁会指〔79〕第 1 号

目前，整个会战施工已进入后期，部分公社即将陆续完成会战任务。为了确保秦淮新河工程标准质量，必须严肃认真搞好竣工验收。根据工程设计要求和工地实际，现对工程验收工作提出如下意见：

一、验收依据

工程验收的依据是省指挥部秦淮新河工程设计图纸和县会战指挥部《关于施工标准质量的要求》。总的要按工程设计，做到河成、堤成、平台成、鱼池成，达到省指挥部、当地社队、县指挥部和自己满意。

二、验收要求

（一）各项测量标志要齐全。包括河道中心、断面桩、工段分界桩、高程点等标志，不得移动和损坏，以免影响验收。

（二）河、堤、坡度、平台要符合设计要求。河床中心线偏离不超过三十至五十公分；河底、堤顶、平台宽度误差不超过二十公分；大堤高程误差不超过五公分；平台以公社为单位，基本相平。凡不符合以上标准的，要重新加工补课。

（三）河坡、堤坡按照规定坡比，一律做成平坡，不凸不凹。迎水坡要按照一比三坡度整好。背水坡也要整出坡度，堆土场要做成平台。

（四）梅山护砌段要在河底两边挖好超深龙沟，宽五十公分，深七十公分，坡比为一比零点五，保证排水畅通，有利于回填护砌。

（五）沙洲圩段在背水坡取土筑堤的地方，取土场一定要整好鱼池，不得留隔墙，并放好坡度。

（六）相邻民工团之间，河堤衔接必须顺直圆滑，平台高低要缓坡相接，不准留陡坡。

三、验收方法

采取逐级验收办法。各大队施工地段完工以后，由公社团部按标准验收；全团全部完工后，由县指挥部验收。符合标准者，由县指挥部填发验收合格证，经领导批准，方可进行清工结账。县指挥部成立验收小组，由张仁美、王加法两同志任组长，工程科有关同志和各团工程组长参加验收小组。

江宁县秦淮新河工程会战指挥部
一九七九年元月二日

中共南京市委常委、市革委会副主任、
江苏省秦淮新河指挥部指挥徐彬同志
在秦淮新河通水典礼大会上的讲话

同志们：

今天我们在这里举行秦淮新河通水典礼大会。省委、省人民政府，镇江地委、行政公署，南京市委、市革委会及县、区，省、市有关部委办厅局以及有关单位的负责同志出席了大会，我代表江苏省秦淮新河指挥部，表示热烈的欢迎和衷心的感谢！并借此机会，向为开挖秦淮新河作出贡献的广大民工和工程技术人员，表示热烈的祝贺和亲切的问候！

秦淮新河工程是一项防洪、灌溉、航运综合利用的大型水利工程。一九七五年十二月破土动工，江宁县广大民工发扬了硬骨头精神，首先在铁心桥以西、梅山桥以东的近三公里地段摆开了战场。他们战酷暑，斗严寒，披星戴月，顽强奋战，经过三年多的艰苦战斗，搬掉了切岭的四个山头，开挖深三十米的河道，挖掉了七百多万土石方，啃掉了全河工程的硬骨头，打响了第一炮，为整个工程的全面开展打下了基础。一九七八年冬，镇江地区和南京市组织动员了二十多万民工、干部、工程技术人员，在新河全线进行大会战，全线三十六华里的地段上，到处是大干苦干，你追我赶的动人景象，涌现了大批英雄模范人物。镇江地区通令嘉奖了九十七个先进集体和一百三十二个先进个人。经过广大干部、技术人员和民工的百日奋战，完成河道土石方一千三百多万方，整个河道基本开通。总共完成土石方二千多万方。

一九七九年春冬，南京市又组织了三县二郊四万多民工和干部进行了河道坝头的拆除扫尾和沿河工程建设任务，先后完成切岭地段块石护坡和梅山地段钢筋混凝土护砌十五万方的任务。两岸河坡护砌全长四点二公里，工程量相当于从挹江门到中华门的南京半个城墙。工程之浩大，任务之艰巨，是可以想象的。然而，我们江宁县民工师、江苏省水总三队全体干部、技术人员、工人、民工同志们克服了重重困难，保质、保量、按期地完成了任务，为秦淮新河的防护工程和全面通水作出了贡献。

几年来在上海铁路局、省水总一队、江宁、六合桥队的大力支援下，沿河新建了长一百三十至一百五十米的五座公路桥和四座农桥，一座二百一十六米长的九孔铁路桥，铺设铁路三公里，保证了宁芜铁路和省城南郊的公路畅通。新建枢纽工程处一处，包括十二孔的节制闸、四十个流量的抽水站、鱼道和通行三百吨船队的船闸一座，除船闸外，已全部建成交付使用。同时新建了涵洞三十四座，电力排灌站十八座，保证了沿河两岸农田水利配套，已开始发挥效益。

为了保证新河工程的顺利进行，江宁县委、雨花台区委和有关单位，从大局出发，做了大量的深入细致的动员工作，拆迁了一千五百零七户农、居民房屋五千三百多间，兴建了二十九个居民新村庄，建筑面积十几万平方米，使过去一家一户分散居住的群众住进了新瓦房。同时还拆建了煤气、自来水管道十条，长达一万五千多公尺；各种电线、电缆一百四十一条，长达一百多公里，保证了水、电、煤气的正常供应和通讯的正常进行。此外全河共挖压征用土地一万三千余亩。在省委亲切关怀和市委直接领导下，雨花台区委、江宁县委从有利于社队农副工全面发展着眼，对五千多个劳动力进行了妥善合理的安置。

几年来，省各有关部委办厅局，镇江地区，南京市各有关部委办局，县区和沿河两岸的厂矿、社队及群众，想工程所想，急工程所急，在工程需用的大量人力、物力、财力以及几十万民工的吃住生活后勤方面做了大量工作。运输了钢材五千多吨、木材八千立方米、水泥五万多吨、砖瓦二千多万块、沙石四十万吨；供应了猪肉三百六十万斤、油三十六万斤、蔬菜七千多万斤、煤六万吨；此外，国家还补贴大米二千九百多万斤等等，各有关单位都按时按量地完成运输和供应任务，为新河工程胜利建设作出了贡献。南京军区通讯兵部、工程兵学院、铁道部第四设计院、南京市设计院、南京工学院、华东水利学院、凤凰山铁矿等单位，主动请战，积极支援，为攻克开挖新河的技术难关，付出了辛勤的劳动。江苏省水利厅的领导和工程技术人员经常深入工地了解情况，及时指导，促进了工程的顺利进行。

总之，秦淮新河工程实现了省委河成、坡成、堤成、绿化成和防洪灌溉航运综合利用的要求，这是各行各业，同心同德，大力协作，团结治水，改造山河，为发展农业生产而创造的优异成果。

同志们，秦淮新河开闸通水，将使秦淮河增加了一条新的入江水道，河水流量由原来的每秒四百立方米，增加到了一千二百多立方米，遇有暴雨，河水能迅速入江；大旱时，江水也能源源引进，使沿河三县社队一百五十三万亩农田受益，为建立高产稳产农田，加快农业现代化建设创造了极为有利的条件。同时也保障了铁路、城区、机场、工矿和广大城乡人民生命财产的安全。秦淮新河还对发展内河航运事业，促进城乡经济交流和农副工的发展，发挥积极的作用。为了把新河管好、用好、绿化好，使新河成为南京南郊风景区一景，我们要坚决贯彻党的十一届五中全会精神，继续努力，善始善终地完成扫尾工程任务，以更加优异的成绩迎接党的十二大胜利召开。

一九八〇年六月五日

关于公布秦淮新河工程经费的报告

县人大：

县政府：

秦淮新河工程自七五年破土动工，到七九年主河开通。这期间，大体上经历了切岭工程、西善桥大会战工程、江边枢纽工程三个施工阶段。在工程施工中，除切岭段土方部分实行实报实销外，其余工程均按省下达我县工程经费与各公社实行"大包干"的施工方法。每期工程竣工后，在县政府领导下，由县办、财政局、水利局及各段指挥部，对经费器材进行检查清点，其节余的经费器材经县批准已分配给各公社。

由于秦淮新河工程施工期长，涉及面大，往来账目较多，至今才公布各期经费开支情况（附表），恳切希望对所公布的账目予以审查。

一九八二年二月

抄送：各公社委员会

下
篇

表一　秦淮新河切岭工程经费收支情况（1982 年 1 月 15 日）

收方		付方	
项目	金额	项目	金额
合计	12112016.58	合计	11730004.95
一、工程经费	11701294.52	一、按实报销	2890241.85
1. 包干经费	8537052.67	二、基建支出	8839765.10
2. 包干前经费	2890241.85	1. 工资	87445.63
3. 工棚费	226000	2. 附加工资	154280.29
4. 劳保用品	36000	3. 旅差交通费	75597.92
5. 残伤补助费	12000	4. 宣教会议费	14284.37
二、其他收入	410722.06	5. 专项费用	366088.15
1. 加工费	45788.09	6. 机械使用费	446115.05
2. 运什费	14791.35	7. 工地排水费	20876.70
3. 材料盘盈	93520.93	8. 设备购置	331260.32
4. 代办物资溢余	402.92	9. 修理所用费	109950.50
5. 销售工程石	190.00	10. 护坡支出	1028395.26
6. 包干前土方结算	114599.95	11. 各营工程经费	6146237.20
7. 扫盲经费	1000	12. 公什费	59231.71
8. 汽车摊销	4410.08		
9. 其他	20262.20		
10. 出售工程材料	115756.54		

会计：杨义禄

表二　秦淮新河切岭工程经费收支情况

结余	
项目	金额
合计	382011.63
其中：上交财政	206037.03
交水利局材料	132126.07
交水利局现金	126.53
交抗排队材料款	21000
县炼灰场欠款	22422
河北省欠款	300

说明：1. 上交财政 206037.03 元，已作 82 年农水经费下达各公社。

　　　2. 水利局价值 132126.07 元的材料已分给各公社（见表四）。

会计：杨义禄

下
篇
⋮

表三 切岭工程经费分给各公社清单（1982 年 1 月 15 日）

单位	经费			备注
	工程	分配	小计	
总计	5050237.20	1096000	6146237.20	
东山	117690.30	7461	125157.30	
殷巷	226295.79	21822	248117.79	
方山	233415.28	7101	240516.28	
秣陵	230769.83	57884	288653.83	
禄口	335169.55	61234	396403.55	
上坊	166744.62	13352	180096.62	
淳化	329669.08	30835	360504.08	
湖熟	283723.64	149197	432920.64	
周岗	283179.86	28412	311591.86	
龙都	205254.81	9789	215043.81	
土桥	267956.45	22715	290671.45	
东善	147281.11	6398	153679.11	
陶吴	174876.59	37098	211974.59	
横溪	253968.69	8725	262693.69	
丹阳	169811.49	26258	196069.49	
铜山	286126.05	9202	295328.05	
江宁	121494.99	7336	128830.99	
谷里	109450.81	18672	128122.81	
陆郎	146159.15	8029	154188.15	
铜井	122773.77	16296	139069.77	
汤山	209230.18	57416	266646.18	
其林	103754.01	4806	108560.01	
上峰	258077.29	8344	266421.29	
花园	81935.87	18634	100569.87	
营防	125641.49	55347	180988.49	
长江	59780.50	3637	63417.50	
方山会战		200000	200000	
财政局转分配		200000	200000	该款汇到财政局转各公社八〇年分配

表四　切岭工程库存材料及回收材料分配清单（材料折金额）

单位	材料折金额	备注
总计	255497.52	切岭工程库存材料 132126.07 以及回收材料
东山	8549.44	123371.45 全部分给各公社
殷巷	6161.82	
方山	8066.22	
秣陵	7518.84	
禄口	7144.42	
上坊	11630.47	
淳化	10818.91	
湖熟	8523.30	
周岗	6554.47	
龙都	7363.73	
土桥	10807.27	
东善	9906.34	
陶吴	10545.16	
横溪	8155.69	
丹阳	15646.48	
铜山	10510.17	
江宁	5617.32	
谷里	11239.88	
陆郎	14662.46	
铜井	10064.31	
汤山	14180.78	
其林	9792.72	
上峰	11936.56	
花园	4317.90	
营防	4790.72	
长江	6074.30	
周岗机电站	14917.84	

表五 江宁县秦淮新河会战指挥部枢纽工程团经费收支平衡表（1982 年 2 月 23 日）

科目	增	科目	增
（一）工程收入	8853507.07	公社结算经费	7951269.30
大会战工程	7275668.12	行政管理费	53590.77
船闸枢纽工程	1577838.95	间接费	171172.02
（二）什项收入	41160.61	工程直接费	389910.07
		专项费	65296.27
		上游指挥部（方山段）	150000.00
		拨付切岭指挥部（奖金）	5000.00
		上交县人民政府（实物作价）	13459.34
		上交县水利局（材料设备作价）	46320.61
		固定财产（电视机）	1968.00
		应收款	1198.47
		待交财政局	45482.83
合计	8894667.68	合计	8894667.68

会计：陈文海

表六　江宁县秦淮新河会战指挥部枢纽工程团各公社结算经费明细表

单位：元

单位	结算经费	大会战船闸发放奖金	结余经费下拨数	电站、闸补助经费	合计	备注
殷巷	171416.08	5992	11601		189009.08	
方山	157945.56	4831	10616	1500	174892.56	
秣陵	409325.66	6799	23587	5000	444711.66	
禄口	211678.84	14074	13586	5000	244338.84	
上坊	176751.86	4716	9980		191447.86	
湖熟	423990.54	12251	24913		461154.54	
淳化	374295.62	7910	23538		405743.62	
周岗	202440.02	7260	11890	2000	223590.02	
龙都	279677.37	11527	16761		307965.37	
土桥	267602.84	7803	14695	9000	299100.84	
东善	345343.92	5531	19602		370476.92	
陶吴	378447.46	8582	20987		408016.46	
横溪	392016.60	8038	20814	2000	422868.60	
丹阳	265416.23	4807	15861	13000	299084.23	
铜山	391467.14	11527	22438		425432.14	
江宁	409993.48	17329	24517		451839.48	
谷里	426987.17	10214	30150		467351.17	
陆郎	301581.49	8255	18529		328365.49	
铜井	319409.97	18622	18479		356510.97	
汤山	78748.88	1950	3401	8000	92099.88	
其林	375021.91	7544	22651		405216.91	
上峰	154604.65	10169	9511		174284.65	

下篇
∷

表七　江宁县秦淮新河会战指挥部枢纽工程团各公社结算经费明细表

单位：元

单位	结算经费	大会战船闸发放奖金	结余经费下拨数	电站、闸补助经费	合计	备注
花园	211878.86	11084	13532		236494.86	
营防	265598.71	13211	16075	2000	296884.71	
长江	220832.64	12329	12813	3000	248974.64	
实物作价	16148.80				16148.80	实物发放的公社秣陵、东善、陶吴、横溪、湖熟、土桥、龙都、淳化、周岗、铜山、其林 11 个公社。
双闸公社	9265				9265	
总计	7237887.30	232355	430527	50500	7951269.30	

表八　江宁县秦淮新河会战指挥部枢纽工程团费用开支明细表

单位：元

项目	金额	项目	金额
1. 行政管理费	53590.77	3. 工程直接费	389910.07
茶水费	299.00	压实费	48302.03
施工津贴费	32021.16	排水费	131894.92
办公费	6605.35	放样费	7223.10
差旅费	6853.51	爬坡机、铁板车	28394.64
电讯费	5110.77	设备购置	46519.52
夜餐费	2242.90	草包费	15688.29
福利费	458.08	车道板	21422.36
2. 间接费	171172.02	爆破费	90000
医药费	8287.53	小工具费	465.21
茶水费（民工）	1216.14	4. 专项费	65296.27
宣教费	9423.17	自来水管	277.45
奖励费（发放实物）	29236.38	电器材料	1624.03
三车费（汽车拖拉机）	48325.93	建工棚房	50386.10
劳保用品	5239.87	伙房用费	1280.13
伤残补助费	69443.00	东山仓库	11728.56

会计：陈文海

江苏省秦淮新河工程工作总结

秦淮新河工程，在省委、省人民政府的领导下，于一九七五年十二月二十日开工，经南京市和镇江地区的广大民工、工人、干部和工程技术人员的共同奋战，于一九八○年六月五日建成通水，发挥效益。

秦淮新河工程是一项防洪、灌溉、航运综合利用的大型水利工程。全长十八公里（其中切岭二点九公里），河口宽130—200多公尺，行洪八百秒立方米。新建枢纽工程一处，包括净宽72米十二孔的节制闸（并设有鱼道），四十个流量的抽水站，和通行三百吨船队的10.4米×160米船闸各一座。沿河两岸新建涵洞三十四座，电力排灌站十八座，共1350千瓦。两岸河坡护砌全长四点二公里，包括切岭段块石护坡和梅山地段钢筋混凝土防渗护砌十五万方，全河共完成土方1848万方，石方244万方。挖压征用土地13000余亩；拆迁1507户农、居民房屋5200多间；拆迁煤气、自来水管道10条，长达15000多公尺；各种电线、电缆141条，长达100多公里。由于新河地处南京市郊区，沿河经过五个公社，二个集镇，十多个厂矿，穿过宁芜铁路和宁芜、宁溧、宁丹、龙西四条主要公路干线，为方便和改善群众的生产、生活条件，保障省城的铁路、公路的交通，沿河新建了长130—153米，宽12米，汽-20、拖-100的五座公路桥和宽五至七米五，汽-10、拖-70的四座农桥，一座216米长的九孔铁路桥，及铁路接线四点五公里；公路接线六公里。秦淮新河工程至八○年年底止国家已经投资8024万元（包括梅山护砌冶金部投资700万元）。

一

秦淮河，南发源于溧水县的东庐山，北发源于句容县的宝华山，流经溧水、句容、江宁和南京市南郊，经三汊河入江。全长一百一十公里，流域面积二千六百三十一平方公里，总耕地面积一百五十三万亩，四周为丘陵山区，腹部为圩区，圩区有耕地四十八万亩。多年来，由于上游水系复杂，来水面积大，下游只有一条通道入江，每逢汛期，百流归总，水位猛涨，排泄不畅，历史上经常破圩决堤，给沿河两岸人民带来了深重苦难。两岸人民早就盼望着能彻底根治秦淮河流域的洪涝灾害。可是，反动统治阶级置人民于水火而不顾，把秦淮河畔当成灯红酒绿、纸醉金迷、鱼肉人民的场所。河道年久失修，百孔千疮，河身日渐淤塞，流水秽浊。历代有志之士，也曾想整治秦淮河，但未能实现。

解放后，在党的领导下，流域内三县一市人民，虽大力疏浚河道，逐年加高河堤，拓宽河床，建立了武定门节制闸和抽水站，对防洪灌溉有所改善。但是，由于河道断面太小，洪水出路问题没有能得到解决，不能摆脱大洪、大旱的灾难，一遇较大的洪水，两岸人民的生命、财产仍面临严重威胁，从解放初期到1975年发生大水灾四次（54、56、69、74年），受灾面积均在30万亩以上。如六九年降雨量241毫米，武定门闸最大泄洪仅376个流量，只占来水量的40%，受灾面积达37.5万亩，减产粮食一亿斤，倒塌房屋二万余间，郊区蔬菜都遭受到很大损失，同时严重威胁了郊区的工矿、铁路、公路、机场的安全。1974年三日雨量236毫米，句容石狮公社一片汪洋，部队派水陆两用坦克到现场抢救群众，并且每年一到汛期都要组织大批干部群众，提心吊胆，上堤防守。仅江宁县常年用于排涝经费都在百万元以上，给沿河两岸人民精神上和经济上带来了沉重的负担。为了根治秦淮河流域的洪涝干旱威胁，省委决定开辟秦淮新河。这个决定，反映了广大人民多年来的迫切愿望，得到了全流域百万群众的热烈拥护。

二

秦淮新河地处南京市郊区，河上建筑物多，拆迁任务大和地形、地貌、地质相当复杂，为切实安排好大批拆迁农、居民的生产、生活和不影响南京市南郊铁路、公路的畅通，及水、电、气的正常供应，我们把整个工程分三期进行。

（一）奋战切岭段

切岭工程是整个新河工程的关键工程。它坐落在韩府山北麓，位于秦淮新河中游，是由四个大小山头连接起来的。全长二点九公里，海拔三十米左右。工程于一九七五年十二月二十日破土动工，一九七九年十一月竣工，历时四年，计9035166个工日，完成土方437.3480万方，占新河总土方量的22.60%；石方231.5395万方，占新河总石方量的96.4%；块石护坡8.0380万方；碎石垫层2.4506万方。共投资1445万元，占全河道土石方总投资的43%。

切岭工程战斗一开始，我们就首先组织江宁县三万多水利战士，啃掉新河的这块硬"骨头"，为整个工程扫除最大的障碍，用了四个月的时间，扒掉了十米深二百九十五万方表面土，接着又组织了六千人的专业队伍，向岩石层开战。但切岭和开山却不一样，开山石头往下滚，切岭石头却要往上运，坡高路陡，加上地质构造复杂，工程的难度是可以想见的。广大民工发扬了自力更生、艰苦奋斗的革命精神，技术不懂他们以能者为师，在干中学。不论是炎热的夏天，还是风雪的数九寒冬，他们都是披星戴月，顽强奋战，凭着一颗红心两只手，一锹一锹，一车一车，坚韧不拔，挖山不止。打锤的同志虎口震裂了，不喊一声苦和累，拖车的同志在二百米的高坡上，上下飞奔，一天要跑五六十华里，也在所不惜，英勇奋战；放炮炸石的同志，靠着为"四化"争贡献的革命激情，一天要放几百炮，面对土石横飞，临危不惧，为了减轻劳动强度，加快工程的进展，广大民工进行工具改革，自己制造了土爬坡机和一千六百多辆铁板车。加上调进机具，全工地拥有上海和淳化式爬坡机一百一十四台，铁板车和翻斗车三千五百八十多部，小铁轨二万二千一百六十米，风钻六十七台，潜孔钻一台，空压机十九台，大小变压器十六台，大小电动机二百四十五台，大型排灌设备四台套，高压水泵二十二台，风管约三千米，打夯机十三台。由于使用了机械化和半机械化，代替了肩挑人抬，大大加快了工程的进度。为了加强机具设备的维修管理，在工地成立了机电组和机械修理所，配备了五台车床和其他设备，自己搞维修，减少了国家的经费开支，增加了机具设备的利用率。整个切岭段的土石方经过广大民工二年多时间的顽强战斗，终于啃掉了新河上这块硬"骨头"，工程量相当于一个年产二百三十多万吨的矿山开采量。

在通常情况下，切岭石方工程的完成，就标志着这一段新河道的建成，但在这里却遇到了意外的情况。坚硬的石头只需要几个月风吹雨打，就分化崩解了；结实的怪土遇水竟然会膨胀松散。面对这些奇石怪土，民工们在工程技术人员的指导下，发扬了连续作战的作风，挖掉了膨胀土，把黄土从三十多米高的高岗上运到底，一层层地夯实，运来了好的块石，护砌了十五米高、六里长的块石护砌河道。

(二) 巧夺十姊妹桥和枢纽工程

新河工程上共有十二座建筑物，这些都要抢在全河开挖之前基本完成，为大兵团全面开工作好准备。为此，我们在江宁县广大水利战士劈山开河的同时，就组织了江苏省水总一队、上海铁路局南京工程段、江宁县土桥建筑队、六合县桥队的广大建筑工人先后开进了各个阵地。

广大建筑工人发扬了我国工人阶级敢打硬仗的革命精神，苦干、实干加巧干，克服了时间紧、任务重、难度大重重困难，按期、按质、按量地完成了任务，为夺取总攻创造有利条件。

承担公路桥建筑任务的省水总一队干部、技术人员和工人，77 年 3 月进场后，只用了二年多时间，就一举建好了五座公路桥梁，创造了该队建桥史上的奇迹。特别是铁心桥，利用原来岩石作为架一跨 90 多米长的大桥的"土模"将桥建成，再爆破取石成河，并确保桥的安全，真是工人的高超技能。

承担农桥建筑任务的江宁县土桥建筑队，是一支由 80 多名社员组成的建筑队伍，技术力量薄弱，基本没有什么机械设备。他们迎着困难上，苦干加巧干，在较短的时间里，就建好了麻田、曹村、格子三座农桥，为新河建设作出了贡献。

西善铁路大桥，是宁芜铁路横跨新河的一座大型桥梁，按铁路部门正常施工，至少要18个月。但是，离汛期只有几个月了，怎么办？承担这项建设任务的上海铁路局南京工程段的干部、工人和工程技术人员，发扬了我国铁路工人的革命传统，日以继夜的奋战在工地，只用了六个月时间就胜利建成通车。

枢纽工程是由十二孔节制闸、四十个流量的翻水站、通行三百吨船队的船闸和鱼道所组成，承担这项建设任务的江苏省水总一队广大工人、干部和工程技术人员，在胜利完成五座公路桥建设任务后，发扬了连续作战的革命精神，解放思想，大胆采用新技术、新工艺，在江宁县民工团的配合下，日夜奋战，只用了近二年的时间，就保质保量地完成了这项工程的节制闸鱼道和翻水站的建设任务，为新河及时通水发挥效益，立了大功。省水总三队在梅山段河道内浇筑1300米钢筋混凝土和块石的防渗护砌，为梅山铁矿的安全作出了贡献。

（三）集中优势兵力，速战速决，一举拿下新河

一九七八年冬，在新河切岭工程和十二座建筑物基本建成的情况下，省委发出了"一定要把秦淮新河开好，保证汛期发挥效益"的战斗号令。南京市和镇江地区立即动员江宁、宜兴、句容、武进、金坛、高淳、溧水、溧阳、丹徒、扬中、六合、江浦、栖霞十三个县、区，组织二十多万治水大军，浩浩荡荡地开进了阵地，向秦淮新河全线土方发起了总攻。在东起江宁县的小龙圩，西至南京市郊区金胜村的三十六里地段上。旗海人潮，锹舞担飞，到处是大干苦干、你追我赶的动人景象。广大水利战士胸怀四个现代化的宏伟目标，顽强奋战。工地上社会主义劳动竞赛的热潮，如长江波涛一浪赶一浪，一浪推一浪。镇江地区的宜兴县一马当先实行科学施工，进度快、质量好，成为标兵。溧阳县陆笪公社民工团，加强劳动管理，土方任务到连，劳动定额到班，工效大大提高。丹徒县高桥公社民工团，深挖龙沟，坡形取土，战胜了渗水大、地面烂等拦路虎，加快了施工步伐。全镇江地区十多万民工只花了四十多天的时间，就完成了五百七十万土方任务，在平地上挖成了十四里长的河道。

江宁县男女老少齐上阵，动员近十万民工，个个是龙腾虎跃，争立新功。只用了五十八天时间，就拿下了五百五十五万土石方，胜利地结束了二十二华里的挖河筑堤的战斗任务。

这次总攻，前后仅用了两个月的时间，缩短计划工期一半，就胜利地结束了秦淮新河全线土方的开挖任务，实现了省委汛期通水发挥效益的要求。

在这次总攻战斗中，涌现了大批英雄模范人物，评选了二百五十八个先进集体和大批先进个人。

三

秦淮新河的胜利建成，是党的领导，社会主义制度优越性的体现，是认真执行党的政策，贯彻党的基建方针，充分发挥广大工程技术人员作用的结果，我们的体会有以下几点。

（一）领导重视，各方支持，是搞好新河工程的基础

在新河建设的过程中，各级领导都非常关心工程的进展，经常深入工地帮助解决工程中存在的问题。为了加强对工程的领导，省、地、县和公社都建立了强有力的领导机构。南京市委和市革委会对这项工程非常重视，在工程施工的四年多时间里，始终有一名常委、副书记或副主任担任指挥，并抽调了几位局级领导干部，担任副指挥，他们吃住在工地，进行现场领导，大大加快了工程的进展。在会战期间，镇江地委常委、副专员在工地坐镇指挥，各县区指挥部和民工团，都分别由县、区委公社党委负责同志亲自参加，各县、区人武部负责人亦参加工地领导，以民兵建制成立作战单位，为了加强对民工的政治思想工作，各级指挥部门和施工单位都成立了临时党、团组织。

搞好广大民工的生活和安全，是工程顺利进行的重要环节。在施工期间，各级领导都很重视安排好广大民工的生活，落实安全措施。镇江地区和南京市为安排民工生活、解决实际困难做了大量工作。南京市组织供应了猪肉三百六十万斤，油三十六万斤，蔬菜七千多万斤。为了搞好安全生产，各施工单位都建立健全了安全制度，配备了安全员，由于各级领导关心民工生活和生产安全，使广大民工生活安定，情绪饱满，士气高昂，一心扑在大干上。

在新河建设的过程中，省、市各有关部门和驻宁部队，在人力、物力和交通运输等方面，都给予了大力支持。南京军区通讯兵部、工程兵学院、铁道部第四设计院、南京工学院、华东水利学院、南京市设计院、凤凰山铁矿、铁道部南京桥梁工厂等单位，主动积极支援，为攻克开挖秦淮新河的技术难关，付出了辛勤的劳动。他们是搞好新河建设的一支必不可少的力量。

（二）认真贯彻因地制宜、量力而行的基建方针，是搞好新河的前提

在秦淮新河的施工过程中，我们深深体会到，搞基本建设，一定要因地制宜，实事求是，讲究经济效果，坚持按经济发展的客观规律办事，决不能只凭主观意志、不顾客观条件而行。

1.因地制宜，确定新河方案

关于新河的河线，省水利局组织镇江和南京市技术人员经过几年时间的规划和分析研究，并实地查勘了几条线路，先后研究过东线、西线、北河线及老河拓宽等多种方案进行比较。由于西线比东线短十几公里，切岭长度只有东线的四分之一，土石方量少一半，又可避免拆迁其林镇和对西岗果牧场与两处煤矿的影响，以及穿越宁沪铁路高路基和入江口粉砂段

等问题。而北河线及老河拓宽方案都要经过南京市区，两岸工厂、企业和居民房屋密集，拆迁任务太大，施工出土困难，对城市干扰较大，更难于实现。经过各方面比较，权衡利弊，最后选定西线方案。

2. 针对新河特点，决定施工程序

秦淮新河全长十八公里，要穿过省城南郊四条主要公路干线和宁芜铁路，要拆迁大批农、居民房屋和工业、交通设施，沿河要啃掉二点九公里的切岭土石方和新建十二座建筑物及其他配套工程。针对这些特点，我们先集中力量拿下切岭段和在平地搞好建筑工程，再集中优势力量，开河、筑堤。现在看来，这样安排是科学的，好处是：

（1）为大批民工上工扫除了障碍，以利速战、速决、河成、堤成，及时发挥效益。

（2）平地搞桥、闸建筑，不仅没有干扰，而且省工、省料、质量好。

（3）以利妥善安排好大批农、居民的生产、生活和保证市郊铁路、公路的畅通和水、电、气的正常供应。

3. 因地制宜，安排工程项目

在新河工程项目的安排上，我们始终坚持因地制宜、实事求是、讲究经济效果的原则。从有利于方便群众生产、生活和工农业生产发展的需要出发，安排工程项目及沿河配套设施。为确保堤防安全，根据土质情况，对土质松软的地段，就用块石护坡，土质好的就不护。在征用土地方面，我们也本着少征的原则，对一些不需要征用的土地，但施工中又暂时要占用，我们就采用租用的办法，施工后归还给农民。这样做地方政府和农民都很满意。

（三）认真执行党的各项方针政策，是搞好新河工程的保证

1. 认真执行党的拆迁、征用、赔偿政策，切实安排好群众的生产生活

秦淮新河工程，由于地处城市郊区，不仅要征用大批良田，同时还要拆迁大批农民群众的住房和工业交通设施。这些都直接关系到社员群众的生产、生活和个人的切身利益。有一件事情处理不好，就要影响党的政策的严肃性，影响群众的利益，就要直接影响工程的顺利进展，给党的事业造成损失。为此，在拆迁工作中，我们紧紧依靠各级党组织，反复向群众宣传开挖秦淮新河的意义，宣传政府关于拆迁赔偿的政策，把赔偿标准交给社员群众，做到人人心中明白。在调查核实的基础上，集体的赔偿给集体，私人的钱和建筑材料都分发给私人，并张榜公布，这样社员、集体和个人都较满意。为了切实安排好拆迁群众的生产生活，在地方政府的统一领导下，因地制宜地建筑了三十六个居民点，建筑面积有十几万平方米，使过去一家一户居住的群众，住进了新瓦房，改善了农民居住条件，促进农林经济结构的改变，安定了人心，发展了生产。

2. 认真落实多劳多得、按劳取酬的社会主义分配原则

工程一开始，在"四人帮"的极"左"路线的干扰下，党的政策在工地上得不到落实，

存在着"凭人头吃饭，凭觉悟干活""吃大锅饭，干好干坏一个样，干多干少一个样，干与不干一个样"的问题，致使工程想上上不去，想快快不了。后来，我们发动群众狠批了林彪"四人帮"的极"左"路线，在民工和施工队伍中彻底落实了党的政策，实行了"四定一奖"和"五定六包干"的责任制度，把劳动成果和个人利益结合起来，克服了平均主义，大大调动了广大干部群众的积极性，加快了工程的进展。

（四）相信和依靠广大干部、群众和工程技术人员，是搞好新河工程的关键

1. 相信和依靠工程技术人员，充分发挥他们的骨干作用

新河工程从设计到施工，自始至终充分依靠工程技术人员，发挥他们的专长，根据各单项工程的特点和施工进度，采取因地制宜的技术措施，根据地质情况和施工条件的变化，而及时修改设计，并随时解决施工中所遇到的各种疑难问题，从而保证了工程的顺利进行，施工中没有发生重大的工程事故，工程质量较好。

由于新河工程量大，地形复杂，涉及面广，任务艰巨，工程技术上要求较高，在工程设计方面，牵涉到工程地质、水文地质、防洪工程、水工结构、土壤力学、爆破工程、水工机械等多种学科和河道、水工、水港、桥梁、公路、铁道、地质等专业。为使设计符合经济合理、实用、美观的要求，有关节制闸、抽水站、鱼道、船闸、桥梁等建筑物工程，分别委托有关设计单位和大专院校进行设计。在施工方面，各单项工程分别交由各专业施工单位承担。先后参加设计和施工的有十几个单位，加上承担河道土石方工程任务的南京市和镇江地区的十三个县区。在施工中各有关单位大力协作，互相配合，因而新河工程汇集了各方面的专业队伍，是各方技术力量大协作的结果。他们创造性的劳动，建成了一条瑰丽壮观的人工长河。

切岭段是全河关键性的一段，又是一项硬骨头工程。山高坡陡，地质情况极为复杂，施工中发现全段二公里多长均为程度不同的蒙脱石，这是一种具有强烈的膨胀性和崩解性的岩石，遇水即崩解成黏性粉末而坍塌，经过有关方面技术人员反复试验研究，采取了扩大边坡、黏土压重和块石护坡防止冲刷的技术措施，解决了河坡稳定的问题。

沙洲圩地段，地势低洼，土质为淤泥，易于滑坡，经过取土试验，运用电子计算机多次进行土坡稳定计算，最后采取放缓边坡、放宽青坎的技术措施使河坡得以稳定。

枢纽工程施工，刚开始挖基就发现地下水旺盛，水位超过地面，地基又系软土，厚达十余米，承担这项工程的省水总一队，在转战南北的施工中，从未见过。经过工程技术人员和工人的反复研究，决定在闸塘周围打二十五眼井，用潜水泵昼夜不停抽水，终于用土办法解决了问题，将地下水位降到二十米以下，制服了地下"恶龙"，保证了挖基。在处理软土地基方面，由于枢纽建筑物高大，对地基要求很高，又无闸基换土的施工条件，为了保证工程质量，经过分析计算和试验研究，采取了打砂椿加固地基的技术措施。在打砂椿时，

开始用机架法人工打孔，既费人工，速度又慢，他们根据实际情况，大胆改用人工开挖作业，全面铺开的办法施工，顺利地完成了一千二百多根砂椿，提高工效二十倍。船闸施工中他们还自制设备，采用混凝土搅拌联动线和滑升模板新工艺，节省了大量劳力，提高了工效和工程质量。

铁心桥是一座单孔大跨度肋拱桥，它结构新颖，造型美观。南京市勘测设计院的设计人员，根据地形和地基的特点，大胆设计了九十米大跨度的钢筋混凝土肋拱桥，省水总一队在施工时就地利用原土做土胎拱模，不但大大节省了钢木脚手架、支撑和模板，而且加快了施工进度。桥梁建成后要挖掉桥下土石方，江宁县组织专业队，在解放军工程兵学院教员的指导下成功地完成了桥下爆破任务，为今后邻近建筑物的爆破施工，培养和造就了一大批技术力量。参加设计和施工的工程技术人员，经过新河工程的实践积累，丰富了工作经验，提高了业务技术水平。参加施工的工人和民工经过实际施工的锻炼，掌握了石方开采、爆破技术、爬坡机加小板车运渣、砌石护坡、混凝土浇筑等操作技术，成为一支比较熟练的专业技术队伍。参加施工的各级领导干部也增加了领导工程施工的工作经验。

2. 相信和依靠干部、群众搞好工程质量

广大干部和群众，是搞好工程质量的主力军，只有充分地相信和依靠他们，才能把好质量关，不给工程留任何隐患。

在施工中，广大干部和群众，坚持做到按标准施工，不留隐患。江宁县针对工地特点，实行分类指导，科学施工。如在沙洲圩施工的禄口、土桥、上峰、龙都等公社民工团，针对土质烂、沟塘多、含水量大的特点，坚持做到彻底清淤，老土见天，硬土回填，打好堤基，开好龙沟，爽干取土，分段施工，层层压实的办法，确保工程质量。镇江地区，提出了三齐（河底线齐、河口线齐、堤顶线齐）、三平（河底平、平台平、堤顶平）的施工要求，严格把好质量关。

江宁县禄口公社广大干部和民工，为了保证施工质量，不给工程留一点隐患，他们把工地上的稻茬子一棵一棵地拔出来，防止今后腐烂渗漏，把工地上二十二棵大树根一棵一棵起出来，同志们说："会战施工，质量第一，一丈坍塌，万丈无功，我们决不能给大堤留下一点隐患。"

（五）积极做好物资供应工作，是搞好新河工程的必要条件

在这次工程建设中，所用的材料，大都来自全省各地，也有在全国其他省、市，品种多，要求高，时间急。各级后勤部门的同志，都克服了重重困难，积极工作，千方百计地组织调运了钢材五千多吨、木材六千八百立方米、水泥近五万吨、砖瓦二千多万块、沙石四十万吨及大批二、三类物资，保证了工程的要求，为工程的顺利进展做出了贡献。如铁路桥工程，23.8 米的 14 片钢筋混凝土大梁，原安排在湖南株洲桥梁厂加工，后改在南京桥梁

厂加工，不仅大大缩短了工期，仅运费一项就为国家节省了几万元。

在秦淮新河施工过程中，由于我们对于在丘陵山区和城市郊区开河缺乏经验，对客观事物认识不足，工作措施不力，产生了一些窝工、浪工的现象。在安全方面，对民工教育不够，制度不健全，致使七位民工同志因工死亡，三百多人因公负伤，教训是非常深刻的。

新河建成后，适遇今年大洪大涝，闸下水位一度超过设计要求 9.3 米的水位，达到 9.5 米，闸上水位在 9.26 米，超过警戒线。通过洪水考验，新河的枢纽工程及其他建筑物，质量是好的，未发现什么异常情况，沿河堤防经省、市、区防汛指挥部检查，未发现什么渗水现象，质量也是好的。

新河通水后，发挥效益是显著的。今年入夏以来，我市连降暴雨，七月八日日降雨量为 105.6 毫米，七—九日三天降雨量 141.4 毫米，七月月降雨量 320.6 毫米，三日降雨量超过五四年三日降雨量 26.4 毫米，月降雨量，接近五四年月降雨量。在这种情况下，新河十二孔节制闸全部开闸放水，以每秒 500 立方米的流量向长江泄洪，行洪量是老秦淮河武定门闸的二倍，及时泄了句容、溧水、江宁三县和雨花台区秦淮河上游二千多平方公里的来水，大大减轻了圩区的防洪、内涝的压力，没有发生水灾，对保障城市南郊工矿、企业、机场、铁路、公路交通的安全，发挥了重要的作用。沿河的广大干群说："往年下这么大的雨，我们就要提心吊胆在堤上日夜防守了，哪能在家安心生产呀！说不定，房屋、庄稼都要泡汤了。秦淮新河真是一条子孙幸福河呀！"一些老农激动地说："这一下我们愿望实现了，真是共产党好，社会主义好呀！"郊区的厂矿同志反映，过去一到汛期，特别像今年这样的连降暴雨，我们早就要组织工人防汛了，今年安全无恙，省委决定开挖秦淮新河的决心下得好呀！

现船闸正在施工，已完成工程量百分之八十，引河尚待开挖，一旦船闸全部建成，在航运上将发挥更大效益。

江苏省秦淮新河工程指挥部
一九八〇年十二月

秦淮新河绿化规划讨论稿

一、前言

秦淮新河是我市的重点水利工程之一，始建于一九七五年冬，于一九八〇年五月正式通水。秦淮新河是一条综合性河道，它的建成，为消除秦淮河流域的水旱灾害，发展南京地区的工农业生产，保障工矿企业和人民生命财产的安全，提供了可靠的保证。

秦淮新河工程规模浩大，包括泄量为 800m³/s 的大型河道一条，12 孔节制闸一座，40m³/s 抽水站一座，船闸一座，铁路及公路桥 10 座，沿河涵、闸、泵站等农水配套工程 50 多处。工程投资为 8300 余万元。

对于秦淮新河的工程管理，省、市领导都十分重视。一九八〇年设立了专管机构，对管理工作的任务、体制、方针、政策做过多次指示，要求我们一定要把秦淮新河管好，"管不好，太不像话"。并着重指示："水利是农业的命脉，绿化是秦淮新河的命脉。"给我们的管理工作指出了明确的方向。

秦淮新河地处南京近郊，地理环境优越，新河两岸有着丰富的水土资源，可绿化面积近五千亩，新河的管理事业的发展具有广阔的前景。近两年来，我们虽已绿化了三千多亩，但由于缺乏统一规划，各行其是，绿地零星分散，林种杂乱无章，树种选择不当，致使造林效果受到影响。通过对近两年来绿化工作的总结，我们深感规划工作的重要。尽管我们对绿化造林方面知识非常缺乏，但为了早日完成规划工作，同志们边学边干，因此本规划肯定会存在许多错误和欠妥的地方，我们衷心希望领导和同志们指正。

二、规划原则

秦淮新河的绿化应满足三个方面的要求：

（一）保持水土

新河工程管理的任务是确保堤防安全，充分发挥河道防洪排涝效益。秦淮新河西善桥以上，两岸地势较高，弃土区土质疏松，特别是切岭段，山高坡陡，雨水冲蚀严重，雨淋沟发育，每年都有大量的泥沙被冲刷入河，淤填河床，影响河道效益的发挥。据一九八○年统计，下河的土方达两万余立方米。因此，上述地区必须大力营造水土保持林，以避免河床淤积，保证河道排洪通畅，延长疏浚周期。考虑到保持水土的目的，凡适林地区造林密度应适当增密。西善桥以下为沙洲圩地区，正常水位也比两岸地面为高，汛期安全，全靠堤防当家。该段堤防均系砂壤土和粉砂土，设计时虽已采取了加宽青坎、放缓边坡等措施，以策安全，但在使用管理中如不采取植物防护，以达到防风固沙和防止雨水冲刷的目的，堤防安全仍不能得到充分保障，为此堤身应以植草和发展浅根系灌木为主。

（二）美化环境

秦淮新河地处南京市近郊，交通方便，新河两岸自然地理环境优越，有山有水，切岭段小山处别具峡口风光，沿河还有不少名胜古迹。市委初步决定将秦淮新河作为全市人民休息基地来建设，以解决城市工业发展、绿地日趋减少的矛盾。加之秦淮河（老河）历史悠久，驰名中外，吸引着不少游客，如今却是一溪污水，而新河的规模比老河壮观百倍，如经营得法，实为发展旅游事业的理想地点，因此新河绿化还必须符合美的要求。打算新河两岸配置两条风景带，在集镇和工矿企业附近要按林园要求建设几处风景点，主要公路干线桥头要开辟为小型公园。新河沿线要求在不同季节、不同地段，有不同的景色，要真正达到香化、彩化，红绿相映，四季常青，山明水秀，自然成趣。树种以垂柳、花桃、红枫、雪松、桧柏等为主。

（三）发展生产

新河两岸近五千亩土地是综合经营的好场所。新河长十七公里，需要人员管理，林木要抚育，工程设施要养护维修，本着以堤养堤的原则，应该充分利用现有的水土资源，发展生产，为国家创造财富，节省开支。要大力发展一些经济价值高、收益快、销路广的经济林。根据新河两岸的土壤、地形等条件，应该优先发展桑、茶、竹及部分果树。

为了满足新河今后对绿化苗木的需要，争取苗木自给，必须开辟足够数量的苗圃基地，以培育良种壮苗。这是实现新河规划的物质保证。

根据上述要求，绿化规划应因地制宜，因害设防，适地适树。做到经济林、防护林、用材林相结合，根据土地条件的不同，做到乔、灌、草结合，林带、林网和重点园林化小区结合，近期生产和远景安排结合，绿化一切可以绿化的地方，增加森林覆盖率，控制水土流失，美化环境，改善生态平衡。

新河绿化的总布局是：堆土区以经济林为主，种植桑、茶、果、竹；堤顶两条线营造风景林带，桃、柳间种，并辅以红枫和松柏；堆土区斜坡种植速生用材林；河堤的迎水坡则以灌木、草皮为主。对土质极差的地区，近期栽种刺槐、紫穗槐以改良土壤，以后再发展经济林。斜坡今后结合工程措施逐步改造成梯田后再发展桑、茶等树种。

三、秦淮新河绿化规划分段安排

（一）小龙圩段

小龙圩段全长 1035 米（东岸可绿化长度 1035 米，西岸可绿化长度 800 米），两岸共长 1835 米。其各部位面积及绿化内容如下：

1.8.0 米平台：长 1835 米，宽 10 米，面积为 27 亩。种植杞柳。

2. 迎水坡（8.0 米—13.5 米）：长 1835 米，宽 18 米，面积为 50 亩。其中：10 米以下 17 亩种植杞柳，10 米以上 33 亩，植草皮间种黄花菜。

3. 堤顶：宽 10 米，长 1835 米，面积 27 亩，植树两行，垂柳、花桃间种，中间点缀部分雪松、桧柏等常青树，垂柳及花桃株距 2 米，行距 6 米，计 920 株，树行中间为道路。

4. 堆土区：计 125 亩，其中东岸 76.5 亩，西岸 48.5 亩。

东岸堆土区根据地形及现有绿化情况又可分为三块，考虑到目前最大的一块大部分已植桑，以此为基础向两侧延伸，全部发展桑园。

西岸堆土区较宽阔，面积为 48.5 亩。堆土区背水坡一侧有一平地，约 8 亩，且交通亦较方便，故规划为苗圃，其余 40.5 亩发展干果林：以板栗、薄壳山核桃、银杏、枣为主。干果林外围（即堆土区背水坡脚与堤顶的分界线上）种植 2 米宽刺槐林带，以作防护屏障，面积约 3 亩。营造干果林的头几年中，林间空地可结合管理间作部分豆类、花生、蔬菜等作物。以增加近期收益，以短养长。

（二）河定桥—小西涵洞（0 ＋ 000—1 ＋ 700）

该段长 1700 米，可绿化的河岸长 3100 米。

1. 8 米平台：宽 10 米，46.5 亩，全部植杞柳。

2. 迎水坡：宽 17 米，共 79 亩。其中：8 米—10 米为 27.9 亩，植杞柳；10 米以上为 51.1 亩，目前已植水杉、泡桐、重杨木、214 杨等树。今后更新为水杉、重杨木。

3. 堤顶，北岸长 2700 米，宽 10 米，南岸长 700 米，宽 6 米，共 46.8 亩。种植火炬松，北岸 4 行，南岸 2 行，株行距为 4 米 ×4 米—3 米 ×4 米（每亩 110—160 株）。

4. 堆土区：北岸 80.4 亩，南岸 80.1 亩，南岸 5 亩作苗圃地，其余全部植桑。

（三）小西路—曹村桥（1 ＋ 700—2 ＋ 738）

该段全长 1038 米。

1.8 米—10 米，21.4 亩，植杞柳。

2.10 米平台宽 10 米，31.1 亩已植杞柳。

3. 迎水坡：（10 米—堤顶）宽 10.5 米，面积 32.7 亩，种柿，株行距为 5×7—6×8 米。每亩 14—19 株。林间空地植草皮，间种黄花菜。

4. 堤顶：北岸长 1038 米，宽 20 米，合 30.9 亩；南岸长 1038 米，宽 20 米，合 15.4 亩，共计 46.3 亩。全部桃、杏间种。堤宽 10 米种两行，堤宽 20 米种 4 行。株行距为：桃 6×6—5×7 米，每亩 19 棵；杏 6×7 米，每亩 15 棵。

5. 堆土区：214.5 亩，其中北岸 89.1 亩，南岸 125.4 亩。南岸 5 亩作苗圃地，其余 209.5 亩全部植茶。规划每百米一块，每块留 3 米宽小路一条，平均长 50 米，路旁植火炬松，株距 3—4 米，共需火炬松 500 棵（茶园规格，以下均同此）。

（四）曹村桥—麻田桥（2 + 738—4 + 080），长 1342 米。

1.10 米以下边坡（指 8 米）宽 6 米，面积为 24.2 亩，植杞柳。

2.10 米平台，宽 10 米，面积为 40.3 亩，植杞柳。

3. 迎水坡（10 米—堤顶）平均宽 10.5 米，合 42.3 亩。曹村桥下 500 米约 15 亩，种柿树，余下 842 米约 27.3 亩，种植大国外松。1979 年春，省、市党、政、军领导曾在此植树，目前已绿树成荫。林中补缺仍为国外松，林外则补种柿树。

4. 堤顶：共 39.6 亩，北岸 500 米，宽 10 米，合 27.6 亩，南岸宽 6 米，合 12 亩。曹村桥以下 500 米，南北两岸共 20 亩，桃、杏间种。余下除已种植国外松地段外均种植柏树，以桧柏与中山柏相间。

5. 堆土区：共 278.4 亩，堆土区平均宽为 70 米。其中北岸 130.8 亩，南岸 147.6 亩。曹村桥下 500 米植茶，面积为 114.6 亩。园中小路两旁共需栽植火炬松 350 棵。余下的全部种植笡竹。

（五）麻田桥—铁心桥（4 + 080—5 + 844）

该段全长 1804 米。北岸为管理处直接经营范围。

1.8 米—10 米河坡，宽 6 米，面积为 16.2 亩，植杞柳。

2.10 米平台，宽 10 米，约为 27 亩，目前已种植柳、水杉、池杉等，其成活率不等，以垂柳、花桃补缺。

3. 迎水坡（10 米—15 米）共为 28.4 亩。麻田桥下 200 米，已植大国外松，今后仍种小国外松、湿地松、柳杉、池杉。

4.15 米平台，宽 10 米，约 27 亩。

（1）自麻田桥至吴尚一泵站，长 1200 米，面积为 18 亩，植葡萄。株行距 2.5 米—3 米×2.5 米—3 米，每亩 80—110 棵。

（2）自吴尚一泵站至铁心桥，长 600 米，宽 10 米，约 9 亩，以中山柏与桧柏间种，间隔 3 米共植两行。

5. 堆土区（包括 15 米平台以上的边坡 56.6 亩）共有 227.1 亩。分三部分：管理处东 186.6 亩（包括迎水坡 35 亩）；管理处门前 9 亩（边坡）；管理处以西 31.5 亩。

（1）东部堆土区

迎水坡上已种植香樟一排，长 1200 米，株距 2 米，共 600 棵。

背水坡脚种刺槐林带，宽 4 米，面积为 7 亩。

迎水坡，35 亩，种植柿子，每亩 20 棵，计 700 棵，树中间植草皮。

堆土区自东向西共分七段：

第一段长 200 米，宽约 60 米，合 18 亩，种竹。

第二段长 300 米，宽 70 米，合 31.5 亩，种茶。园中小路两旁植火炬松，共 140 棵。

第三段长 200 米，宽 60 米，合 18 亩，种植薄壳山核桃，株行距 5—7×6—8 米，每亩 12—22 株，共 360 株。

第四段长 200 米，宽 70 米，约 21 亩，种植板栗。株行距 7×7—6×8 米，每亩 8—10 株，共 210 株。

第五段长 100 米，宽 110 米，约 16.5 亩，种植梨树。株行距 7×7—6×8 米，每亩 10—14 株，共计 200 棵。

第六段长 100 米，宽 120 米，约 18 亩，种桃树。株行距 6×6 米，计 350 棵。

第七段长 100 米，宽 120 米，约 18 亩，发展苗圃。

（2）管理处门前边坡，面积为 9 亩。

沿管理处挡土增植一排雪松，计 50 棵。

种梅花 6.3 亩，株行距 3×3 米，每亩 70 株，计 470 株。梅花中间间种海桐，间隔 3 米，共 70 株。

（3）西部堆土区，长约 400 米，计 31.5 亩。

在▽22 米上种桧柏，同隔 4 米，计 100 棵。

▽22 米平台上，以火炬松为主。株行距 4×5 米，间种枫树（三角枫成五角枫），火炬松和枫树每亩均为 33 棵，面积 19 亩，总计火炬松 630 棵、枫树 630 棵。

在 15 米—22 米边坡上，种植山楂和山里红，株行距 6×6 米，每亩 19 株，共计 240 棵。

生产管理用房基地 3 亩，作苗圃。

南岸：自麻田桥向西 550 米，属江宁县东山公社管理，其余为铁心公社管理段。

▽8—10 米河坡，为 16.2 亩，植杞柳，其中东山公社 5 亩，铁心公社 11.2 亩。

▽10 米平台，宽 10 米，面积为 27 亩，植杞柳，其中东山 8.2 亩，铁心 18.3 亩。

▽10米—15米边坡，平均宽10.5米，合28.4亩，麻田桥下200米，已植大国外松，约3亩，余下种柿树（国外松3亩、柿树5.6亩，属东山公社）。

▽15米平台，宽10米，24亩，植柿树，其中8.2亩属东山公社。

堆土区计197.7亩，其中韩府山以东为101.7亩，以西为96亩。以东全部植桑（其中57亩属东山）。以西规划16亩作苗圃，余下种植干果，以板栗、枣、薄壳山核桃、银杏为主。目前已植银杏600余株。各种果树栽植规格如前。

（六）切岭段（5＋884—8＋636）

该段全长2746米，位于丘陵地区，是全河地势最高处，河道开挖最深处达30米，目前两岸堆土区高程与河床底高程相差45米。堆土区（包括其边坡）面积很大，边坡很长，土壤贫瘠并掺有风化石渣，植被形成不易，水土流失较为严重，因此，该段绿化任务艰巨。在高程15米平台以下均为河床砌石护坡，无绿化可言。该段砌石护坡施工质量不佳，近十年的岁修任务很大，故在绿化规划上，不得不考虑其影响。

今初步规划如下：

1. ▽15米平台：（长）274.6米×（宽）4米×2（两边），面积约33亩。

目前已部分种植水杉、垂柳，尚留空白土地。由于该段每年的岁修任务很大，土壤贫瘠，所种水杉成活率不高等原因，近期暂不种贵重树种，空白地均用垂柳、紫穗槐补齐，远期以桃、李、柿、果树更新。

2. 龙西路：▽16米—▽30米，北岸长1500米，宽15米，合33.7亩，中间留5米路面，尚留绿化面积22.5亩，目前路两旁已种植水杉二排；由于地势高，水杉树种适应不良，又由于路面不固定，树木损失很大。现近期可用214杨或垂柳进行补缺，远期以桃、李、柿、果树为主。

与此相对应的在南岸有宽10米的平台1500×10合22.5亩，中间留路3米，余15.7亩面积可绿化，目前已植的水杉、垂柳中水杉的死亡率很大。空缺仍补214杨和垂柳，远期以桃、李、柿、果树为主。

3. ▽15米平台—龙西路边坡：1700米（长）×35米（宽）×2合178.5亩。在边坡上下口各宽5米种植紫穗槐，以改良土壤和保持水土。紫蜜桃共占地1700米×2米×10米合51亩。

余下127.5亩，种植柿子树，每亩20株。

4. 龙西路以上堆土区1700米×55米×2约为280.5亩，▽15米平台以上堆土区1046米×70米×2约为219亩，两者共计500亩。远景将这500亩坡地（大部分为坡地）改造成梯田植茶，规划如下：

（1）在30米宽堆土区边界种植2米的刺槐，以作防风林带和改良土壤，面积2746米×2米×2合16.5亩。

（2）在上口坡线上植一行乌桕树，间隔5米，计1100棵（2746×2÷5=1100）。

（3）茶园共长5400米，每100米长为一块，每块留3米宽路一条，共54条，每条长60米（平均），可种火炬松（54×60×2÷5）1300棵。

但从目前来看，500亩坡地改成梯田费工较大，而且土地贫瘠，土壤中又埋有大量风化石，按远景规划实现不易，所以近期规划为：沿河种植刺槐与紫穗槐，每隔10米间种，以改良土壤，此项任务可在1—2年内完成（83、84年），在第3年可选条件好的地段逐步改造梯田植茶，计划在10年内改造成茶园。

（七）切岭—红庙桥（8＋630—8＋874）全长244米。

1. ▽8.5米平台，244米×10米×2约合7.3亩，植杞柳。

2. 迎水坡（▽8.5米—▽13.5米）244米×20米×2合14.6亩。其中▽10米以下244米×6米×2合4.4亩植杞柳，▽10米以上合10.2亩，近期植垂柳，远期更新一半为花桃。

3. 堤顶：244米×10米×2合7.3亩。北岸以樟树与红枫间夹4×4，各30株。南岸以桧柏与青枫间夹4×4，各30株。

4. 堆土区（▽15米以上）：面积77.7亩，其中北岸30.9亩，南岸46.8亩，一律改造成梯田植茶。茶园每100米长为一块，共分四段，留3米宽小路共6条，路长平均为100米，植乌桕树（100×6×2÷5）300棵（每亩40—60株，株行距3×4—4×4）。

（八）红庙桥—梅山桥（8＋874—10＋084）全长1210米。

1. ▽8.5平台：1210×10×2—1200×10合18.3亩，种植杞柳。

2 ▽10米以下（至▽8.5米）：1210×2×6合21.8亩，种植杞柳。

3. ▽10米平台（400＋800）×10合18亩。

　　▽10米—▽13.5米迎水坡50.8亩。

以上面积共68.8亩，近期全部种植垂柳，远期更新一半为桃树。

4. 堤顶：共41.5亩。北岸1210×10合18亩，植以樟树与红枫间夹4×4各300棵。南岸850×10＋360×20合23.5亩，植以桧柏与青枫间夹各400株。

5. 堆土区合计252.9亩，其中北岸131.1亩，南岸121.8亩。除南岸留10亩苗圃用地外，其余242.9亩均作茶园。茶园全长1200米，每100米长为一块，设小道一条，宽3米，共计26条，小道两旁种乌桕树，共计植（26×70×2÷4）910棵。

（九）梅山桥—西善镇涵洞：

北岸：自10＋084—11＋290，全长1206米。

1. ▽8.5米平台，950×10＋250×20合计18亩，种杞柳。

2. 迎水坡（▽8.5米—▽13.5米），1206×15合27亩，其中▽10米以下8亩植杞柳，其余19亩种植花桃、垂柳。

3. 堤顶：1206×6 合 10.9 亩。植樟树与红枫间夹，各（1206÷4）300 棵，在迎水坡线植黄杨绿篱。

4. 堆土区 69.1 亩。分五块。

（1）梅山桥北头 10.8 亩：茶园。

（2）中学 24 亩：茶园。

（3）铁路间 9.6 亩：茶园。

（4）西善桥头 7 亩：作为育林苗圃地（向北尚有 5 亩和水面 5 亩，可发展苗圃地及水产）。

（5）医院 17.7 亩：已植水杉等树。

将茶园外围植乌桕树，约 300 株。

南岸：10＋084—11＋530，全长 1446 米。

1. ▽8.5 平台：1246×10＋200×25 合 26.2 亩，种杞柳。

2. 堤顶：35.4 亩。其中西善桥以上宽 30 米的地段有 250 米长，合 11.2 亩，宽 4 米—5 米的有 700 米长，合 4 亩，共计 15.2 亩。均以桧柏与青枫间夹 4×4。其余在西善桥以下至八〇七涵洞，500×27 合 202 亩，目前已种水杉、泡桐、垂杨木，以后补种垂柳和桃树。

3. 迎水坡：1446×15 合 32.5 亩。其中▽10 米以下 9.7 亩种植杞柳。其余▽10 米以上 22.8 亩中在梅山段长 800 米约 13 亩，种花桃、垂柳；在西善桥以下有（1）100 米长约 2 亩植花桃、垂柳，（2）长 400 米约 7.8 亩种黄花菜。

4. 堆土区（海福圩）：22.8 亩种茶。

（十）西善镇涵—格子桥

北岸：11＋290—12＋531，全长 1241 米。

1. ▽8 米平台长 400 米，宽 20 米，合 12 亩植杞柳。

2. 迎水坡：1241×18 合 33.5 亩，其中▽10 米以下（1241×8）14.9 亩植杞柳。其余 18.6 亩植草皮间种黄花菜。

3. 堤顶：1241×6，合 11.1 亩，暂不绿化，仅植草皮。

4. 背水坡：700×24，合 25.2 亩，植草皮间种黄花菜。

5. 背水坡后 30 米宽平台，27 亩。规划如下：

第一行沿排水沟植一排亲交柳（或杨树）间隔 3 米，共 420 棵。

第二—四行，植三排池杉，株行距 2×3，共 1860 棵。

第五—七行，植三排湿地松，株行距 2×3，共 1860 棵。

第八—十行，植三排薄壳山核桃至堤坡脚，株行距 4×8，共植 465 棵。

目前该段已植 214 杨，可逐年更新。

6. 堆土区共 33 亩，其中 10 亩作苗圃，其余 23 亩种竹。

南岸：八〇七涵洞—格子桥，11 ＋ 530—12 ＋ 731 全长 1201 米。

1. 8.5 米平合长 400 米、宽 25 米约 15 亩。目前生产队种蔬菜，土壤肥沃，可以接收后种黄花菜。

2. 迎水坡：1210×16 合 28.8 亩。其中 10 米以下 10.8 亩种杞柳，其余 18 亩种草皮和黄花菜。

3. 堤顶：1210×6，合 10.8 亩。可植草皮。

4. 背水坡：（6 米—12.5 米）1201×6 合 46.8 亩，植草皮和黄花菜。

5. 背水坡后 30 米宽平台，合 31.5 亩。种一排杂交柳、三排池杉、三排湿地松、三排薄壳山核桃至堤脚，株数与北岸相同。

6. 堆土区：14.4 亩，种竹。

（十一）格子桥—节制闸

北岸：格子桥—螺塘涵洞，13 ＋ 960—12 ＋ 531 全长 1429 米。

1. 堤顶：1429×6 合 12.8 亩，植草皮。

2. 迎水坡：1429×18 合 38.5 亩。其中 10 米以下 17 亩种杞柳，10 米以上 21.5 亩植草皮和黄花菜。

3. 背水坡：（6 米—12.5 米）1429×26 合 55.7 亩，植草皮和黄花菜。

4. 背水坡后 30 米宽平台：1429×30 合 64.3 亩，规划如下：

一排杂交柳，株距 2 米，计 715 棵。

三排池杉，（715×3）2145 株。

三排湿地松，（715×3）2145 棵。

三排薄壳山核桃，（180×3）540 棵。

南岸：格子桥—石家涵洞：12 ＋ 731—14 ＋ 350 全长 1619 米。

1. 堤顶：1619×6，合 14.5 亩。

2. 迎水坡：1619×18，合 43.7 亩，其中 10 米以下 10 亩植杞柳，其余 33.7 亩种草皮和黄花菜。

3. 背水坡：1619×26，合 63.1 亩，植草皮和黄花菜。

4. 背水坡后 30 米宽平台：1619×30，合 72.8 亩。规划同北岸：一排杂交柳 810 棵，三排池杉 2430 棵，三排湿地松 2430 棵，三排薄壳山核桃 610 棵。

（十二）节制闸以下

北岸：16 ＋ 000—16 ＋ 800

1. 堤顶：800×6 合 7.2 亩，植草皮。

2. 8 米平台：800×15 合 18 亩，种杞柳。

3. 迎水坡：800×4.5 合 14.4 亩。其中 10 米以下 5.4 亩植杞柳，其余 10 米以上 9 亩植草皮和黄花菜。

4. 堆土区：共 95.1 亩，分为三块：

（1）江堤内 34.8 亩及内外堤间 46.8 亩已植水杉，其空缺仍补水杉，保证水杉连成一片（该处水杉成活率高）。

（2）外堤以外江滩上 13.5 亩植杂交柳。

南岸：中埂涵洞至江边（15＋447—16＋800），全长 1350 米。

1. 堤顶：1350×6，合 12.1 亩，植草皮。

2. 8.5 米平台：1350×15，合 30.4 亩，植杞柳。

3. 迎水坡：1350×12 合 24.3 亩，其中 10 米以下 9 亩植杞柳。其余 15.3 亩植草皮和黄花菜。

4. 堆土区，共 115.5 亩。

（1）江堤以外江滩，20.7 亩，种杂交柳。

（2）内外堤之间：45 亩，种桑。

（3）内堤以内，49.8 亩，除 20 亩留作苗圃，其余 29.8 亩种竹。

四、九项[*]补充

（一）充分利用刺槐树种的特性，改良土壤和作界线屏障。凡在西善桥以上的堆土区，背水边坡上均种植 2 米—4 米宽刺槐，对边坡的水土保持也有相当大的作用。此项面积已计入各段堆土区内。

（二）目前迎水坡 8 米—10 米大部分已植杞柳，在尚余部分的 10 米平台上可视土壤条件种植三条（白腊杆、紫穗槐等）。

（三）关于桥头绿化

除河段规划要求植以桃红柳绿外，并以常绿树种（雪松、龙柏、女贞）为主。重点绿化的桥头有东山桥、河定桥、铁心桥、西善桥四座交通桥和麻田桥风景区。西善桥和铁心桥各搞桥头公园一座，除种植常绿树种外，还配植花木。2 座桥的主要绿化树种数量为：雪松 200 株；龙柏 200 株；女贞 200 株；垂柳 800 株。2 座桥头公园的主要绿化树种数量为：广玉兰 40 株；海桐 40 株；桃 40 株；李 40 株；梅花 40 株，黄杨 4000 株；樱花 40 株，棕榈 20 株，芭蕉 100 株。

＊ 档案原文如此。

（四）关于水上公园绿化

在梅山桥以上，原在河道施工中滑坡一段，经过处理现形成 40 米 ×50 米水池形与河水相连，是游泳好场所，岸边宜配植 214 杨作为遮阴树，共计可植 400 株。

南京市水利局

一九八二年四月

秦淮新河水质情况跟踪监测报告

南京市环境监测中心站文件，宁环监快〔99〕字04号

3月16日我站监测秦淮新河水质发现异常（见宁环监快〔99〕字03号文），在向上级主管部门汇报后，3月17日我站会同市环境监理支队和雨花区环保局再次赶赴现场，进行了跟踪监测。

一、现场调查

3月17日，在秦淮新河闸口水面仍然浮有一些小的死鱼，水体微有腥臭。据该闸管理所的王所长介绍，该闸自去年9月中旬以来一直未开闸放水，直至今年的3月13日上午9时许开两孔放水，下午改成一孔，3月14日上午开始发现有些小鱼"浮头"，下午许多大鱼也开始"浮头"，并有死鱼出现。据了解，每年春季首次开闸放水时，在闸口附近水域都会发现不同程度的死鱼现象，而本次关闸时间较长，死鱼现象较为严重。

二、监测结果

3月17日监测人员现场监测，水中溶解氧浓度闸口上游为1.76mg/l，下游为2.74mg/l，均不符合GB3838-88《地面水环境质量标准》中的IV类水质标准。

经实验室分析，水样中挥发酚浓度为0.002mg/l，符合GB3838-88《地面水环境质量标准》中的IV类水质标准。

三、结果分析

我们认为本次水质变化与下列因素有关，关闸期间自河定桥至秦淮新河节制闸区间基本

为静水，不同河段水质差别较大，闸口附近水域水质较好，有鱼生存，而上游某断面由于工业污染的积累作用，局部水质较差，开闸放水后，上游污染严重的河水下移，造成上述死鱼现象。本次例行监测恰逢首次开闸放水，水质监测结果超过规划功能标准。

一九九九年三月十八日

后记

　　河流，是一座城市的血脉与灵魂。塞纳河之于巴黎，黄浦江之于上海，秦淮河之于南京，流过岁月，流淌繁华，流向未来。秦淮河，是南京的母亲河，江宁居其上游。一波秦淮水，其间有瑰丽的传说，有旖旎的故事，本书所述就是秦淮河家族新成员秦淮新河的诞生记。

　　相传两千多年前，万千江南民夫开山凿石，将蜿蜒的天然河道连成水系，以"秦"冠名，从此秦淮河登上历史舞台，开启不凡之旅。通过历史典籍，我们可以一览郑国渠、大运河等影响中华文明进程的水利工程的风采。机缘之下，我们发现近半个世纪前与秦淮新河工程相关的档案，了解到其开挖过程的艰辛，以及人定胜天的强大意志。毫无疑问，整理挖掘其档案资料，可以作为探究四千年以降中华儿女为谋生存而通江河、兴水利的样本，可以视作中华儿女不屈不挠、战天斗地、勇往直前精神传承的典型案例。

　　2022年10月，在区委、区政府大力支持下，在听取有关部门和专家意见后，区政协主席会议专题研究决定，由教卫文体（文史）委负责秦淮新河开掘档案资料的征集、挖掘、整理和编纂工作，作为《江宁春秋》第20辑特刊。我们按照文史资料征集专题化、系列化的要求，与南京师范大学王志高教授团队合作，在区档案馆、区水利局的积极配合下，围绕档案整理、征集、人物访谈等方面做了大量基础性工作，得到了江苏省档案馆、南京市档案馆、镇江市档案馆、溧水区档案馆、雨花台区档案馆等单位的大力支持，查阅的相关档案数以百计，极大丰富了资料来源，以最大限度确保资料的完整性。

　　在工作中，我们秉承亲历、亲见、亲闻原则，发动各方力量寻找秦淮新河工程的亲历者、见证人。有幸邀请到时任中共江宁县委书记李英俊（中共南京市委原副书记、常务副市长），时任中共江宁县委常委、革委会副主任、江苏省秦淮新河指挥部副总指挥万槐衡（原江宁县人大常委会主任），时任中共江宁县委常委、团县委书记、民兵师师长盛义福，时任麒麟公社党委书记庞顺根（原江宁县政府县长、南京市交通局原局长）等老同志接受采访，帮助我们厘清了工程决策、组织架构中的大量史实。邀请到童树林、段进、李成荣、陈才平、陈贵富、陈明宝、陈维银、马大成、孙新伦、王道兴、徐景孝、张业钊、张友发、芮实兰、汪令平、程学保、钟道燕、周维林、方玉香、黄正龙、陶洪才、侯光英等参加工程建设的老干部、老技术员、优秀民工代表及其亲属，为我们深情回忆了当年施工和生活的大量细节，极大丰富和弥补了档案资料的不足。

一部专题文史著作，不仅是史料的铺陈，更需要专业视角的解读与提炼。经多方推荐，我们邀请了南京市水利局原局长王凯，河海大学农业科学与工程学院院长陈菁，文化名家、南京出版社社长卢海鸣，分别从主管部门、水利专业、地方文化角度撰文，为读者呈现民生的秦淮新河、水脉的秦淮新河、文化的秦淮新河。几位专家学者的专文，不仅丰富了本书内涵，还极大提升了阅读品质。

作为秦淮河家族的新成员，秦淮新河注定与秦淮河一样充满魅力。今日之秦淮新河两岸，旧的故事还有余音，新的故事还将不断发生。在本书的编纂过程中，尽管我们尽心尽力，但各种疏漏、遗憾在所难免，所幸秦淮新河昼夜不息地流进长江，流向大海，她的更精彩故事，我们期待后人补充。

本书编委会

2023 年 10 月 28 日